活性粉末混凝土的高温与动态性能

侯晓萌　戎　芹　著

科学出版社

北　京

内 容 简 介

在土木工程中推广高性能材料，是提高结构性能和发展绿色建筑的有效方法。本书系统介绍了活性粉末混凝土研究现状与工程应用，250MPa 活性粉末混凝土配制及孔隙压力试验，RPC 结构构件高温爆裂规律与数值模拟方法，RPC 高温徐变，高温后 RPC 力学性能与细观结构分析，RPC 梁抗火性能试验研究与耐火极限计算，带防火涂料 RPC 梁抗火性能试验与有限元分析，考虑高温徐变影响的 RPC 柱抗火性能有限元分析，基于分离式霍普金森压杆（split Hopkinson pressure bar，SHPB）技术的 RPC 动态抗拉、抗压性能试验研究，RPC 动态受压应力-应变关系计算模型，基于单自由度法的 RPC 板动态响应分析，爆炸荷载作用下基于 P-I 曲线的 RPC 板损伤评估方法。

本书适合土木工程相关领域的科研、设计及施工人员阅读，也可供高等院校土木工程及相关专业的师生参考。

图书在版编目（CIP）数据

活性粉末混凝土的高温与动态性能/侯晓萌，戎芹著. —北京：科学出版社，2022.9

ISBN 978-7-03-062447-5

Ⅰ. ①活… Ⅱ. ①侯… ②戎… Ⅲ. ①高强混凝土-研究　Ⅳ. ①TU528.31

中国版本图书馆 CIP 数据核字（2019）第 215301 号

责任编辑：王　钰 / 责任校对：赵丽杰
责任印制：吕春珉 / 封面设计：东方人华平面设计部

科 学 出 版 社 出版
北京东黄城根北街 16 号
邮政编码：100717
http://www.sciencep.com

北京中科印刷有限公司 印刷
科学出版社发行　　各地新华书店经销

*

2022 年 9 月第 一 版　　开本：B5（720×1000）
2022 年 9 月第一次印刷　　印张：22 3/4
字数：443 000

定价：188.00 元
（如有印装质量问题，我社负责调换〈中科〉）

销售部电话 010-62136230　编辑部电话 010-62137026

前　言

每年我国建筑火灾约 15 万起。火灾容易导致爆炸事故。活性粉末混凝土（RPC）的强度、韧性、耐久性可达普通混凝土的 5～10 倍。开展 RPC 结构在土木工程中的应用研究，使 RPC 与建筑结构有效结合，是我国土木工程高效建设与可持续发展急需解决的问题。RPC 工程的建造表明：其材料特性与工程结构的有效结合，可逐步拓宽至大型桥梁、高层建筑、国防设施等多个领域。RPC 高温性能与动态性能研究，可为我国新时期"一带一路"倡议和城镇化基础设施建造提供技术支持和质量保障。

为促进 RPC 的发展与应用，2012 年以来，作者及其团队在 RPC 高温、动态性能方面开展研究，本书反映了相关内容。本书共 12 章，主要包括绪论，250MPa活性粉末混凝土配制及孔隙压力试验，RPC 结构构件高温爆裂规律与数值模拟方法，RPC 高温徐变，高温后 RPC 力学性能与细观结构分析，RPC 梁抗火性能试验研究与耐火极限计算，带防火涂料 RPC 梁抗火性能试验与有限元分析，考虑高温徐变影响的 RPC 柱抗火性能有限元分析，基于分离式霍普金森压杆（split Hopkinson pressure bar，SHPB）技术的 RPC 动态抗拉，抗压性能试验研究，RPC动态受压应力-应变关系计算模型，基于单自由度法的 RPC 板动态响应分析，爆炸荷载作用下基于 P-I 曲线的 RPC 板损伤评估方法。哈尔滨工业大学侯晓萌撰写第 2～7 章，哈尔滨理工大学戎芹撰写第 1 章、第 8～12 章。

本书的相关研究得到了郑文忠教授的指导。Abid Muhammad、曹少俊、任鹏飞、李刚、詹瑶、史硕芒、葛超、吕志浩、崔忠乾等在研究生阶段的工作为本书提供了基本素材。各位前辈、老师及同仁的相关文献为作者的研究开阔了视野，提供了参考，在此一并感谢。

本书的相关研究得到了国家自然科学基金（项目编号：51578184，51208164）、教育部博士点基金项目（项目编号：20122302120084）、黑龙江省优秀青年科学基金（项目编号：YQ2019E028）、黑龙江省普通高校基本科研业务费专项资金"理工英才"杰出青年人才项目（项目编号：LGYC2018JQ018）、黑龙江省自然科学基金（项目编号：QC2017058）、黑龙江省青年创新人才培养计划（项目编号：UNPYSCT-2017085）的资助。

由于作者水平所限，书中不足之处在所难免，恳请读者批评指正。

侯晓萌

2019 年 6 月

目　　录

第1章 绪 论

活性粉末混凝土（reactive powder concrete，RPC）是一种具有超高强度、优异耐久性和高韧性的新型混凝土材料。RPC 具有良好的力学性能，抗压强度达到 200～800MPa，弹性模量达到 50～70GPa，断裂能达到 12～40kJ/m² [1-3]。RPC 工程的建造表明：其材料特性与工程结构的有效结合，可逐步拓宽至大型桥梁、高层建筑、国防设施等多个领域[4-6]。由于 RPC 需求量的日益增长，在澳大利亚、奥地利、加拿大、德国、意大利、日本、荷兰、新西兰、韩国、瑞士和美国等国家，其商业生产发展迅速[7-9]。

火灾是高频度灾害。RPC 不可燃性和低热梯度的特性，使它在高温下的性能要优于木材、钢材等建筑材料。目前，一些学者探讨了高温下/后 RPC 的力学性能，发现其微观结构致密，具有高温爆裂易发性，但对于高温下 RPC 构件高温爆裂规律和抗火性能的研究较少[10]。

随着人类社会的不断发展，以及全球化进程的不断加快，衍生出了地区之间或民族之间的诸多矛盾。各类矛盾的激化所造成的爆炸恐怖袭击活动，在世界范围内时有发生，这对建筑结构的抗爆抗冲击提出了新的挑战。此外，化工煤气设施的老化、危险品存储仓库的安全疏漏等也增大了建筑的安全隐患。爆炸事件一旦发生，不仅将直接对爆炸源附近的人员安全和财产安全造成巨大的杀伤和毁坏，爆炸产生的冲击波和飞片还将作用到周围建筑物上，引起建筑结构的局部破坏，甚至整体倒塌，从而加剧灾害程度[11]。与普通混凝土相比，RPC 的强度高（抗压强度可为 200～800MPa，抗折强度可为 20～100MPa），峰值拉应变、压应变和极限拉应变、压应变大，变形能力强，还可根据需求掺入纤维改善性能，具有良好的阻裂、耗能、抗冲击能力，因此，RPC 在抗爆领域具有较好的应用前景。但是，RPC 材料抗爆性能的研究匮乏，尤其是关于 RPC 在土木工程中的应用研究较少，使其在实际工程中的应用严重受阻。使 RPC 与建筑结构有效结合，是我国土木工程高效建设与可持续发展急需解决的问题。开展 RPC 结构高温性能与动态性能研究，可为我国新时期"一带一路"倡议和城镇化基础设施建造提供技术支持和质量保障。

1.1 活性粉末混凝土常温性能研究现状

1.1.1 配制技术

活性粉末混凝土配制原材料主要为水泥、矿渣、粉煤灰、硅灰、河砂、石英砂、石英粉等，其制配方法及超高强度原理如下：①用石英砂代替粗骨料，基于最紧密堆积理论,通过优化颗粒级配提高基体密实性;②降低 RPC 水胶比,使用高效减水剂提高拌合物流动性,促进水泥快速水化,提高 RPC 强度;③添加钢纤维提高基体的强度,增强韧性和抗爆裂性能,在 RPC 受力过程中,钢纤维能有效抑制裂缝开展;④拌合物浇筑时采用加压成型以排除基体孔隙及多余水分,抑制气泡的形成,提高基体密实度;⑤蒸汽养护及热养护加快火山灰反应 [火山灰质掺合料里含有的活性二氧化硅和活性氧化铝等与水泥水化产物 $Ca(OH)_2$ 的化学反应],提高了水泥基体中 C—S—H 凝胶及硬硅钙石的含量,改善了微观结构,从而提高 RPC 强度[12-14]。

目前,国内外关于 RPC 配制已进行大量的试验研究,详细地研究了原材料、配合比、水胶比、减水剂、钢纤维及养护方式对 RPC 抗压强度的影响。国外已配制出 200MPa 以上的 RPC,最高可达到 800MPa;而国内由于原材料性能的差异等原因,目前多为 200MPa 以下强度的 RPC。

1. 国外研究现状

1995 年,法国学者 Richard 和 Cheyrezy[15]探究了原材料和配合比对 RPC 抗压强度影响,优化配合比后采用 90℃热养护配制出 RPC200,而采用 50MPa 加压成型后 250~400℃热养护可配制出 RPC800。两种配合比及其力学性能见表 1-1。

表 1-1　RPC800 和 RPC200 配合比及其力学性能[15]

材料及性能	RPC800	RPC200
硅酸盐水泥/(kg/m³)	1 000	955
硅灰/(kg/m³)	230	229
石英粉(0.01mm)/(kg/m³)	390	
石英砂(0.15~0.6mm)/(kg/m³)	500	1 015
钢纤维/(kg/m³)	630	191
钢骨料(<0.8mm)/(kg/m³)	149	
用水量/(kg/m³)	180	153
抗压强度/MPa	490~810	170~230
抗折强度/MPa	45~141	30~60
弹性模量/GPa	65~75	50~60

2006 年,新西兰 Lee 和 Chrisholm[16]选用水泥、硅灰、石英粉、砂、钢纤维和高效减水剂进行 RPC 配制试验,分别探究了水胶比、减水剂、钢纤维及养护温度对 RPC 抗压强度的影响。RPC 的水胶比为 0.15 时可得到的最高强度为 197MPa,减水剂为水泥质量的 0.84%时可得到的最高强度为 211MPa,325℃热养护后最高强度可达到 290MPa。配合比见表 1-2。

表 1-2　RPC 配合比[16]

材料组分	低温养护	热养护
硅酸盐水泥/（kg/m³）	1.00	1.00
砂/（kg/m³）	1.10	1.10
硅灰/（kg/m³）	0.25	0.25
石英粉/（kg/m³）		500
钢纤维/（kg/m³）	0.175	0.175
水胶比（W/B）	0.11~0.26	0.17~0.23
减水剂用量（质量百分数）/%	0.6~1.6	1.9~2.5

2009 年，Yazici 等[17]对比了蒸压养护和蒸汽养护对 RPC 抗压强度和抗折强度的影响。他们采用比传统 RPC 更少的水泥和硅灰用量，标准水养护 28d 后可获得强度超过 200MPa 的 RPC。采用蒸汽养护和蒸压养护后，既缩短了养护时间，又可提高强度，蒸压养护后可获得强度超过 250MPa 的 RPC，而抗折强度相对于水养护略有下降。

2012 年，Tam 和 Tam[18]探究了热养护温度和时间对 RPC 抗压强度的影响，250℃热养护 48h 抗压强度可达到 210MPa。用扫描电镜发现，不同养护温度和时间会产生不同形态的 C—S—H 晶体，不同形态 C—S—H 晶体会有不同的硬度，导致 RPC 强度不同。在 200℃热养护时，硬硅钙石的含量随养护时间而增加；在 250℃热养护时，硬硅钙石的含量大量增加，而不再受养护时间影响，增大了 RPC 内部的密实度。因此，250℃热养护 RPC 强度较低温热养护更高。

2016 年，Mostofinejad 等[19]研究了原材料、配合比和养护制度对 RPC 抗压强度的影响，试验得到最优配合比：水泥 1 100kg/m³，硅灰 330kg/m³，石英砂 800kg/m³，石英粉 200kg/m³，用水量 180kg/m³，减水剂 33kg/m³，水胶比 0.14。采用 20℃标准养护 28d 后强度为 85MPa，采用 125℃蒸压养护 3d 后 220℃热养护 7d 的组合养护方式，配制出最高强度为 233MPa 的 RPC，组合养护后提高强度 148MPa（增幅 174%）。

2017 年，Hiremath 和 Yaragal[20]对比了标准养护、热水养护、热养护和组合养护对 RPC 早期强度的影响。结果表明热养护促进早期强度增长，200℃热养护 7d 后 RPC 强度可达到 155MPa，而热水养护和热养护组合后可得到强度 180MPa 的 RPC。用扫描电镜发现，热水养护后有未水化水泥，仅起到填充作用；热养护后 Ca(OH)₂ 全部被消耗掉，产生大量 C—S—H 晶体和硬硅钙石晶体，改善了 RPC 基体的微观结构，从而使 RPC 强度提高。

2. 国内研究现状

随着超高层建筑和大跨度空间结构的广泛应用，超高强混凝土的应用前景被看好，国内众多高校已进行大量的 RPC 配制试验，取得了不错的成果。

何峰和黄政宇[21,22]分析了标准砂、硅灰、石英粉、减水剂和钢纤维对 RPC 强度的影响，得到最优配合比为水泥∶标准砂∶硅灰∶石英粉=1∶1.1∶0.35∶0.3。选用 625 水泥，加入 2.5%的高浓型萘系高效减水剂 FDN 和 3%的钢纤维，热水养护后 200℃热养护 8h 得到 RPC 胶砂件强度为 298.6MPa，较标准养护提高强度约100MPa。此外，他们指出了 RPC 配合比设计中存在的一些问题：①原材料质量指标不统一；②高效减水剂种类繁多，减水效果存在差别；③钢纤维掺入价格昂贵，提高造价。

吴炎海等[23,24]选用配合比为水泥∶硅灰∶石英粉∶细砂∶减水剂=1.0∶0.25∶0.37∶1.375∶0.031，分析了养护方式对 RPC 抗压强度的影响，并使用扫描电镜探究养护制度对 RPC 微观结构的影响。试验发现热养护可提高早期强度，蒸汽养护可提高后期强度，热养护的后期强度会略有下降。扫描电镜发现热养护后形成大量的网状、片状水化硅酸钙，改善了微观结构，从而增强了 RPC 的抗压强度。

王震宇等[25]研究了减水剂类型和成型工艺对 RPC 强度的影响，探究了水胶比、硅灰、粉煤灰、石英粉和钢纤维掺量等对 RPC 抗压强度、抗折强度及流动性的影响。他也认为配制 RPC 应保证较大的流动性以便于成型，不能一味地降低水胶比，可控制水胶比为 0.18 左右。石英粉在温度较低时活性较低，标准养护时仅起到填充作用，不建议添加。

刘红彬等[26]选用成本低的原材料，标准的成型工艺配制出和易性良好、强度高的 RPC。配合比为水泥∶硅灰∶石英粉∶石英中砂∶石英细砂（S）=1.0∶0.28∶0.39∶0.75∶0.37，加入胶凝材料质量 3%的瑞士生产的西卡聚羧酸系高性能减水剂，分析了钢纤维掺量对 RPC 抗压强度和弹性模量的影响。结果表明，当钢纤维掺量超过 2%时，RPC 强度增长缓慢，弹性模量增加显著，在考虑成本的前提下，建议钢纤维掺量 2%。

郑文忠和李莉[27]试配了 56 组立方体试块，探究硅灰、石英砂、矿渣、钢纤维的掺量和种类、水胶比和养护制度对 RPC 抗压强度和流动性的影响。试验得到流动性好、强度高的配合比，强度最高可达 172.4MPa。他认为水胶比和养护制度是影响 RPC 力学性能的关键因素，水胶比越低，流动性越差，但强度会有增加。高温高压养护可激活硅灰火山灰活性，加强水泥水化和火山灰反应，从而提高 RPC 抗压强度。

1.1.2 常温力学性能

RPC 的常温力学性能主要包括抗压强度、弹性模量、峰值应变和应力-应变曲线等。本节对常温下 RPC 的力学性能研究现状进行了阐述。

1. 抗压强度

与普通混凝土相似，RPC 立方体抗压强度存在尺寸效应。文献[28]～[31]比较了不同尺寸RPC立方体抗压强度的关系和钢纤维掺量的影响。研究结果表明，RPC

尺寸效应随钢纤维体积掺量提高而增加。当不掺钢纤维时，边长为 100mm 的立方体抗压强度为 80.3～100.7MPa，RPC 尺寸效应换算关系为 $f_{cu,150}/f_{cu,100}=0.952$，与普通混凝土相当。

郑文忠等[32]通过 RPC 抗压强度试验，得到了聚丙烯（polypropylene，PP）纤维体积掺量为 0～0.3% 的 RPC 轴心抗压强度与边长为 70.7mm 的立方体抗压强度的比例系数 $\alpha_{c1}=0.94$。何雁斌[33]通过试验研究得到：当素 RPC 边长为 100mm 立方体抗压强度为 143～185MPa 时，其轴心抗压强度与立方体抗压强度的比例系数 $\alpha_{c1}=0.90$。吕雪源等[34]对文献数据进行统计，得到了轴心抗压强度介于 69.4～171.6MPa 的 RPC，其轴心抗压强度与边长 70.7mm 的立方体抗压强度的比例系数 $\alpha_{c1}=0.85$。

2. 弹性模量

Dugat 等[35]对 RPC 的力学性能进行试验研究，试验结果表明：钢纤维掺量 146kg/m³，直径 90mm、高 180mm 的圆柱体抗压强度为 194～203MPa 时，RPC 弹性模量为 6.2×10^4～6.6×10^4MPa；钢纤维掺量 617kg/m³，直径 70mm、高度 140mm 圆柱体抗压强度为 422～520MPa 时，其弹性模量为 6.3×10^4～7.4×10^4MPa。

郝文秀和徐晓[31]基于试验结果进行分析，并参考其他文献数据，提出了轴心抗压强度（f_c）97～120MPa，钢纤维体积掺量 1.5%～2% 的 RPC 弹性模量计算公式为

$$E=\left(0.25\sqrt{f_c}+1.52\right)\times10^4 \tag{1-1}$$

吕雪源等[34]对文献数据进行统计，拟合得到了 RPC 弹性模量（E）与棱柱体抗压强度关系式为

$$E=3\,027\sqrt{f_c}+9\,533 \tag{1-2}$$

余志武和丁兴发[36]对轴心抗压强度 9～134MPa 的混凝土弹性模量数据进行拟合，则有

$$E_c=9\,500(1.25f_c)^{2/7} \tag{1-3}$$

柯开展和周瑞忠[37]对轴心抗压强度 95～144MPa，碳纤维体积掺量 0～2% 的 RPC 进行研究，拟合得到 RPC 弹性模量与轴心抗压强度的关系式为

$$E=\left(0.301\,1\sqrt{f_c}+0.613\,5\right)\times10^4 \tag{1-4}$$

3. 峰值压应变

余志武和丁兴发[36]对轴心抗压强度 19～122MPa 的混凝土峰值压应变（ε_0）与轴心抗压强度（f_c）的关系进行拟合，则有

$$\varepsilon_0=520f_c^{1/3}\times10^{-6} \tag{1-5}$$

郑文忠等[38]通过拟合得到了轴心抗压强度 76～91MPa 未掺纤维的 RPC 峰值

压应变与轴心抗压强度的关系式为

$$\varepsilon_0 = (2.8f_c + 1914) \times 10^{-6} \qquad (1\text{-}6)$$

曾建仙等[39]对钢纤维掺量 0～3%，轴心抗压强度 84～150MPa 的 RPC 进行研究，得到钢纤维 RPC 峰值压应变与轴心抗压强度关系的拟合公式为

$$\varepsilon_0 = (14.543f_c + 1\,784.8) \times 10^{-6} \qquad (1\text{-}7)$$

比较公式与试验结果可以看出，不掺钢纤维的 RPC，其峰值压应变相对较小，与普通混凝土相当；掺入钢纤维或碳纤维的 RPC，其峰值压应变大于普通混凝土。

4. 受压应力-应变关系

谭彬[40]对 RPC 单调和反复加载作用下的受压应力-应变全曲线进行了研究，结果表明：当轴心抗压强度为 125～143MPa、钢纤维掺量为 1%～3%时，RPC 单调加载曲线与反复加载包络线形状基本相同，且加载方式对 RPC 棱柱体抗压强度、弹性模量、峰值应变和受压韧性指数的影响可忽略不计。

闫光杰[41]对钢纤维体积掺量 2%，轴心抗压强度 133MPa 的 RPC 单轴受压性能进行了研究，建立了 RPC 单轴受压应力-应变全曲线方程。通过对 RPC 单轴受拉、单轴受压、双轴拉压和定围压下三轴受压等应力状态下的强度和变形的试验研究，建立了 RPC 复杂应力状态下的破坏准则、初始屈服准则和非均匀强化准则。在此基础上，进一步建立了 RPC 材料的一般弹塑性本构关系。

原海燕[42]对钢纤维体积掺量 2%、边长 100mm 立方体、抗压强度 99～159MPa、配置 HPB235 和 HRB335 钢筋的 RPC 哑铃形试件进行轴拉全过程研究。根据破坏模式不同，提出了 RPC 的受拉三折线理论模型，即上升段均为线性，当 $n\rho < 0.20$（n 为 RPC 受拉弹性模量/钢筋弹性模量，ρ 为试件截面配筋率）时，为单缝破坏；下降段曲线在转折点后水平，当 $n\rho \geq 0.20$ 时，为多缝破坏；下降段曲线在转折点后继续线性下降。

与普通混凝土和钢纤维混凝土相比，RPC 单轴受压应力-应变曲线上升段接近弹性，下降段则均为曲线。

1.2　活性粉末混凝土高温性能研究现状

1.2.1　高温下力学性能

1. RPC 热工性能

高温下材料内部温度场分布及力学性能的退化，除受外部温度的影响外，还取决于构件材料的热工性能。表征材料热工性能的参数称为热工参数。高温下材料的热工参数往往不是常数，而是随温度变化的。RPC 的热工性能是研究高温下 RPC 内部温度场分布及力学性能变化的基础，导热系数、比热容、容重和热膨胀

系数是非常重要的热工参数。

（1）导热系数

导热系数也称热传导系数，是指在单位时间、单位温度梯度下，通过材料单位面积的热量，用 λ 表示，单位为 W/（m·℃）。它反映了材料直接传导热量的能力。混凝土的导热系数主要取决于骨料类型、含水率及配合比等因素。一般而言，混凝土的导热系数受温度影响，随温度升高而不断减小。当温度低于 100℃时，含水率对其影响比较显著；当温度高于 100℃时，由于自由水不断蒸发，含水率对其影响逐渐减小。

国内外通过对混凝土导热系数的大量研究，给出了不同种类混凝土导热系数的表达式。欧洲规范 BS EN 1992-1-2:2004[43]将普通混凝土分为硅质骨料混凝土、钙质骨料混凝土以及轻质骨料混凝土，并且给出了三种混凝土导热系数的计算公式；Kodur 和 Sultan[44]分别提出了硅酸盐骨料、碳酸盐骨料高强混凝土的导热系数计算公式。

郑文忠等[45]对 4 种不同纤维掺量的 RPC 试件进行了导热系数的测定，得到了RPC 导热系数的实测值，并在此基础上拟合得到了 RPC 导热系数随温度变化的关系式。研究结果表明：RPC 导热系数高于普通混凝土和高强混凝土；PP 纤维体积掺量为 0.2%的 RPC 与素 RPC 的导热系数接近。Ju 等[46]的研究表明，钢纤维体积掺量的增加对 RPC 导热系数的影响不显著。

罗百福[47]对 RPC 与其他种类混凝土导热系数进行了对比。同一温度下，RPC的导热系数高于普通混凝土和高强混凝土，常温下 RPC 导热系数约为高强混凝土的 1.5 倍，约为普通混凝土的 2 倍，这是因为相比于普通混凝土和高强混凝土，RPC 的 C—S—H 含量较高，RPC 中大量的 C—S—H 失水和分解产生的水蒸气能增加其导热系数[47]。普通混凝土、高强混凝土及 RPC 的导热系数均随温度的升高而逐渐减小，但对于 RPC 而言，当温度低于 300℃时，RPC 的导热系数随温度升高减小得比较迅速；当温度高于 300℃时，减小趋势变缓。

（2）比热容

比热容也称为质量热容，是单位质量的某种物质，温度降低 1℃所放出的热量或升高 1℃所吸收的热量，其单位为 J/（kg·℃），用符号 c 表示，是衡量物质储热能力的物理量。

温度、含水率、配合比及骨料类型都会影响混凝土的比热容。其中配合比、骨料类型对混凝土比热容的影响比较小，可以不考虑[48]。混凝土的比热容随温度的升高而增大。温度低于 200℃时，混凝土的比热容受含水率的影响较大；温度为 100℃左右时，由于水分蒸发，混凝土吸收汽化热，其比热容会突然增加[49]；温度达到 600℃时，比热容达到最大值，其后比热容的变化趋于稳定。

国内外对混凝土的比热容开展了很多研究。BS EN 1992-1-2:2004[43]给出了硅质骨料混凝土和钙质骨料混凝土比热容的分段线性表达式；Kodur 和 Sultan[44]分别提出了硅酸盐骨料高强混凝土、碳酸盐骨料高强混凝土比热容与容重的乘积和温度的关系式。

Ju 等[46]通过试验实测了温度在 0～250℃范围内 RPC 的比热容，通过研究发现，钢纤维的掺入能够提高 RPC 的比热容，这是因为钢纤维具有一定的吸热能力。

郑文忠等[45]基于 ABAQUS 有限元软件，对高温下 RPC 试件的温度场进行模拟，反推出与各测点温度相对应的 RPC 比热容，并给出了不同纤维掺量 RPC 比热容的统一表达式；研究结果发现，PP 纤维的掺入会降低 RPC 的比热容，这是因为 PP 纤维在 160～170℃时达到熔点熔化，在 RPC 内形成水蒸气的逃逸孔道。将郑文忠等[45]建议的 RPC 与 BS EN 1992-1-2:2004[43]给出的普通混凝土及 Kodur 和 Sultan[44]给出的硅质骨料高强混凝土比热容进行对比，RPC 的比热容-温度曲线与普通混凝土的比热容-温度曲线的形状基本一致，RPC 的比热容总体高于普通混凝土和高强混凝土，但当温度为 400～600℃时，高强混凝土的比热容先急剧增大后急剧减小；当温度为 0～100℃及 600～900℃时，RPC 的比热容为常数；当温度为 100～300℃时，随温度升高 RPC 的比热容迅速增大；当温度为 300～600℃时，随温度升高 RPC 的比热容增加速率变缓。

（3）容重

当外界温度超过 100℃时，混凝土的容重会因体积膨胀、自由水蒸发及骨料、水泥石分解而有所减小。文献[50]指出温度超过 300℃时混凝土会因 CH、C—S—H 的相继分解导致容重损失继续增加。国内外对混凝土高温下的容重变化进行了大量的研究。BS EN 1992-1-2:2004[43]认为高温下混凝土的容重不随外界温度的变化而变化，即将混凝土的容重视为常数。Kodur 和 Sultan[44]分别给出了硅酸盐骨料高强混凝土、碳酸盐骨料高强混凝土容重随温度变化的表达式。

国内外许多学者对高温下 RPC 容重随温度变化的规律进行了研究。高温下 RPC 容重损失率随温度变化呈现出两个梯度，在 0～300℃时容重损失随温度升高迅速增加；超过 300℃时，RPC 的容重损失随温度升高增加速率变缓。此外文献[51]还指出高温下掺加 PP 纤维的 RPC 比素 RPC 的容重损失严重，这是 PP 纤维在 160～170℃时熔化，在 RPC 内形成孔道，水蒸气大量逃逸导致的。

（4）热膨胀系数

热膨胀系数是指单位长度的物体，温度降低 1℃或升高 1℃时长度的变化值，表征材料对温度变化抵抗的能力。温度、含水率、骨料类型、水泥种类以及龄期对混凝土的热膨胀系数有影响。

针对混凝土的热膨胀系数，国内外学者进行了大量研究，并给出了不同种类混凝土的热膨胀系数表达式。BS EN 1992-1-2:2004[43]给出了硅质骨料混凝土和钙质骨料混凝土热膨胀系数的表达式，Kodur 和 Sultan[44]分别给出了硅酸盐骨料高强混凝土、碳酸盐骨料高强混凝土的热膨胀系数随温度变化的表达式。

Zheng 等[52]和 Sanchayan[53]对高温下 RPC 的热膨胀系数进行了相关研究，给出了高温下 RPC 的热膨胀系数计算公式。对不同种类混凝土高温下热膨胀系数进行对比。Sanchayan 给出的高温下 RPC 的热膨胀系数与 BS EN 1992-1-2:2004[43]给出的硅质骨料混凝土的热膨胀系数接近，而 Zheng[52]给出的高温下 RPC 的热膨胀系数随温度呈现出线性变化的趋势。

2. RPC 高温力学性能

20 世纪 40 年代以来，国内外许多学者对普通强度混凝土（normal strength concrete，NSC）和高强混凝土（high strength concrete，HSC）的高温力学性能，如抗压强度、抗拉强度及单轴应力-应变关系、弹性模量、峰值应变等进行了大量的研究，对 NSC 和 HSC 的高温力学性能有了系统认识[54-56]。作为新型的高强、高性能混凝土，RPC 的高温力学性能势必会与 NSC、HSC 有很大差异，然而对 RPC 高温力学性能的研究则相对较少。

（1）抗压强度

Liu 和 Huang[57]研究表明：与 NSC 和 HSC 相比，经历相同受火时间时，RPC 容重损失小、抗压强度剩余较多，耐火性能比 NSC 和 HSC 好。

刘红彬[58]对常温下抗压强度为 136MPa、尺寸为 100mm×100mm×100mm 的 RPC 立方体试块进行了高温强度测试，试验结果表明：随温度升高，RPC 的抗压强度呈现出先减小后增大的趋势；RPC 掺入钢纤维后力学性能明显改善。

罗百福[47]对单掺 1%～3%钢纤维、单掺 0.1%～0.3% PP 纤维及复掺纤维的 RPC 试件进行了高温试验，通过回归分析，分别拟合得到了单掺 1%～3%钢纤维、单掺 0.1%～0.3% PP 纤维及复掺纤维的 RPC 立方体抗压强度、轴心抗压强度随温度变化的表达式。试验结果表明，纤维掺加方式不同的 RPC 抗压强度都是随温度升高先降低后升高最后再降低。当温度为 600～800℃时，随钢纤维掺量的增加 RPC 抗压强度降低；当温度为 400～800℃时，与 NSC 和 HSC 相比，掺钢纤维的 RPC 具有更高的相对抗压强度；当温度为 100～500℃时，NSC 和 HSC 比单掺 PP 纤维的 RPC 相对抗压强度高；当温度为 600～800℃时，单掺 PP 纤维的 RPC 相对抗压强度却高于 NSC 和 HSC；当温度相同时,单掺钢纤维的 RPC 与复掺纤维的 RPC 抗压强度相近。

（2）抗拉强度

混凝土的抗拉强度对于混凝土的抗裂性能非常重要。过镇海[59]、Sideris[60]、Chan 等[61]通过试验给出了高温下混凝土抗拉强度-温度关系表达式。试验表明：混凝土的抗拉强度随温度升高而降低。

康义荣[62]、陈强[63]分别进行了高温后 RPC 残余抗拉强度的研究。结果表明：当温度低于 200℃时，随着温度的升高 RPC 残余的抗拉强度增加；当温度高于 200℃时，随着温度的升高 RPC 残余的抗拉强度降低。

罗百福[47]通过对单掺 1%～3%钢纤维、单掺 0.1%～0.3% PP 纤维及复掺纤维的 RPC 试件进行高温试验，拟合得到了纤维掺加方式不同的 RPC 抗拉强度-温度关系曲线。研究结果表明：纤维掺加方式不同的 RPC 抗拉强度都是随温度升高先降低后升高最后再降低；相同温度下，单掺 PP 纤维的 RPC 立方体抗压强度因温度升高而降低的幅度小于抗拉强度；单掺 PP 纤维的 RPC 受拉时发生脆性破坏。

（3）单轴受压应力-应变关系

分析火灾下混凝土构件变形及耐火极限的基础是混凝土高温单轴受压应力-应变关系。温度不同时，混凝土单轴受压应力-应变关系曲线的形状不同但变化趋势相似。随温度升高，应力-应变关系曲线的顶点右移，曲线更加扁平。针对混凝土高温下单轴受压应力-应变关系，国内外学者进行了大量研究，过镇海[59]、British Standards Institution[43]、胡海涛和董毓利[64]及 Kodur[65]分别给出了高温下混凝土应力-应变关系表达式，然而表达式的形式却不同。

罗百福[47]通过恒温加载研究高温下单掺 1%～3%的钢纤维及复掺纤维的 RPC 力学性能，分别提出了单掺钢纤维及复掺纤维的 RPC 高温下单轴受压本构模型。试验结果表明：高温下单掺钢纤维的 RPC 与复掺纤维的 RPC 应力-应变关系可用相同的表达式。与 NSC 和 HSC 不同的是，RPC 的应力-应变曲线在低于 400℃时，随温度升高，曲线发生明显变化；在 400～800℃时，曲线顶点发生明显的下移和右移。

李海艳[66]通过大量的试验研究了 RPC 的本构关系，在 RPC 不爆裂的基础上分别给出了单掺钢纤维 RPC 高温下和高温后的受压应力-应变关系。

（4）弹性模量

评价结构高温下损伤和变形情况的重要力学指标是高温下混凝土的弹性模量。国内外学者对高温下混凝土弹性模量的变化规律进行了大量研究。陆洲导[67]、Lee 等[68]及 British Standards Institution[69]分别给出了高温下混凝土弹性模量随温度变化的表达式。试验结果表明：随温度升高，混凝土的弹性模量下降，这是因为高温下混凝土微观结构发生物理化学变化，具体表现为水泥产物分解及水泥浆体黏结力破坏[70,71]。

刘红彬[58]对抗压强度为 151.11～178.88MPa、尺寸为 φ50×100mm 的 RPC 圆柱体试件进行了高温下弹性模量的测试。试验结果表明：随着温度的升高，RPC 弹性模量的降低幅度会逐渐增大。

罗百福[47]通过对单掺 1%～3%钢纤维及复掺纤维的 RPC 试块的高温试验，分别给出了单掺 1%～3%钢纤维及复掺纤维的 RPC 高温下弹性模量，以及峰值割线模量与温度关系的表达式。试验结果表明：随温度升高，单掺钢纤维的 RPC 弹性模量和峰值割线模量降低，但下降趋势在温度为 600～800℃时减缓，而复掺纤维的 RPC 弹性模量随温度升高急剧降低。

（5）峰值压应变

相关研究表明，随温度升高，混凝土的峰值压应变会增大。例如，文献[72]指出当温度分别为 600℃和 800℃时，混凝土的峰值压应变是常温峰值压应变的 2 倍和 7 倍。因此，高温下的混凝土会发生软化，致使梁、板、柱等混凝土构件高温下的破坏呈现出大变形的特征。过镇海[59]、Lie[73]、康义荣[62]、Anderberg 和 Thelandersson[74]通过试验给出了高温下混凝土峰值压应变随温度变化的表达式。

文献[75]的研究表明：当温度小于 170℃时，RPC 的峰值压应变受钢纤维掺量的影响很小；但当温度为 200～800℃时，钢纤维体积掺量分别为 1%和 2%的 RPC 峰值压应变低于体积掺量为 3%的 RPC。

罗百福[47]对单掺 1%～3%钢纤维及复掺纤维的 RPC 试块进行了高温试验，分别给出了单掺 1%～3%钢纤维及复掺纤维的 RPC 高温下峰值压应变随温度的变化规律。试验结果表明：RPC 峰值压应变受钢纤维掺量的影响较大，而受 PP 纤维掺量的影响较小。

1.2.2　高温爆裂

RPC 由于其超高强度、超高韧性和超高耐久性具有较高的工程应用价值。然而，在火灾下 RPC 由于其高致密性和低渗透性会发生爆裂，这限制了 RPC 的推广与应用。目前，国内外学者关于 RPC 高温爆裂性能已经进行了大量的试验研究[76]，关于 RPC 爆裂行为、爆裂机理、爆裂影响因素及防爆裂措施已经有较一致的结论和成果。

1.　高温爆裂行为

目前，关于 RPC 高温爆裂多为爆裂试验研究，由于试件尺寸、升温速率等因素不同，爆裂过程与现象存在一些差异。RPC 爆裂时环境温度多为 300～500℃[77]，试件内部温度为 250～400℃[76]，表现为多为脆性、爆炸式爆裂。刘红彬等[76]通过自制的高温炉，内置数码摄像机拍摄记录 RPC 高温爆裂过程及现象。试验发现爆裂初期发生一声脆响，从试件角部开始爆裂，表面出现溢水现象；之后，试件角部、棱边继续爆裂；随后发生爆炸式响声，整个试件爆裂破坏；爆裂衰退期时破碎的小试块相继爆裂成碎块状，试件变成粉末状。混凝土爆裂表现为突然猛烈，有 4 种爆裂形式，即表面爆裂、爆炸式爆裂、骨料开裂和角部剥落，不同爆裂形式常发生在同一时刻，并不容易区分[78]。李荣涛[78]试验发现，表面爆裂、爆炸式爆裂和骨料开裂多发生在加热早期 7～30min，而角部剥落发生在三种爆裂之后 30～90min。不同爆裂形式的特征见表 1-3。

表 1-3 不同的爆裂形式特征[78]

爆裂形式	爆裂时间/min	破坏形式	声音	破坏程度	爆裂实质
表面爆裂	7～30	开裂	较弱	表面凹坑	爆裂伴随着表面局部开裂致混凝土脱落,表现为混凝土小碎片向四周迸溅,多发生在受火早期
爆炸式爆裂	7～30	断裂	响亮	整体破坏	最严重的爆裂方式,将使整个结构破坏坍塌,表现为混凝土破坏成块体向四周飞溅,并产生巨响
骨料开裂	7～30	脆裂	响亮	整体破坏	混凝土内部的骨料成分在高温下发生物理化学反应,致使表面骨料破碎,常伴有爆裂声
角部剥落	30～90	脱落	微弱	角部脱落	通常发生在受火后期,此时混凝土结构强度已被严重削弱,棱角部在高温下发生脱落,多发生于横梁和立柱构件中

Heo 等[79]对比分析了板、梁和柱在相同升温条件下的爆裂情况,发现板爆裂最为严重,梁次之,柱的抗爆裂性能最好。他认为是因为板的尺寸较薄,背火面升温速度快,导致板内部温度升高快,从而引起板的快速、严重爆裂。Kahanji 等[80]研究了两种钢纤维掺量(2%和4%)的 RPC 梁在两种恒荷载(荷载比 0.4 和 0.6)作用下,得到了标准升温曲线(ISO 834)下加热 1h 后梁的挠曲及爆裂情况。试验结果表明,钢纤维掺量为 4%、荷载比为 0.6 时,梁的初始变形和最终变形均较小,爆裂较弱。荷载水平和钢纤维对爆裂有较大影响,而荷载水平影响较为显著。

2. 爆裂机理及数值模型

目前,普遍认同的混凝土高温爆裂机理主要有孔隙压力爆裂机理[81]和热应力爆裂机理[82]。孔隙压力爆裂机理认为混凝土内部自由水和结合水在高温条件下蒸发成水蒸气,形成的孔隙压力随温度逐渐升高而无法释放是产生爆裂的原因;而热应力爆裂机理则认为由于混凝土的热惰性产生了温度梯度,不均匀的温度梯度又产生了热应力,当热应力到达某一值时发生爆裂。其中,孔隙压力爆裂机理被认为是引起混凝土爆裂关键的因素,已有较多学者通过试验和数值模型验证了孔隙压力爆裂机理[83]。

1965 年 Harmarthy[84]提出"饱水塞"(moisture clog)理论,混凝土内部的水分在高温下发生水分迁移,内部孔隙压力增加,导致混凝土发生爆裂。靠近迎火面一侧的水蒸气一部分向空气中蒸发,另一部分向背火面迁移冷凝,混凝土内部的微孔被迅速填满。由于混凝土的低渗透性,孔隙压力迅速积聚,当孔隙压力到达一定值时,发生爆裂。Kalifa 等[85]自行研制了孔隙压力测量装置,分别测量了高强混凝土内部不同位置的温度和孔隙压力变化情况。掺加 PP 纤维后,混凝土内部的孔隙压力大幅下降,主要是因为 PP 纤维在高温下熔化,混凝土内部形成水蒸气逃逸通道,降低了内部的孔隙压力,避免了混凝土爆裂。Phan[86]测量了高强混凝土和普通混凝土内部的孔隙压力,并分析了影响孔隙压力的因素,指出孔隙压力会引起混凝土爆裂。通过试验发现，混凝土内部的水分迁移直接影响着孔隙压力的分布，当温度为 105～160℃时，孔隙压力迅速增长，主要是水分迅速蒸发所致；当温度为 220～245℃时，孔隙压力到达峰值 2.1MPa，此时会发生爆裂。此外，他发现加入 $1.5kg/m^3$ PP 纤维，孔隙压力下降到 1.42MPa；继续加入 PP 纤维，当加入量为 $3.0kg/m^3$ 时，孔隙压力下降到 0.66MPa，有效阻止了混凝土的爆裂。Mindeguia 等[81]测试了 5 种配合比混凝土试件的温度、孔隙压力和质量损失变化情况，试验发现渗透性为 $1.5×10^{-16}m^2$ 时的峰值孔隙压力只有 0.2MPa，而渗透性为 $1.6×10^{-20}m^2$ 时的峰值孔隙压力达到了 1.2MPa。他认为渗透性是影响孔隙压力和质量传递的关键因素，这与达西定律和菲克定律理论相符。Ju 等[87]研制出测试 RPC 内部孔隙压力的试验装置，测试了活性粉末混凝土的内部孔隙压力变化。他们发现内部的孔隙压力随温度升高逐渐增大，当到达爆裂点时，孔隙压力迅速下降，并且指出孔隙压力由内向外运移的规律。根据试验测出的孔隙压力，提出了薄壁球模型分析爆裂，给出了混凝土爆裂时薄壁球的壁厚范围。

　　Bazant 和 Thonguthai[88]基于扩散方程，运用有限单元法分析了混凝土内部的湿热耦合情况，并提出等温吸附线，根据混凝土内部相对湿度的不同，分析了吸附水与温度和孔隙压力的关系。模型考虑了内部结合水高温蒸发成水蒸气，但并未考虑液态水和水蒸气的相互作用。该模型预测了墙体单面加热时的孔隙压力分布情况，结果充分证实了 Harmathy 饱水塞的理论。Mounajed 和 Obeid[89]提出了一个热-湿-力-孔隙压力耦合模型，并通过试验验证了模型的正确性，利用模型分析了混凝土在高温下的行为变化，并且能够预测混凝土内部峰值孔隙压力及爆裂情况。Tenchev 和 Li[90]提出了温度、水蒸气质量和气体压力的耦合数学模型，该模型考虑了空气、水蒸气及液态水的迁移和蒸发过程，分析了二维柱在两面轴对称受火时的温度、水蒸气质量和孔隙压力变化，模型模拟的孔隙压力比其他模型模拟结果更高。Ichikawa 和 England[91]基于能量和质量守恒，提出了一种考虑凝胶水水化释放和结合水干燥释放的计算混凝土内部的水蒸气含量和孔隙压力随时间变化的数值模型。模型采用有限差分法，求出一维混凝土墙内部的水蒸气含量和孔隙压力的分布情况。试验所测 200℃（531d）恒温长期加热下内部的水蒸气迁移和 400℃（114min）短期加热下内部的孔隙压力变化的试验结果和模型结果吻合良好。此外，模型能有效地预测混凝土爆裂发生的时间、位置和温度，为混凝土结构抗火设计提供重要参考。Ju 等[87]基于热应力爆裂机理，采用 COMSOL 软件求解出 100mm RPC 立方体试件内部温度场和应力场，将最大拉应力准则和应变能密度理论作为爆裂判断依据，并将试验温度与模型温度对比，验证数值模型。他们认为 RPC 试件内部热应力和能量释放会导致其爆裂。Dwaikat 和 Kodur[92]基于理想气体状态方程推导出孔隙压力方程，利用有限差分法求出内部孔隙压力分布，并通过试验验证了墙或板的一维数值模型。他们讨论了渗透性、升温速率、抗拉强度和相对湿度对高强混凝土高温爆裂的影响，发现渗透性对混凝土高温爆裂具有重要影响。

3. RPC 高温爆裂性能研究现状

20 世纪 80 年代以来，混凝土的高温爆裂问题受到国内外学者的广泛关注。混凝土高温下爆裂导致传统忽略爆裂影响的抗火设计方法偏于不安全。混凝土爆裂主要与混凝土中的蒸汽压力和温度梯度有关[93]，与之相关的高温爆裂机理分别是蒸汽压机理[94]和热应力机理[95]。实际情况下混凝土发生爆裂时可能是两种机理同时发挥作用。含水率、骨料类型、纤维掺量、渗透性、混凝土强度等级、试件尺寸、升温速率等都会对混凝土的高温爆裂产生影响。影响混凝土爆裂的因素有很多，爆裂过程也很复杂，并且具有随机性，难以用单一因素或单一爆裂机理来解释。

针对混凝土高温下爆裂的机理及影响因素，国内外不少学者对抑制混凝土高温爆裂的措施进行了一些研究，提出的措施主要包括在混凝土中掺加纤维（主要是 PP 纤维和钢纤维）或在混凝土的表面涂抹防火涂料。

国内外学者普遍认为缓解混凝土高温爆裂的一个有效方法是掺加 PP 纤维[96]。原因是 PP 纤维熔点相对较低，当温度为 160~170℃时，达到熔点就会熔化，在混凝土内部形成大量的孔洞，使水蒸气可以逸出，从而降低了混凝土中的孔隙压力[97]；高强混凝土中的孔隙压力会因为掺加 PP 纤维而显著减小，长度长、直径小的 PP 纤维在抑制高强混凝土爆裂方面效果更加显著[98]，但目前尚缺乏关于 PP 纤维掺量和降低孔隙压力之间定量关系的计算方法。

缓解混凝土高温爆裂的另一个常用方法是掺加钢纤维[99]。主要原因如下：一方面，钢纤维能够提高混凝土的抗拉强度，从而在一定程度上阻止了混凝土开裂，并使裂缝尖端处的应力集中得到缓解；另一方面，钢纤维良好的导热性，使混凝土的内外温度在较短时间内达到一致，从而减小了温度梯度产生的温度应力[93]。

研究表明：复掺纤维混凝土比单一纤维混凝土具有更好的和易性、抗冲击性及更高的抗压强度[100]，这说明复掺纤维混凝土能够显著优化和提高混凝土的力学性能。混凝土中掺入 PP 纤维虽然可以缓解高温爆裂，但也会相应地降低混凝土的强度，尤其是会降低其抗拉强度[101]。因此，为了使混凝土强度降低的幅度减少，可以在掺加 PP 纤维的同时再掺入钢纤维，形成复掺纤维混凝土。复掺纤维混凝土不但具有良好的力学性能，而且能够充分发挥 PP 纤维和钢纤维各自的优势，因此对抑制混凝土的高温爆裂更为有效。

Kodur 和 Mcgrath[102]提出高强混凝土比普通混凝土更容易爆裂的原因是高强混凝土微观结构致密、渗透性较低。与高强混凝土相比，RPC 材质更加均匀、微观结构更为致密、渗透性更低，高温下内部水蒸气更难向外逃逸，因而更易发生爆裂。针对 RPC 的高温爆裂问题，国内外很多学者进行过研究，研究成果如下。

Aydin 和 Baradan 等[103]完成了两种类型 RPC 在温度为 20~800℃时的高温力学性能试验，研究结果表明：常规 RPC 在温度超过 300℃时更容易爆裂，碱矿渣 RPC 则不爆裂，碱矿渣 RPC 的耐火性能比常规 RPC 要好。Canbaz[101]的研究表明：

掺 1%的 PP 纤维会使 RPC 的强度降低，同时也可以使其高温爆裂得到控制。Ju 等[104]通过分析高温下 RPC 的热应力，用主拉应力和米塞斯（Mises）应力判别 RPC 的高温爆裂，为 RPC 在温度为 20～500℃时的爆裂预测提供参考，但是该模型没有考虑蒸汽压力对高温爆裂的影响，爆裂的判别方法有待于进一步讨论。

刘红彬[105]通过对钢纤维体积掺量为 0～2%的 RPC 进行高温试验发现：RPC 立方体试件（100mm×100mm×100mm）的中心温度在达到 250℃时会发生爆裂；钢纤维不能明显提高 RPC 的爆裂临界温度，但是可以降低其爆裂的程度。陈强[106]研究表明：RPC 爆裂的概率和损伤程度随着湿含量的增加而增大。康义荣（朋改非教授及其团队）[107]通过试验研究了高温下 RPC 的爆裂、高温后 RPC 的渗透性及钢纤维掺量对 RPC 爆裂临界温度的影响，试验结果表明：RPC 高温后的力学性能随着温度升高呈现出先提高后降低的趋势。

Zheng 等[108]从含水率、升温速率、试件尺寸、防火涂料、纤维种类及掺量和恒温时间等方面对 RPC 高温爆裂的影响因素进行了大量研究，结果表明：温度梯度和含水率对 RPC 的高温爆裂影响较大。试件含水率越高、温度梯度越大，RPC 高温爆裂的概率也越高；与普通混凝土和高强混凝土相比，RPC 的爆裂临界含水率较小，单掺 2%钢纤维 RPC 爆裂临界含水率为 0.85%；RPC 爆裂临界温度为 240～520℃时，合理涂抹防火涂料可有效缓解 RPC 爆裂；0.2% PP 纤维+2%钢纤维是能够有效防止 RPC 高温爆裂的最佳纤维掺量。

1.2.3　高温后力学性能

高温后的混凝土力学性能包括抗压强度、抗拉强度、抗弯强度、弹性模量和应力-应变曲线。

1. 温度对 RPC 抗压强度的影响

高温后 RPC 的抗压强度是进行火灾后结构安全性评估的关键。许多学者对 RPC 高温后[109-112]的抗压强度进行了大量的试验研究。比较高温下及高温后的试验数据，可以得到 RPC 高温后抗压强度高于高温下抗压强度。

当温度为 150～350℃时，高温后抗压强度逐渐增大，这主要是因为 RPC 在干燥后发生硬化[113]。除此之外，附加的水化作用产生一个"内部高压器"，同样使高温后 RPC 抗压强度在初期逐渐增大[114]。当温度超过 400℃时，高温后抗压强度逐渐减小，这主要是 RPC 中氢氧化钙及水化硅酸钙受热分解所致[113]。此外，当温度为 571℃时，石英砂中发生 α 到 β 形式的转化后，其体积发生膨胀，这同样使 RPC 抗压强度逐渐减小[115]。当温度超过 800℃时，RPC 发生严重变形和剥落现象，几乎丧失了所有的抗压强度[116,117]。

2. 温度对 RPC 抗拉强度和抗弯强度的影响

混凝土的抗拉强度在强度计算时经常因为值较小而被忽略[118]。然而，当混凝土承受高温时,其抗拉强度就变得十分重要。RPC 的抗拉强度随温度的增大而线性减小。纤维的掺入能提高 RPC 的抗拉强度和抗剥落能力。RPC 高温后的剩余抗拉强度比高温下的抗拉强度高。Zheng 等[112]提出了高温后掺钢纤维 RPC 残余抗拉强度与温度的关系。

RPC 高温后的残余抗弯强度鲜见报道,除此之外,高温下 RPC 抗弯强度的研究也十分稀少。将现有的高温后 RPC 残余抗弯强度与温度的测试结果进行对比,如当温度由室温到 500℃,RPC 的抗弯强度迅速下降;当温度超过 500℃后 RPC 抗弯强度的下降开始缓慢。许多的研究人员提出了相对抗弯强度与温度关系的函数表达式[111,112]。Ju 等[111]提出了一种三线性详细公式来表达 PP 纤维掺量为 0～3% RPC 的残余抗弯强度与温度的关系。Zheng 等[112]提出了一种高温后钢纤维掺量 1%～3% RPC 抗弯强度与温度关系的简化关系式。

3. 温度对 RPC 弹性模量的影响

影响高温后 RPC 弹性模量的因素与影响其抗压强度的因素相同[118,119]。有诸多学者已经对 RPC 混凝土的弹性模量进行了试验研究,ACI 规范[120]和 ASCE manual[121]研究出的弹性模量随温度的变化结果与 Eurocode-2 进行比较可以发现,弹性模量随着温度的升高显著降低。许多学者提出了高温下 RPC 初始切线模量和割线模量随温度变化的函数表达式。

4. 温度对 RPC 应力-应变关系的影响

应力-应变关系是用来表达混凝土力学性能的参数。它是衡量混凝土耐火性能的一个基本数学模型。Zheng 等[109]研究了高温后 RPC 的应力-应变关系随温度变化情况。不同温度下 RPC 的应力-应变关系曲线最初为线性发展,而后变为抛物线形,越过峰值之后迅速下降直至失效。当温度低于 300℃时,应力-应变曲线形状与常温时的曲线形状相似;当温度为 300～700℃时,应力-应变曲线由于 RPC 强度下降而逐渐平滑;当温度高于 800℃时,应力-应变曲线向左上偏移,强度和峰值应变有所提高。其中,强度的增长主要由钢纤维的氧化脱碳及 RPC 烧结所引起[109]。李海艳[122]研究了不同钢纤维体积掺量的 RPC 在高温下的应力-应变关系曲线,可以看出曲线下部区域随着钢纤维掺量上升而增加,这意味着 RPC 的延性及韧性会随着钢纤维掺量的上升而增加。但过量的钢纤维会导致 RPC 产生严重的热膨胀反应,因此钢纤维的建议最佳掺量为 2%。

1.3　活性粉末混凝土动态性能研究现状

1.3.1　动态抗压力学性能

混凝土材料量大面广,其动态力学性能的研究越来越多。早期混凝土的动态压缩试验方法主要有液态加压法和落锤试验法。沃特斯坦（Watstein, 1953）采用落锤装置对强度分别为 17.4MPa 和 45.1MPa 的圆柱体素混凝土试件进行单轴压缩试验，其应变率范围为 $10^{-6}/s \sim 10/s$[123]。

休斯（Hughes）和沃森（Watson）于 1978 年进行落锤冲击试验，结果表明，当应变率低于 8/s 时，混凝土的动态强度与应变率变化无关；当应变率高于 8/s 时，混凝土的动态强度均有不同程度的增加[124]。试验证明，应用液压加压法和落锤试验所测得的混凝土动态强度不但试验精度不高，而且应变率范围有限（1/s $\sim$ 10/s）。通常由于液压试验系统应变率量级为 $10^{-6}/s \sim 10^{-2}/s$，此类系统很少应用于 RPC 冲击试验。相比液压试验，落锤动载试验应变率量级为 1/s $\sim$ 10/s，但是此系统对试件加工和试验装备均有较高要求。因此，目前应用此类系统研究 RPC 动态性能的试验越来越少。

随着分离式 SHPB 试验技术的发展，研究混凝土动态性能的方法有了更好的选择。普通混凝土组成成分中的骨料尺寸很大，因此在骨料周围布满了大量不规则裂纹而且在整个材料中还有随机孔洞等缺陷。为保证混凝土 SHPB 试验测量精度达到要求并且尽可能减小尺寸效应的影响，试件的尺寸必须足够大。RPC 的组成成分中将骨料剔除，以 40～70 目（0.6～0.36mm）和 70～140 目（0.36～0.18mm）的石英砂代替，采用 SHPB 试验装置来测量其动态性能效果更好[125]。葛涛等[126]的研究表明抗压强度为 186MPa 的 RPC 抗侵彻性能是 C30 混凝土的 2 倍左右，抗爆炸性能是 C30 混凝土的 3 倍左右。戎志丹等[127]研究了钢纤维掺量和应变率对 RPC 层裂的影响，研究结果表明，应变率在 21/s～25/s 时，钢纤维掺量增加可大幅提高该材料的层裂强度，而应变率在 55/s～66/s 时，掺加钢纤维后的提高幅度则十分有限。王勇华等[128]通过对不同钢纤维掺量的活性粉末混凝土材料进行 SHPB 试验，测得钢纤维 RPC 在不同应变率条件下的应力-应变曲线，并且根据试验结果给出了不同应变率下材料的动态压缩强度和动态增长因子。Ross 等[129]通过 SHPB 试验和数值模拟的方法研究了应变率对直径为 51mm 的混凝土试件抗拉强度与抗压强度的影响。Tedesco 等[130]试验结果表明混凝土是应变率敏感材料，超过某一应变率材料强度随应变率增大呈线性增长。严少华等[131]对钢纤维体积含量分别为 0、3%、6%的超短钢纤维高强混凝土进行了应变率为 $10^{-4}/s$ 静态单轴压缩试验，采用变截面分离式 SHPB 试验装置进行了应变率大约为 $10^2/s$ 的冲击压缩试验，试验结果表明掺超短钢纤维混凝土的抗压强度和弹性模量与应变率及纤维含量有较大关系，采用超短钢纤维是增强混凝土强度和韧性的有效办法。李智等[132]用 ϕ74mm 分离式 SHPB 装置分别对掺入钢纤维和 PP 纤维的混掺纤维混凝土和钢纤维混凝土进行了冲击压缩试验，得到在 20/s、46/s、63/s、114/s 四个应变率下的应力-应变曲线，试验表明混掺纤维具有明显的应变率效应。

RPC 具有应变率敏感性，钢纤维的掺入提高了材料的冲击压缩性能[133,134]。黄政宇等[135]、王艳[136]通过 40mm SHPB 试验研究表明，素 RPC 的动载抗压强度随应变率增加明显，在 RPC 中掺加钢纤维较明显提高了 RPC 的韧性和变形能力，对素 RPC 用碳纤维布进行侧向约束后能大大提高其动载抗压强度和变性能力。

盛国华等[137]的研究表明不同的加载方式对 RPC 冲击性能有很大影响，有侧向约束的 RPC 比侧向自由的 RPC 抗冲击性能要好。郏晨等[138]对钢纤维 RPC 进行 SHPB 试验研究，进行应变率为 10/s～120/s 范围内的冲击压缩试验，结果表明：RPC 中钢纤维含量越大，材料在冲击荷载作用下的动态抗压强度越高，韧性越好，并且通过 SHPB 试验中不同应变率下试件的破坏程度得出 SFRPC 材料的应变率敏感阈值。

Tai[139]利用 Hopkinson 杆冲击压缩试验，研究了钢纤维体积掺量为 0～3%、抗压强度为 173.1～198.3MPa 的 RPC 的动态冲击压缩力学性能。试验结果表明：RPC 属于应变率敏感性材料，其抗压强度会随应变率的增大而增大。RPC 能量吸收能力随钢纤维掺量的提高而增大。

肖燕妮等[140]为研究增强 RPC 在冲击作用下的抗侵彻性能，对钢丝网、钢筋混凝土和钢纤维分别增强的 RPC 靶件进行炮击试验。试验结果表明：钢丝网增强 RPC 和钢纤维增强 RPC 的抗侵彻性能明显优于钢筋混凝土增强 RPC；在工艺允许的范围内，钢丝网增强 RPC 的抗侵彻性能随着钢丝直径的减小和层数的增加而提高。

黄政宇等[141]利用 SHPB 试验装置分别对有约束和无约束的素 RPC、掺 PP 纤维和掺钢纤维 RPC 进行了静力试验和不同加载速率下的动力试验，得到了不同应变率下 RPC 试件的动态抗压强度、动态增长因子及应力-应变关系曲线。

黄政宇等[142]利用 SHPB 试验装置对 RPC 圆柱体试件进行了动态拉伸性能的试验研究，基于试验结果得到了不同应变率下的 RPC 劈裂拉伸强度及拉伸的应力时程曲线，并与静态劈拉强度进行了对比。根据试验结果，分析总结了级配钢纤维 RPC 的应变率效应，以及 RPC 动态拉伸性能的影响因素。

王勇华[143]进行了 RPC 的 Hopkinson 杆冲击试验，得到了不同钢纤维体积掺量下 RPC 在不同应变率下的应力-应变关系曲线。试验结果表明：RPC 应变率的敏感性随钢纤维掺量的增大而减小。

杨少伟等[144]采用改进的 SHPB 试验装置，分别对常温及经历 400℃和 800℃高温后的 RPC 进行了单轴冲击压缩试验。试验结果表明：经历 400℃和 800℃高温后，RPC 的峰值应力和弹性模量均有较大程度的降低。同时，高温也改变了试件在冲击压缩试验下的破坏形态，试件的能量吸收能力大大降低。

任兴涛等[145]利用 Hopkinson 杆试验对钢纤维体积掺量为 2%、抗压强度为 165MPa 的 RPC 进行了冲击压缩和动态劈裂试验。试验结果表明：RPC 的抗压强度、弹性模量和劈拉强度均有明显的应变率敏感性；在动态荷载的作用下，掺钢纤维 RPC 的拉压比明显提高。

Hou 等[146,147]、Cao 等[148]完成了 RPC 试件高应变率（70/s～300/s）下动态受压 SHPB 冲击试验，考察了不同纤维种类和掺量、尺寸效应、应变率效应等对纤维 RPC 动态抗压性能的影响规律。通过研究发现：RPC 的应变率阈值为 70/s～100/s，应变率低于此区间时，不考虑其对动态强度的影响；RPC 动力应变率为 100/s～260/s 时，素 RPC 的应变率效应最明显。基于 SHPB 动态抗压试验结果，建立了 RPC 动态抗压应力-应变计算公式。

1.3.2　动态抗拉力学性能

目前国内外研究表明，应变率是影响混凝土动态拉伸强度的最主要因素。Birkimer 等[149]认为混凝土动态抗拉强度的增加幅度在高加载速率下比在低加载率下增加的幅值大。他们发现当应变率 20/s 上升到 23/s 时，混凝土抗拉强度增加了 13%。John 等[150]用 Hopkinson 杆进行劈拉试验得出，当应变率从 5×10^{-7}/s 变为 70/s 时，混凝土的抗拉强度提高系数达到 4.8。David 等[151]应用分离式 SHPB 试验装置对混凝土进行了直接拉伸试验，发现当应变率为 17.8/s 时，混凝土动态抗拉强度是准静态抗拉强度的 6.47 倍。

传统的混凝土拉伸试验主要包括劈裂试验、层裂试验、轴拉试验。随着 SHPB 技术的发展，混凝土的动态拉伸性能也可用 SHPB 装置或经过改进的 SHPB 试验装置来测定。Gomez 等[152]采用 SHPB 试验装置进行普通混凝土和岩石的劈裂试验来研究试件的破坏机理，并对破坏过程进行了数值模拟。劈裂试验的试件加工和试验方法简单，安东（Antonn）通过有限元数值模拟分析证明，动态劈裂试验中试件内部的应力分布与静态劈裂试验类似。牛卫晶等[153]和马宏伟等[154]也采用 SHPB 试验装置对普通混凝土进行了动态劈裂试验和数值模拟。

利用 SHPB 装置对混凝土直接进行层裂试验是另外一种研究混凝土动态拉伸的新方法。爆炸作用下混凝土结构破坏形式一般是反射拉伸波作用下产生的层裂破坏。因此对混凝土进行层裂试验更接近于实际情况。不少学者利用 SHPB 试验装置对混凝土层裂问题进行研究。例如，Watson 通过长度为 2 000mm 的 SHPB 压杆对尺寸为 φ25×1 000mm 的混凝土试件进行层裂试验。Klepaczko 和 Brara[155]的层裂试验结果表明，混凝土的动态拉伸强度随应变率增加而上升。胡时胜等[156]关于混凝土材料的层裂强度及其应变率效应的试验结果表明：利用大直径的 Hopkinson 杆及应变片直测技术是研究混凝土材料层裂强度的有效方法；入射波波形、大小对层裂的发生有直接的影响；混凝土的层裂强度随应变率的增加而上升。

目前，学者通过对常规的 SHPB 试验装置进行改造已经研制出了多种类型的 Hopkinson 冲击拉伸试验装置。套管式的 SHTB 试验装置工作原理一般如下：利用拉杆的套管传播子弹撞击所产生的压缩波，再通过连接点将压缩波转换为输入杆中的拉伸波，从而对试件进行冲击拉伸。SHTB 试验装置避开了对试件的直接测量，通过测量与试件相连的弹性杆上易于测量的应变波，再根据一维应力波原理来确定试件的应力-应变关系。该方法的主要缺点是为了达到试件中应力均匀性的要求，材料的应变率受到限制。经过文献调研发现，目前利用 SHPB 试验装置得到混凝土动态拉伸强度的试验中，试件中的平均应变率仅为 0/s～5/s。彭刚等[157]在 2003 年利用 SHTB 装置对纤维增强复合材料动态拉伸性能进行了研究，对加载杆中可能影响拉伸应力波形试验分析的所有干扰波进行了较系统地定量分析研究，并提出了相应的解决方法。

张凯等[158]利用 SHPB 试验装置对混凝土进行动态直接拉伸试验，提出与层裂试验和巴西圆盘试验比较，直接拉伸试验能更客观、直接地反映混凝土材料的动态拉伸性能。但试件的黏结是拉伸试验的难点，需要进一步研究高应变率下所用胶的抗拉特性。试件两端面处于不均匀的三向应力状态，因此这种复杂应力状态对材料单向动力拉伸性能的影响还有待研究。

在普通混凝土抗冲击方面的研究成果可以为测量 RPC 的动态拉伸性能提供思路。孙伟和焦楚杰[159]采用 Hopkinson 压杆对活性粉末混凝土进行冲击劈裂拉伸和冲击轴向拉伸试验，试验结果表明：RPC 冲击轴拉强度是冲击劈拉强度的一半左右；钢纤维提高了 RPC 冲击拉伸强度 1～1.5 倍，并使 RPC 破坏形态由脆性转为韧性，避免了试件的多块劈裂与多段断裂；随着纤维体积率的增大，动静态劈裂强度比值减小；造成 RPC 试件破坏的主要内部因素是基体与钢纤维之间的黏结，而非钢纤维本身抗拉强度。陈柏生等[160]采用 φ74mm 变截面 SHPB 对 φ70mm×500mm 的 3 种钢纤维（钢棉、镀铜钢纤维、端钩钢纤维）种类及 5 种配比的 RPC，进行同一种应变率下动态层裂强度的试验测试；试验数据处理是利用试件上测得的加载压缩波，直接计算绘出靠近自由端面处最大拉伸应力的位置峰值梯度曲线；综合其静态拉伸强度，发现相同体积含量的 3 种钢纤维中，镀铜钢纤维对结构体层裂强度的加强最为明显；另外得出镀铜钢纤维与端钩钢纤维添加体积含量最优配比均为 4%。

1.4　工　程　应　用

RPC 在工程中应用越来越多。最早将 RPC 应用于工程领域的是加拿大魁北克省的谢布洛克（Sherbrooke）市人行天桥，如图 1-1 所示。该桥采用钢管 RPC 桁架桥结构，桥面板厚仅为 30mm，跨度达到 60m，降低了桥梁自重，并提高了桥梁在高湿、高腐蚀环境下的耐久性能。RPC 具有超高的抗压强度，因此用它可以设计出相当轻巧的预应力混凝土结构，使其能够在工厂预制和在现场安装。此外，当地气温温差变化较大，冻融循环对桥梁结构安全的影响显著，而 RPC 优良的力学性能和耐久性能降低了冻融循环对桥梁的影响[161]。2006 年美国第一座活性粉末混凝土简支梁——瓦佩洛县火星（Wapello County Mars Hill）大桥建造完成，如图 1-2 所示。RPC 梁中添加了 φ0.16mm×13mm 钢纤维，采用 88° 热水养护 48h，简支梁跨度为 33.53m，工字型截面，高度为 1 143mm，只配了预应力钢筋，未配其他钢筋。试验过程中梁的挠曲变形达到 300mm 时梁中仍未发现裂缝，简支梁极限挠度达到 480mm，表现出优良的变形能力和力学性能。该桥充分体现了 RPC 高强度、高韧性的力学性能，被誉为未来桥梁。试验参与者哈特曼（Hartmann）对试验结果表示震惊，并对 RPC 做了精彩的评论"这种材料有良好的韧性和耗能性，不能再用描述混凝土特性的词语形容 RPC 的性能，其性能可以用钢结构的性能来描述"。

图 1-1　Sherbrooke 市人行天桥

图 1-2　Wapello County Mars Hill 大桥

　　2016 年 9 月 5 日，国内第一座 RPC 全预制拼装连续箱桥梁——长沙市北辰虹桥通过了专家组的验收，如图 1-3 所示。这座虹桥只有两个桥墩，桥面厚度 20cm，看起来非常轻巧、单薄，但是却可以承载重型卡车通过。采用活性粉末混凝土作为桥面板可提高桥梁结构的耐久性能和使用寿命。2017 年 10 月，中国铁路总公司发布《时速 160 公里、200 公里客货共线铁路预制后张法简支 T 梁系列通用图》（修订版）。按照新图集规定，全国所有新建普通铁路桥梁盖板将全部采用 RPC 材料。2018 年 9 月 1 日，世界第一块粗骨料活性粉末混凝土桥面板预制圆满成功。该桥面板应用到南京长江第五大桥，如图 1-4 所示，桥主梁为国内外首次采用钢-粗骨料活性粉末混凝土流线型扁平整体箱型组合梁，该桥面板的面世对推动桥梁装配化施工具有重大意义。

图 1-3　长沙市北辰虹桥

图 1-4　南京长江第五大桥

　　随着超高强混凝土的大力推广，RPC 将拥有美好的应用前景和未来。首先，国内主要将 RPC 应用到高铁领域，高铁中使用的电缆槽、盖板、护栏等基础设施建设都采用 RPC 预制构件[162]。其次，市政工程建设也是 RPC 广泛应用的领域，充分利用 RPC 超高强的力学特性，可减少截面尺寸、降低自重和节约空间，从而为城市建设提供技术支持。最后，在国防、防核泄漏建设中会大量使用 RPC，RPC 高强度、高韧性、高耐久性、高抗腐性、高耐冻融性等特点适合在海洋、高寒等环境恶劣地区建设国防战备工程[163]，而其低渗透性将使其在防核泄漏工程方面应用广泛。RPC 必将在未来工程建设中占据举足轻重的地位[164,165]。

1.5　小　　结

　　本章介绍了国内外学者在 RPC 配制技术、常温下和高温下/后的静态力学性能、动态力学性能等方面取得的研究成果及部分工程的应用实例。作为一种新型的高强度、高韧性及耐久性的建筑材料，RPC 有着广阔的应用前景。

参 考 文 献

[1] RICHARD P, CHEYREZY M. Reactive powder concrete with high ductility and 200-800 MPa compressive strength[R]. San Francisco: ACI Spring Convention, 1994: 507-518.

[2] YAZICI H, YARDIMCI M, YIĞITER H. Mechanical properties of reactive powder concrete containing high volumes of ground granulated blast furnace slag[J]. Cement and concrete composites, 2010, 32(8): 639-648.

[3] CHEYREZY M, MARET V, FROUIN L. Microstructural analysis of RPC (reactive powder concrete)[J]. Cement and concrete research, 1995, 25(7): 1491-1500.

[4] CHEYREZY M. Structural application of RPC[J]. Concrete, 1999, 33(1): 20-23.

[5] SCHNEIDER U. Fire resistance of high performance concrete[C]//Proceedings of the RILEM international workshop. Vienna: RILEM Technical Committee, 1994: 237-42.

[6] 郑文忠, 吕雪源. 活性粉末混凝土研究进展[J]. 建筑结构学报, 2015, 36（10）: 44-58.

[7] FREYTAG B, HEINZLE G, REICHEL M, et al. WILD-bridge scientific preparation for smooth realization[C]// SCHMIDT M, FEHLING E, GLOTZBACH C, et al. Proceedings of Hipermat 2012 3rd international symposium on UHPC and nanotechnology for high performance construction materials. Kassel: Kassel University Press, 2012: 881-888.

[8] VOO Y L, FOSTER S J, VOO C C. Ultra high-performance concrete segmental bridge technology: towards sustainable bridge construction[J]. Journal of bridge engineering, 2015, 20(8): B5014001-1-B5014001-12.

[9] Federal Highway Administration. Ultra-high performance concrete: technote, FHWA-HRT-11-038[R]. McLean: Federal Highway Administration, 2011.

[10] 郑文忠, 侯晓萌, 王英. 混凝土及预应力混凝土结构抗火研究现状与展望[J]. 哈尔滨工业大学学报, 2016, 48（12）: 1-18.

[11] 李忠献, 方秦. 工程结构抗爆防爆的研究与发展[R]. 北京: 国家自然科学基金委员会工程与材料科学部, 2006.

[12] HELMI M, HALL M R, STEVENS L A, et al. Effects of high-pressure/temperature curing on reactive powder concrete microstructure formation[J]. Construction and building materials, 2016, 105: 554-562.

[13] CANBAZ M. The effect of high temperature on reactive powder concrete[J]. Construction and building materials, 2014, 70: 508-513.

[14] YAZICI H, DENIZ E, BARADAN B. The effect of autoclave pressure, temperature and duration time on mechanical properties of reactive powder concrete[J]. Construction and building materials, 2013, 42: 53-63.

[15] RICHARD P, CHEYREZY M. Composition of reactive powder concretes[J]. Cement and concrete research, 1995, 25(7): 1501-1511.

[16] LEE N P, CHRISHOLM D H. Reactive powder concrete[R]. Wellington: Building Research Association of New Zealand, 2006.

[17] YAZICI H, YARDIMCI M Y, AYDIN S, et al. Mechanical properties of reactive powder concrete containing mineral admixtures under different curing regimes[J]. Construction and building materials, 2009, 23(3): 1223-1231.

[18] TAM C, TAM V W. Microstructural behaviour of reactive powder concrete under different heating regimes[J]. Magazine of concrete research, 2012, 64(3): 259-267.

[19] MOSTOFINEJAD D, NIKOO M R, HOSSEINI S A. Determination of optimized mix design and curing conditions of reactive powder concrete (RPC)[J]. Construction and building materials, 2016, 123: 754-767.

[20] HIREMATH P N, YARAGAL S C. Effect of different curing regimes and durations on early strength development of reactive powder concrete[J]. Construction and building materials, 2017, 154: 72-87.

[21] 何峰, 黄政宇. 200—300MPa 活性粉末混凝土（RPC）的配制技术研究[J]. 混凝土与水泥制品, 2000（4）: 3-7.

[22] 何峰, 黄政宇. 活性粉末混凝土原材料及配合比设计参数的选择[J]. 新型建筑材料, 2007, 34（3）: 74-77.

[23] 吴炎海, 何雁斌, 杨幼华, 等. 养护制度对活性粉末混凝土（RPC）强度的影响[J]. 福州大学学报（自然科学版）, 2003, 31（5）: 593-597.

[24] 吴炎海, 何雁斌. 活性粉末混凝土（RPC200）的配制试验研究[J]. 中国公路学报, 2003, 16（4）: 44-49.

[25] 王震宇, 王俊亭, 袁杰. 活性粉末混凝土配比试验研究[J]. 混凝土, 2006（6）: 80-82, 85.

[26] 刘红彬, 鞠杨, 叶光莉, 等. 活性粉末混凝土的制备技术与力学性能研究[J]. 工业建筑, 2008, 38（6）: 74-78.

[27] 郑文忠, 李莉. 活性粉末混凝土配制及其配合比计算方法[J]. 湖南大学学报（自然科学版）, 2009, 36（2）: 13-17.

[28] AN M Z, ZHANG L J, YI Q X. Size effect on compressive strength of reactive powder concrete[J]. Journal of China University of mining and technology, 2008, 18(2):279-282.

[29] 林清. 纤维约束活性粉末混凝土基本力学性能研究[D]. 福州: 福州大学, 2005.

[30] 单波. 活性粉末混凝土基本力学性能的试验与研究[D]. 长沙: 湖南大学, 2002.

[31] 郝文秀, 徐晓. 钢纤维活性粉末混凝土力学性能试验研究[J]. 建筑技术, 2012, 43（1）: 35-37.

[32] 郑文忠, 李海艳, 王英. 高温后不同聚丙烯纤维掺量活性粉末混凝土力学性能试验研究[J]. 建筑结构学报, 2012, 33（9）: 119-126.

[33] 何雁斌. 活性粉末混凝土（RPC）的配制技术与力学性能试验研究[D]. 福州: 福州大学, 2003.

[34] 吕雪源, 王英, 符程俊, 等. 活性粉末混凝土基本力学性能指标取值研究[J]. 哈尔滨工业大学学报, 2014, 46（10）: 1-9.

[35] DUGAT J, ROUX N, BERNIER G. Mechanical properties of reactive powder concretes[J]. Materials and structures, 1996, 29(4):233-240.

[36] 余志武, 丁发兴. 混凝土受压力学性能统一计算方法[J]. 建筑结构学报, 2003, 24（4）: 41-46.

[37] 柯开展, 周瑞忠. 掺短切碳纤维活性粉末混凝土的受压力学性能研究[J]. 福州大学学报（自然科学版）, 2006, 34（5）: 739-744.

[38] 郑文忠, 卢姗姗, 张明辉. 掺粉煤灰和矿渣粉的活性粉末混凝土梁受力性能试验研究[J]. 建筑结构学报, 2009, 30（3）: 62-70.

[39] 曾建仙, 吴炎海, 林清. 掺钢纤维活性粉末混凝土的受压力学性能研究[J]. 福州大学学报（自然科学版）, 2005, 33（S1）: 132-137.

[40] 谭彬. 活性粉末混凝土受压应力应变全曲线的研究[D]. 长沙: 湖南大学, 2007.

[41] 闫光杰. 200MPa 级活性粉末混凝土（RPC200）的破坏准则与本构关系研究[D]. 北京: 北京交通大学, 2005.

[42] 原海燕. 配筋活性粉末混凝土受拉性能试验研究及理论分析[D]. 北京: 北京交通大学, 2009.

[43] British Standards Institution. Design of concrete structures-part 1-2, general rules-structural fire design: BS EN 1992-1-2:2004[S]. London: British Standards Institution, 2004.

[44] KODUR V K R, SULTAN M A. Effect of temperature on thermal properties of high-strength concrete[J]. Journal of materials in civil engineering, 2003, 15(2): 101-107.

[45] 郑文忠，王睿，王英. 活性粉末混凝土热工参数试验研究[J]. 建筑结构学报，2014，35（9）：107-114.

[46] JU Y, LIU H B, LIU J H, et al. Investigation on thermo-physical properties of reactive powder concrete[J]. Science China technological sciences, 2011, 54(12): 3382-3403.

[47] 罗百福. 高温下活性粉末混凝土爆裂规律及力学性能研究[D]. 哈尔滨：哈尔滨工业大学，2014.

[48] 何玲玲. 防火涂层混凝土箱梁火灾温度场分析[D]. 西安：长安大学，2014.

[49] 过镇海，时旭东. 钢筋混凝土原理[M]. 北京：清华大学出版社，2003.

[50] KHOURY G A. Polypropylene fibres in heated concrete. part 2: pressure relief mechanisms and modelling criteria[J]. Magazine of concrete research, 2008, 60(3): 189-204.

[51] RASHAD A M, BAI Y, BASHEER P A M, et al. Chemical and mechanical stability of sodium sulfate activated slag after exposure to elevated temperature[J]. Cement and concrete research, 2012, 42(2): 333-343.

[52] ZHENG W, LUO B, WANG Y. Stress-strain relationship of steel-fibre reinforced reactive powder concrete at elevated temperatures[J]. Materials and structures, 2015, 48(7): 2299-2314.

[53] SANCHAYAN S, FOSTER S J. High temperature behaviour of hybrid steel-PVA fibre reinforced reactive powder concrete[J]. Materials and structures , 2016,49(3): 769-782.

[54] LEA F C. Effect of temperature on some of the properties of materia[J]. Engineering, 1920, 110: 293-298.

[55] MALHOTRA H L. Effect of temperature on compressive strength of concrete[J]. Magazine of concrete research, 1956, 23(8): 85-94.

[56] ABRAMS M S. Compressive strength of concrete at temperatures to 1600F[J]. International concrete abstracts portal, 1971, 25(S1): 33-58.

[57] LIU C T, HUANG J S. Fire performance of highly flowable reactive powder concrete[J]. Construction and building materials, 2009, 23(5): 2072-2079.

[58] 刘红彬. 活性粉末混凝土的高温力学性能与爆裂的试验研究[D]. 北京：中国矿业大学，2012.

[59] 过镇海，时旭东. 钢筋混凝土的高温性能及其计算[M]. 北京：清华大学出版社，2003.

[60] SIDERIS K K. Mechanical characteristics of self-consolidating concrete exposed to elevated temeperatures[J]. Journal of materials in civil engineering, 2007, 19(8): 648-654.

[61] CHAN G F, PENG F, ANSON M. Residual strength and pore structure of highstrength concrete and normal strength concrete after exposure to high temperatures[J]. Cement and concrete composites, 1999, 21(1): 23-27.

[62] 康义荣. 混杂纤维活性粉末混凝土高温残余力学性能的试验研究[D]. 北京：北京交通大学，2011.

[63] 陈强. 高温对活性粉末混凝土高温爆裂行为和力学性能的影响[D]. 北京：北京交通大学，2010.

[64] 胡海涛，董毓利. 高温时高强混凝土强度和变形的试验研究[J]. 土木工程学报，2002，35（6）：44-47.

[65] KODUR V K R, WANG T C, CHENG F P. Predicting the fire resistance behavior of high strength concrete columns[J]. Cement and concrete composites, 2004, 26(2): 141-153.

[66] 李海艳. 活性粉末混凝土高温爆裂及高温后力学性能研究[D]. 哈尔滨：哈尔滨工业大学，2012.

[67] 陆洲导. 钢筋混凝土梁对火灾反应的研究[D]. 上海：同济大学，1989.

[68] LEE J, XI Y, WILLAM K, et al. A multiscale model for modulus of elasticity of concrete at high temperatures[J]. Cement and concrete research, 2009, 39(9): 754-762.

[69] British Standards Institution. Structural use of concrete: BS 8110-1[S]. London: British Standards Institution, 1985.

[70] KHALIQ W, KODUR V. Thermal and mechanical properties of fiber reinforced high performance self-consolidating concrete at elevated temperatures[J]. Cement and concrete research, 2011, 41(11): 1112-1122.

[71] KIM G Y, KIM Y S, LEE T G. Mechanical properties of high-strength concrete subjected to high temperature by stressed test[J]. Transactions of Nonferrous Metals Society of China, 2009, 19(1): 128-133.

[72] CHENG F P, KODUR V K R, WANG T C. Stress-strain curves for high strength concrete at elevated temperatures[J]. Journal of materials in civil engineering, 2004, 16(1): 84-94.

[73] LIE T T, KODUR V K R. Thermal and mechanical properties of steel-fibre-reinforced concrete at elevated temperatures[J]. Canadian journal of civil engineering, 1996, 23(2): 511-517.

[74] ANDERBERG Y, THELANDERSSON S. Stress and deformation characteristics of concrete at high temperatures: 2 experimental investigation and material behaviour model[M]. Lund: Lund Institute of Technology, 1976.

[75] TAI Y S, PAN H H, KUNG Y N. Mechanical properties of steel fiber reinforced reactive powder concrete following exposure to high temperature reaching 800℃[J]. Nuclear engineering and design, 2011, 241(7): 2416-2424.

[76] 刘红彬, 鞠杨, 孙华飞, 等. 活性粉末混凝土的高温爆裂及其内部温度场的试验研究[J]. 工业建筑, 2014（11）: 126-130.

[77] 李海艳. 活性粉末混凝土高温爆裂及高温后力学性能研究[D]. 哈尔滨: 哈尔滨工业大学, 2012.

[78] 李荣涛. 混凝土结构火灾爆裂危险性评估研究[J]. 自然灾害学报, 2012（1）: 204-210.

[79] HEO Y S, HAN C G, KIM K M. Combined fiber technique for spalling protection of concrete column, slab and beam in fire[J]. Materials and structures, 2015, 48(10): 3377-3390.

[80] KAHANJI C, ALI F, NADJAI A. Experimental study of ultra-high performance fibre reinforced concrete under ISO 834 fire[C]//GARLOCK M, KODUR V. Proceedings of the Nineth International Conference Structures in Fire. Princeton: Princeton University, 2016.

[81] MINDEGUIA J C, PIMIENTA P, NOUMOWÉ A, et al. Temperature, pore pressure and mass variation of concrete subjected to high temperature—experimental and numerical discussion on spalling risk[J]. Cement and concrete research, 2010, 40(3): 477-487.

[82] GAWIN D, PESAVENTO F, CASTELLS A G. On reliable predicting risk and nature of thermal spalling in heated concrete[J]. Archives of civil and mechanical engineering, 2018, 18(4): 1219-1227.

[83] FELICETTI R, LO MONTE F, PIMIENTA P. A new test method to study the influence of pore pressure on fracture behaviour of concrete during heating[J]. Cement and concrete research, 2017, 94:13-23.

[84] HARMATHY T Z. Effect of moisture on the fire endurance of building elements[J]. ASTM special technical publication, 1965, 385: 74-95.

[85] KALIFA P, MENNETEAU F D, QUENARD D. Spalling and pore pressure in HPC at high temperatures[J]. Cement and concrete research, 2000, 30(12): 1915-1927.

[86] PHAN L T. Pore pressure and explosive spalling in concrete[J]. Materials and structures, 2008, 41(10): 1623-1632.

[87] JU Y, LIU H B, TIAN K P, et al. An investigation on micro pore structures and the vapor pressure mechanism of explosive spalling of RPC exposed to high temperature[J]. Science China technological sciences, 2013, 56(2): 458-470.

[88] BAZANT Z P, THONGUTHAI W. Pore pressure and drying of concrete at high temperature[J]. Journal of the engineering mechanics division, 1978, 104(5): 1059-1079.

[89] MOUNAJED G, OBEID W. A new coupling FE model for the simulation of thermal-hydro-mechanical behaviour of concretes at high temperatures[J]. Materials and structures, 2004, 37(6): 422-432.

[90] TENCHEV R T, LI L Y, Purkiss J A. Finite element analysis of coupled heat and moisture transfer in concrete subjected to fire[J]. Numerical heat transfer: part a: applications, 2001, 39(7): 685-710.

[91] ICHIKAWA Y, ENGLAND G L. Prediction of moisture migration and pore pressure build-up in concrete at high temperatures[J]. Nuclear engineering and design, 2004, 228(1-3): 245-259.

[92] DWAIKAT M B, KODUR V K R. Hydrothermal model for predicting fire-induced spalling in concrete structural systems[J]. Fire safety journal, 2009, 44(3): 425-434.

[93] 罗百福. 高温下活性粉末混凝土爆裂规律及力学性能研究[D]. 哈尔滨: 哈尔滨工业大学, 2014.

[94] KALIFA P, MENNETEAU F D, QUENARD D. Spalling and pore pressure in HPC at high temperatures[J]. Cement and concrete research, 2000, 30(12): 1915-1927.

[95] Bažant Z P. Analysis of pore pressure, thermal stresses and fracture in rapidly heated concrete[C]//PLAN L. Proceedings of International Workshop on Fire Performance of High-strength Concrete. Gaithersburg: NIST, 1997: 155-164.

[96] ALI F, NADJAI A, SILCOCK G, et al. Outcomes of a major research on fire resistance of concrete columns[J]. Fire safety journal, 2004, 39(6): 433-445.

[97] KALIFA P, CHÉNÉ G, GALLÉ C. High-temperature behavior of HPC with polypropylene fibers from spalling to microstructure[J]. Cement and concrete research, 2001, 31(10): 1487-1499.

[98] BANGI M R, HORIGUCHI T. Effect of fibre type and geometry on maximum pore pressures in fibre-reinforced

high strength concrete at elevated temperatures[J]. Cement and concrete research, 2012, 42(2): 459-466.

[99] CHENG F, VKODUR K, WANG T C. Stress-strain cures for high-strength concrete at elevated temperatures[J]. Journal of materials in civil engineering, 2004, 16(1): 84-94.

[100] PONS G, MOURET M, ALCANTARA J, et al. Mechanical behaviour of self-compacting concrete with hybrid fibre reinforcement[J]. Materials and structures, 2007, 40(2): 201-210.

[101] CANBAZ M. The effect of high temperature on reactive powder concrete[J]. Construction and building materials, 2014, 15(70): 508-13.

[102] KODUR V R, MCGRATH R. Fire endurance of high strength concrete columns[J]. Fire technology, 2003, 39(1): 73-87.

[103] AYDIN S, BARADAN B. High temperature resistance of alkali-activated slag-and Portland cement-based reactive powder concrete[J]. ACI materials journal, 2012, 109(4): 463-470.

[104] JU Y, LIU J H, LIU H B, et al. On the thermal spalling mechanism of reactive powder concrete exposed to high temperature: numerical and experimental studies[J]. International journal of heat and mass transfer, 2016 (98): 493-507.

[105] 刘红彬. 活性粉末混凝土的高温力学性能与爆裂的试验研究[D]. 北京：中国矿业大学，2012.

[106] 陈强. 高温对活性粉末混凝土高温爆裂行为和力学性能的影响[D]. 北京：北京交通大学，2010.

[107] 康义荣. 混杂纤维活性粉末混凝土高温残余力学性能的试验研究[D]. 北京：北京交通大学，2011.

[108] ZHENG W Z, LUO B F, WANG Y. Compressive and tensile properties of reactive powder concrete with steel fibres at elevated temperatures[J]. Construction and building materials, 2013, 41: 844-851.

[109] ZHENG W, LI H, WANG Y. Compressive stress-strain relationship of steel fiber-reinforced reactive powder concrete after exposure to elevated temperatures[J]. Construction and building materials, 2012, 35: 931-940.

[110] ZHENG W, LI H, WANG Y. Compressive behaviour of hybrid fiber-reinforced reactive powder concrete after high temperature[J]. Materials and design, 2012, 41: 403-409.

[111] JU Y, WANG L, LIU H, et al. An experimental investigation of the thermal spalling of polypropylene-fibered reactive powder concrete exposed to elevated temperatures[J]. Science bulletin, 2015, 60(23): 2022-2040.

[112] ZHENG W, LI H, WANG Y, et al. Tensile properties of steel fiber-reinforced reactive powder concrete after high temperature[J]. Advanced materials research, 2012, 413: 270-276.

[113] RASHAD A M, BAI Y, BASHEER P A M, et al. Chemical and mechanical stability of sodium sulfate activated slag after exposure to elevated temperature[J]. Cement and concrete research, 2012, 42(2): 333-343.

[114] NIMITYONGSKUL P, DALADAR T U. Use of coconut husk ash, corn cob ash and peanut shell ash as cement replacement[J]. Journal of ferrocemen, 1995,25(1): 35-44.

[115] ABRAMS M S. Compressive strength of concrete at temperatures to 1600 F[R]. Detroit: American Concrete Institute, 1971.

[116] ZHENG W, LI H, WANG Y. Compressive and tensile properties of reactive powder concrete with steel fibers at elevated temperatures[J]. Construction and building materials 2013, 41: 844-851.

[117] ZHENG W, LUO B, WANG Y. Stress-strain relationship of steel-fibre reinforced reactive powder concrete at elevated temperatures[J]. Materials and structures 2015, 48: 2299-2314.

[118] Committee BD-002, Concrete Structures. Concrete Structures: AS 3600—2001[S]. Sydney: Committee BD-002, Concrete Structures, 2001.

[119] CHANG Y F, CHEN Y H, SHEU M S, et al. Residual stress-strain relationship for concrete after exposure to high temperatures[J]. Cement and concrete research, 2005, 36(10):1999-2005.

[120] American Concrete Institute. Guide for determining the fire endurance of concrete elements[R]. Farmington: ACI, 1989:216R-289R.

[121] American Society of Civil Engineers. Structural fire protection[M]. New York: American Society of Civil Engineers, 1992.

[122] 李海艳. 活性粉末混凝土高温爆裂及高温后力学性能研究[D]. 哈尔滨：哈尔滨工业大学，2012.

[123] WATEIN D. Effect of straining rate on the compressive strength and elastic properties of concrete[J]. ACIJ, 1953,

49(8): 729-744.

[124] HUGHES B R, GREGORY R. Concrete subjected to high rates of loading in compression[J]. Magazine of concrete research, 1972, 24(78): 25-36.

[125] 闫东明, 林皋. 混凝土动力试验设备的发展现状与展望[J]. 水科学与工程技术, 2007, 4（1）: 1-3.

[126] 葛涛, 潘越峰, 谭可可, 等. 活性粉末混凝土抗冲击性能研究[J]. 岩石力学与工程学报, 2007, 26（S1）: 3553-3557.

[127] 戎志丹, 孙伟, 张云升. 钢纤维掺量和应变率对超高性能水泥基复合材料层裂的影响[J]. 南京解放军理工大学学报（自然科学版）, 2009, 10（6）: 542-547.

[128] 王勇华, 梁小燕, 王正道, 等. 活性粉末混凝土冲击压缩性能试验研究. 工程力学, 2008, 25（11）: 167-173.

[129] ROSS C A, TEDESCO J W, KUENNEN S T. Effect of strain rate on concrete strength[J]. ACI materials journal, 1995, 92(5): 37-47.

[130] TEDESCO J W, HUGHES M L, ROSS C A. Numerical simulation of high strain rate concrete compression tests[J]. Computers & structures, 1994, 51(1): 65-67.

[131] 严少华, 钱七虎, 姜锡全. 超短钢纤维高强混凝土静力与动力抗压特性对比试验及分析[J]. 混凝土与水泥制品, 2001, 7（1）: 33-35.

[132] 李智, 卢哲安, 陈猛, 等. 混杂纤维混凝土冲击压缩性能 SHPB 试验研究[J]. 混凝土, 2011（4）: 20-22.

[133] 赵国藩, 彭少民, 黄承逵, 等. 钢纤维混凝土结构[M]. 北京: 中国建筑工业出版社, 1999.

[134] 林小松, 杨果林. 钢纤维高强与超高强混凝土[M]. 北京: 科学出版社, 2002.

[135] 黄政宇, 王艳, 肖岩, 等. 应用 SHPB 试验对活性粉末混凝土动力性能的研究[J]. 湘潭大学自然科学学报, 2006, 28（2）: 114-117.

[136] 王艳. 应用 SHPB 试验对活性粉末混凝土动力性能的研究[D]. 湘潭: 湘潭大学, 2006: 3-47.

[137] 盛国华, 刘红彬, 王会杰, 等. 活性粉末混凝土的冲击性能研究[J]. 混凝土理论研究, 2009, 11: 23-31.

[138] 郑晨, 焦楚杰, 张亚芳, 等. 钢纤维活性粉末混凝土 SHPB 试验研究[J]. 广州大学学报（自然科学版）, 2013, 12（2）: 56-60.

[139] TAI Y S. Uniaxial compression tests at various loading rates for reactive powder concrete[J]. Theoretical and applied fracture mechanics, 2009, 52(1):14-21.

[140] 肖燕妮, 王耀华, 毕亚军, 等. 增强活性粉末混凝土抗侵彻试验[J]. 解放军理工大学学报（自然科学版）2005, 6（3）: 262-264.

[141] 黄政宇, 王艳, 肖岩, 等. 应用 SHPB 试验对活性粉末混凝土动力性能的研究[J]. 湘潭大学自然科学学报, 2006, 28（2）: 113-117.

[142] 黄政宇, 秦联伟, 肖岩, 等. 级配钢纤维活性粉末混凝土的动态拉伸性能的试验研究[J]. 铁道科学与工程学报, 2007, 4（4）: 34-40.

[143] 王勇华, 梁小燕, 王正道, 等. 活性粉末混凝土冲击压缩性能试验研究[J]. 工程力学, 2008, 25（11）: 162-172.

[144] 杨少伟, 巴恒静, 杨英姿. 钢纤维活性粉末混凝土高温后动态压缩性能研究[J]. 低温建筑技术, 2009, 31（3）: 1-3.

[145] 任兴涛, 周听清, 钟方平, 等. 钢纤维活性粉末混凝土的动态力学性能[J]. 爆炸与冲击, 2011, 31（5）: 540-547.

[146] HOU X M, CAO S J, RONG Q, et al. Effects of steel fiber and strain rate on the dynamic compressive stress-strain relationship in reactive powder concrete[J]. Construction and building materials, 2018, 170: 570-581.

[147] HOU X M, CAO S J, Zheng W Z, et al. Experimental study on dynamic compressive properties of fiber-reinforced reactive powder concrete at high strain rates[J]. Engineering structures, 2018, 169: 119-130.

[148] CAO S J, HOU X M, RONG Q, et al. Effect of specimen size on dynamic compressive properties of fiber-reinforced reactive powder concrete at high strain rates[J]. Construction and building materials, 2019,194: 71-82.

[149] BIRKIME R D L, LINDERMANN R. Dynamic tensile strength of concrete materials[J]. ACI materials journal, 1971, 68(8): 47-49.

[150] JOHN R, ANTOUN T, RAJENDRAN A M. Effect of strain rate and size on tensile strength of concrete[C]// Proceedings of 1991 APS Topical Conference on Shock Compression of Condensed Matter. Williamsburg: Elsevier

Science Publisher, 1992.

[151] DAVID E L, ROSS C A. Strain rate effects on dynamic fracture and strength[J]. International journal of impact engineering, 2000, 24(10): 985-998.

[152] GOMEZ J T, SHUKLA A, SHARMA A. Static and dynamic behavior of concrete and granite in tension with damage[J]. Theoretical and applied fracture mechanics, 2001, 36(1): 37-49.

[153] 牛卫晶, 阎晓鹏, 张立军, 等. 高应变率下混凝土动态拉伸性能的试验研究[J]. 太原理工大学学报, 2006, 37（2）: 238-241.

[154] 马宏伟, 阎晓鹏, 程载斌, 等. 混凝土动态劈裂拉伸试验的数值模拟[J]. 宁波大学学报, 2003, 16（4）: 345-353.

[155] KLEPACZKO J R, BRARA A. An experimental method for dynamic tensile testing of concrete by spalling[J]. International journal of impact engineering, 2001, 25(4): 387-409.

[156] 胡时胜, 张磊, 武海军, 等. 混凝土材料层裂强度的试验研究[J]. 工程力学, 2004, 21（4）: 128-132.

[157] 彭刚, 冯家臣, 胡时胜, 等. 纤维增强复合材料高应变率拉伸试验技术研究[J]. 试验力学, 2004, 19（2）: 136-143.

[158] 张凯, 陈荣刚, 张威, 等. 混凝土动态直接拉伸试验技术研究[J]. 试验力学, 2014, 29（1）: 89-97.

[159] 孙伟, 焦楚杰. 活性粉末混凝土冲击拉伸试验研究[J]. 广州大学学报（自然科学版）, 2011, 10（1）: 42-48.

[160] 陈柏生, 肖岩, 黄政宇, 等. 钢纤维活性粉末混凝土动态层裂强度试验研究[J]. 湖南大学学报（自然科学版）, 2009, 36（7）: 12-17.

[161] 陈宝春, 季韬, 黄卿维, 等. 超高性能混凝土研究综述[J]. 建筑科学与工程学报, 2014（3）: 1-24.

[162] 中华人民共和国铁道部技术司. 客运专线活性粉末混凝土（RPC）材料人行道挡板、盖板暂行技术条件[R]. 北京: 中华人民共和国铁道部技术司, 2006.

[163] CHUANG M L, HUANG W H. Durability analysis testing on reactive powder concrete[J]. Advanced materials research, 2013, 811: 244-248.

[164] 生永晨, 李来恩. 高强混凝土与活性粉末混凝土在海防工程中的应用[J]. 中国军转民, 2013, 7: 72-75.

[165] 张二猛, 林东. 我国高强超高强混凝土的研究与应用综述[J]. 商品混凝土, 2015（8）: 32-35.

第2章 250MPa 活性粉末混凝土配制及孔隙压力试验

2.1 引 言

RPC 是一种超高强度混凝土，其配制过程包括原材料选取、配合比设计、搅拌成型及养护等。本章试验研究了 RPC 配合比，优化搅拌成型工艺，探究了原材料、配合比、钢纤维掺量、热养护温度和时间对 RPC 抗压强度的影响。针对混凝土强度越高，爆裂临界温度越低的问题，开展 RPC 内部的孔隙压力与高温爆裂试验。

2.2 250MPa 级 RPC 配合比研究

2.2.1 原材料

本试验制备 RPC 选用的原材料主要有水泥、硅灰、矿渣、石英砂、石英粉、河砂、钢纤维、聚羧酸系高效减水剂。各种材料的主要参数如下。

1）水泥选用黑龙江亚泰集团哈尔滨水泥有限公司生产的天鹅牌 P·O 42.5 普通硅酸盐水泥。水泥的各项指标符合《通用硅酸盐水泥》（GB 175—2007）的质量要求。

2）矿渣选用哈尔滨三发新型节能建材有限责任公司生产的 S95 级矿渣，密度为 2.85g/cm³，比表面积为 366m²/kg。

3）硅灰选用河南省巩义市金石耐材有限公司生产的 1000 目（13μm）硅灰。SiO_2 含量 94%；堆积密度 330kg/m³，密度 1 700kg/m³，平均粒径 0.1～0.3μm，比表面积 21 210m²/kg，表观特征呈黑灰色超细粉末状。

4）石英粉和石英砂选用哈尔滨晶华水处理材料有限公司生产的 325 目石英粉（平均粒径 0.05mm），40～70 目（平均粒径 0.6～0.36mm）石英中砂和 70～140 目（平均粒径 0.36～0.18mm）石英细砂，SiO_2 含量超过 99.6%。

5）河砂选用石家庄灵寿县振河矿产品加工厂产的普通河砂，表观密度 2 580kg/m³，堆积密度 1 569kg/m³，最大粒径 3mm，细度模数约 2.89。

6）减水剂选用青岛虹厦高分子材料有限公司生产的聚羧酸高效减水剂。pH 为 6～8，减水率 25%～35%，密度（1 080±20）kg/m³，固形物含量 40%。

7）钢纤维选用辽宁鞍山昌宏科技发展有限公司生产的平直型镀铜钢纤维。平均长度 13mm，平均直径 0.18mm，抗拉强度 2 850MPa。

2.2.2 配合比

根据多次试配结果，发现由于原材料不同，相同的配合比并不能得到相同强度的 RPC。因此，选取与文献[1]相同的原材料，并对其配合比进行改进，试验配合比见表 2-1。

表 2-1 试验配合比

养护方式	水泥	硅灰	矿渣	石英粉	石英中砂	石英细砂	河砂	减水剂/%	钢纤维掺量/%	水胶比	抗压强度/MPa
A	1	0.3		0.37	0.6	0.6		3		0.17	95
	1	0.3		0.37	0.78	0.39		3		0.17	99
	1	0.3	0.15	0.37	0.6	0.6		3		0.17	103
	1	0.3	0.25	0.37	0.78	0.39		3		0.17	109
	1	0.3	0.25	0.37	0.6	0.6		3		0.17	107
	1	0.3	0.15		0.6	0.6		2.5	0	0.17	125
	1	0.3	0.15		0.6	0.6		2.5	1	0.17	141
	1	0.3	0.15		0.6	0.6		2.5	2	0.17	155
	1	0.3	0.15		0.6	0.6		2.5	3	0.17	162
	1	0.3	0.15				1.75	3	3	0.19	142
B	1	0.3		0.37	0.6	0.6		3.5	3	0.22	157
	1	0.3		0.37	0.78	0.39		3.5	3	0.22	192
	1	0.3	0.15	0.37	0.6	0.6		3.5	3	0.19	189
	1	0.3	0.25	0.37	0.78	0.39		3.5	3	0.19	222
C	1	0.3	0.15		0.6	0.6		2.5	3	0.16	215
	1	0.3	0.25		0.6	0.6		2.5	3	0.16	202
	1	0.3	0.15		0.6	0.6		2.5	3	0.17	240
	1	0.3	0.15		0.78	0.39		2.5	3	0.17	231
	1	0.3	0.25		0.6	0.6		2.5	3	0.17	219
	1	0.3	0.25		0.78	0.39		2.5	3	0.17	218
	1	0.3	0.15				1.75	3	3	0.17	214
D	1	0.3	0.15				1.75	3	3	0.17	199
	1	0.3	0.15				1.75	3	3	0.19	169
	1	0.3	0.25				1.75	3	3	0.19	167
	1	0.3	0.15		0.6	0.6		2.5	3	0.17	203

注：1）各材料配比均为与水泥质量的比值，以下同。

2）减水剂用量为胶凝材料质量的百分数（%），以下同。

3）钢纤维掺量为试件体积掺量（%），以下同。

4）A 表示 90℃蒸汽养护 3d，B 表示 90℃蒸汽养护 3d+250℃热养护 8h，C 表示 90℃蒸汽养护 7d+250℃热养护 8h，D 表示 250℃热养护 18h。

5）热养护升温速率均为 2.5℃/min，热养护时间均为恒温时间，以下同。

6）试件尺寸均为 70.7mm×70.7mm×70.7mm，以下同。

根据表 2-1 多次试配结果，调整原材料和配合比，优化搅拌成型工艺，最终得到流动性良好、强度高的 RPC 最优配合比进行养护制度对比分析试验，RPC 最优配合比见表 2-2。

表 2-2　RPC 最优配合比

水胶比 (W/B)	胶凝材料（B）			石英中砂 (S/C)	石英细砂 (S/C)	减水剂/ %	钢纤维/ %	流动性/ mm
	水泥 (C)	硅灰 (SF/C)	矿渣 (S/C)					
0.17	1	0.30	0.15	0.6	0.6	2.5	3	161

2.2.3　试件制备及养护

RPC 试件制备选用水泥胶砂搅拌机搅拌，成型时用振动台振捣，养护采用高温电阻炉和蒸汽养护箱，如图 2-1 所示。

（a）水泥胶砂搅拌机

（b）高温电阻炉

（c）蒸汽养护箱

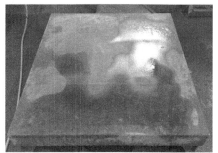

（d）振动台

图 2-1　RPC 试件制作所需设备

拌合物的流动度按照《水泥胶砂流动度测定方法》（GB/T 2419—2005）使用跳桌法测得。试件抗压强度按照《建筑砂浆基本性能试验方法标准》（JGJ/T 70—

2009）在 YA-2000 型电液式压力机上测得，加载速率控制为 0.06～0.1MPa/s。试件的制备按如下步骤进行。

1）将称好的水泥、硅灰、矿渣、石英粗砂和石英细砂倒入搅拌机，干料低速搅拌 3min。

2）待干料搅拌均匀后，加入一半的水和减水剂均匀混合液体，搅拌 3min，拌合料颜色逐渐变深，减水剂开始发挥作用。

3）加入剩余水和减水剂混合液体，拌合料逐渐由硬块状转变成塑性流动状，均匀撒入钢纤维，搅拌 6min。

4）搅拌完成后，将拌合料浇筑于 70.7mm×70.7mm×70.7mm 的试模中，装模时采用分层插捣，填装完毕后在混凝土振动台上振捣成型，边振捣边抹平，待试件表面溢水时停止振动。

5）将成型后的试件表面用保鲜膜密封，避免水分蒸发流失，在室温条件下静置 24h 后拆模。

将制备好的试件进行蒸汽养护，具体养护处理方法分别如下。

1）90℃蒸汽养护 3d、5d、7d。

2）90℃蒸汽养护 3d、5d、7d+250℃热养护 8h。

3）90℃蒸汽养护 3d+200℃、250℃、300℃热养护 8h。

4）90℃蒸汽养护 3d+300℃热养护 8h、16h、24h。

2.2.4　RPC 配合比试验

1. 原材料及配合比的影响

（1）石英粉

在文献[1]的基础上进行 RPC 的试配，基于文献[1]建议的配合比增加了石英粉以提高拌合物的密实度。但石英粉粒径较小，降低了拌合物的流动性，导致成型困难，难以达到高强度。图 2-2 为加石英粉蒸汽养护后进行抗压强度测试破坏后的 RPC 试件，由图可以看出，试件内部石英粉呈灰白状，说明蒸汽养护时试件内石英粉火山灰反应较弱，仅起到填充作用。在保证流动性良好的前提下，提高水胶比及减水剂用量，采用热养护可提高抗压强度。由表 2-1 可知，90℃蒸汽养护 3d 后，再进行 250℃热养护 8h，RPC 抗压强度最高可达到 222MPa。这是因为石英粉在常温和蒸汽养护时火山灰反应较弱，而在 200℃以上热养护才可激发其活性，提高 RPC 的强度。

图 2-2　加石英粉 RPC 破坏试件

（2）减水剂

RPC 水胶比较低，必须掺加一定量的高效减水剂以达到超高强度和良好流动性。减水剂通过电解，使水泥浆絮凝结体中游离水释放出来，从而达到减水效果。在原材料和配合比保持不变的情况下，减水剂影响着 RPC 的水胶比和拌合物的流动性，适当增大减水剂掺量可降低水胶比。但减水剂掺量过多会增加拌合物的黏性，试件成型时会产生大量气泡，导致 RPC 试件内部孔隙过多，不利于强度增长。由表 2-1 试配结果可知，当减水剂掺量控制在胶凝材料质量的 2%～3%时，RPC 试件容易成型且能达到高强度。因此，在保证流动性和高强度的前提下，建议减水剂掺量控制在胶凝材料质量的 2%～3%。

（3）配合比

优化配合比是基于最大紧密堆积原则，提高材料颗粒级配，达到最密实状态，减少混凝土中孔隙，从而使 RPC 具有超强的力学性能和优良的耐久性能。在活性粉末混凝土的配制中，常用石英砂代替粗骨料，石英砂颗粒圆整、表面光洁，粒度组成均匀合理，能有效地过渡骨料与水泥浆体间的黏结面，提高密实度。由表 2-1 可知，石英中砂和石英细砂配比为 2：1 的 RPC 试件强度高于配比 1：1 的试件，改变配比后，优化了颗粒级配，但强度提高并不显著，只有 5MPa 左右。矿渣是高炉冶炼生铁时产生的副产品，呈玻璃体，在 RPC 配制过程中增加矿渣可以提高拌合物的流动性。由表 2-1 可知，增加矿渣后可提高抗压强度约 10MPa。河砂由水流长期冲刷作用形成，资源较为丰富，成本低。在 RPC 中采用河砂代替石英砂时，提高了拌合物的黏度，降低了流动性，试件颜色较深。由表 2-1 可知，采用 250℃热养护 18h，水胶比为 0.19 的 RPC 强度只有 169MPa，而水胶比为 0.17 时，RPC 最高强度可达到 203MPa。

2. 钢纤维掺量的影响

在活性粉末混凝土中添加钢纤维可提高强度、韧性及抗爆裂性能。钢纤维均匀分布在混凝土中，可减少混凝土早期收缩和裂纹开展，起支撑骨架的作用。在混凝土受力过程中，主要由水泥基体承受外力，钢纤维则限制了水泥基体裂缝的开展。当内部产生裂缝后，钢纤维的应力逐渐增大，直至钢纤维从水泥基体拔出，试件破坏。图 2-3 是加 3%钢纤维试件抗压强度测试破坏后的形态，可以看出试件整体性较好，试件呈现裂而不散的形态，钢纤维提高了 RPC 的延展性。素 RPC 破坏呈脆裂状，完全失去其原有形态（图 2-2）。图 2-4 为钢纤维掺量对 RPC 抗压强度的影响，可知，当钢纤维掺量从 1%提高至 2%时，RPC 抗压强度明显提高，为 15MPa 左右；钢纤维掺量为 3%的 RPC 抗压强度较掺量 2%的 RPC 提高仅为 7MPa，较素 RPC 提高 37MPa（增幅 30%）。由此可知，钢纤维可提高 RPC 抗压强度，在经济和高强度的前提下，建议钢纤维掺量控制在 2%～3%。

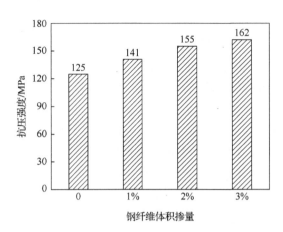

图 2-3　钢纤维掺量 3%的 RPC 破坏试件　　图 2-4　钢纤维掺量对 RPC 抗压强度的影响

3. 热养护温度和时间的影响

养护方式对 RPC 的抗压强度有着重要影响,试验分别进行了蒸汽养护和热养护下 RPC 试件的强度测试,试验结果见表 2-3。由表 2-3 可知,蒸汽养护时间从 5d 增加至 7d,RPC 抗压强度只提高 2MPa,可认为蒸汽养护 5d 就可达到蒸汽养护条件下 RPC 的极限强度。图 2-5 为蒸汽养护和组合养护强度对比,组合养护为蒸汽养护后再采用热养护的养护方式。由图 2-5 可以看出,组合养护后 RPC 强度提高 50~70MPa(增幅 31%~42%),强度提高效果十分显著。对于不同养护方式造成强度相差悬殊的原因可以从蒸汽养护和热养护作用机理进行解释,如图 2-6 所示。由图 2-6(a)可知,在蒸汽养护条件下,RPC 的高致密性和低渗透性,使蒸汽养护箱内的蒸汽难以进入 RPC 试件内部,仅对试件表面起到蒸汽养护作用,试件内部的蒸汽养护效果则相对较差,因而强度提高并不明显。图 2-7 为热养护作用下 RPC 内部水蒸气及孔隙压力形成过程,可以看出在热养护作用下,RPC 内部水分蒸发成水蒸气,水蒸气向 RPC 基体扩散迁移。由于 RPC 试件内部的水蒸气难以逃逸,在试件内部孔隙中形成孔隙压力,对 RPC 试件起到高温蒸压的养护作用,如图 2-6(b)所示。热养护促进了水泥水化反应和火山灰反应[火山灰质掺合料里含有的 SiO_2 和 Al_2O_3 等与 $Ca(OH)_2$ 反应[2]],因而热养护可使 RPC 达到较高强度。此外,热养护后的 RPC 试件内部孔隙水分蒸发,火灾下试件再次升温也难以形成较高的孔隙压力,因此 RPC 试件不易发生爆裂。

表 2-3　不同养护方式的 RPC 抗压强度

蒸汽养护	养护天数/d	3	5	7
	抗压强度/MPa	162	168	170
蒸汽养护+ 250℃热养护 8h	养护天数/d	3	5	7
	抗压强度/MPa	223	237	240

续表

蒸汽养护 3d+ 热养护 8h	热养护温度/℃	200	250	300
	抗压强度/MPa	197	223	232
蒸汽养护 3d+ 300℃热养护	热养护时间/h	8	16	24
	抗压强度/MPa	232	241	250

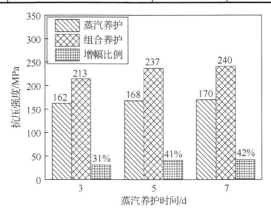

图 2-5　蒸汽养护和组合养护强度对比

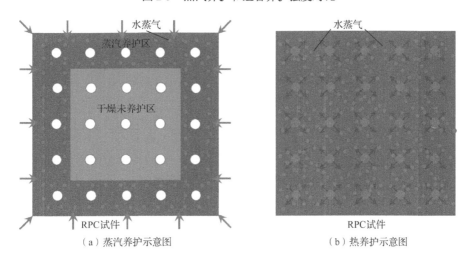

（a）蒸汽养护示意图　　　　　　　　（b）热养护示意图

图 2-6　蒸汽养护和热养护作用机理

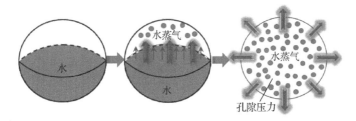

图 2-7　高温下 RPC 内部水蒸气及孔隙压力形成过程

RPC 的超高强度主要通过激发内部材料火山灰活性反应达到的，火山灰活性需要在较高的温度和湿度下才能充分发挥，因此养护方式对 RPC 强度影响尤为重要。图 2-8 和图 2-9 分别为热养护温度和时间对 RPC 强度的影响。由图 2-8 可以看出，热养护可显著提高 RPC 抗压强度，在 300℃以下温度范围内采用热养护时，养护温度越高，抗压强度越高。300℃热养护较 250℃热养护强度提升 19MPa，较 200℃热养护强度提升 39MPa，因此建议热养护温度在 250℃以上。由图 2-9 可以看出，蒸汽养护后，热养护时间越长，RPC 抗压强度越高。300℃热养护 16h 抗压强度达到 241MPa，热养护 24h 可获得抗压强度 250MPa 的 RPC。这是因为热养护时间长，RPC 内部的 Ca(OH)$_2$ 几乎全部被火山灰反应消耗掉，硬硅钙石在此时会显著增加，改善水化物形成的微结构，内部结构更加密实，从而提高 RPC 强度。此外，试验时发现，当热养护温度超过 300℃时，RPC 试件会发生爆裂，因此建议热养护温度为 250～300℃。

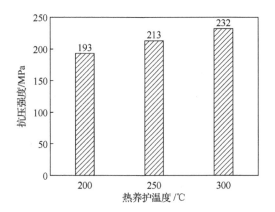

图 2-8　热养护温度对强度的影响

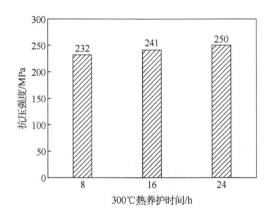

图 2-9　热养护时间对强度的影响

4. RPC 强度对高温爆裂的影响

混凝土抗压强度越高，基体越密实，Abbas[3]给出了混凝土抗压强度与气体渗透性的关系如图 2-10 所示，可以看出抗压强度高于 100MPa 混凝土的气体渗透性为 $10^{-18}m^2$ 数量级，低于高强混凝土和普通混凝土的气体渗透性 1～2 个数量级。高温下抗压强度高于 100MPa 的混凝土内部水分难以逃逸蒸发，孔隙压力较大，导致混凝土更容易爆裂。陈明阳等[4]提出了爆裂临界温度与混凝土抗压强度（$23MPa \leqslant f_{cu} \leqslant 238MPa$）的关系，如图 2-11 所示，随着抗压强度的增加，爆裂临界温度逐渐降低。RPC 具有高密实性和超高抗压强度，在高温下内部孔隙压力更大，爆裂更为严重。

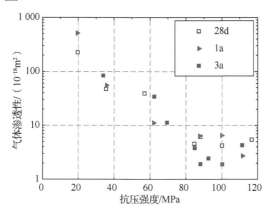

图 2-10　气体渗透性与混凝土抗压强度的关系

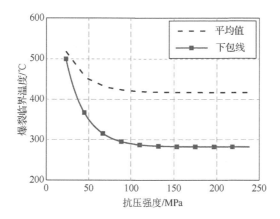

图 2-11　爆裂临界温度与混凝土抗压强度的关系

2.2.5　RPC 孔隙压力试验

当热养护温度超过 300℃时，RPC 试件会发生爆裂，因此试验研究了 350℃

时 RPC 的孔隙压力。测量了 RPC 棱柱体试件（70.7mm×70.7mm×212mm）四面受火时的孔隙压力变化。测试方法采用了刘红彬[5]和杨娟[6]所述的方法。测压管一侧预埋于混凝土中，并向测压管中注满硅油，另一侧连接压力传感器和无纸记录仪。高温下混凝土内部孔隙水分蒸发形成孔隙压力，孔隙压力通过测压管传递到压力传感器，在无纸记录仪上记录压力数值。

1. 试验装置

试验装置如图 2-12 所示，主要由测压管、压力传感器、无纸记录仪和高温炉四个部分组成。测压管组成如图 2-12（a）所示，中间为内径 4mm、外径 6mm、长 40cm 的不锈钢钢管，两侧分别焊接端头和压力传感器转换接头。端头顶部镶嵌孔径 2μm 的金属烧结滤片，端头起到增大孔隙压力接触面积的作用，滤片可以过滤水蒸气，并阻止测压管内部硅油渗漏。转换接头要与压力传感器螺纹配套，连接时用扳手拧紧，保证测试过程中测压管各连接处密封性良好。图 2-12（b）为压力传感器，螺纹尺寸为 M12×1.5，量程为 0~10MPa。图 2-12（c）为无纸记录仪，有 12 个记录通道，可用来记录测试温度和孔隙压力，试验结束后用 U 盘复制出试验数据。图 2-12（d）为箱式高温炉，炉膛尺寸为 500mm×300mm×200mm，高温炉门中间部位改造成边长为 11cm 的正方形试件测试孔道，试验时用耐火棉封堵空隙。

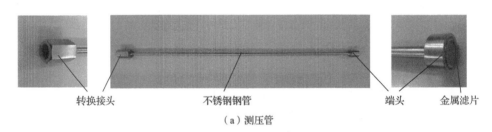

转换接头　　　　　不锈钢钢管　　　　　端头　　金属滤片

（a）测压管

（b）压力传感器

（c）无纸记录仪

（d）高温炉

图 2-12　试验装置

2. 试件制备

试件制备选用表 2-2 所述的配合比，制备 70.7mm×70.7mm×212mm 的 RPC 棱柱体 2 个，90℃蒸汽养护 3d。每个棱柱体试件预埋两根测压管和热电偶，测压管和热电偶绑扎在一起，预埋位置如图 2-13 所示。试件模具由 70.7mm 立方体试模去除中间挡板改造而成，在模具一侧加工成测试位置深度的槽孔，试件制备时保

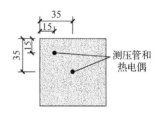

图 2-13 预埋位置图（单位：mm）

证测压管水平，测压管端头放置在试件纵向中部位置，试件制备如图 2-14 所示。

图 2-14 试件制备

3. 试验方案

试件制备及养护完成后，试件底部用耐火棉包裹隔热，测试试件如图 2-15 所示。试验测试前，用注射器向测压管中注满硅油，不断用细铁丝插捣，试验使用硅油的黏度为 100cSt（1cSt=1mm²/s）。准备完毕后，将试件放入高温炉中四面加热，试件底部用耐火砖垫块支撑，保证试验时试件水平。高温炉门处空隙用耐火棉封堵，试件摆放及测试如图 2-16 所示。高温炉升温速率为 2.5℃/min，炉温达到 350℃后保持恒温加热。高温炉设置低的升温速率是为了延缓 RPC 爆裂，得到较完整的孔隙压力变化曲线。硅油闪点约为 300℃，炉温达到 350℃后保持恒温，避免试件温度过高使硅油燃烧给试验带来的不确定性。试验升温曲线如图 2-17 所示。

图 2-15 测试试件

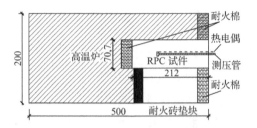

图 2-16　试件摆放及测试（单位：mm）

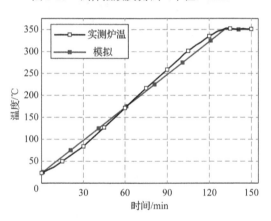

图 2-17　高温炉升温曲线

4. 试验结果分析

图 2-18 为试验过程中试件不同位置处温度及孔隙压力的变化规律。由图 2-18 可知，试件中心处的峰值孔隙压力可达到 7MPa，高于普通混凝土和高强混凝土，超过 RPC 抗拉强度，这使 RPC 更容易发生爆裂。对比图 2-18（c）和（d）可发现，试件角部的孔隙压力较试件中心处的孔隙压力增长快，但试件中心处的峰值孔隙压力高于试件角部的峰值孔隙压力。主要是因为试件角部温度升高快，所以孔隙压力快速增长。高温下 RPC 试件内部水蒸气不断由外向内迁移，因此，试件中心处的峰值孔隙压力更高。试件 1 在升温 135min 时发生爆裂，试件 1 爆裂破坏形态如图 2-19（a）所示，可以看出，试件失去整体形态，测压管外部混凝土产生裂纹并剥落，导致孔隙压力迅速下降；试件 2 在升温 90min 时发生第一次小声爆

裂，爆裂产生裂纹导致试件 2 所测孔隙压力小于试件 1 所测孔隙压力。第二次爆裂发生在升温 150min 时，试件 2 爆裂破坏形态如图 2-19（b）所示，可以看出，试件失去整体形态，仅剩试件核心部位，剥落厚度约为 2cm。

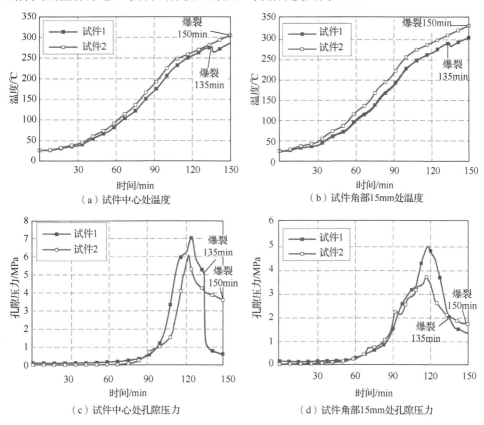

（a）试件中心处温度　　　　（b）试件角部15mm处温度

（c）试件中心处孔隙压力　　　（d）试件角部15mm处孔隙压力

图 2-18　试件不同位置处温度和孔隙压力的变化规律

（a）试件 1 爆裂形态　　　　（b）试件 2 爆裂形态

图 2-19　试件爆裂形态

2.3　小　　结

参考了国内外相关文献报道的 RPC 配制方法，分析了原材料、配合比、钢纤维和养护制度等对 RPC 抗压强度的影响。通过试配试验，得到流动性好、强度高的最优配合比，以该配合比研究了蒸汽养护和热养护对 RPC 强度的影响。针对混凝土强度越高，爆裂临界温度越低的问题，开展 RPC 内部的孔隙压力与高温爆裂试验。得到如下几个结论。

1）钢纤维能提高 RPC 强度和韧性，改善其破坏形态。当钢纤维掺量为 3%时，RPC 抗压强度较素 RPC 提高 37MPa（增幅 30%）；当钢纤维掺量超过 3%后，RPC 强度提高幅度较小。因此，在经济性和高强度的前提下，建议钢纤维掺量控制为2%～3%。

2）组合养护较蒸汽养护可提高 RPC 强度 50MPa（增幅 31%）以上，最高可配制出 250MPa 的 RPC，强度与热轧钢筋相当。在高强度和不爆裂的前提下，建议采用 250～300℃热养护 RPC 试件。

3）RPC 试件角部的孔隙压力较试件中心处的孔隙压力增长快，试件中心处的峰值孔隙压力高于试件角部的峰值孔隙压力。

参 考 文 献

[1] 郑文忠，李莉. 活性粉末混凝土配制及其配合比计算方法[J]. 湖南大学学报（自然科学版），2009，36（2）：13-17.

[2] DENIZ E, BARADAN B. The effect of autoclave pressure, temperature and duration time on mechanical properties of reactive powder concrete[J]. Construction and building materials, 2013, 42: 53-63.

[3] ABBAS A, CARCASSES M, OLLIVIER J P. The importance of gas permeability in addition to the compressive strength of concrete[J]. Magazine of concrete research, 2000, 52(1): 1-6.

[4] 陈明阳，侯晓萌，郑文忠，等. 混凝土高温爆裂临界温度和防爆裂纤维掺量研究综述与分析[J]. 建筑结构学报，2017，38（1）：161-170.

[5] 刘红彬. 活性粉末混凝土的高温力学性能与爆裂的试验研究[D]. 北京：中国矿业大学，2012.

[6] 杨娟. 含粗骨料超高性能混凝土的高温力学性能、爆裂及其改善措施试验研究[D]. 北京：北京交通大学，2017.

第 3 章 RPC 结构构件高温爆裂规律与数值模拟方法

3.1 引　　言

　　高温下 RPC 内部的孔隙压力高于普通混凝土和高强混凝土，因此，非常有必要对其展开研究。孔隙压力随着温度升高逐渐增大，当其超过混凝土抗拉强度时，混凝土发生爆裂。RPC 由于其高致密性和低渗透性，在高温下更容易发生爆裂。目前，关于 RPC 内部孔隙压力的数值模型鲜有报道。本章对 RPC 的孔隙压力有限元模型进行推导和介绍，确定模型中相关参数的取值，给出 RPC 爆裂判别准则。根据孔隙压力有限元模型，基于有限差分法，给出了 RPC 构件截面孔隙压力的计算方法，编制高温下 RPC 构件控制截面孔隙压力、水蒸气与液态水分布的计算模型，并验证模型的正确性。

　　板、梁、柱是建筑结构中重要的承载构件，一旦失去承载力，整个建筑将会坍塌。板通常为单面受火，梁为三面受火，柱为四面受火，在火灾下发生爆裂导致钢筋暴露于火中逐渐软化屈服，变形增大，应力剧烈变化，建筑结构将会失去承载力发生坍塌。因此，有必要研究 RPC 构件在火灾下的孔隙压力和爆裂情况，目前关于 RPC 构件高温爆裂的数值模型鲜有报道。本章基于 RPC 爆裂模型，进行高温下 RPC 构件截面的孔隙压力和爆裂分析，揭示影响爆裂的关键因素和爆裂机理，从而采取有效的防爆裂措施，为 RPC 结构抗火设计提供参考。

3.2 RPC 结构构件高温孔隙压力与爆裂数值模拟

3.2.1 热传导

1. 热传导方程

　　温度场是计算分析混凝土结构抗火特性的重要基础，因而在计算孔隙压力和高温爆裂之前，必先求出截面温度场。

　　基于能量守恒，可得出如下一维热传导方程：

$$\rho c \frac{\mathrm{d}T}{\mathrm{d}t} = -\frac{\mathrm{d}q}{\mathrm{d}x} + Q \tag{3-1}$$

　　根据傅里叶定律，由温度梯度产生的热流量为 $q = -k\dfrac{\mathrm{d}T}{\mathrm{d}x}$，代入式（3-1）得到一维热传导方程：

$$\rho c \frac{\mathrm{d}T}{\mathrm{d}t} = \frac{\mathrm{d}\left(k\dfrac{\mathrm{d}T}{\mathrm{d}x}\right)}{\mathrm{d}x} + Q \tag{3-2}$$

同理，考虑 x 和 y 两个方向的热流量传递时得到二维热传导方程：

$$\rho c \frac{\mathrm{d}T}{\mathrm{d}t} = \frac{\mathrm{d}\left(k\dfrac{\mathrm{d}T}{\mathrm{d}x}\right)}{\mathrm{d}x} + \frac{\mathrm{d}\left(k\dfrac{\mathrm{d}T}{\mathrm{d}y}\right)}{\mathrm{d}y} + Q \tag{3-3}$$

式中：k 为导热系数 [W/（m·℃）]；ρ 为质量密度（kg/m³）；c 为质量热容 [J/（kg·℃）]；t 为时间（s）；T 为温度（℃）；Q 为内部潜热（kJ），计算时常忽略内部潜热影响，因而取值为 0；q 为热流量（kJ）。

迎火面通过热辐射和热对流向内部传递热量，边界的辐射热流量和对流热流量为

$$q_{\mathrm{rad}} = h_{\mathrm{rad}}\left(T - T_{\mathrm{E}}\right) \tag{3-4}$$

$$q_{\mathrm{con}} = h_{\mathrm{con}}\left(T - T_{\mathrm{E}}\right) \tag{3-5}$$

式中：q_{rad} 为辐射热流量（kJ）；q_{con} 为对流热流量（kJ）；h_{rad} 为辐射传热系数，$h_{\mathrm{rad}} = 4\sigma\varepsilon\left(T^2 + T_{\mathrm{E}}^2\right)\left(T + T_{\mathrm{E}}\right)$ [W/（m²·℃）]，T_{E} 表示周围环境温度，$\sigma = 5.67 \times 10^{-8}$ [W/（m²·℃⁴）]，表示斯忒藩-玻尔兹曼常数，ε 表示辐射率；h_{con} 为对流传热系数 [W/（m²·℃）]。

因此，边界热流量 (q_{b}) 为

$$q_{\mathrm{b}} = q_{\mathrm{rad}} + q_{\mathrm{con}} = (h_{\mathrm{rad}} + h_{\mathrm{con}})(T - T_{\mathrm{E}}) \tag{3-6}$$

根据傅里叶定律，热传导边界条件可写成如下形式。

1）迎火面边界条件为

$$k \frac{\partial T}{\partial n} = -h_{\mathrm{f}}(T - T_{\mathrm{f}}) \tag{3-7}$$

2）背火面边界条件为

$$k \frac{\partial T}{\partial n} = -h_{\mathrm{c}}(T - T_0) \tag{3-8}$$

式中：h_{f} 为迎火面的传热系数，$h_{\mathrm{f}} = h_{\mathrm{con}} + h_{\mathrm{rad}}$ [W/（m²·℃）]；h_{c} 为背火面的热传导系数，$h_{\mathrm{c}} = h_{\mathrm{con}} + h_{\mathrm{rad}}$ [W/（m²·℃）]；T_{f} 为迎火面温度（℃）；T_0 为背火面温度（℃）；n 为无量纲边界的法线方向，与坐标正方向一致时为正值，与坐标正方向不一致时为负值。

2. RPC 热工参数

火灾下 RPC 热工参数会随着温度发生变化，影响 RPC 构件温度场的分布。已有试验对其热工参数进行测量[1,2]，根据试验所测结果，代入数值模型求解 RPC 构件温度场。

（1）导热系数

导热系数 k 是衡量材料热物理学性质的重要指标之一，文献[1]通过热线法测量了 4 种不同体积纤维掺量 RPC 的导热系数，并将试验结果进行拟合，得到了不同体积纤维掺量 RPC 导热系数随温度变化的关系式。数值模型中选用文献[1]提出的 RPC 导热系数随温度变化的关系式，如式（3-9）和式（3-10）所示。

1）单掺 2%钢纤维和混掺 2%钢纤维、0.2% PP 纤维的 RPC 导热系数随温度变化的关系式为

$$k = 1.44 + 1.85\exp(-T/242.95) \qquad 30℃ \leqslant T \leqslant 900℃ \qquad (3-9)$$

2）素 RPC 和单掺 0.2% PP 纤维的 RPC 导热系数随温度变化的关系式为

$$k = 1.42 + 1.75\exp(-T/192.41) \qquad 30℃ \leqslant T \leqslant 900℃ \qquad (3-10)$$

（2）质量密度

质量密度 ρ 是指单位体积混凝土的质量，单位为 kg/m³，也称为体积质量。RPC 质量密度随温度升高不断发生变化，数值模型中选用文献[2]给出的 RPC 质量密度随温度变化的表达式，如式（3-11）所示，表达式中考虑了钢纤维掺量对 RPC 质量密度的影响。

$$\rho = 2.3 + 18 \times 10^{-4}T - 1.62 \times 10^{-6}T^2 + 0.05\rho_V \qquad (3-11)$$

式中：ρ_V 为钢纤维体积掺量。

（3）质量热容

质量热容 c 是指单位质量（kg）的材料，温度升高 1K（或 1℃）所需吸收的热量（J），单位为 J/（kg·K）或 J/（kg·℃），又称为比热容。数值模型中选用文献[1]根据温度场模拟反演求得的 RPC 质量热容，如式（3-12）所示。

$$c = \begin{cases} 950 & 20℃ \leqslant T \leqslant 100℃ \\ 950 + (T-100) & 100℃ \leqslant T \leqslant 300℃ \\ 1150 + (T-300)/2 & 300℃ \leqslant T \leqslant 600℃ \\ 1300 & 600℃ \leqslant T \leqslant 900℃ \end{cases} \qquad (3-12)$$

3.2.2　高温孔隙压力方程

1. 数学物理模型

高温爆裂模型是将构件截面网格离散化，求出截面温度场和孔隙压力场的分布规律。基于液态水质量守恒方程、理想气体状态方程、体积分数守恒方程、水蒸气质量守恒方程建立孔隙压力方程。采用显式向前变系数差分格式，求出截面各网格节点的孔隙压力。当孔隙压力超过混凝土的抗拉强度时，混凝土不断产生裂纹，发生爆裂[3-5]。

数值模型中做出了以下假设[3]。

1）混凝土是各向同性介质。

2）水蒸气是理想气体。

3）忽略混凝土内部的液态水流动。

4）忽略空气对孔隙压力的影响。

5）混凝土固体骨架不变形。

6）水是不可压缩液体。

7）不考虑材料内部潜热对模型的影响。

（1）液态水质量守恒

混凝土内部水的形态有水蒸气、液态水和结合水，根据液态水总质量守恒做出如下推导[3]：

$$E = m_{LW0} - m_L + m_D \tag{3-13}$$

$$\frac{dE}{dt} = -\frac{dm_L}{dt} + \frac{dm_D}{dt} \tag{3-14}$$

$$\frac{dE}{dt} = -\frac{dm_L}{dP_V}\frac{dP_V}{dt} - \frac{dm_L}{dT}\frac{dT}{dt} + \frac{dm_D}{dT}\frac{dT}{dt} \tag{3-15}$$

式中：E 为蒸发水质量（kg/m³）；m_{LW0} 为初始（$t=0$）液态水质量（kg/m³）；m_L 为任意时刻液态水质量（kg/m³）；m_D 为高温下结合水转化成液态水的质量（kg/m³）；P_V 为孔隙压力（Pa）。

水蒸气的体积与质量的关系如下[3]：

$$P_V V_V = n_V R T \tag{3-16}$$

$$n_V = \frac{m_V}{M} \tag{3-17}$$

$$P_V = \frac{m_V}{M}\frac{RT}{V_V} \tag{3-18}$$

$$\frac{dP_V}{dt} = \frac{R}{M}\frac{TV_V\frac{dm_V}{dt} + m_V V_V\frac{dT}{dt} - \frac{m_V dV_V}{V_V dt}}{V_V^2} \tag{3-19}$$

$$\frac{dm_V}{dt} = \frac{V_V M}{RT}\frac{dP_V}{dt} - \frac{m_V dT}{Tdt} + \frac{m_V dV_V}{V_V dt} \tag{3-20}$$

式中：m_V 为水蒸气质量（kg/m³）；R 为理想气体常数 [J/（K·mol）]；n_V 为水蒸气物质的量（mol）；M 为水蒸气摩尔质量 [g/（m³·mol）]；V_V 为水蒸气体积分数（m³/m³）。

（2）体积分数守恒

对于单位体积混凝土，由体积分数守恒可得出混凝土内部各项组分体积分数之和为1，得到如下方程[3]：

$$V_V + V_L + (V_{S0} - V_D) = 1 \tag{3-21}$$

$$V_V = 1 - V_L - (V_{S0} - V_D) \tag{3-22}$$

$$V_{\mathrm{V}} = 1 - \frac{m_{\mathrm{L}}}{\rho_{\mathrm{L}}} - \left(V_{\mathrm{S0}} - \frac{m_{\mathrm{D}}}{\rho_{\mathrm{L}}} \right) \tag{3-23}$$

水蒸气体积分数对时间求导结果如下：

$$\frac{\mathrm{d}V_{\mathrm{V}}}{\mathrm{d}t} = \frac{1}{\rho_{\mathrm{L}}} \left(\frac{\mathrm{d}m_{\mathrm{D}}}{\mathrm{d}t} - \frac{\mathrm{d}m_{\mathrm{L}}}{\mathrm{d}t} \right) - \frac{1}{\rho_{\mathrm{L}}^2} \frac{\mathrm{d}\rho_{\mathrm{L}}}{\mathrm{d}T} \frac{\mathrm{d}T}{\mathrm{d}t} (m_{\mathrm{D}} - m_{\mathrm{L}}) \tag{3-24}$$

将式（3-14）代入式（3-24）中，得

$$\frac{\mathrm{d}V_{\mathrm{V}}}{\mathrm{d}t} = \frac{1}{\rho_{\mathrm{L}}} \frac{\mathrm{d}E}{\mathrm{d}t} - \frac{1}{\rho_{\mathrm{L}}^2} \frac{\mathrm{d}\rho_{\mathrm{L}}}{\mathrm{d}T} \frac{\mathrm{d}T}{\mathrm{d}t} (m_{\mathrm{D}} - m_{\mathrm{L}}) \tag{3-25}$$

将式（3-25）代入式（3-20）中，得

$$\frac{\mathrm{d}m_{\mathrm{V}}}{\mathrm{d}t} = \frac{V_{\mathrm{V}} M}{RT} \frac{\mathrm{d}P_{\mathrm{V}}}{\mathrm{d}t} - \frac{m_{\mathrm{V}} \mathrm{d}T}{T \mathrm{d}t} + \frac{m_{\mathrm{V}}}{V_{\mathrm{V}} \rho_{\mathrm{L}}} \left[\frac{\mathrm{d}E}{\mathrm{d}t} - \frac{1}{\rho_{\mathrm{L}}} \frac{\mathrm{d}\rho_{\mathrm{L}}}{\mathrm{d}T} \frac{\mathrm{d}T}{\mathrm{d}t} (m_{\mathrm{D}} - m_{\mathrm{L}}) \right] \tag{3-26}$$

式中：V_{L} 为液态水体积分数（$\mathrm{m}^3/\mathrm{m}^3$）；$V_{\mathrm{S0}}$ 为初始固体体积分数（$\mathrm{m}^3/\mathrm{m}^3$）；$V_{\mathrm{D}}$ 为高温下结合水转化成液态水的体积分数（$\mathrm{m}^3/\mathrm{m}^3$）；$\rho_{\mathrm{L}}$ 为液态水的密度（$\mathrm{kg/m}^3$）。

（3）水蒸气质量守恒

高温下水蒸气会在蒸汽浓度、温度和孔隙压力的驱动下发生扩散迁移，根据菲克定律和达西定律考虑高温下水蒸气扩散迁移对孔隙压力的影响[3]。

1）一维条件下的水蒸气质量守恒方程如下：

$$\frac{\mathrm{d}m_{\mathrm{V}}}{\mathrm{d}t} = -\frac{\mathrm{d}J}{\mathrm{d}x} + \frac{\mathrm{d}E}{\mathrm{d}t} \tag{3-27}$$

根据达西定律得出 $J = -\lambda \dfrac{\mathrm{d}P_{\mathrm{V}}}{\mathrm{d}x}$，代入式（3-27），得到如下方程：

$$\frac{\mathrm{d}m_{\mathrm{V}}}{\mathrm{d}t} = \frac{\mathrm{d}\left(\lambda \dfrac{\mathrm{d}P_{\mathrm{V}}}{\mathrm{d}x} \right)}{\mathrm{d}x} + \frac{\mathrm{d}E}{\mathrm{d}t} \tag{3-28}$$

式中：达西系数为 $\lambda = m_{\mathrm{V}} \dfrac{k_T}{\mu_{\mathrm{V}}}$，代入式（3-28），得到如下方程：

$$\frac{\mathrm{d}m_{\mathrm{V}}}{\mathrm{d}t} = \frac{\mathrm{d}\left[\left(m_{\mathrm{V}} \dfrac{k_T}{\mu_{\mathrm{V}}} \right) \dfrac{\mathrm{d}P_{\mathrm{V}}}{\mathrm{d}x} \right]}{\mathrm{d}x} + \frac{\mathrm{d}E}{\mathrm{d}t} \tag{3-29}$$

将式（3-26）代入式（3-29）中，得到如下方程：

$$\frac{V_{\mathrm{V}} M}{RT} \frac{\mathrm{d}P_{\mathrm{V}}}{\mathrm{d}t} - \frac{m_{\mathrm{V}} \mathrm{d}T}{T \mathrm{d}t} + \frac{m_{\mathrm{V}}}{V_{\mathrm{V}} \rho_{\mathrm{L}}} \left[\frac{\mathrm{d}E}{\mathrm{d}t} - \frac{1}{\rho_{\mathrm{L}}} \frac{\mathrm{d}\rho_{\mathrm{L}}}{\mathrm{d}T} \frac{\mathrm{d}T}{\mathrm{d}t} (m_{\mathrm{D}} - m_{\mathrm{L}}) \right] = \frac{\mathrm{d}\left[\left(m_{\mathrm{V}} \dfrac{k_T}{\mu_{\mathrm{V}}} \right) \dfrac{\mathrm{d}P_{\mathrm{V}}}{\mathrm{d}x} \right]}{\mathrm{d}x} + \frac{\mathrm{d}E}{\mathrm{d}t} \tag{3-30}$$

整理式（3-30），得到如下孔隙压力的偏微分方程：

$$\frac{V_{\mathrm{V}}M}{RT}\frac{\mathrm{d}P_{\mathrm{V}}}{\mathrm{d}t}=\frac{m_{\mathrm{V}}\mathrm{d}T}{T\mathrm{d}t}+\frac{m_{\mathrm{V}}}{V_{\mathrm{V}}\rho_{\mathrm{L}}^{2}}\frac{\mathrm{d}\rho_{\mathrm{L}}}{\mathrm{d}T}\frac{\mathrm{d}T}{\mathrm{d}t}(m_{\mathrm{D}}-m_{\mathrm{L}})+\left(1-\frac{m_{\mathrm{V}}}{V_{\mathrm{V}}\rho_{\mathrm{L}}}\right)\frac{\mathrm{d}E}{\mathrm{d}t}+\frac{\mathrm{d}\left[\left(m_{\mathrm{V}}\dfrac{k_{T}}{\mu_{\mathrm{V}}}\right)\dfrac{\mathrm{d}P_{\mathrm{V}}}{\mathrm{d}x}\right]}{\mathrm{d}x} \quad (3\text{-}31)$$

将式（3-15）代入式（3-31）中，得到如下方程：

$$\frac{V_{\mathrm{V}}M}{RT}\frac{\mathrm{d}P_{\mathrm{V}}}{\mathrm{d}t}=\frac{m_{\mathrm{V}}\mathrm{d}T}{T\mathrm{d}t}+\frac{m_{\mathrm{V}}}{V_{\mathrm{V}}\rho_{\mathrm{L}}^{2}}\frac{\mathrm{d}\rho_{\mathrm{L}}}{\mathrm{d}T}\frac{\mathrm{d}T}{\mathrm{d}t}(m_{\mathrm{D}}-m_{\mathrm{L}})+\frac{\mathrm{d}\left[\left(m_{\mathrm{V}}\dfrac{k_{T}}{\mu_{\mathrm{V}}}\right)\dfrac{\mathrm{d}P_{\mathrm{V}}}{\mathrm{d}x}\right]}{\mathrm{d}x}$$
$$+\left(1-\frac{m_{\mathrm{V}}}{V_{\mathrm{V}}\rho_{\mathrm{L}}}\right)\left(-\frac{\mathrm{d}m_{\mathrm{L}}}{\mathrm{d}P_{\mathrm{V}}}\frac{\mathrm{d}P_{\mathrm{V}}}{\mathrm{d}t}-\frac{\mathrm{d}m_{\mathrm{L}}}{\mathrm{d}T}\frac{\mathrm{d}T}{\mathrm{d}t}+\frac{\mathrm{d}m_{\mathrm{D}}}{\mathrm{d}T}\frac{\mathrm{d}T}{\mathrm{d}t}\right) \quad (3\text{-}32)$$

整理式（3-32）得

$$\left[\left(1-\frac{m_{\mathrm{V}}}{V_{\mathrm{V}}\rho_{\mathrm{L}}}\right)\frac{\mathrm{d}m_{\mathrm{L}}}{\mathrm{d}P_{\mathrm{V}}}+\frac{V_{\mathrm{V}}M}{RT}\right]\frac{\mathrm{d}P_{\mathrm{V}}}{\mathrm{d}t}=\frac{\mathrm{d}\left[\left(m_{\mathrm{V}}\dfrac{k_{T}}{\mu_{\mathrm{V}}}\right)\dfrac{\mathrm{d}P_{\mathrm{V}}}{\mathrm{d}x}\right]}{\mathrm{d}x}$$
$$+\left[\left(1-\frac{m_{\mathrm{V}}}{V_{\mathrm{V}}\rho_{\mathrm{L}}}\right)\left(-\frac{\mathrm{d}m_{\mathrm{L}}}{\mathrm{d}T}+\frac{\mathrm{d}m_{\mathrm{D}}}{\mathrm{d}T}\right)+\frac{m_{\mathrm{V}}}{T}+\frac{m_{\mathrm{V}}}{V_{\mathrm{V}}\rho_{\mathrm{L}}^{2}}\frac{\mathrm{d}\rho_{\mathrm{L}}}{\mathrm{d}T}(m_{\mathrm{D}}-m_{\mathrm{L}})\right]\frac{\mathrm{d}T}{\mathrm{d}t}$$
$$(3\text{-}33)$$

式中：J 为水蒸气质量流量梯度 $[\mathrm{kg}/(\mathrm{m}^{2}\cdot\mathrm{s})]$；$k_{T}$ 为混凝土在温度 T 时的气体渗透性（m^{2}）；μ_{V} 为水蒸气动力黏度（$\mathrm{Pa}\cdot\mathrm{s}$）。

为方便计算，引进 A、B、C 3 个参数，简化式（3-33）结果如下：

$$A\frac{\mathrm{d}P_{\mathrm{V}}}{\mathrm{d}t}=\frac{\mathrm{d}\left(B\dfrac{\mathrm{d}P_{\mathrm{V}}}{\mathrm{d}x}\right)}{\mathrm{d}x}+C \quad (3\text{-}34)$$

式中：$A=\left(1-\dfrac{m_{\mathrm{V}}}{V_{\mathrm{V}}\rho_{\mathrm{L}}}\right)\dfrac{\mathrm{d}m_{\mathrm{L}}}{\mathrm{d}P_{\mathrm{V}}}+\dfrac{V_{\mathrm{V}}M}{RT}$；$B=m_{\mathrm{V}}\dfrac{k_{T}}{\mu_{\mathrm{V}}}$；$C=\left[\left(1-\dfrac{m_{\mathrm{V}}}{V_{\mathrm{V}}\rho_{\mathrm{L}}}\right)\left(-\dfrac{\mathrm{d}m_{\mathrm{L}}}{\mathrm{d}T}+\dfrac{\mathrm{d}m_{\mathrm{D}}}{\mathrm{d}T}\right)+\right.$

$\left.\dfrac{m_{\mathrm{V}}}{T}+\dfrac{m_{\mathrm{V}}}{V_{\mathrm{V}}\rho_{\mathrm{L}}^{2}}\dfrac{\mathrm{d}\rho_{\mathrm{L}}}{\mathrm{d}T}(m_{\mathrm{D}}-m_{\mathrm{L}})\right]\dfrac{\mathrm{d}T}{\mathrm{d}t}$。

2）二维条件下的水蒸气质量守恒方程如下：

$$\frac{\mathrm{d}m_{\mathrm{V}}}{\mathrm{d}t}=-\left(\frac{\mathrm{d}J_{x}}{\mathrm{d}x}+\frac{\mathrm{d}J_{y}}{\mathrm{d}y}\right)+\frac{\mathrm{d}E}{\mathrm{d}t} \quad (3\text{-}35)$$

根据达西定律得出 $J_{x}=-\lambda\dfrac{\mathrm{d}P_{\mathrm{V}}}{\mathrm{d}x}$，$J_{y}=-\lambda\dfrac{\mathrm{d}P_{\mathrm{V}}}{\mathrm{d}y}$，代入式（3-35），得到如下方程：

$$\frac{\mathrm{d}m_{\mathrm{V}}}{\mathrm{d}t}=\frac{\mathrm{d}\left(\lambda\dfrac{\mathrm{d}P_{\mathrm{V}}}{\mathrm{d}x}\right)}{\mathrm{d}x}+\frac{\mathrm{d}\left(\lambda\dfrac{\mathrm{d}P_{\mathrm{V}}}{\mathrm{d}y}\right)}{\mathrm{d}y}+\frac{\mathrm{d}E}{\mathrm{d}t} \quad (3\text{-}36)$$

式中：达西系数为 $\lambda = m_V \dfrac{k_T}{\mu_V}$，代入式（3-36），得到如下方程：

$$\frac{\mathrm{d}m_V}{\mathrm{d}t} = \frac{\mathrm{d}\left[\left(m_V \dfrac{k_T}{\mu_V}\right)\dfrac{\mathrm{d}P_V}{\mathrm{d}x}\right]}{\mathrm{d}x} + \frac{\mathrm{d}\left[\left(m_V \dfrac{k_T}{\mu_V}\right)\dfrac{\mathrm{d}P_V}{\mathrm{d}y}\right]}{\mathrm{d}y} + \frac{\mathrm{d}E}{\mathrm{d}t} \tag{3-37}$$

将式（3-36）代入式（3-37）中，得到如下方程：

$$\frac{V_V M}{RT}\frac{\mathrm{d}P_V}{\mathrm{d}t} - \frac{m_V \mathrm{d}T}{T\mathrm{d}t} + \frac{m_V}{V_V \rho_L}\left[\frac{\mathrm{d}E}{\mathrm{d}t} - \frac{1}{\rho_L}\frac{\mathrm{d}\rho_L}{\mathrm{d}T}\frac{\mathrm{d}T}{\mathrm{d}t}(m_D - m_L)\right]$$

$$= \frac{\mathrm{d}\left[\left(m_V \dfrac{k_T}{\mu_V}\right)\dfrac{\mathrm{d}P_V}{\mathrm{d}x}\right]}{\mathrm{d}x} + \frac{\mathrm{d}\left[\left(m_V \dfrac{k_T}{\mu_V}\right)\dfrac{\mathrm{d}P_V}{\mathrm{d}y}\right]}{\mathrm{d}y} + \frac{\mathrm{d}E}{\mathrm{d}t} \tag{3-38}$$

整理式（3-38），得到如下孔隙压力的偏微分方程：

$$\frac{V_V M}{RT}\frac{\mathrm{d}P_V}{\mathrm{d}t} = \frac{m_V \mathrm{d}T}{T\mathrm{d}t} + \frac{m_V}{V_V \rho_L{}^2}\frac{\mathrm{d}\rho_L}{\mathrm{d}T}\frac{\mathrm{d}T}{\mathrm{d}t}(m_D - m_L) + \left(1 - \frac{m_V}{V_V \rho_L}\right)\frac{\mathrm{d}E}{\mathrm{d}t}$$

$$+ \frac{\mathrm{d}\left[\left(m_V \dfrac{k_T}{\mu_V}\right)\dfrac{\mathrm{d}P_V}{\mathrm{d}x}\right]}{\mathrm{d}x} + \frac{\mathrm{d}\left[\left(m_V \dfrac{k_T}{\mu_V}\right)\dfrac{\mathrm{d}P_V}{\mathrm{d}y}\right]}{\mathrm{d}y} \tag{3-39}$$

将式（3-15）代入式（3-39）中，得到如下方程：

$$\frac{V_V M}{RT}\frac{\mathrm{d}P_V}{\mathrm{d}t} = \frac{m_V \mathrm{d}T}{T\mathrm{d}t} + \frac{m_V}{V_V \rho_L{}^2}\frac{\mathrm{d}\rho_L}{\mathrm{d}T}\frac{\mathrm{d}T}{\mathrm{d}t}(m_D - m_L) + \frac{\mathrm{d}\left[\left(m_V \dfrac{k_T}{\mu_V}\right)\dfrac{\mathrm{d}P_V}{\mathrm{d}x}\right]}{\mathrm{d}x}$$

$$+ \frac{\mathrm{d}\left[\left(m_V \dfrac{k_T}{\mu_V}\right)\dfrac{\mathrm{d}P_V}{\mathrm{d}y}\right]}{\mathrm{d}y} + \left(1 - \frac{m_V}{V_V \rho_L}\right)\left(-\frac{\mathrm{d}m_L}{\mathrm{d}P_V}\frac{\mathrm{d}P_V}{\mathrm{d}t} - \frac{\mathrm{d}m_L}{\mathrm{d}T}\frac{\mathrm{d}T}{\mathrm{d}t} + \frac{\mathrm{d}m_D}{\mathrm{d}T}\frac{\mathrm{d}T}{\mathrm{d}t}\right)$$

$$\tag{3-40}$$

整理式（3-40）得

$$\left[\left(1 - \frac{m_V}{V_V \rho_L}\right)\frac{\mathrm{d}m_L}{\mathrm{d}P_V} + \frac{V_V M}{RT}\right]\frac{\mathrm{d}P_V}{\mathrm{d}t} = \frac{\mathrm{d}\left[\left(m_V \dfrac{k_T}{\mu_V}\right)\dfrac{\mathrm{d}P_V}{\mathrm{d}x}\right]}{\mathrm{d}x} + \frac{\mathrm{d}\left[\left(m_V \dfrac{k_T}{\mu_V}\right)\dfrac{\mathrm{d}P_V}{\mathrm{d}y}\right]}{\mathrm{d}y}$$

$$+ \left[\left(1 - \frac{m_V}{V_V \rho_L}\right)\left(-\frac{\mathrm{d}m_L}{\mathrm{d}T} + \frac{\mathrm{d}m_D}{\mathrm{d}T}\right) + \frac{m_V}{T}\right.$$

$$\left. + \frac{m_V}{V_V \rho_L{}^2}\frac{\mathrm{d}\rho_L}{\mathrm{d}T}(m_D - m_L)\right]\frac{\mathrm{d}T}{\mathrm{d}t} \tag{3-41}$$

同样简化式（3-41），结果如下：

$$A\frac{\mathrm{d}P_\mathrm{v}}{\mathrm{d}t}=\frac{\mathrm{d}\left(B\dfrac{\mathrm{d}P_\mathrm{v}}{\mathrm{d}x}\right)}{\mathrm{d}x}+\frac{\mathrm{d}\left(B\dfrac{\mathrm{d}P_\mathrm{v}}{\mathrm{d}y}\right)}{\mathrm{d}y}+C \qquad (3\text{-}42)$$

运用一维、二维有限差分法分别求解式（3-34）和式（3-42），得出混凝土内部孔隙压力分布情况。

2. 初始和边界条件

RPC 内部初始孔隙压力假设为[3]

$$P_\mathrm{v0}=\mathrm{RH}\cdot P_\mathrm{S0} \qquad (3\text{-}43)$$

式中：RH 为混凝土中的初始相对湿度，无量纲；P_S0 为初始温度的饱和水蒸气压力（MPa），可由水和水蒸气热力性质图表查取。

饱和水蒸气压力是指密闭条件下气态水和液态水达到平衡状态时的气体压力。图 3-1 为饱和水蒸气压力与温度的关系，从图 3-1 可以看出，饱和水蒸气压力随着温度升高成指数函数增长。当温度为 374℃时，液态水全部转化成水蒸气，饱和水蒸气压力最高可达到 22MPa[6]。因此，混凝土孔隙内部的水蒸气压力必定对混凝土爆裂有重要影响。

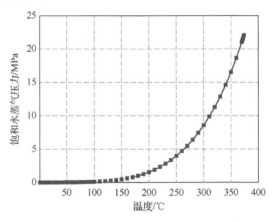

图 3-1　饱和水蒸气压力与温度的关系

对于孔隙压力的边界条件，由于混凝土表面孔隙压力的不确定性，假设其始终等于初始孔隙压力 P_v0[3]。

3. 本构方程

（1）液态水质量

Bazant 和 Thouguthai[7-9]给出了混凝土内部液态水随温度和孔隙压力变化的经验公式。忽略了混凝土内部的结合水，假设均为自由水，而 RPC 内部结合水随着温度升高逐渐释放到孔隙中变成自由水。混凝土内部的液态水质量表达式如下：

$$m_{\mathrm{L}} = \begin{cases} \rho_{\mathrm{C}} \left(\dfrac{m_0 P_{\mathrm{V}}}{\rho_{\mathrm{C}} P_{\mathrm{S}}} \right)^{\frac{1}{m(T)}} & \dfrac{P_{\mathrm{V}}}{P_{\mathrm{S}}} \leqslant 0.96 \\[4mm] m_{0.96} + \left(\dfrac{P_{\mathrm{V}}}{P_{\mathrm{S}}} - 0.96 \right) \dfrac{m_{1.04} - m_{0.96}}{0.08} & 0.96 < \dfrac{P_{\mathrm{V}}}{P_{\mathrm{S}}} < 1.04 \\[4mm] m_{1.04} \left[1 + 0.12 \left(\dfrac{P_{\mathrm{V}}}{P_{\mathrm{S}}} - 1.04 \right) \right] & \dfrac{P_{\mathrm{V}}}{P_{\mathrm{S}}} \geqslant 1.04 \end{cases} \tag{3-44}$$

当混凝土内部的相对湿度 $(P_{\mathrm{V}}/P_{\mathrm{S}})$ 超过 100% 时，水蒸气在高压区冷凝液化，导致高压区液态水质量超过室温饱和液态水质量。这是由于随着温度升高混凝土逐渐变形开裂使孔隙体积增大，孔隙中能容纳更多的液态水。液态水质量是孔隙压力和温度的函数，分别对孔隙压力和温度求导得到如下表达式：

$$\frac{\mathrm{d}m_{\mathrm{L}}}{\mathrm{d}P_{\mathrm{V}}} = \begin{cases} \rho_{\mathrm{C}} \left(\dfrac{m_0 P_{\mathrm{V}}}{\rho_{\mathrm{C}} P_{\mathrm{S}}} \right)^{\left(\frac{1}{m(T)} - 1 \right)} & \dfrac{P_{\mathrm{V}}}{P_{\mathrm{S}}} \leqslant 0.96 \\[4mm] \dfrac{1}{P_{\mathrm{S}}} \dfrac{m_{1.04} - m_{0.96}}{0.08} & 0.96 < \dfrac{P_{\mathrm{V}}}{P_{\mathrm{S}}} < 1.04 \\[4mm] 0.12 \times \dfrac{m_{\mathrm{L0}}}{P_{\mathrm{S}}} & \dfrac{P_{\mathrm{V}}}{P_{\mathrm{S}}} \geqslant 1.04 \end{cases} \tag{3-45}$$

$$\frac{\mathrm{d}m_{\mathrm{L}}}{\mathrm{d}T} = \begin{cases} -m_{\mathrm{L}} \left[\dfrac{\frac{\mathrm{d}m(T)}{\mathrm{d}T}}{m(T)^2} \ln \left(\dfrac{m_0 P_{\mathrm{V}}}{\rho_{\mathrm{C}} P_{\mathrm{S}}} \right) + \dfrac{\frac{\mathrm{d}P_{\mathrm{S}}}{\mathrm{d}T}}{m(T) P_{\mathrm{S}}} \right] & \dfrac{P_{\mathrm{V}}}{P_{\mathrm{S}}} \leqslant 0.96 \\[4mm] \dfrac{\mathrm{d}m_{0.96}}{\mathrm{d}T} - \dfrac{P_{\mathrm{V}}}{P_{\mathrm{S}}^2} \dfrac{\mathrm{d}P_{\mathrm{S}}}{\mathrm{d}T} \left(\dfrac{m_{1.04} - m_{0.96}}{0.08} \right) + X & 0.96 < \dfrac{P_{\mathrm{V}}}{P_{\mathrm{S}}} < 1.04 \\[4mm] \dfrac{\mathrm{d}m_{1.04}}{\mathrm{d}T} \left[1 + 0.12 \left(\dfrac{P_{\mathrm{V}}}{P_{\mathrm{S}}} - 1.04 \right) \right] - 0.12 \left(\dfrac{m_{\mathrm{L0}} P_{\mathrm{V}}}{P_{\mathrm{S}}^2} \dfrac{\mathrm{d}P_{\mathrm{S}}}{\mathrm{d}T} \right) & \dfrac{P_{\mathrm{V}}}{P_{\mathrm{S}}} \geqslant 1.04 \end{cases} \tag{3-46}$$

式中：ρ_{C} 为单位体积混凝土中的水泥质量（kg/m³）；P_{S} 为饱和水蒸气压力（MPa）；$m_{0.96}$、$m_{1.04}$ 分别为相对湿度为 0.96 和 1.04 时的液态水质量（kg/m³）；$m(T) = 1.04 - \dfrac{(T+10)^2}{22.3(T_0+10)^2 + (T+10)^2}$；$m_{0.96} = \rho_{\mathrm{C}} \left(0.96 \dfrac{m_0}{\rho_{\mathrm{C}}} \right)^{\frac{1}{m(T)}}$；$m_{1.04} = \rho_{\mathrm{L}}(1 - V_{\mathrm{S0}}) + m_{\mathrm{D}}$；$\dfrac{\mathrm{d}m(T)}{\mathrm{d}T} =$

$-\dfrac{2(T+10)\left[22.3(T_0+10)^2 + (T+10)^2 \right] - 2(T+10)^3}{\left[22.3(T_0+10)^2 + (T+10)^2 \right]^2}$；$\dfrac{\mathrm{d}m_{0.96}}{\mathrm{d}T} = -m_{0.96} \dfrac{\ln \left(0.96 \dfrac{m_0}{\rho_{\mathrm{C}}} \right) \dfrac{\mathrm{d}m(T)}{\mathrm{d}T}}{[m(T)]^2}$；

$$\frac{\mathrm{d}m_{1.04}}{\mathrm{d}T} = (1-V_{S0})\frac{\mathrm{d}\rho_L}{\mathrm{d}T} + \frac{\mathrm{d}m_D}{\mathrm{d}T} \ ; \quad X = \left(\frac{P_V}{P_S} - 0.96\right)\frac{\left(\dfrac{\mathrm{d}m_{1.04}}{\mathrm{d}T} - \dfrac{\mathrm{d}m_{0.96}}{\mathrm{d}T}\right)}{0.08} \ 。$$

（2）渗透模型

高温下混凝土的气体渗透性变化受多重因素影响，温度越高，渗透性越大。Gawin 等[10,11]基于 Schneider 等[12]的试验结果，提出了一种考虑温度和孔隙压力的渗透计算模型：

$$k_T = \left[10^{C_T(T-T_0)}\left(\frac{P_V}{P_0}\right)^{0.368}\right]k_0 \tag{3-47}$$

式中：P_0 为大气压强，101 325Pa；k_0 为 T_0、P_0 时的初始渗透性（m²）；C_T 为高温下与渗透性有关的常数，无量纲，模型中取值为 0.002 5[3,11]。

在板的孔隙压力计算中，通常假设横截面各处初始渗透性 k_0 相同。在梁的孔隙压力计算中，梁底部受拉，顶部受压，因此梁底部渗透性较大，初始渗透性沿着梁截面高度发生变化。同理，当柱为偏心受压时，初始渗透性沿着柱截面高度发生变化。文献[13]给出的变化公式为

$$k_0 = \begin{cases} k_{top} \times 10^{2y/h} & y \geqslant x \\ k_{top} \times 10^{2y/h} \times 10^{3(\frac{y-x}{h-x})} & y < x \end{cases} \tag{3-48}$$

式中：k_{top} 为梁顶部（$y=0$）初始渗透性（m²）；h 为梁截面高度（mm）；x 为荷载作用下梁截面受压区高度（mm）；y 为截面任意一点距梁顶面距离（mm）。

RPC 内部极其致密，气体渗透性小于普通混凝土和高强混凝土[14]。文献[13]认为超过 100MPa 的混凝土常温下的气体渗透性最低可达到 10^{-20}m²，文献[15]试验发现 RPC 常温下的气体渗透性为 10^{-18}m² 数量级。文献[16]发现常温下难以测试出 RPC 的气体渗透性，而 RPC 试件在 100℃时的气体渗透数量级为 $10^{-18}\sim10^{-19}$m²。因此，可认为室温下 RPC 的初始气体渗透性为 $10^{-18}\sim10^{-20}$m²，RPC 强度越高，内部结构密实性越高，气体渗透性越低。

（3）结合水

混凝土中的水通常被分为易蒸发水和不易蒸发水，易蒸发水即自由水，不易蒸发水即水泥浆中存在的结合水[17]。混凝土内部温度在 65~100℃时，内部成分化学性质稳定；当温度为 100~200℃时，液态水蒸发形成大量水蒸气，促进水泥水化反应；当温度为 200~400℃时，结合水等不易蒸发水开始逐渐释放到孔隙中形成自由水。高温下混凝土内部的成分变化是个非常复杂的过程，受温度和化学组成影响，爆裂模型中假设混凝土中的水泥浆中的水完全水化[17]。高温下混凝土内部结合水转化成液态水质量的表达式如下所示。

$$m_{D} = \begin{cases} 0 & T \leqslant 200℃ \\ 0.07\rho_{C}\dfrac{T-200}{100} & 200℃ < T \leqslant 300℃ \\ 0.004\rho_{C}\dfrac{T-300}{100}+0.07 & 300℃ < T \leqslant 800℃ \\ 0.09\rho_{C} & T > 800℃ \end{cases} \quad （3-49）$$

（4）抗拉强度

图 3-2 为 RPC 抗拉强度随温度变化[18-20]，可以看出，高温下 RPC 的抗拉强度会逐渐下降，试件温度超过 600℃时，RPC 抗拉强度下降超过一半。爆裂模型选用的罗百福[18]试验所得的 RPC 抗拉强度随温度变化曲线，回归拟合得到不同钢纤维掺量（0、1%、2%、3%）的 RPC 抗拉强度与温度的关系式：

1）素 RPC 抗拉强度 f_{tT0} 与温度关系式：

$$f_{tT0} = 13.45T^{-0.3} \qquad 20℃ < T < 300℃ \qquad （3-50a）$$

2）钢纤维掺量 1%的 RPC 抗拉强度 f_{tT1} 与温度关系式：

$$f_{tT1} = 5\times10^{-6}T^{2} - 0.009T + 6.125 \qquad 20℃ < T < 800℃ \qquad （3-50b）$$

3）钢纤维掺量 2%的 RPC 抗拉强度 f_{tT2} 与温度关系式：

$$f_{tT2} = 4\times10^{-6}T^{2} - 0.011T + 8.703 \qquad 20℃ < T < 800℃ \qquad （3-50c）$$

4）钢纤维掺量 3%的 RPC 抗拉强度 f_{tT3} 与温度关系式：

$$f_{tT3} = 4\times10^{-6}T^{2} - 0.011T + 9.494 \qquad 20℃ < T < 800℃ \qquad （3-50d）$$

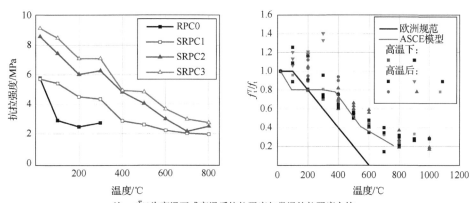

注：f_t^T/f_t 为高温下或高温后抗拉强度与常温抗拉强度之比。

图 3-2　RPC 抗拉强度与温度关系[18-20]

4. 爆裂判别准则

爆裂模型基于孔隙压力爆裂机理，假设 RPC 内部孔隙压力超过同温度下抗拉强度时发生爆裂。即爆裂判别准则如下：

$$P_{\text{v}} > f_{\text{t}T} \tag{3-51}$$

式中：$f_{\text{t}T}$ 为温度为 T 时 RPC 抗拉强度（MPa）。

图 3-3 为爆裂判别图，孔隙压力随温度升高先增加后下降，抗拉强度随温度升高而降低，当二者曲线相交时发生爆裂。

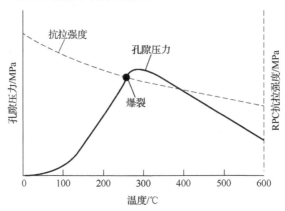

图 3-3　爆裂判别图

3.2.3　高温爆裂研究方法

1. 有限差分法

热传导方程和孔隙压力方程可通过有限差分法求解。有限差分法是一种近似求解偏微分方程的数值方法，其基本思想是将方程求解区域剖分成有限个差分网格，用网格节点的差商近似代替偏微分方程中的微商，推导出网格节点的有限差分格式。再根据初始条件和边界条件进行差分计算，求解偏微分方程的解。

2. 差分格式

有限差分法是用网格节点差商近似代替偏微分方程的微商，其原理如下：

$$\frac{\text{d}y}{\text{d}x} = \lim_{\Delta x \to 0} \frac{\Delta y}{\Delta x} = \lim_{\Delta x \to 0} \frac{f(x+\Delta x) - f(x)}{\Delta x} \tag{3-52}$$

式中：$y = f(x)$ 是一连续函数；$\text{d}x$、$\text{d}y$ 分别是自变量和函数的微分；Δx、Δy 分别是自变量和函数的差分；$\dfrac{\text{d}y}{\text{d}x}$ 为函数对自变量的微商；$\dfrac{\Delta y}{\Delta x}$ 为函数对自变量的差商；当 $\Delta x \to 0$ 时，用 $\dfrac{\text{d}y}{\text{d}x} \approx \dfrac{\Delta y}{\Delta x}$ 进行替代计算，求解偏微分方程的解。

有限差分法有多种差分格式，表 3-1 给出一阶和二阶差商常用的三种差分格式。

表 3-1　一阶和二阶差商

差分格式	一阶差商	二阶差商
向前差分	$\dfrac{dy}{dx} \approx \dfrac{f(x_i + \Delta x) - f(x_i)}{\Delta x}$	$\dfrac{d^2 y}{dx^2} \approx \dfrac{f(x_i) - 2f(x_i + \Delta x) + f(x_i + 2\Delta x)}{\Delta x^2}$
向后差分	$\dfrac{dy}{dx} \approx \dfrac{f(x_i) - f(x_i - \Delta x)}{\Delta x}$	$\dfrac{d^2 y}{dx^2} \approx \dfrac{f(x_i - 2\Delta x) - 2f(x_i - \Delta x) + f(x_i)}{\Delta x^2}$
中心差分	$\dfrac{dy}{dx} \approx \dfrac{f(x_i + \Delta x) - f(x_i - \Delta x)}{2\Delta x}$	$\dfrac{d^2 y}{dx^2} \approx \dfrac{f(x_i - \Delta x) - 2f(x_i) + f(x_i + \Delta x)}{\Delta x^2}$

3. 计算流程

将构件截面进行网格划分，采用有限差分法将方程和边界条件离散，用变系数显式向前差分格式求解方程。首先根据初始时刻（$n=0$）的温度（T^n）、孔隙压力（P_V^n）和水蒸气质量（m_V^n），求出各相关物理参数；然后根据变系数显式向前差分格式求出下一时间点（$n+1$）的温度（T^{n+1}）、孔隙压力（P_V^{n+1}）和水蒸气质量（m_V^{n+1}）；再用新时间点（$n+1$）的温度、孔隙压力和水蒸气质量重新确定各相关物理参数；如此循环，重复上述操作，即可求出任意时刻的孔隙压力值。若模型不收敛，则需调整网格大小、网格比及控制方程和边界条件的离散格式，满足差分格式收敛条件即可。数值计算流程图如图 3-4 所示。

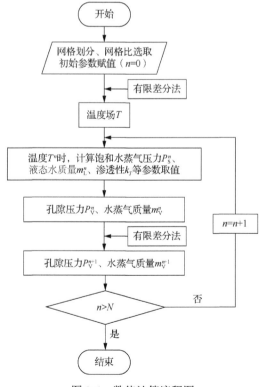

图 3-4　数值计算流程图

4. 板的差分格式

（1）板的温度差分格式

1）内部网格节点温度差分格式。将式（3-2）中的微商用差商替换，选用一阶差商中的向前差分和二阶差商中的中心差分得到温度场的差分格式如下所示。

$$\rho c \frac{T_i^{n+1} - T_i^n}{\Delta t} = k \frac{T_{i+1}^{n+1} - 2T_i^n + T_{i-1}^n}{\Delta x^2} \tag{3-53}$$

式中：T_i^n 为 n 时刻在板 i 位置处温度（℃）；Δt 为时间步长（s）；Δx 为空间步长（mm）。

整理得到内部网格节点的温度差分格式如式（3-54）所示。

$$T_i^{n+1} = \frac{k}{\rho c} r \left(T_{i+1}^n - 2T_i^n + T_{i-1}^n \right) + T_i^n \tag{3-54}$$

式中：r 为网格比，$r = \dfrac{\Delta t}{\Delta x^2}$（s/mm^2）。

图 3-5 为板截面网格划分，横坐标为板厚网格划分，纵坐标为时间节点划分，$T(i,n)$ 表示 n 时刻节点 i 的温度，$P_V\,(i,n)$ 同理。

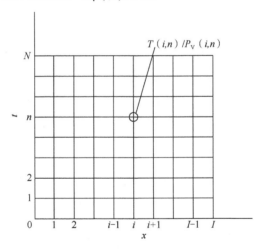

图 3-5　板截面网格划分

2）边界网格节点温度差分格式。温度场的边界条件为第三类边界条件，将式（3-7）和式（3-8）用中心差分求解，分别得到边界条件的差分格式如式（3-55）和式（3-56）所示。

$$k \frac{T_1^n - T_{-1}^n}{2\Delta x} = -h_f (T_f - T_0^n) \tag{3-55}$$

$$k \frac{T_{I+1}^{n+1} - T_{I-1}^n}{2\Delta x} = -h_c (T_I^n - T_0) \tag{3-56}$$

式中：T_{-1}^n 和 T_{I+1}^n 分别是求解域以外的虚设点。将边界差分格式式（3-55）式（3-56）与内部网格节点差分格式式（3-54）联立，消去 T_{-1}^n 和 T_{I+1}^n，即可得到边界网格节点温度差分格式如式（3-57）和式（3-58）所示。

迎火面：

$$T_0^{n+1} = \left[1 - 2\frac{k}{\rho c}r\left(1 - \frac{h_f}{k}\Delta x\right)\right]T_0^n + 2\frac{k}{\rho c}rT_1^n - 2\frac{k}{\rho c}r\Delta x\frac{h_f T_f}{k} \quad （3-57）$$

背火面：

$$T_I^{n+1} = \left[1 - 2\frac{k}{\rho c}r\left(1 + \frac{h_c}{k}\Delta x\right)\right]T_I^n + 2\frac{k}{\rho c}rT_{I-1}^n + 2\frac{k}{\rho c}r\Delta x\frac{h_c T_0}{k} \quad （3-58）$$

（2）板的孔隙压力差分格式

板内部的孔隙压力计算方法与温度场相似，因假设板的初始和边界条件均为常数，则恒有 $P_{Vi}^0 = P_{V1}^n = P_{VI}^n = RHP_{S0}$，为第一类边界条件，因此只需计算板内部网格节点孔隙压力差分格式即可。将式（3-34）离散差分计算，得到板内部网格节点孔隙压力差分格式如式（3-59）所示。

$$P_{Vi}^{n+1} = \frac{B_i^n}{A_i^n}r(P_{Vi+1}^n - 2P_{Vi}^n + P_{Vi-1}^n) + P_{Vi}^n + \frac{C_i^n}{A_i^n}\Delta t \quad （3-59）$$

5. 梁和柱的差分格式

梁和柱温度场和孔隙压力计算采用二维有限差分格式，在一维基础上改进推导出二维差分格式，计算流程与板相同。梁和柱截面网格划分如图 3-6 所示，x 轴和 y 轴为截面网格划分，t 轴为时间节点划分，图中 $T(i,j,0)$ 表示 0 时刻节点 (i,j) 的温度，n 时刻节点 (i,j) 的温度为 $T(i,j,n)$，$P_V(i,j,n)$ 同理。

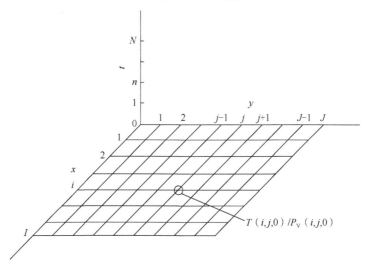

图 3-6　梁和柱截面网格划分

（1）温度差分格式

火灾下梁为三面受火，柱为四面受火，本章只给出梁截面三面受火的差分格式，其中 $y = J$ 为背火面。若为柱截面四面受火时，只需将相应计算公式中的 h_c 和 T_0 分别替换成 h_f 和 T_f 即可。

1）内部网格节点温度差分格式。二维内部网格节点差分格式与一维相似，只需增加 Y 方向的差分格式即可，将式（3-3）中的微商用差商替换，得到截面内部网格节点温度差分格式如式（3-60）所示。

$$T_{i,j}^{n+1} = T_{i,j}^{n} + \frac{k}{\rho c} r_1 \left(T_{i+1,j}^{n} - 2T_{i,j}^{n} + T_{i-1,j}^{n} \right) + \frac{k}{\rho c} r_2 \left(T_{i,j+1}^{n} - 2T_{i,j}^{n} + T_{i,j-1}^{n} \right) \quad （3-60）$$

2）边界网格节点温度差分格式。二维边界网格节点差分格式与一维有较大不同，二维有 4 个边界条件，分别将边界条件式（3-7）和式（3-8）差分离散，得到差分计算公式如式（3-61）所示，其中 $T_{-1,j}, T_{I+1,j}, T_{i,-1}, T_{i,J+1}$ 是网格节点以外的虚设值。联立式（3-60）和式（3-61）消去虚设值，得到二维截面边界 4 个角点的温度差分格式和 4 条边的温度差分格式，全部边界温度差分格式如下所示：

$$\begin{cases} -k \dfrac{T_{1,j}^{n} - T_{-1,j}^{n}}{2\Delta x} = -h_f(T_{0,j} - T_f) \\[2mm] k \dfrac{T_{I+1,j}^{n} - T_{I-1,j}^{n}}{2\Delta x} = -h_f(T_{I,j} - T_f) \\[2mm] -k \dfrac{T_{i,1}^{n} - T_{i,-1}^{n}}{2\Delta y} = -h_f(T_{i,0} - T_f) \\[2mm] k \dfrac{T_{i,J+1}^{n} - T_{-1,J-1}^{n}}{2\Delta y} = -h_c(T_{i,J} - T_0) \end{cases} \quad （3-61）$$

① 截面 4 个角点温度差分格式为

$$\begin{aligned} T_{0,0}^{n+1} = {} & \frac{k}{\rho c}\left[2r_1 T_{1,0}^{n} + 2r_2 T_{0,1}^{n} + (2r_1\Delta x + 2r_2\Delta y)\frac{h_f T_f}{k} \right] \\ & + \left(1 - 2\frac{k}{\rho c}r_1 - 2\frac{k}{\rho c}r_2 - 2\frac{k}{\rho c}r_1\Delta x\frac{h_f}{k} - 2\frac{k}{\rho c}r_2\Delta y\frac{h_f}{k} \right)T_{0,0}^{n} \quad （3-62） \end{aligned}$$

$$\begin{aligned} T_{I,0}^{n+1} = {} & \frac{k}{\rho c}\left[2r_1 T_{I-1,0}^{n} + 2r_2 T_{I,1}^{n} + (2r_1\Delta x + 2r_2\Delta y)\frac{h_f T_f}{k} \right] \\ & + \left(1 - 2\frac{k}{\rho c}r_1 - 2\frac{k}{\rho c}r_2 - 2\frac{k}{\rho c}r_1\Delta x\frac{h_f}{k} - 2\frac{k}{\rho c}r_2\Delta y\frac{h_f}{k} \right)T_{I,0}^{n} \quad （3-63） \end{aligned}$$

$$\begin{aligned} T_{0,J}^{n+1} = {} & \frac{k}{\rho c}\left(2r_1 T_{1,J}^{n} + 2r_2 T_{0,J-1}^{n} + 2r_1\Delta x\frac{h_f T_f}{k} + 2r_2\Delta y\frac{h_c T_0}{k} \right) \\ & + \left(1 - 2\frac{k}{\rho c}r_1 - 2\frac{k}{\rho c}r_2 - 2\frac{k}{\rho c}r_1\Delta x\frac{h_f}{k} - 2\frac{k}{\rho c}r_2\Delta y\frac{h_c}{k} \right)T_{0,J}^{n} \quad （3-64） \end{aligned}$$

$$T_{I,J}^{n+1} = \frac{k}{\rho c}\left(2r_1 T_{I-1,J}^n + 2r_2 T_{I,J-1}^n + 2r_1 \Delta x \frac{h_{\mathrm{f}} T_{\mathrm{f}}}{k} + 2r_2 \Delta y \frac{h_{\mathrm{c}} T_0}{k}\right)$$

$$+ \left(1 - 2\frac{k}{\rho c}r_1 - 2\frac{k}{\rho c}r_2 - 2\frac{k}{\rho c}r_1 \Delta x \frac{h_{\mathrm{f}}}{k} - 2\frac{k}{\rho c}r_2 \Delta y \frac{h_{\mathrm{c}}}{k}\right)T_{I,J}^n \qquad (3\text{-}65)$$

② 截面 4 条边温度差分格式为

$$T_{0,j}^{n+1} = \frac{k}{\rho c}\left(2r_1 T_{1,j}^n + r_2 T_{0,j+1}^n + r_2 T_{0,j-1}^n + 2r_1 \Delta x \frac{h_{\mathrm{f}} T_{\mathrm{f}}}{k}\right)$$

$$+ \left(1 - 2\frac{k}{\rho c}r_1 - 2\frac{k}{\rho c}r_2 - 2\frac{k}{\rho c}r_1 \Delta x \frac{h_{\mathrm{f}}}{k}\right)T_{0,j}^n \qquad (3\text{-}66)$$

$$T_{I,j}^{n+1} = \frac{k}{pc}\left(2r_1 T_{I-1,j}^n + r_2 T_{I,j+1}^n + r_2 T_{I,j-1}^n + 2r_1 \Delta x \frac{h_{\mathrm{f}} T_{\mathrm{f}}}{k}\right)$$

$$+ \left(1 - 2\frac{k}{\rho c}r_1 - 2\frac{k}{\rho c}r_2 - 2\frac{k}{\rho c}r_1 \Delta x \frac{h_{\mathrm{f}}}{k}\right)T_{I,j}^n \qquad (3\text{-}67)$$

$$T_{i,0}^{n+1} = \frac{k}{\rho c}\left(2r_2 T_{i,1}^n + r_1 T_{i+1,0}^n + r_1 T_{i-1,0}^n + 2r_2 \Delta y \frac{h_{\mathrm{f}} T_{\mathrm{f}}}{k}\right)$$

$$+ \left(1 - 2\frac{k}{\rho c}r_1 - 2\frac{k}{\rho c}r_2 - 2\frac{k}{\rho c}r_2 \Delta y \frac{h_{\mathrm{f}}}{k}\right)T_{i,0}^n \qquad (3\text{-}68)$$

$$T_{i,J}^{n+1} = \frac{k}{\rho c}\left(2r_2 T_{i,J-1}^n + r_1 T_{i+1,J}^n + r_1 T_{i-1,J}^n + 2r_2 \Delta y \frac{h_{\mathrm{c}} T_0}{k}\right)$$

$$+ \left(1 - 2\frac{k}{\rho c}r_1 - 2\frac{k}{\rho c}r_2 - 2\frac{k}{\rho c}r_2 \Delta y \frac{h_{\mathrm{c}}}{k}\right)T_{i,J}^n \qquad (3\text{-}69)$$

式中：$T_{i,j}^n$ 为 n 时刻在截面 (i,j) 处的温度（℃）；Δx、Δy 为 X 和 Y 轴的空间步长（mm）；r_1、r_2 为 X 和 Y 轴的网格比（s/mm²），$r_1 = \dfrac{\Delta t}{\Delta x^2}$、$r_2 = \dfrac{\Delta t}{\Delta y^2}$。

（2）孔隙压力差分格式

梁和柱内部的孔隙压力计算方法与温度场相似，梁和柱的孔隙压力初始和边界条件与板相同，均假设为常数，恒有 $P_{\mathrm{V}}^0 = P_{\mathrm{V}0,j}^n = P_{\mathrm{V}I,j}^n = P_{\mathrm{V}i,0}^n = P_{\mathrm{V}i,J}^n = \mathrm{RHP}_{\mathrm{S}0}$，为第一类边界条件，因此只需计算梁和柱内部网格节点孔隙压力差分格式即可。将式（3-42）离散差分计算，得到差分计算公式如下所示：

$$P_{\mathrm{V}i,j}^{n+1} = P_{\mathrm{V}i,j}^n + \frac{B_{i,j}^n}{A_{i,j}^n}\times\left[r_1\left(P_{\mathrm{V}i+1,j}^n - 2P_{\mathrm{V}i,j}^n + P_{\mathrm{V}i-1,j}^n\right) + r_2\left(P_{\mathrm{V}i,j+1}^n - 2P_{\mathrm{V}i,j}^n + P_{\mathrm{V}i,j-1}^n\right)\right] + \frac{C_{i,j}^n}{A_{i,j}^n}\Delta t$$

$$(3\text{-}70)$$

3.2.4　高温爆裂数值模型及验证

1. RPC 板数值模型验证

板的模型通过文献[21]试验所测 RPC 板单面受火时的温度和孔隙压力变化进

行验证。RPC 板尺寸为 30cm×30cm×12cm，水养护 28d 后抗压强度为（111.6±4.5）MPa。试验时升温速率为 5℃/s，温度到达 600℃后保持恒温加热。通过自行研制的孔隙压力测试装置，测量了距加热面 2mm、10mm、40mm 和 120mm 处的温度变化和距加热面 20mm、30mm、40mm 处的孔隙压力变化。孔隙压力测试装置如图 3-7 所示，初始参数取值见表 3-2。

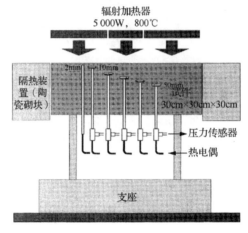

图 3-7　孔隙压力测试装置[22]

表 3-2　初始参数取值

初始材料性能	取值
初始温度（T_0）/℃	25
初始含水量（m_0）/（kg/m³）①	75
初始气体渗透性（k_0）/m²	$2×10^{-18}$
初始饱和孔隙压力（P_{S0}）/Pa	3 175
环境相对湿度（RH）	0.9
初始孔隙压力（P_{V0}）/Pa	$RHP_{S0} = 2\,857$
初始水蒸气质量（m_{v0}）/（kg/m³）②	$m_{v0} = \dfrac{P_{V0}}{T_0+273}\dfrac{M}{R} = 0.020\,8$
水泥质量（ρ_C）/（kg/m³）③	415

① 每立方米 RPC 中水的质量。
② 每立方米 RPC 中水蒸气的质量。
③ 每立方米 RPC 中水泥的质量。

　　模型计算结果与试验结果对比如图 3-8 所示，图 3-8 对比了不同位置的温度和孔隙压力变化。可以发现，模型计算结果与试验结果吻合较好，因而板的爆裂模型是准确的。

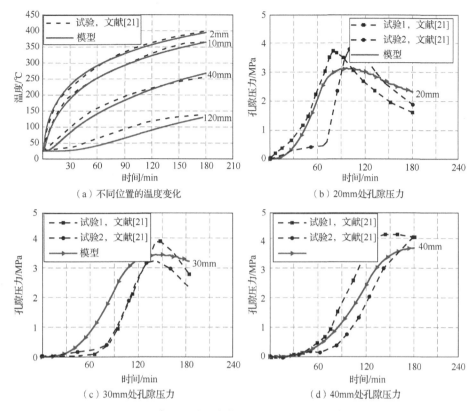

（a）不同位置的温度变化　　　　　　　　（b）20mm处孔隙压力

（c）30mm处孔隙压力　　　　　　　　　（d）40mm处孔隙压力

图 3-8　温度和孔隙压力模型计量结果与试验结果对比

2. RPC 梁柱数值模型验证

根据第 2 章 RPC 孔隙压力试验验证梁和柱模型的准确性，RPC 试件初始参数值见表 3-3。将数值模型计算得到的试件不同位置处温度和孔隙压力变化加入图 3-9 中，与试验值进行对比，可以看出，曲线吻合较好，因而梁和柱的爆裂模型是正确的。

表 3-3　初始参数值

初始材料性能	取值
初始温度（T_0）/℃	25
初始含水量（m_0）/（kg/m³）	75
初始气体渗透性（k_0）/m²	3×10^{-19}
初始饱和孔隙压力（P_{s0}）/Pa	3 175
环境相对湿度（RH）	0.9
初始孔隙压力（P_{V0}）/Pa	$RHP_{s0} = 2\,857$
初始水蒸气质量（m_{v0}）/（kg/m³）	$m_{v0} = \dfrac{P_{V0}}{T_0 + 273}\dfrac{M}{R} = 0.020\,8$
水泥质量（ρ_c）/（kg/m³）	810

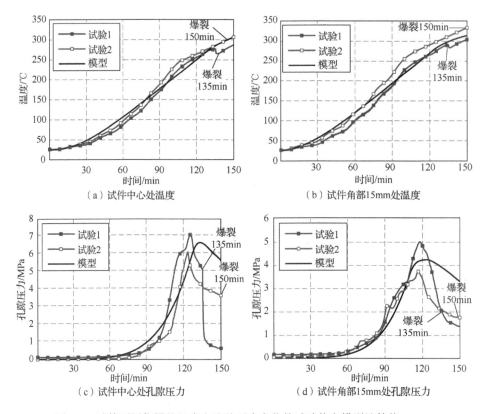

（a）试件中心处温度　　　　　（b）试件角部15mm处温度

（c）试件中心处孔隙压力　　　　（d）试件角部15mm处孔隙压力

图3-9　试件不同位置处温度和孔隙压力变化的试验值和模型计算值

3.3　RPC构件控制截面高温爆裂规律

3.3.1　RPC板高温爆裂分析

基于模型分析了板厚为120mm的RPC板在火灾下单面受火时的孔隙压力、水蒸气质量和液态水质量变化及分布，如图3-10所示。由图3-10（a）所示，板在火灾下5min时，孔隙压力便达到3.5MPa，20min即可达到6MPa，超过了RPC抗拉强度。由此可知，RPC板内部孔隙压力增长是非常迅速的，这也导致RPC板快速爆裂。孔隙压力是由外向内逐渐运移，距离受火面越远，到达峰值孔隙压力的时间越长，峰值孔隙压力越大。这是水蒸气在高温下运移所致的。如图3-10（b）所示，5min时，只在迎火表面形成大量水蒸气，而在水蒸气浓度梯度的作用下，一部分水蒸气向板外部蒸发掉，另一部分水蒸气逐渐向板内部运移。20min时，内部温度升高，液态水蒸发成水蒸气，加上迎火表面迁移的水蒸气，导致板内部水蒸气质量大于迎火表面，因此，板内部峰值孔隙压力高于迎火表面。此外，孔隙压力随时间先增大，达到一个峰值孔隙压力后逐渐减小，主要是因为水蒸气逐渐蒸发和向内部迁移，当水蒸气逐渐减少后，孔隙压力开始下降。对比图 3-10（a）和（b）发现，水蒸气质量和孔隙压力的变化趋势几乎相同，也证明了水蒸气迁移对孔隙压力分布的影响，该模型曲线很好地解释了"饱水塞模型"的理论。由图 3-10（c）可知，液态水逐渐减少，迎火表面液态水较快蒸发完，水蒸气含量较大，致使孔隙压力增长较快，这也解释了孔隙压力由外向内转移的规律。当迎火表面液态水蒸发完毕，水蒸气质量达到最大值后开始逐渐下降，导致孔隙压力先增大后下降。图 3-11 为 RPC 板内部孔隙压力随时间、板厚变化三维分布图，可以看出，孔隙压力随着时间增长逐渐增大，并由迎火面向板内部迁移。

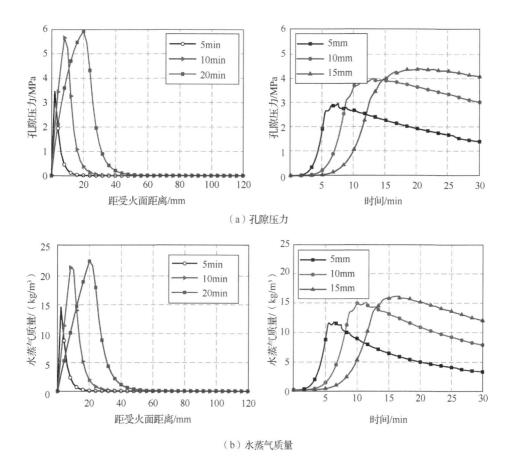

（a）孔隙压力

（b）水蒸气质量

图 3-10　孔隙压力、水蒸气质量和液态水质量变化分布图

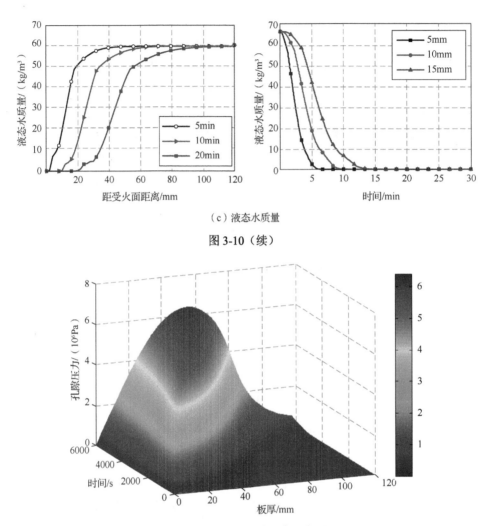

（c）液态水质量

图 3-10（续）

图 3-11　板内部孔隙压力分布图

　　相对湿度是指混凝土中水蒸气压力与同温度下饱和水蒸气压力的比值，相对湿度决定着混凝土内部的含湿量，也影响 RPC 内部孔隙压力。图 3-12 为 RPC 板内部相对湿度分布及变化，由图可知，高温下 RPC 内部相对湿度多在 0.96 左右波动。这是由于水蒸气不断蒸发和扩散迁移，孔隙内部水蒸气不断在饱和与非饱和状态下过渡转换。当孔隙内水蒸气质量开始下降后，相对湿度也开始逐渐减小，孔隙压力随着下降。

　　表 3-4 给出了火灾下不同 RPC 板厚发生爆裂的时间和剥落厚度。火灾下 RPC 板会不断爆裂剥落，导致板厚发生变化，降低了承载力。从图 3-13 可以发现，随着受火时间的增加，RPC 板发生爆裂所需要的时间间隔变长，每次爆裂剥落厚度减小。主要原因如下：爆裂发生后，板内部裂纹不断扩展，提高了内部的渗透性，

导致其爆裂时间变长，剥落厚度减小。

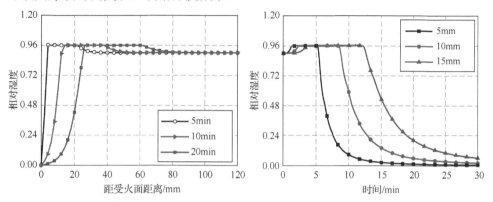

图 3-12　相对湿度分布及变化

表 3-4　火灾下 RPC 板剥落厚度

100mm 厚板		120mm 厚板		150mm 厚板	
时间/min	厚度/mm	时间/min	厚度/mm	时间/min	厚度/mm
0	100	0	120	0	150
6.08	94	6.08	114	6.08	144
8.25	90	8.25	110	8.25	140
11.48	86	11.48	106	11.48	136
15.85	80	15.85	100	15.85	130
21.65	74	21.65	94	21.65	124
30.03	66	30.03	86	30.03	116
42.08	56	42.22	76	42.22	106
57.87	46	59.32	66	59.77	96
71.95	36	78.10	54	82.28	84
98.38	16	100	42	108.98	70

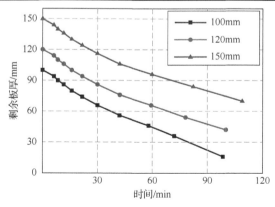

图 3-13　火灾下 RPC 剩余板厚随时间变化

3.3.2　RPC 梁高温爆裂分析

基于模型分析了横截面尺寸为200mm×400mm的RPC梁在火灾下三面受火时的孔隙压力、水蒸气质量和液态水质量变化及分布，如图 3-14 所示，假设梁截面受压区高度为100mm（0.25h，h 为截面高度）。从图 3-14 可以看出，梁上部两侧边处的孔隙压力增长迅速，在 5min 时孔隙压力增长较慢，10min 时梁截面顶角处最高达到 4.28MPa。随着时间的推移，高孔隙压力区域逐渐由外向内运移。孔隙压力在梁高 300～400mm 范围增长较快，主要是因为梁受弯影响了截面的初始渗透性的分布。图 3-15 为梁截面初始渗透性，由图可知，顶部渗透性较小（10^{-19}～10^{-18}m^2 数量级），而底部渗透性较大（10^{-14}m^2 数量级）。梁底部的孔隙压力在裂缝中释放，难以形成较大的压力。梁顶部受压，渗透性较低，因此孔隙压力不断积累，导致火灾下梁顶部爆裂严重[23]。

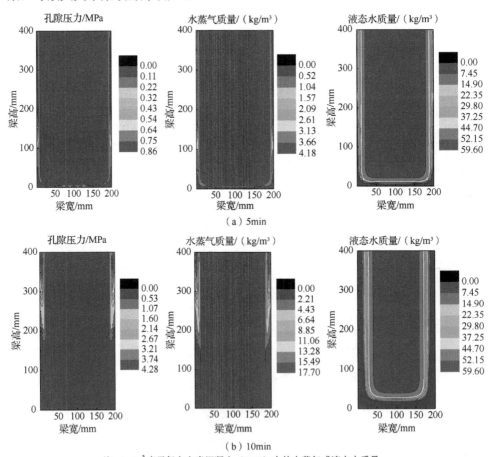

注：kg/m^3 表示每立方米混凝土（RPC）中的水蒸气或液态水质量。

图 3-14　梁截面内部孔隙压力、水蒸气质量和液态水质量变化及分布

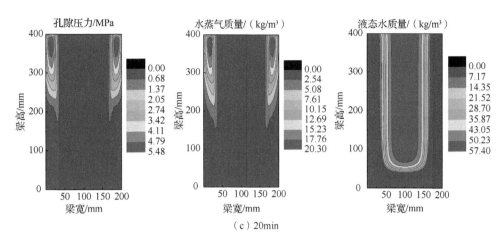

（c）20min

图 3-14（续）

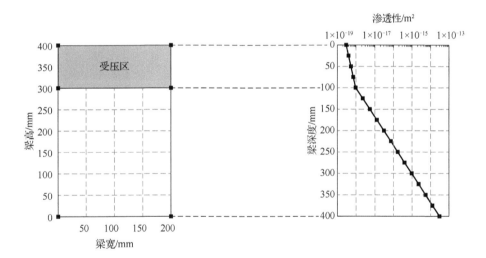

图 3-15　梁截面初始渗透性

根据上述研究发现，梁截面受压区更容易发生高温爆裂，因此，讨论了梁截面不同受压区高度对孔隙压力的影响。假设梁截面受压区高度分别为 0（不考虑梁受弯）、60mm（0.15h）、100mm（0.25h）、140mm（0.35h），不同受压区高度对梁截面孔隙压力的影响如图 3-16 所示。由图 3-16 可知，当梁截面受压区高度为 0时，即不考虑梁受弯作用，梁底角处孔隙压力增长较快，导致梁截面底角先发生爆裂。在考虑梁受弯时，随着梁截面受压区高度增加，梁截面高孔隙压力区域面积增大，导致梁爆裂更为严重；即梁所受弯矩越大，受压区高度越大，梁截面爆裂越严重。

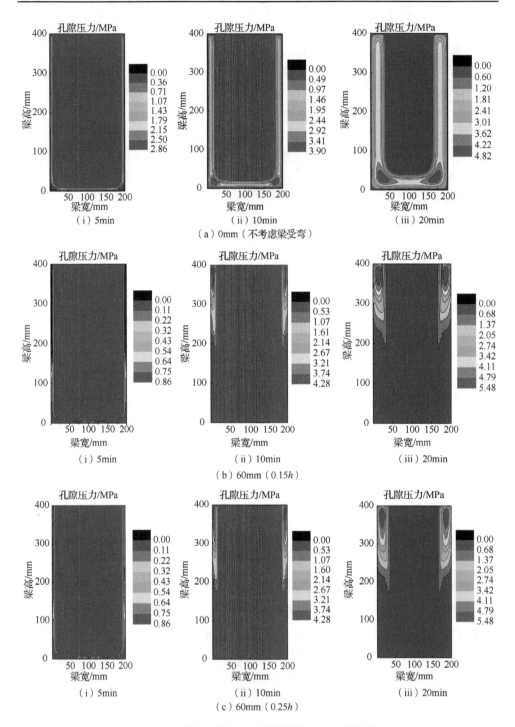

图 3-16　不同受压区高度对梁截面孔隙压力的影响

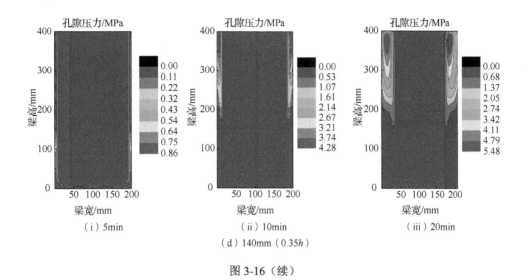

（i）5min　　　　　　（ii）10min　　　　　　（iii）20min

（d）140mm（0.35h）

图 3-16（续）

3.3.3　RPC 柱高温爆裂分析

1. 轴压柱

　　基于模型分析了横截面尺寸为400mm×400mm的RPC轴压柱在火灾下四面受火时的孔隙压力、水蒸气质量和液态水质量变化及分布,如图 3-17 所示。从图 3-17 可以看出,柱的角部孔隙压力最大,导致角部最先发生爆裂,这和文献[24]中的试验现象吻合,立方体试件先在角部及棱部发生剥落,再一次验证了孔隙压力爆裂机理。由图 3-17（a）可知,角部液态水减少,孔隙压力和水蒸气质量增大,5min时孔隙压力达到 2.86MPa。由图 3-17（b）可知,柱角部的液态水几乎全部蒸发成水蒸气,角部孔隙压力达到 3.90MPa。由图 3-17（c）可知,柱边大部分液态水均蒸发,水蒸气显著增加,峰值孔隙压力达到 4.82MPa。此时柱内部的液态水含量仍然较多,主要是因为 RPC 的热惰性,内部温度较低,水蒸气质量较少,孔隙压力较低,即不会发生爆裂。这也解释了火灾下,混凝土柱多为表面保护层剥落,而内部并不会爆裂,爆裂是由表及里逐渐传递[25]。对于试验时小尺寸试件,试件内外温度梯度较小,试件内部也可产生较大孔隙压力。因此,经过初期角部、棱边等部位"噼啪"剥落后,试件会发生突然的脆性破坏,之后整体破坏,爆裂成碎块状。

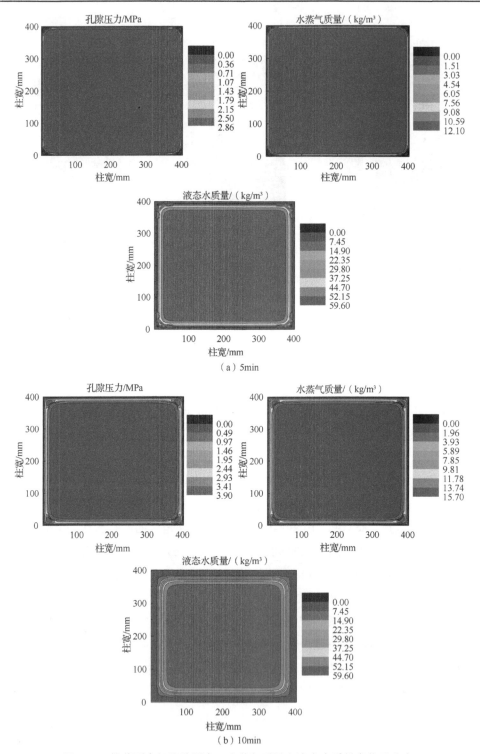

图 3-17　柱截面内部孔隙压力、水蒸气质量和液态水质量变化及分布

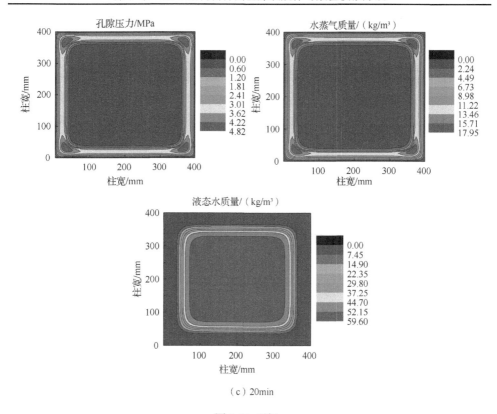

（c）20min

图 3-17（续）

　　图 3-18 对比了孔隙压力、水蒸气质量和液态水质量随时间变化的相互关系。由图 3-18（a）可知，高温下 RPC 内部液态水逐渐蒸发成水蒸气，当液态水质量下降到 0 时，水蒸气质量开始下降。由图 3-18（b）可以发现，孔隙压力和水蒸气变化曲线相似，水蒸气曲线开始下降后，孔隙压力随后也下降，可见水蒸气的变化和迁移影响着孔隙压力的分布[26]。

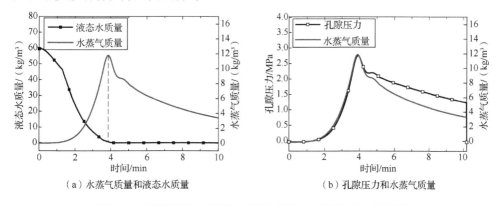

（a）水蒸气质量和液态水质量　　　　　　（b）孔隙压力和水蒸气质量

图 3-18　孔隙压力、水蒸气质量和液态水质量随时间变化图

2. 偏压柱

当柱为偏心受压时,考虑受压区高度对柱截面孔隙压力的影响如图3-19所示,假设柱截面右侧受压,受压区高度分别为 60mm 和 100mm。由图 3-19 可知,柱截面偏心受压区孔隙压力增长较快,受拉区难以形成大的孔隙压力。主要是因为柱截面受压区基体密实,渗透性低,孔隙压力积累速度快,而受拉区渗透性高,释放了孔隙压力。因此,偏压柱受压区在火灾下爆裂严重,受压区高度越大,高孔隙压力区面积越大,柱爆裂面积越大;即柱偏心受压时,柱的轴向压力和弯矩越大,受压区高度越大,柱在火灾下爆裂越严重。对比轴压柱与偏压柱内部孔隙压力分布可发现,偏压柱仅有受压侧孔隙压力增长较快,而轴压柱四边孔隙压力均增长较快。

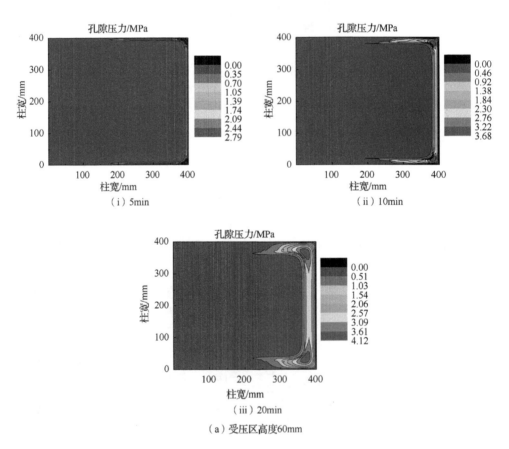

图 3-19　不同受压区高度对柱截面孔隙压力的影响

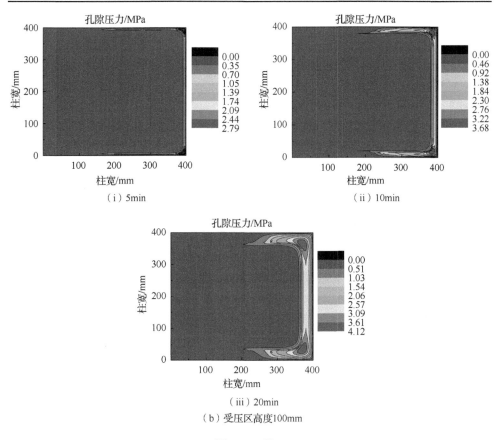

（ⅰ）5min　　　　　　　　　　（ⅱ）10min

（ⅲ）20min

（b）受压区高度100mm

图 3-19（续）

3.3.4　RPC 爆裂影响因素分析

　　试验研究发现 RPC 爆裂受多种因素影响[20,27,28]，文献[27]通过对 70.7mm 的立方体 RPC 试件进行爆裂规律分析试验，主要研究了含水率、升温速率、试件尺寸、PP 纤维和钢纤维掺量对爆裂的影响。本章在文献[27]试验的基础上，基于高温爆裂模型分析了各爆裂影响因素，各影响因素相关参数信息见表 3-5。

表 3-5　RPC 爆裂试验参数

影响因素	升温速率/（℃/min）	试件边长尺寸/mm
渗透性	4	70.7
含水率	4	70.7
升温速率	4/8/12/ ISO 834	70.7
试件尺寸	4	70.7/100/150/200
水泥质量	4	70.7
抗拉强度	ISO 834	400

注：ISO 834 表示按 ISO 834 标准升温曲线升温。

1. 渗透性

　　试验研究已经证明 PP 纤维能防止混凝土爆裂[22,29,30]，PP 纤维的熔点为 175℃，而 RPC 爆裂温度多在 200℃以上[24]。PP 纤维熔化后留下了释放水蒸气的孔道，提高了混凝土基体的渗透性，减小了内部的孔隙压力。根据文献[31]所测数据（表 3-6），高温前加入 0.2% PP 纤维的 RPC 的气体渗透性为 $1.293×10^{-18}m^2$，高温后气体渗透性为 $14.883×10^{-18}m^2$，渗透性提升了约 10 倍。图 3-20 为不同渗透性的孔隙压力变化，由图 3-20（a）可知，加入 0.2% PP 纤维后，RPC 内部的峰值孔隙压力只有 2MPa，仅为未加 PP 纤维的 RPC 试件峰值孔隙压力的一半，低于 RPC 在同温度下的抗拉强度，从而达到防止 RPC 试件高温爆裂的效果[27]。RPC 抗压强度越高，气体渗透性越小，RPC 强度为 100~120MPa 时气体渗透性多在 $5×10^{-18}$~$10×10^{-18}m^2$ 范围内；RPC 强度为 120~150MPa 时气体渗透性多在 $1×10^{-18}$~$5×10^{-18}m^2$ 范围内；RPC 强度为 150~200MPa 时气体渗透性常温下难以测量，通常采用高温后再测量，因此，可认为常温下强度 150~200MPa 的 RPC 气体渗透性在 $10^{-19}m^2$ 数量级以下[13,16]。基于爆裂模型，给出了不同抗压强度对孔隙压力的影响如图 3-20（b）所示。由图 3-20（b）可知，抗压强度为 150~200MPa 的 RPC 内部峰值孔隙压力可达 6MPa，抗压强度越高，内部峰值孔隙压力越大，越容易爆裂。以上研究表明，渗透性是影响爆裂的关键因素，可从提高 RPC 渗透性方面采取防爆裂措施。

表 3-6　试件掺 PP 纤维高温前后的渗透性

PP 纤维含量/%	气体渗透性/（$10^{-18}m^2$）
0.2	1.293（高温前）
0.2	14.883（高温后）

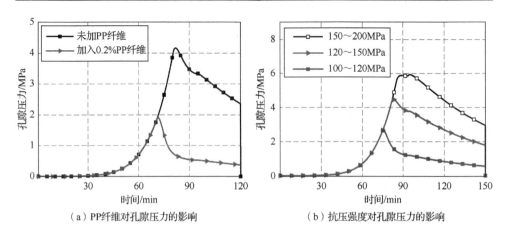

（a）PP 纤维对孔隙压力的影响　　　　　　（b）抗压强度对孔隙压力的影响

图 3-20　不同渗透性的孔隙压力变化

2. 含水率

图 3-21 为不同含水率的孔隙压力变化，由图可以看出，初始含水率越高，RPC 内部的峰值孔隙压力越大，越容易发生爆裂，爆裂破坏越严重，这与文献[27]试验结果相符。当初始含水率为 0.82% 时，角部峰值孔隙压力只有 0.7MPa，这不足以使 RPC 发生爆裂。试件中心处的峰值孔隙压力达到 3MPa，与同温度下 RPC 抗拉强度相当（图 3-22），RPC 试件处于爆裂的临界状态［图 3-22（a）］[27]。当含水率较低时，RPC 角部孔隙压力较小，并不能引起角部爆裂，试件爆裂是由试件内部孔隙压力引起的，试件爆裂后剩余部分整体性较好［图 3-22（b）］；而当含水率较高时，RPC 角部孔隙压力较大，角部先发生爆裂，试件由表及里逐渐发生爆裂破坏，破坏后的试件呈碎块状［图 3-22（c）］。因此，通过热养护降低 RPC 含水率，即可提高 RPC 强度，又可以防止其高温爆裂。

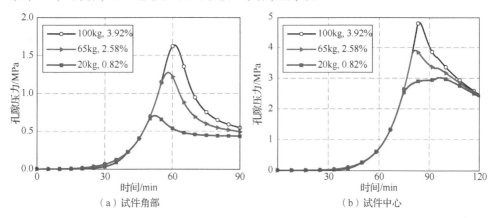

图 3-21　不同含水率的孔隙压力变化

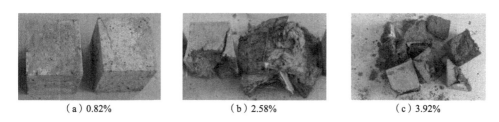

图 3-22　不同含水率 RPC 试件爆裂形态

3. 升温速率

图 3-23 为不同升温速率对孔隙压力及梯度的影响，由图 3-23（a）可以看出，当升温速率越快时，内部的孔隙压力增长越快，峰值孔隙压力越大。这与文献[27]试验结果吻合，升温速率越快，RPC 试件爆裂时间越早，爆裂越剧烈。由图 3-23（b）可知，由于混凝土的热惰性，加热过程会产生温度梯度；在高温区域会形成大量水

蒸气，产生蒸汽浓度梯度，如图 3-23（c）所示；而高蒸汽浓度区域的孔隙压力高于低蒸汽浓度的孔隙压力，产生孔隙压力梯度，如图 3-23（d）所示。蒸汽浓度梯度和孔隙压力梯度的存在，会导致水蒸气向浓度低区域迁移，从而使高温下水蒸气在混凝土内部不断迁移。较高的升温速率会产生更高的温度梯度、孔隙压力梯度和水蒸气浓度梯度，水蒸气迁移速度快，试件内部快速形成高的孔隙压力，从而提高爆裂概率。当升温速率为 4℃/min 时，内部孔隙压力增长速度非常缓慢，水蒸气不断向试件外蒸发掉，在试件表面形成溢水现象[27]。在 80min 时试件中心处峰值孔隙压力达到 4.2MPa，延缓了 RPC 爆裂发生的时间。

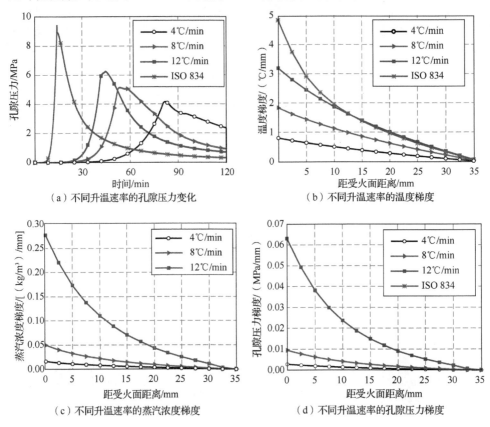

图 3-23　升温速率对孔隙压力及梯度的影响

4. 试件尺寸

爆裂规律试验多为小尺寸试件研究[27,28]，而不同的试件尺寸对爆裂有较大影响。通过模型分析试件尺寸对孔隙压力的影响，图 3-24 为不同试件尺寸的孔隙压力随时间变化。由图 3-24（a）可知，RPC 试件尺寸越小，其角部孔隙压力增长越快，峰值孔隙压力越大。主要是因为试件小，其内部温度升高快，导致孔隙压力快速增大，试件更早发生爆裂。但是，当试件尺寸超过 150mm 后，角部孔隙压力曲线几乎相同。主要是试件尺寸过大以及 RPC 的热惰性所致，加热过程中，试件角部温度曲线一致。由图 3-24（b）可以看出，试件尺寸越大，试件中心处的峰值孔隙压力越大，亦越容易爆裂，这与文献[27]试验结果相符。这是由于高温下水蒸气向内部迁移，试件尺寸越大，向内部迁移的水蒸气越多，内部的水蒸气"饱水塞"不断积累，试件中心处的孔隙压力逐渐变大，大尺寸试件爆裂更加剧烈。

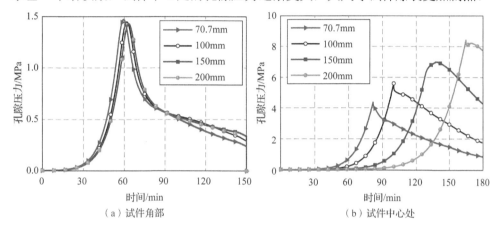

（a）试件角部　　　　　　　　　　　（b）试件中心处

图 3-24　不同尺寸的孔隙压力变化

5. 水泥质量

由式（3-44）可知，高温下 RPC 内部液态水质量及其变化与水泥掺量有关，因此其对孔隙压力和爆裂亦有影响。图 3-25 为不同水泥质量的孔隙压力变化，由图可以看出，水泥质量越大，RPC 内部峰值孔隙压力越小。主要是因为高温下 RPC 内部发生水泥水化反应和火山灰反应消耗掉部分水蒸气。水泥用量越高，RPC 内部 $CaO \cdot SiO_2$ 和 $Ca(OH)_2$ 含量越多，发生反应消耗的水蒸气越多，导致试件内部的峰值孔隙压力越小[32]。其反应方程式如下：

$$水泥水化反应：CaO \cdot SiO_2 + H_2O \longrightarrow C—S—H + CH$$

$$火山灰反应：Ca(OH)_2 + SiO_2 + H_2O \longrightarrow C—S—H$$

6. 抗拉强度

爆裂试验发现添加适量钢纤维可达到防爆裂的效果，主要是因为钢纤维增加了 RPC 的抗拉强度[33]。抗拉强度随着温度升高逐渐下降，孔隙压力随着温度逐渐增加，当孔隙压力超过抗拉强度时发生爆裂。图 3-26 为横截面尺寸为 400mm×400mm 的 RPC 柱在 ISO 834 标准升温曲线下爆裂判断图，由图可知，RPC 抗拉强度越低，爆裂时间越早，爆裂时的峰值孔隙压力越低，即越容易爆裂。当 RPC 抗拉强度为 9MPa 时，RPC 柱内部孔隙压力始终低于同温度下的抗拉强度，因此 RPC 柱在 1h 内不会发生爆裂。

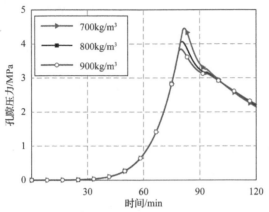

注：kg/m³ 表示每立方米 RPC 中水泥质量。

图 3-25　不同水泥质量的孔隙压力变化

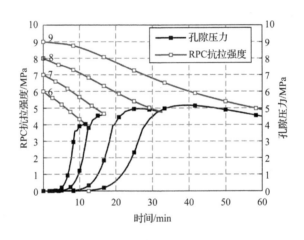

图 3-26　爆裂判断图

3.4　小　　结

对 RPC 的热传导、孔隙压力有限元数值模型进行了推导，确定了数值模型中相关参数的取值，根据孔隙压力和高温爆裂有限元模型，基于有限差分法，给出了 RPC 构件截面孔隙压力的计算方法，开发了一套分析 RPC 孔隙压力与高温爆裂的计算程序，基于试验所测温度和孔隙压力验证了数值模型的正确性。分析了火灾下 RPC 构件截面的孔隙压力、水蒸气质量和液态水质量的分布及变化情况。考虑了荷载作用下受压区高度对孔隙压力和爆裂的影响。并通过模型分析了渗透性、含水率、试件尺寸、升温速度、水泥质量和抗拉强度对爆裂的影响，解释其爆裂规律，得到如下结论。

1）发现 RPC 柱角部和梁顶部两侧边的孔隙压力增长迅速，在火灾下先发生爆裂。

2）揭示了足尺构件和小尺寸试件爆裂的区别。足尺构件多为表面保护层爆裂剥落，构件内部不发生爆裂。小尺寸试件角部、棱边等部位会先发生"噼啪"爆裂，之后发生突然的脆性破坏，试件整体破坏，爆裂成碎块状。

3）揭示了高温下 RPC 孔隙压力、水蒸气和液态水的关系，当液态水质量下降到 0 时，水蒸气质量开始下降，孔隙压力随之下降，这是高温下 RPC 内部孔隙压力先增长后下降的主要原因。

4）气体渗透性和受压区高度对 RPC 孔隙压力和高温爆裂影响显著。气体渗透性越低，受压区高度越高，构件尺寸越大，含水率越高，升温速率越高，抗拉强度越低，则 RPC 构件越容易爆裂或爆裂越严重。

参 考 文 献

[1] ZHENG W, WANG R, WANG Y. Experimental study on thermal parameter of reactive powder concrete[J]. Journal of building structures, 2014, 35(9): 107-114.

[2] 鞠杨, 刘红彬, 刘金慧, 等. 活性粉末混凝土热物理性质的研究[J]. 中国科学: 技术科学, 2011, 41（12）: 1584-1605.

[3] DWAIKAT M B, KODUR V K R. Hydrothermal model for predicting fire-induced spalling in concrete structural systems[J]. Fire safety journal, 2009, 44(3): 425-434.

[4] KODUR V K R, PHAN L. Critical factors governing the fire performance of high strength concrete systems[J]. Fire safety journal, 2007, 42(6-7): 482-488.

[5] KODUR V K R. Spalling in high strength concrete exposed to fire: concerns, causes, critical parameters and cures[M]. Philadelphia ACSE, 2000.

[6] SATO H, UEMATSU M, WATANABE K, et al. New international skeleton tables for the thermodynamic properties of ordinary water substance[J]. Journal of physical and chemical reference data, 1988, 17(4):1439-1540.

[7] BAZANT Z P, THONGUTHAI W. Pore pressure and drying of concrete at high temperature[J]. Journal of the engineering mechanics division, 1978, 104(5): 1059-1079.

[8] BAZANT Z P, THONGUTHAI W. Pore pressure in heated concrete walls: theoretical prediction[J]. Magazine of concrete research, 1979, 31(107): 67-76.

[9] BAŽANT Z P, CHERN J C, THONGUTHAI W. Finite element program for moisture and heat transfer in heated concrete[J]. Nuclear engineering and design, 1982, 68(1): 61-70.

[10] GAWIN D, MAJORANA C E, SCHREFLER B A. Numerical analysis of hygro-thermthermal behaviour and damage of concrete at high temperature[J]. Mechanics of cohesive-frictional materials, 1999, 4:37-74.

[11] GAWIN D, PESAVENTO F, SCHREFLER B A. Simulation of damage-permeability coupling in hygro-thermo-mechanical analysis of concrete at high temperature[J]. International journal for numerical methods in biomedical engineering, 2002, 18(2): 113-119.

[12] SCHNEIDER U, HERBST H J. Permeabiliteat und Prositaet von Beton bei hohen temperaturen[J]. Deutscher ausschuss für stahlbeton, 1989, 403: 23-52.

[13] DWAIKAT M B, KODUR V K R. Fire induced spalling in high strength concrete beams[J]. Fire technology, 2010, 46(1): 251.

[14] 龙广成, 谢友均, 王培铭, 等. 活性粉末混凝土的性能与微细观结构[J]. 硅酸盐学报, 2005, 33（4）: 456-461.

[15] ROUX N, ANDRADE C, SANJUAN M A. Experimental study of durability of reactive powder concretes[J]. Journal of materials in civil engineering, 1996, 8(1): 1-6.

[16] ZHANG D, DASARI A, TAN K H. On the mechanism of prevention of explosive spalling in ultra-high performance concrete with polymer fibers[J]. Cement and concrete research, 2018, 113: 169-177.

[17] TENCHEV R T, LI L Y, PURKISS J A. Finite element analysis of coupled heat and moisture transfer in concrete subjected to fire[J]. Numerical heat transfer, part a: applications, 2001, 39(7): 685-710.

[18] ZHENG W, LUO B, WANG Y. Compressive and tensile properties of reactive powder concrete with steel fibres at elevated temperatures[J]. Construction and building materials, 2013, 41: 844-851.

[19] ZHENG W, LI H, WANG Y. Compressive stress-strain relationship of steel fiber-reinforced reactive powder concrete after exposure to elevated temperatures[J]. Construction and building materials, 2012, 35: 931-940.

[20] ABID M, HOU X M, ZHENG W Z, et al. High temperature and residual properties of reactive powder concrete-a review[J]. Construction and building materials, 2017, 147: 339-351.

[21] KALIFA P, MENNETEAU F D, QUENARD D. Spalling and pore pressure in HPC at high temperatures[J]. Cement and concrete research, 2000, 30(12): 1915-1927.

[22] KALIFA P, CHENE G, GALLE C. High-temperature behaviour of HPC with polypropylene fibres: from spalling to microstructure[J]. Cement and concrete research, 2001, 31(10): 1487-1499.

[23] CHOI E G, SHIN Y S. The structural behavior and simplified thermal analysis of normal-strength and high-strength concrete beams under fire[J]. Engineering structures, 2011, 33(4): 1123-1132.

[24] 刘红彬, 鞠杨, 孙华飞, 等. 活性粉末混凝土的高温爆裂及其内部温度场的试验研究[J]. 工业建筑, 2014, 44（11）: 126-130.

[25] CHOE G, KIM G, GUCUNSKI N, et al. Evaluation of the mechanical properties of 200 MPa ultra-high-strength concrete at elevated temperatures and residual strength of column[J]. Construction and building materials, 2015, 86: 159-168.

[26] TOROPOVS N, MONTE F L, WYRZYKOWSKI M, et al. Real-time measurements of temperature, pressure and moisture profiles in high-performance concrete exposed to high temperatures during neutron radiography imaging[J]. Cement and concrete research, 2015, 68: 166-173.

[27] 李海艳. 活性粉末混凝土高温爆裂及高温后力学性能研究[D]. 哈尔滨: 哈尔滨工业大学, 2012.

[28] 罗百福. 高温下活性粉末混凝土爆裂规律及力学性能研究[D]. 哈尔滨: 哈尔滨工业大学, 2014.

[29] OZAWA M, MORIMOTO H. Effects of various fibres on high-temperature spalling in high-performance concrete[J]. Construction and building materials, 2014, 71: 83-92.

[30] YERMAK N, PLIYA P, BEAUCOUR A L, et al. Influence of steel and/or polypropylene fibres on the behaviour of concrete at high temperature: spalling, transfer and mechanical properties[J]. Construction and building materials, 2017, 132: 240-250.

[31] 史硕茳. 活性粉末混凝土高温爆裂试验与仿真分析[D]. 哈尔滨: 哈尔滨工业大学, 2018.

[32] LEE N K, KOH K T, PARK S H, et al. Microstructural investigation of calcium aluminate cement-based ultra-high performance concrete (UHPC) exposed to high temperatures[J]. Cement and concrete research, 2017, 102: 109-118.

[33] 陈明阳, 侯晓萌, 郑文忠, 等. 混凝土高温爆裂临界温度和防爆裂纤维掺量研究综述与分析[J]. 建筑结构学报, 2017, 38（1）: 161-170.

第4章 RPC 高温徐变

4.1 引　言

混凝土在热力耦合作用下的变形较常温下更为复杂，总应变是由自由膨胀应变、短期徐变、瞬态热应变和应力引起的应变这 4 部分组成的。无荷载状态下混凝土加热过程中的膨胀或收缩称为自由膨胀应变（free expansion strain，FTS），稳定热力耦合状态下的应变称为短期徐变（short-term creep，STC），恒定荷载下混凝土第一次升温过程中所产生的非弹性应变称为瞬态热应变（transient strain，TS），这 3 种变形也可以统称为高温徐变。要想分析混凝土结构或构件在火灾下的响应，获得准确的计算结果，除了考虑混凝土高温下应力–应变关系，同时也需考虑高温徐变的影响，将其引入热力耦合本构关系。

迄今为止，NSC、HSC 和高性能混凝土等传统类型的混凝土的高温徐变得到了广泛的研究。研究发现，混凝土高温下几个小时内所产生的短期徐变与常温下几十年的徐变量相当，主要与混凝土的骨料类型、荷载水平、持续时间和温度等因素有关。瞬态热应变是混凝土高温变形的重要组成部分，主要与应力水平和温度有关，在升温后期会主导结构的变形，对混凝土结构或构件的内力和变形有着重要影响。然而，对 RPC 的高温徐变相关研究鲜见报道。此外，在 RPC 配合比中所掺加的纤维（钢纤维、PP 纤维、混掺纤维）对徐变特性的影响规律也不明确。

本章通过试验，测得了 RPC 在高温下的 STC、FTS 和 TS，研究钢纤维、PP（聚丙烯）纤维和混掺纤维（PP 纤维和钢纤维）对高温徐变的影响。并对试验结果进行分析，提出用于计算 RPC 高温徐变的拟合公式，同时利用现有文献与 NSC 和 HSC 进行对比分析。

4.2　试 验 方 法

RPC 高温下的短期徐变、自由膨胀应变和瞬态热应变试验分别按照国际材料与结构研究实验联合会（International Union of Laboratories and Experts in Construction Materials, Systems and Structures，RILEM）第 8、第 6 和第 7 部分[1-3]建议的方法进行，总体试验可以用图 4-1 简单概括，并在后面的内容中做详细解释。

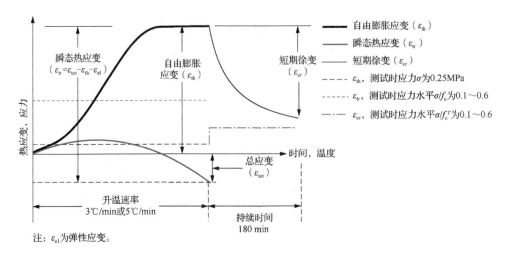

图 4-1　高温徐变的试验流程

4.2.1　试件温度测量

由于混凝土材料的热惰性，升温过程中试件表面和中心会产生较大的温度梯度。因此为了测量试件的中心温度，在制作过程中在试件中心埋入热电偶。同时，在试件中间截面位置处对称测量试件的表面温度，并使热电偶在整个测试过程中与试件表面保持接触，每 2min 记录一次表面和中心的温度变化。STC 分别在 120℃、300℃、500℃、700℃和 900℃下进行试验，以 5℃/min 的加热速率对试件进行加热，直至试件中心热电偶达到目标温度，然后再开始试验。自由膨胀应变 FTS 和瞬态热应变 TS 则需要一直升温至 900℃，采用 3℃/min 或 5℃/min 的加热速率，对试件进行加热直至达到 900℃，并在升温过程中测量 RPC 的自由膨胀应变和瞬态热应变。其中，掺钢纤维活性粉末混凝土（steel fiber reactive power consrete，SRPC），即掺加 2%钢纤维的 RPC 的 STC 升温曲线如图 4-2 所示，FTS 和 TS 的升温曲线如图 4-3 所示。混掺钢纤维和聚丙烯纤维的活性粉末混凝土（hybrid fiber reactive power consrete，HRPC）（掺加 2%钢纤维和 0.2% PP 纤维的 RPC）的 STC 试件和掺聚丙烯纤维活性粉末混凝土（polypropylene fiber reactive power consrete，PRPC）（掺加 0.2% PP 纤维的 RPC）的 STC 试件的温度变化如图 4-4 所示，FTS 和 TS 的温度变化如图 4-5 所示。从图 4-2～图 4-5 可以看出，加热炉内试件表面和中心的温度差异比较明显。

因此，为了研究 RPC 徐变随温度的变化规律，需要计算试件中部截面的平均温度。采用 RILEM 建议[1]提出了平均温度的计算公式如下，并将 T_R 统称为参考温度。

$$T_R = T_S - \frac{1}{3}(T_S - T_C) \tag{4-1}$$

式中：T_R 为试件参考温度；T_S 为试件中部截面表面温度；T_C 为试件中部截面中心温度。

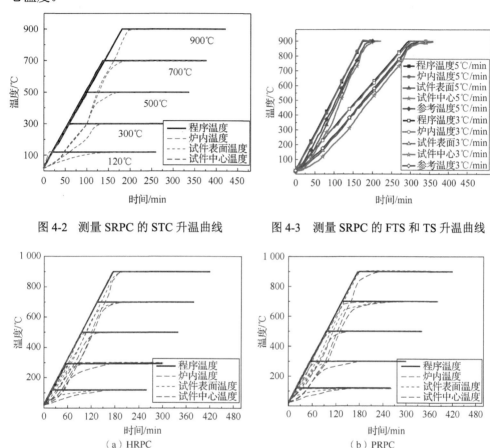

图 4-2　测量 SRPC 的 STC 升温曲线　　　图 4-3　测量 SRPC 的 FTS 和 TS 升温曲线

（a）HRPC　　　　　　　　　　（b）PRPC

图 4-4　STC 的升温曲线

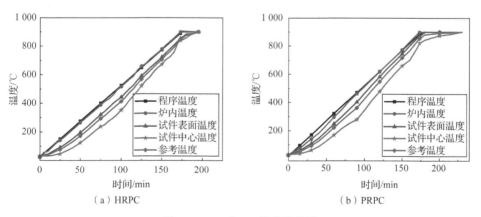

（a）HRPC　　　　　　　　　　（b）PRPC

图 4-5　FTS 和 TS 的升温曲线

4.2.2　试件变形测量

由于加热炉内 RPC 的应变没法直接测量，通过在上、下耐高温压头两端附加合金钢杆，将变形引到室温下通过两侧的 LVDT（linear variable differential transformer，线性可变差动变压器）测量试件和加载压杆的平均变形，并且可以消除偏心加载的影响，整个试验装置如图 4-6 所示。

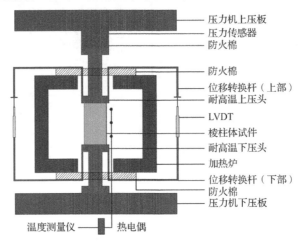

压力机上压板
压力传感器
防火棉

防火棉
位移转换杆（上部）
耐高温上压头
LVDT
棱柱体试件
耐高温下压头
加热炉
位移转换杆（下部）
防火棉
压力机下压板

温度测量仪 —— 热电偶

图 4-6　测量高温徐变的试验装置

试验过程中，测得的变形包括耐高温压头的变形和 RPC 试件的变形，因此，需要在相同的热力条件下，对耐高温压头的变形进行单独测量，以便消除这种影响。采用与耐高温压头材料相同和 RPC 试件尺寸相同的合金试件进行试验，假定合金试件的温度与加热炉内温度相同。通过试验测得的合金试件的热膨胀变形与厂家所提供的理论值吻合较好，如图 4-7 所示。

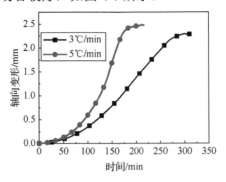

图 4-7　合金压杆的热膨胀变形

采用与图 4-1 和图 4-4 相同的升温路径，取与 RPC 试件 STC 试验时相同的荷载，对合金试件进行升温加载，测量其高温下的徐变，如图 4-8～图 4-10 所示。RPC 试件变形需要从实测总徐变中减去合金材料徐变，即减去图 4-8～图 4-10 中相应的修正值。

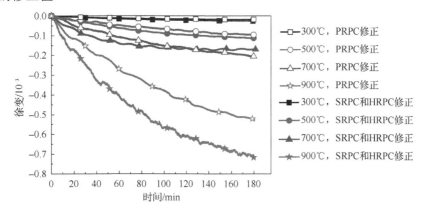

图 4-8 合金压杆在等效荷载水平为 0.2 时的高温徐变

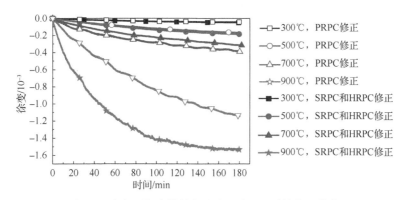

图 4-9 合金压杆在等效荷载水平为 0.4 时的高温徐变

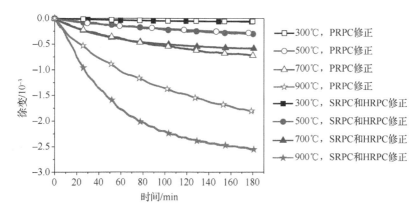

图 4-10 合金压杆在等效荷载水平为 0.6 时的高温徐变

4.2.3 短期徐变

采用图 4-1 和图 4-3 所示的升温曲线对试件进行加热，待试件中心达到目标温度时，开始加载，加载速率为 5MPa/s。应力水平分别为 SRPC 和 HRPC 在各自目标温度下抗压强度 f_c^T 的 20%、40%和 60%，见表 4-1 和表 4-2，并保持荷载和温度恒定，持续 180min。最终，将 STC 表示成应力水平、参考温度和时间的函数。

表 4-1　HRPC 和 SRPC 短期徐变试验的荷载　　　　（单位：MPa）

温度/℃	f_c^T	$f_c^T \times 20\%$	$f_c^T \times 40\%$	$f_c^T \times 60\%$
120	130.8	26.2	52.3	78.5
300	119.0	23.8	47.6	71.4
500	99.4	19.9	39.8	59.7
700	64.2	12.8	25.7	38.5
900	36.4	7.3	14.6	21.9

表 4-2　PRPC 短期徐变试验的荷载　　　　（单位：MPa）

温度/℃	f_c^T	$f_c^T \times 20\%$	$f_c^T \times 40\%$	$f_c^T \times 60\%$
120	70.4	14.1	28.2	42.3
300	74.2	14.8	29.7	44.5
500	64.6	12.9	25.9	38.8
700	54.8	11.0	21.9	32.9
900	29.9	6.0	12.0	18.0

4.2.4　自由膨胀应变

以 5℃/min 的升温速率，对 RPC 进行加热，升温至 900℃，并测量 RPC 的自由膨胀应变。为了使测试装置保持居中和对齐，在整个试验过程中施加了 0.25MPa 的预紧应力，其对 RPC 膨胀变形的影响可以忽略不计。最终，将 FTS 表示成参考温度的函数。

4.2.5　瞬态热应变

由于没法直接测量混凝土的 TS，采用从总热应变（total thermal strain，TTS）中减去 FTS 和弹性应变的方法，间接得到 RPC 的 TS。试验中施加的荷载水平（σ/f_c）分别为常温下抗压强度 f_c 的 10%、20%、30%、40%、50%和 60%，见表 4-3，加载速率为 1MPa/s 直至达到指定荷载并在试验过程中保持恒定。随后以 5℃/min 的升温速率对试件进行加热，持续到目标温度 900℃或者试件破坏，TS 也被表示成应力水平和参考温度的函数。

表 4-3 RPC 瞬态热应变试验的荷载 （单位：MPa）

应力水平	HRPC 和 SRPC	PRPC
f_c	151.1	97.0
$f_c \times 10\%$	15.1	9.7
$f_c \times 20\%$	30.2	19.4
$f_c \times 30\%$	45.3	29.1
$f_c \times 40\%$	60.4	38.8
$f_c \times 50\%$	75.5	48.5
$f_c \times 60\%$	90.6	58.2

4.3 高温下 SRPC 的短期徐变

4.3.1 SRPC 在恒定应力下的短期徐变

将测得的在 3 种应力水平下 SRPC 的 STC 绘制为时间函数，如图 4-11 所示。总体来说，徐变数值会随着应力水平和温度的增加而增大，但是随着时间的增长，STC 增长率会逐渐减小。STC 在前期发展较快，在第一个小时内徐变量就达到了总徐变的一半，也称为初级蠕变[4]。在低应力水平（$\sigma/f_c^T = 0.2$）下，在 120℃、300℃和 500℃下 3h 的 STC 分别为 0.2×10^{-3}、0.58×10^{-3} 和 0.77×10^{-3}。300℃和 500℃下的 STC 分别是 120℃下 STC 的 2.88 倍和 3.89 倍。同样，700℃和 900℃下的 STC 分别为 2.44×10^{-3} 和 4.19×10^{-3}，是 120℃下的 12.23 倍和 20.97 倍。

在中等应力水平（$\sigma/f_c^T = 0.4$）下，在 300℃时的 STC 是 120℃时的 1.6～2.8 倍。并且，在 500℃、700℃和 900℃下的徐变值更大，分别为 1.68×10^{-3}、5.36×10^{-3} 和 9.08×10^{-3}。同样，对于高应力水平（$\sigma/f_c^T = 0.6$），徐变增长得更为明显，尤其是在较高的温度（$T\geq500℃$）下，徐变更加显著。700℃时 SRPC 的 STC 为 8.07×10^{-3}，是 120℃时的 14.82 倍，900℃下的 STC 为 13.76×10^{-3}，是 120℃下的 25.24 倍。

综上所述，与 500℃相比，温度达到 300℃时 STC 的变化更为明显，这可能是应力水平和内部蒸汽压力的耦合作用造成的[5]。在 500℃时，试件产生了足够的微裂纹，释放了内部的蒸汽压力，因此 STC 的变化不如 300℃时明显，但是这还需要在微观层面上做进一步的研究。在 700℃时，石英晶体的晶格会从 α 型转变成 β 型，从而产生较大的局部应变[6]。RPC 配合比中石英砂的比例较大，因此在温度达到石英晶体转换温度（570℃）以上时，SRPC 的应变变化更为明显。在 900℃时，RPC 发生了严重的开裂。此外，钢纤维在温度达到其熔融温度（650℃）的一半时，也开始产生徐变[7]，这也增加了钢纤维与水泥凝胶体之间的应变差，从而使试件产生整体徐变[8]。

根据试验数据，以应力水平（σ/f_c^T）、温度（T）和时间（t）为独立参数，建立了计算 SRPC 的 STC（ε_{cr}）拟合公式。STC 的公式如下：

$$
\varepsilon_{cr}(\sigma,T,t)=\begin{cases} -7.48\times10^{-3}\left(\dfrac{\sigma}{f_c^T}\right)^{1.18}\left(\dfrac{t}{t_{total}}\right)^p\times e^{\left(\dfrac{-267.39\left(\dfrac{\sigma}{f_c^T}\right)^{0.26}}{T-20}\right)} & 120\text{℃}\leqslant T\leqslant 500\text{℃} \\[4em] -173.90\times10^{-3}\left(\dfrac{\sigma}{f_c^T}\right)^{1.13}\left(\dfrac{t}{t_{total}}\right)^p\times e^{\left(\dfrac{-1728.87\left(\dfrac{\sigma}{f_c^T}\right)^{0.02}}{T-20}\right)} & 500\text{℃}< T\leqslant 900\text{℃} \end{cases}
$$

$$(4\text{-}2)$$

式中：P 是一个与时间有关的幂函数，即

$$
P=\begin{cases} 0.35 & T\leqslant 120\text{℃} \\ e^{-\left(\frac{t}{80}\right)^{0.3}} & 120\text{℃}< T\leqslant 500\text{℃} \\ e^{-\left(\frac{t}{40}\right)^{0.3}} & 500\text{℃}< T\leqslant 900\text{℃} \end{cases}
$$

$$(4\text{-}3)$$

拟合曲线如图 4-11 所示，并附上所有试验数据，以便参考。

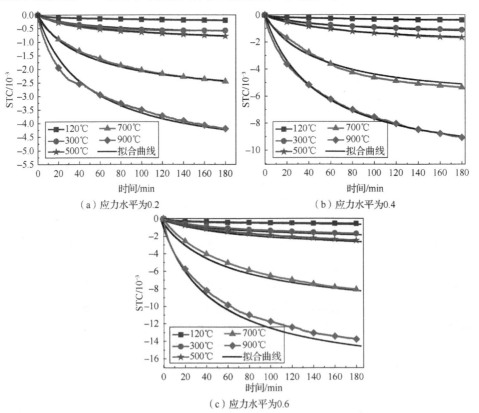

（a）应力水平为0.2　　　　　　　（b）应力水平为0.4

（c）应力水平为0.6

图 4-11　SRPC 在恒定压应力下的 STC

4.3.2　SRPC 在变应力下的短期徐变

在实际的结构火灾中，在火灾持续时间内结构所受温度和应力往往都不是恒定的，高温下短期徐变的变化也很复杂。因此，在温度 500℃ 和 700℃ 下，研究了 SRPC 梯度加载路径下的 STC。应力水平从 0.2 增加到 0.4 和 0.6 时，STC 变化曲线如图 4-12 所示，应力水平从 0.2 先增加到 0.6 再降到 0.4 的 STC 变化曲线如图 4-13 所示。当应力水平从 0.2 增加到 0.4 时，产生了徐变，从图 4-12 中也可以看出 STC 的明显增大。然而，当应力水平降低时，STC 却不再变化，曲线近乎水平，如图 4-13 所示。这种变级加载路径下的 STC 可以采用叠加原理[9]进行计算，该方法在相同的温度和应力水平下分别计算不同时段的徐变增量，然后通过累加得到总徐变。图 4-14 为变应力状态和温度下的累加计算方法。

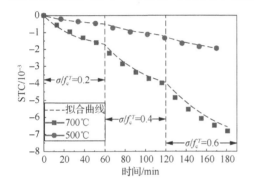

图 4-12　SRPC 在应力水平为 0.2、0.4、0.6 下的 STC

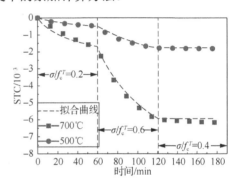

图 4-13　SRPC 在应力水平为 0.2、0.6、0.4 下的 STC

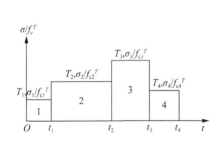

（a）随着时间变化的应力和温度

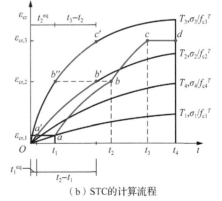

（b）STC 的计算流程

图 4-14　SRPC 在变应力状态和温度下的 STC 计算方法

根据不同的温度和应力水平，将整个徐变时长划分为不同的时间段。徐变在

t_1 时刻（点 a）值为 $\varepsilon_{cr,1}$，应力水平和温度分别为 $\sigma_1/f_{c,1}^T$ 和 T_1。徐变在 t_2 时刻（点 b）值为 $\varepsilon_{cr,2}$，应力水平和温度分别为 $\sigma_2/f_{c,2}^T$ 和 T_2。在 t_2 时刻的 STC 可以通过以下步骤进行计算。

1）根据式（4-2），计算第一个时间段（$t = t_1 - 0$）的 STC，得到曲线 Oa。

2）为了计算第二个时间段（$t = t_2 - t_1$）的徐变增量，需要先确定等效时间 t_1^{eq}。首先，在温度和应力水平为 T_2 和 $\sigma_2/f_{c,2}^T$ 的曲线上找到对应徐变值为 $\varepsilon_{cr,1}$（点 a'）的等效时间 t_1^{eq}。然后计算第二个时间段（$t = t_2 - t_1$）及其在 t_2 时刻的徐变 $\varepsilon_{cr,2}$（点 b'）。将曲线段的点 a' 水平移动到点 a，点 b' 自动移动到点 b，即可获得曲线段 ab。

3）同样，计算第三段时间增量（$t_3 - t_2$）及其在 t_3 时刻的徐变 $\varepsilon_{cr,3}$，将得到的点 b'' 水平移动到点 b，点 c' 移动到点 c 便可得到曲线 bc。

4）温度和应力水平为 T_4，$\sigma_4/f_{c,4}^T$ 曲线的数值比前一级曲线更低，不能在曲线上找到等效时间的交点。因此，假定徐变不会增加，可以得到一条水平线 cd。

该方法也可用于变温和变应力的 STC 计算，然而，在变温状态下，还需要测量和减去产生的 FTS 和 TS。

4.3.3　SRPC 与 NSC、HSC 短期徐变的对比

将应力水平为 0.4 时，SRPC、NSC[10]和 HSC[11] 的 STC 绘于图 4-15 和图 4-16 中。Graybeal[12]测量超高性能混凝土（ultra-high performance concrete，UHPC）在应力水平为 41%（相对于常温抗压强度）时，常温下一年的徐变值为 0.44×10^{-3}。然而，在 120℃相同的应力水平作用下，SRPC 在 4.6h 内便达到了相同的徐变值。从图中可以看出，在所有的温度范围和应力水平下，SRPC 的 STC 均大于 NSC。这主要是 NSC 配合比中使用了导热系数低的粗骨料，并且含有较少的胶凝材料造成的。同样，在所有温度范围内，SRPC 的 STC 也要大于 Wu 等[11]测量的 HSC 的徐变值。这可能也是 SRPC 配合比中含有较多的胶凝材料和石英骨料，水灰比更低所致的[4,13,14]。石英会受到体积膨胀的影响，水泥凝胶体在 600℃左右从无水 β-C2S 转变为 α-C2S[15]，并且水泥凝胶体的孔径在 600℃时也会增大[16]。

在较低的温度下，Anderberg 和 Thelanderson[10]测得的 NSC 的 STC 要高于 Wu 等测得的 HSC 的 STC[11]。这可能主要是由于 PP 纤维在高强度混凝土中起到了有效作用[11]。此外，由于其他测试方法和硅质骨料的使用，Anderberg 和 Thelanderson[10]所得到的 STC 更高。其借助石英管将试件的变形转移到环境条件下。然而，对于石英管的徐变，在最终的结果中并没有得到修正。从对比结果中可以明显看出，STC 随着材料强度的增加而增加。邢万里等[17]对于不同强度等级的高强度混凝土，也得到了相同的规律。

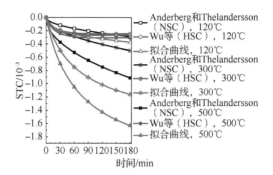

图 4-15　120～500℃范围内的 STC 对比曲线

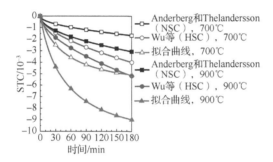

图 4-16　700℃和 900℃的 STC 对比曲线

4.4　SRPC 的瞬态热应变

4.4.1　SRPC 的自由膨胀应变

分别以 2～5℃/min 的升温速率对试件进行加热，SRPC 的 FTS 试验结果如图 4-17 所示。从图中可以看出，在 150～680℃范围内升温速率的影响比较明显。FTS 随着升温速率的增大而增大，Khoury[18]也得到了同样的结果。主要原因是缓慢的升温速率会损失更多的水分，从而导致收缩应变增加，降低了试件整体的伸长变形。FTS 的变化可以分为 3 个不同的阶段。初始缓慢膨胀阶段，即从环境温度到 150℃，FTS 要小于 0.52×10^{-3}。此阶段较低的 FTS，可能是由于骨料和水泥凝胶体同时产生了受热膨胀和水分损失引起的收缩，两种变形相互抵消，应变速率较慢[9]。中间阶段为 150～680℃范围，膨胀速率增大，在 650℃时，FTS 达到了 12.22×10^{-3}。这可能是由于混凝土在高温下发生了化学变化，即 $Ca(OH)_2$ 在 400℃转化为 CaO、C—S—H 键在 400～600℃断裂、界面过渡区（interface transition zone，ITZ）断裂等，以及石英在 573℃时会发生状态转变[19,20]。最后一个阶段，即温度达到 690℃以上，FTS 几乎为常数（13.82×10^{-3}），此阶段可能由于混凝土内部总的损伤累积和骨料内部矿物组分晶体变化阻碍了膨胀应变的发展[9]。

采用简化的回归分析方法对试验结果进行拟合，提出了 FTS（ε_{th}）随着参考温度（T）的函数关系为

$$\varepsilon_{\text{th}} = \begin{cases} 3.08 \times 10^{-8} \left(T - 20\right)^2 & 20\text{℃} \leqslant T \leqslant 690\text{℃}, \quad R^2 = 0.98 \\ 13.82 \times 10^{-3} & 690\text{℃} < T \leqslant 900\text{℃}, \quad R^2 = 0.99 \end{cases} \tag{4-4}$$

4.4.2　SRPC、NSC 和 HSC 自由膨胀应变的对比

将试验得到的 SRPC 的 FTS 与 NSC[9]、HSC[11,21]和设计规范[22,23]进行了比较。混凝土的 FTS 受加热速率、水泥种类、含水率和骨料类型等参数的影响[13,23]。因此，根据这些参数，不同类型混凝土在高温下的 FTS 值也会有所不同。从图 4-18 可以看出，SRPC 在高温下的 FTS 与欧洲规范中硅质骨料混凝土的 FTS 计算模型[22]数值接近。此外，Wu 等[11]测得的 HSC、过镇海和时旭东[9]给出的 NSC 也具有较高的热膨胀率。然而，Kodur 等[21]测得的 HSC、欧洲规范中钙质骨料的混凝土[22]和 ASCE 模型[23]的 FTS 均低于上述研究。这可能是骨料类型的差异造成的。

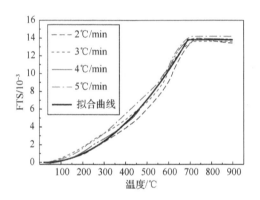

图 4-17　SRPC 在不同升温速率下的 FTS

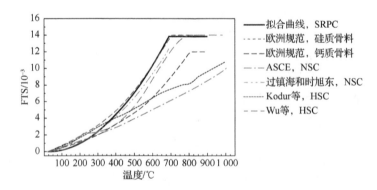

图 4-18　SRPC、NSC、HSC 和欧洲规范 FTS 随温度变化曲线

4.4.3　SRPC 在恒定应力下的瞬态热应变

瞬态热应变（TS）是从荷载作用下的热应变中减去自由膨胀应变（FTS）和弹性应变所得到，也有一些学者称其为荷载引起的温度应变（load induced thermal strain，LITS）或机械应变[18]。TS（ε_{tr}）可以由下式计算[3,24]得到

$$\varepsilon_{tr}(T,\sigma) = \varepsilon_{tot}(T,\sigma) - \varepsilon_{th}(T,\sigma=0) - \varepsilon_{el}(T,\sigma) - \varepsilon_{sh}(T,\sigma=0) \qquad (4\text{-}5)$$

式中：ε_{el} 为弹性应变；ε_{sh} 为收缩应变，可以和 FTS 耦合在一起。因此，式（4-5）也可以简化为

$$\varepsilon_{tr}(T,\sigma) = \varepsilon_{tot}(T,\sigma) - \varepsilon_{th}(T,\sigma=0) - \varepsilon_{el}(T,\sigma) \qquad (4\text{-}6)$$

通过式（4-6）计算得到 SRPC 在恒定压应力作用下的 TS，TS 随温度的变化曲线如图 4-19 和图 4-20 所示。升温速率从 3℃/min 增加到 5℃/min，对 TS 的大小没有明显影响。TS 只随着压应力和温度的增加而增大。然而，在温度小于 250℃时，TS 的大小可以忽略不计。这可能是由于在预加热过程中，试件中的自由水蒸发，在此温度范围内没有产生瞬态热徐变[18]。当温度高于 250℃时，TS 的增长速率明显变大，尤其是在高应力水平（σ/f_c >0.2）下这种现象更加明显。在 500℃下，应力水平为 0.4、0.5 和 0.6 时，TS 分别为-3.79×10⁻³、-5.72×10⁻³ 和-8.74×10⁻³。可以明显看出，TS 随着应力水平的增大而增大。在 573℃前后，TS 的曲线无明显变化，表明石英晶体的转变对 TS 没有影响，这与 FTS 有所差异，这也与 Khoury 等[18]的结论一致。TS 产生的原因，可能主要是在升温过程中材料内部的 C—S—H 结构脱水和 Ca(OH)₂ 转化为 CaO，改变了内部孔隙结构，导致多孔体积增加，刚度降低，在高温和荷载下，产生了显著的压缩变形（TS）[25,26]。

综上所述，可以看出 TS 最重要因素是应力水平（σ/f_c）和温度。通过对试验结果的回归分析，给出 SRPC 的 TS 计算公式如下：

$$\varepsilon_{tr} = \begin{cases} \left[2.03\times10^{-5}\left(\dfrac{\sigma}{f_c}\right)^{-1.68} + \left(2.07\times10^{-3} - 1.86\times10^{-3}\times e^{\left(9.26\frac{\sigma}{f_c}\right)} \right)\left(e^{\left(\frac{T}{146.50\times\left(\frac{\sigma}{f_c}\right)^{0.2}}\right)} \right) \right]\times10^{-3} & 0.1\leqslant\dfrac{\sigma}{f_c}\leqslant0.3 \\[4em] \left[2.03\times10^{-5}\left(\dfrac{\sigma}{f_c}\right)^{-1.68} + \left(5.42\times10^{-3} - 8.14\times10^{-3}\times e^{\left(5.39\frac{\sigma}{f_c}\right)} \right)\left(e^{\left(\frac{T}{146.50\times\left(\frac{\sigma}{f_c}\right)^{0.2}}\right)} \right) \right]\times10^{-3} & 0.3<\dfrac{\sigma}{f_c}\leqslant0.6 \end{cases}$$

$$(4\text{-}7)$$

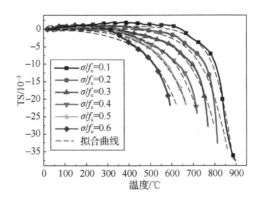

图 4-19　升温速率为 3℃/min 时 TS 随温度变化曲线

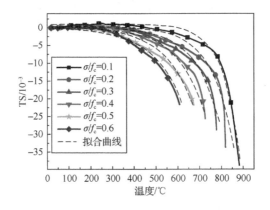

图 4-20　升温速率为 5℃/min 时 TS 随温度变化曲线

4.4.4　SRPC、NSC、HSC 和 HPC 的瞬态热应变对比

将 NSC[9,10]、HSC[11,21]、HPC[25]及 SRPC 的 TS 计算结果绘于图 4-21 和图 4-22 中。从图中可以看出，不同类型混凝土的 TS 变化明显不同，它取决于水泥的类型、骨料的种类、养护方法、混凝土的强度和混凝土的龄期等因素[24]。从图 4-21 中可以看出，在温度和应力水平较低时，SRPC 的 TS 要小于 NSC 和 HSC。这可能是由于 SRPC 试件在烘干箱中加热的过程中移除了自由水，从而降低了试验过程中的收缩应变[18]。相反，Sanchayan 等[27]测得的 TS 在温度高于 250℃时，TS 比其他混凝土明显更大，这可能是由于它的测试方法造成的，试验过程中只测量了试件一侧的变形，没有消除偏心荷载的影响。在应力水平为 0.6 时，SRPC 的 TS 与 Hassan 测得的 HPC 相似[25]，但仍低于其他类型的混凝土[9-11,28]。

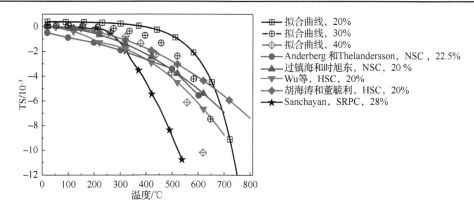

图 4-21 应力水平为 0.2～0.4 时的 TS 对比曲线

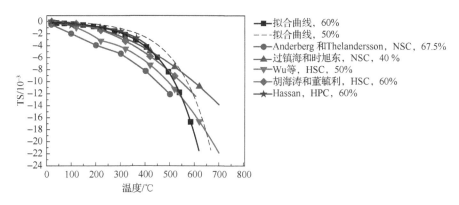

图 4-22 应力水平为 0.5 和 0.6 时的 TS 对比曲线

4.5 高温下 PRPC 和 HRPC 的短期徐变

4.5.1 PRPC 和 HRPC 在恒定应力下的短期徐变

在应力水平为 0.2、0.4 和 0.6（相对于高温下的抗压强度）时，HRPC 和 PRPC 的 STC 分别如图 4-23～图 4-25 所示。总体来说，短期徐变的曲线变化是相同的，即随着应力水平和温度的增大而增大。并且，STC 在第一个小时内快速发展，随后增长速率逐渐减慢，在 3h 的徐变时间内几乎有一半的 STC 是发生在第一个小时，这在相关文献中也被称为初级蠕变[4]。在低应力水平（$\sigma/f_c^T = 0.2$）下，HRPC 在 120℃、300℃和 500℃下 3h 的 STC 分别为 -0.20×10^{-3}、-0.51×10^{-3} 和 -0.74×10^{-3}，在 300℃和 500℃的 STC 分别是 120℃时的 2.51 倍和 3.62 倍。在 700℃和 900℃时，STC 更加明显，3h 的实测应变分别为 -2.80×10^{-3} 和 -4.58×10^{-3}，是 120℃时的 13.68 倍和 22.41 倍。同样，PRPC 在 300℃、500℃、700℃和 900℃下，STC 分别为 -0.29×10^{-3}、-0.51×10^{-3}、-0.92×10^{-3} 和 -1.82×10^{-3}，是 120℃时（0.12×10^{-3}）的 2.41

倍、4.28 倍、7.68 倍和 15.18 倍。在所有目标温度下，PRPC 的 STC 均显著低于 HRPC，其原因将在后面的内容中做详细解释。

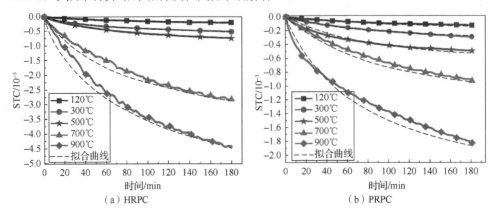

（a）HRPC　　　　　　　　　　　（b）PRPC

图 4-23　应力水平为 0.2 时的 STC

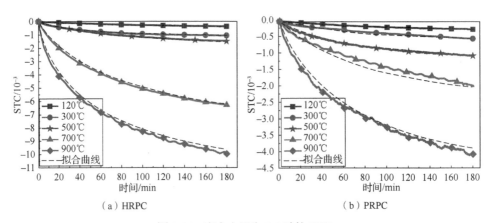

（a）HRPC　　　　　　　　　　　（b）PRPC

图 4-24　应力水平为 0.4 时的 STC

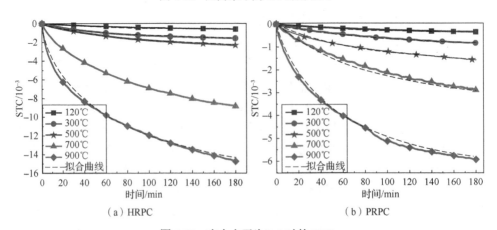

（a）HRPC　　　　　　　　　　　（b）PRPC

图 4-25　应力水平为 0.6 时的 STC

对于中等应力水平（$\sigma/f_c^T = 0.4$），也得到了相似的规律。相对于低应力水平（$\sigma/f_c^T = 0.2$），STC 几乎增加了 1.7～2.2 倍。在 700℃和 900℃下，能观察到明显的高温徐变。在 700℃下，在 3h 的徐变时间内，HRPC 和 PRPC 的 STC 分别为 -6.29×10^{-3} 和 -1.99×10^{-3}，分别是在 120℃时的 17.46 倍和 7.89 倍，HRPC 的 STC 是 PRPC 的 3.15 倍。当温度为 900℃时，HRPC 和 PRPC 的 STC 分别为 -9.98×10^{-3} 和 -4.04×10^{-3}，分别是其 120℃下应力水平为 0.2 的 27.82 倍和 16.04 倍。

同样地，在高应力水平作用（$\sigma/f_c^T = 0.6$）下，STC 显著增加，尤其是在 500℃以上，变化更加明显。在 700℃时，HRPC 和 PRPC 3h 的 STC 分别为 -8.82×10^{-3} 和 -2.88×10^{-3}，在 900℃下，HRPC 出现更大的 STC，是热力耦合条件下 PRPC 的 2.48 倍。总体而言，在全部的 3 种应力水平作用下，HRPC 的 STC 均高于 PRPC。这可能是由于 HRPC 配合比中含有钢纤维，其高温下的受热膨胀与 RPC 基体材料有所差异[29]，并且在温度达到其达到熔化温度（650℃）的一半时，便开始出现徐变[7]。水泥凝胶体和钢纤维之间的热不相容性，使材料内部的微观结构发生变动，从而使应变显著增加[8]。从以上试验结果也可以看出，PP 纤维熔融后留下的微通道对 RPC 的高温徐变没有明显影响。随着温度的升高，STC 逐渐增大，这是由于在高温下 RPC 内部发生了物理化学变化，即在 100～150℃自由水蒸发，在 250～300℃化学结合水蒸发，并且 CH 水合物在 400～600℃会变成氧化钙[30]。在温度达到 700℃和 900℃时，能观察到明显的高温徐变，这是主要是由于 RPC 配合比中石英含量较高。在 570℃以上，石英晶格由 α 型转变成 β 型，在 700℃和 900℃下会产生较大的局部应变[6]。此外，水泥凝胶体也在 600℃左右由 β-C2S 转变为 α-C2S[15]，当达到 600℃以上时，水泥凝胶体的孔隙半径也会有所增大[14]。因此，600℃被认为是 HRPC 和 PRPC 的 STC 变化的临界温度。Dias 等[25]研究表明，600℃以上 STC 显著升高的原因在于水泥凝胶体。这种变化类似于玻璃、陶瓷和金属在一定临界温度以上出现的黏性和分子扩散现象。当温度达到 900℃时，水泥浆和钢纤维在 900℃时出现严重开裂，整体压缩徐变明显增大[8]。

通过对试验结果的拟合，推导出 STC 的计算公式。从以上讨论中可以看出，最重要的因素是应力水平（σ/f_c^T）、温度（T）和时间（t）。因此，根据这些参数分别推导出 HRPC 和 PRPC 的 STC（ε_{cr}）计算式（4-8）和式（4-9）。

$$\varepsilon_{cr}(\sigma,T,t)=\begin{cases}-10^{-3}\times\left(\dfrac{\sigma}{f_c^T}\right)\left(\dfrac{t}{t_{total}}\right)^P\left(5.57-5.89\times e^{-2.44\times10^{-3}(T-20)}\right) & 120℃\leqslant T\leqslant 500℃\\[3mm]-10^{-3}\times\left(\dfrac{\sigma}{f_c^T}\right)\left(\dfrac{t}{t_{total}}\right)^P\left(65.30-98.99\times e^{-9.89\times10^{-4}(T-20)}\right) & 500℃\leqslant T\leqslant 900℃\end{cases}$$

$$(4\text{-}8a)$$

式中：

$$P = \begin{cases} e^{-\left(\frac{t}{140}\right)^{0.4}} & 120℃ < T \leqslant 700℃ \\ e^{-\left(\frac{t}{40}\right)^{0.2}} & 700℃ < T \leqslant 900℃ \end{cases} \tag{4-8b}$$

$$\varepsilon_{cr}(\sigma, T, t) = -0.54 \times 10^{-3} \left(\frac{\sigma}{f_c^T}\right) \left(\frac{t}{t_{total}}\right)^P \times e^{3.28 \times 10^{-3}(T-20)} \quad 120℃ \leqslant T \leqslant 900℃ \tag{4-9a}$$

式中：

$$P = \begin{cases} e^{-\left(\frac{t}{140}\right)^{0.4}} & 120℃ < T \leqslant 700℃ \\ e^{-\left(\frac{t}{80}\right)^{0.3}} & 700℃ < T \leqslant 900℃ \end{cases} \tag{4-9b}$$

式中：P 是一个幂函数，与时间有关。STC 的拟合曲线如图 4-23～图 4-25 所示，并附有试验数据，以便参考。

4.5.2　HRPC 和 PRPC 与 NSC 和 HSC 的短期徐变对比

在应力水平为 0.4（相对于高温下的抗压强度）时，将 RPC 的 STC 与 NSC[10] 和 HSC[11] 进行了对比分析，如图 4-26 和图 4-27 所示。为了了解高温徐变的重要性，选取 UHPC 在应力水平为 0.41，室温下 1a 的徐变值 440με[12]，作为参考进行分析。在相同应力水平下，HRPC 和 PRPC 在 120℃下分别在 4.6h 和 8.6h，便产生了 UHPC 室温下 1a 的徐变量。

在所有温度范围内，HRPC 的 STC 均大于 NSC 和 HSC。这可能是由于 HRPC 中含有大量的胶凝材料、石英骨料和钢纤维所致。水泥凝胶体，在 600℃ 左右从无水 β—C2S 变成 α—C2S[15]；600℃时水泥的"孔隙半径"也会增大[14]；石英骨料在 570℃ 左右发生体积膨胀。但钢纤维与水泥凝胶体的不均匀变形才是导致高温徐变增大的最重要因素，它加剧了水泥凝胶体、钢纤维与骨料间的整体热不相容性。相反，PRPC 的 STC 与 NSC[10] 相似。这可能是由于在这两项研究中使用了相同的硅质骨料。但当温度高于 500℃时，PRPC 的 STC 要比 Wu 等[11] 测得的 HSC 小。从对比中也可以看出，STC 随着混凝土强度的增加而增加。邢万里等[17] 对不同强度等级的 HSC 也得到了相同的规律。

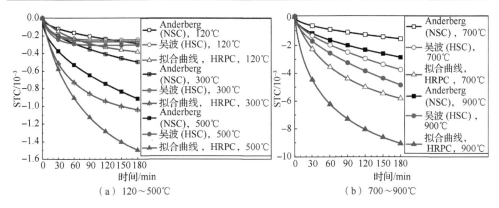

图 4-26　HRPC、NSC 和 HSC 的 STC 对比曲线（$\sigma/f_{\mathrm{c}}^{T} = 0.4$）

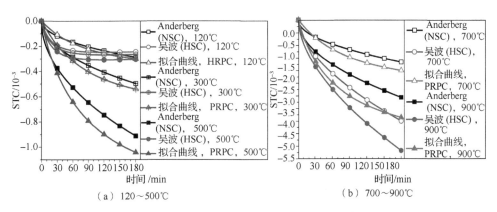

图 4-27　PRPC、NSC 和 HSC 的 STC 对比曲线（$\sigma/f_{\mathrm{c}}^{T} = 0.4$）

4.6　高温下 PRPC 和 HRPC 的瞬态热应变

4.6.1　PRPC 和 HRPC 的自由膨胀应变

　　HRPC 和 PRPC 的 FTS 随温度变化曲线如图 4-28 所示，FTS 随温度的变化曲线可以划分为 3 个阶段。从室温到 250℃之间为初始膨胀阶段，在这一阶段末，PRPC 的 FTS 小于 HRPC。在 250～700℃中间阶段，FTS 快速增长。在 700℃以上，即最后一个阶段时，HRPC 和 PRPC 的 FTS 都变为了常数，没有观察到进一步的膨胀变形。这一现象主要是 PP 纤维在 200℃左右熔化形成微通道，自由水、毛细管水和化学结合水开始快速蒸发造成的。Wu 等[11]和 Huismann 等[31]对于掺加 PP 纤维的 HSC 也观察到了同样的现象。对于 HRPC 则没有类似的现象，主要是由于 HRPC 试件比 PRPC 试件烘干的时间更长，干燥过程去除了大部分游离水，水分蒸发过程不明显。

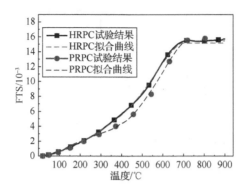

图 4-28　HRPC 和 PRPC 的 FTS 随温度变化曲线

　　由于骨料与水泥凝胶体的受热膨胀变形和失水收缩同时发生，两者相互抵消，初期热膨胀变形较低[9]。在 150℃时，测得的 HRPC 和 PRPC 的 FTS 分别为 $0.26×10^{-3}$ 和 $0.24×10^{-3}$。当温度升高到 250℃以上时，热膨胀速率增加，并且在 680℃和 705℃时，HRPC 和 PRPC 分别达到 FTS 的最大值 $15.17×10^{-3}$ 和 $15.34×10^{-3}$。热膨胀变形在 250～700℃增长较快，主要是由于 $Ca(OH)_2$ 在 400℃转化为 CaO，CH 和 C—S—H 键在 400～600℃断裂，ITZ（界面过渡区）断裂，最重要的是 573℃下从 α 转变为 β 的相变会产生体积膨胀[19]。在最后一个加热阶段（温度高于 680℃时）膨胀变形停止增长，直到目标温度。这可能是由于骨料中矿物成分的晶体发生了变化，混凝土内部的总损伤已经累积起来了，导致膨胀应变不再增加[9]。总体而言，RPC 基体与钢纤维之间不协调的热膨胀变形，使 HRPC 的 FTS 在 250℃以后略高于 PRPC[29]。

　　对试验结果进行回归分析，给出了 FTS（ε_{th}）与温度（T）的函数表达式，拟合曲线与试验结果如图 4-28 所示。

　　HRPC 的 FTS 计算模型为

$$\varepsilon_{th} = \begin{cases} A_0 + A_1T + A_2T^2 + A_3T^3 + A_4T^4 + A_5T^5 & 20℃ \leqslant T \leqslant 680℃ \\ 15.17×10^{-3} & 680℃ < T \leqslant 900℃ \end{cases} \quad (4\text{-}10)$$

　　PRPC 的 FTS 计算模型为

$$\varepsilon_{th} = \begin{cases} B_0 + B_1T + B_2T^2 + B_3T^3 + B_4T^4 + B_5T^5 & 20℃ \leqslant T \leqslant 705℃ \\ 15.34×10^{-3} & 705℃ < T \leqslant 900℃ \end{cases} \quad (4\text{-}11)$$

式中：$A_0 = 4.22×10^{-5}$；$B_0 = 1.1×10^{-4}$；$A_1 = -4.49×10^{-6}$；$B_1 = -9.31×10^{-6}$；$A_2 = 1.49×10^{-7}$；$B_2 = 2.22×10^{-7}$；$A_3 = -5.86×10^{-10}$；$B_3 = -9.46×10^{-10}$；$A_4 = 1.09×10^{-12}$；$B_4 = 1.68×10^{-12}$；$A_5 = -6.89×10^{-16}$；$B_5 = -9.96×10^{-16}$。

4.6.2　PRPC、HRPC 与 NSC 和 HSC 自由膨胀应变的对比

　　将 HRPC 和 PRPC 在高温下的 FTS 与 NSC[9]、HSC[11]和设计规范[22,33]进行比

较，如图 4-29 所示。混凝土的热膨胀变形受骨料类型、含水率、水泥类型和加热速率的影响[13,23]。因此，不同类型的混凝土具有不同的热膨胀变形。PRPC 的 FTS 变化趋势与欧洲规范中硅质混凝土模型[22]相似。但是，由于钢纤维具有更大热膨胀变形，HRPC 的 FTS 增长得更快。

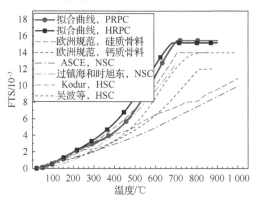

图 4-29　HRPC 和 PRPC 与其他类型混凝土 FTS 对比

4.6.3　PRPC 和 HRPC 在恒定荷载下的瞬态热应变

HRPC 和 PRPC 的 TS 由式（4-6）计算得到，并表示为参考温度的函数，分别如图 4-30（a）和（b）所示。结果表明，提高应力水平和温度会增大 TS，TS 随着温度的变化可以分为 3 个阶段。初级阶段，即温度小于 250℃时，TS 的变化可以忽略不计。这可能是由于试件在预热过程中去除了自由水所致，原因与 4.4.3 节中所述相同。温度大于 250℃时，会开始产生较大的压缩应变，具体温度取决于应力水平，大约为 700℃。该阶段内 TS 会逐渐升高，并且随着应力水平的增大而增大。例如，HRPC 在 500℃下应力水平为 0.3、0.4 和 0.5 时的 TS 分别为 -8.08×10^{-3}、-10.86×10^{-3} 和 -14.90×10^{-3}。同样，PRPC 在上述条件下的 TS 分别为 -5.9×10^{-3}、-6.92×10^{-3} 和 -8.52×10^{-3}。从 573℃前后 TS 曲线明显的变化幅度也可以看出，573℃是石英转变的一个临界温度，Khoury 等也观察到了同样的规律[18]。在最后一个阶段，即试件破坏前，观察到急剧增大的应变，这是试件在高温下达到极限抗压强度时产生了严重的开裂所造成的。

TS 产生的原因也与 4.4.3 节中所述相同，可能是由于混凝土在高温下发生了不可恢复的物理化学变化引起的，即 C—S—H 脱水、微观结构孔隙率的变化[25]及 $Ca(OH)_2$ 转化为 CaO。在热-力耦合过程中，RPC 孔隙体积增大，刚度减小，产生了显著的压缩应变[26]。

将 HRPC 与 PRPC 在应力水平为 0.2、0.4 和 0.6 下的 TS 进行比较，如图 4-31 所示。结果表明，HRPC 的 TS 值明显高于 PRPC。例如，PRPC 在应力水平为 0.6 时的 TS 与 HRPC 在应力水平为 0.4 时的 TS 相当。这种差异主要是由于 HRPC 中存在钢纤维，钢纤维与水泥凝胶体之间存在不协调的热膨胀变形，并且在高温下会产生徐变，导致水泥凝胶体与钢纤维之间的变形差异，增加了材料内部的多孔网络，降低了微观结构的刚度。

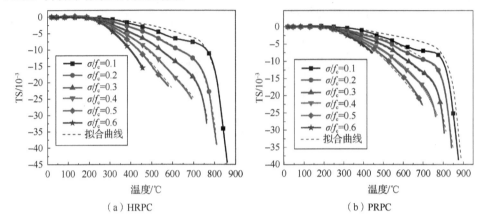

（a）HRPC　　　　　　　　　（b）PRPC

图 4-30　TS 随温度的变化曲线

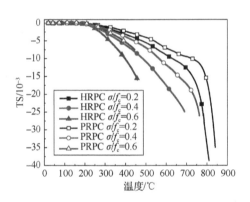

图 4-31　HRPC 和 PRPC 的 TS 对比曲线

通过以上讨论，可以发现 TS（ε_{tr}）的主要影响因素是应力水平（σ/f_c）和温度（T）。因此，通过回归分析将 TS 拟合为应力水平和参考温度的函数。HRPC 和 PRPC 的拟合公式分别为式（4-12）和式（4-13）。拟合曲线与试验数据如图 4-30 所示，以便参考。

$$\varepsilon_{tr} = \begin{cases} \dfrac{\sigma}{f_c}\left(-6.51\times10^{-4}+3.16\times10^{-5}T-1.72\times10^{-7}T^2-9.55\times10^{-14}T^3\right) & 20\text{℃}\leqslant T\leqslant700\text{℃} \\[2mm] \dfrac{\sigma}{f_c}\left(-49.66\times10^{-3}-6.63\times10^{-9}\times e^{0.0208T}\right) & 700\text{℃}<T\leqslant900\text{℃} \end{cases}$$

(4-12)

$$\varepsilon_{tr} = \begin{cases} \dfrac{\sigma}{f_c}\left(-8.17\times10^{-4}+1.92\times10^{-5}T-8.23\times10^{-8}T^2-5.27\times10^{-11}T^3\right) & 20^{\circ}\text{C} \leqslant T \leqslant 700^{\circ}\text{C} \\ \dfrac{\sigma}{f_c}\left(-40.88\times10^{-3}-2.92\times10^{-10}\times\text{e}^{0.0235T}\right) & 700^{\circ}\text{C} < T \leqslant 900^{\circ}\text{C} \end{cases}$$

$$(4\text{-}13)$$

4.6.4 HRPC 在变荷载作用下的瞬态热应变

结构火灾是一种复杂的现象，其温度和应力水平不断变化。因此，研究了变荷载作用下对 HRPC 的 TS 的影响。HRPC 在应力水平由 0.2 提高到 0.3 时得到的 TS，如图 4-32（a）所示。当应力水平从 0.3 降低到 0.2 时，得到的 TS 如图 4-32（b）所示。随着应力水平的增大，TS 增长的梯度明显变大。同样，通过降低应力水平，瞬态热应变率没有明显增加。

变应力作用下的 TS 可以采用增量法计算[9]，TS 的变化示意图如图 4-32 所示。在应力水平 σ_i/f_c 作用下，升温到 T_i 时的 TS 变化曲线用图 4-33 中的 Oac 曲线表示。同样，在应力水平 σ_{i+1}/f_c 作用下，升温到 T_{i+1} 的 TS 变化曲线用图 4-33 中的 $Oa'b'$ 曲线表示。假设路径 ab 与 $a'b'$ 相同，则在应力水平为 σ_{i+1}/f_c 下，温度升高到 T_{i+1} 时的 TS 可由式（4-14）和式（4-15）计算，计算结果与试验数据吻合较好，如图 4-32 所示。

$$(\varepsilon_{tr})_{i+1} = (\varepsilon_{tr})_i + \Delta(\varepsilon_{tr})_i \tag{4-14}$$

$$\Delta(\varepsilon_{tr})_i = \varepsilon_{tr}\left(\frac{\sigma_{i+1}}{f_c}, T_{i+1}\right) - \left(\varepsilon_{tr}\frac{\sigma_{i+1}}{f_c}, T_i\right) \tag{4-15}$$

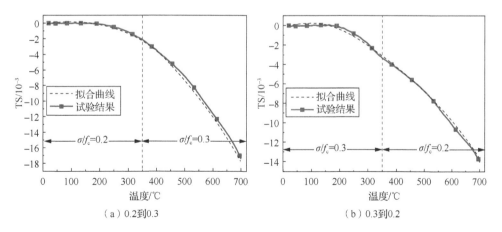

（a）0.2 到 0.3　　　　　　　　　（b）0.3 到 0.2

图 4-32　HRPC 在变应力状态下的 TS

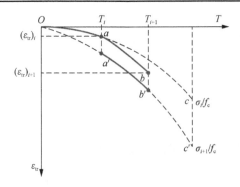

图 4-33　变应力状态下升温过程中 TS 的计算示意图

4.6.5　HRPC、PRPC 与 NSC 和 HSC 瞬态热应变（TS）对比

将 HRPC 和 PRPC 的 TS 分别与 NSC[9,10]、HSC[11,28]和 HPC[25]可用的计算模型进行了对比，如图 4-34 和图 4-35 所示。混凝土的 TS 取决于骨料类型、水泥种类、含水量、混凝土强度和龄期等因素[24]。基于这些影响因素，不同类型的混凝土的 TS 也会有所差异。RPC 含有较多的胶凝材料和硅质骨料，高温下更容易产生较大的 TS。在温度低于 250℃时，PRPC 和 HRPC 的 TS 很小，低于 NSC 和 HSC。这可能是由于试验前对试件的烘干处理移除了自由水，减少了初期的收缩应变和干燥徐变（drying creep）[18]。在温度达到 250℃以上时，HRPC 和 PRPC 表现出了比 NSC 和 HSC 更大的 TS。这可能是 RPC 配合比中使用了硅质骨料所致。Anderberg 和 Thelandersson[10]给出 NSC 的 TS 要高于过镇海和时旭东[9]的计算模型，同样也是由于前者使用了硅质骨料。Sanchayan 等[27]测得的 RPC 在应力水平 0.28时的 TS 与本书中 HRPC 在应力水平 0.3 时的几乎相同，但比 PRPC 在应力水平为0.4 时的 TS 更大。这可能是前者中存在钢纤维所造成的。

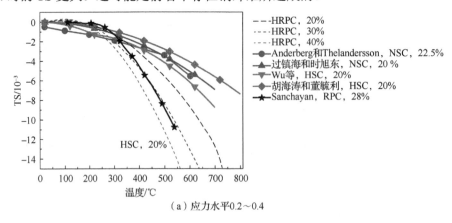

（a）应力水平0.2～0.4

图 4-34　HRPC、NSC、HSC 和 HPC 的 TS 对比

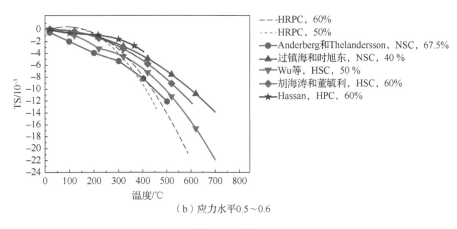

（b）应力水平0.5～0.6

图 4-34（续）

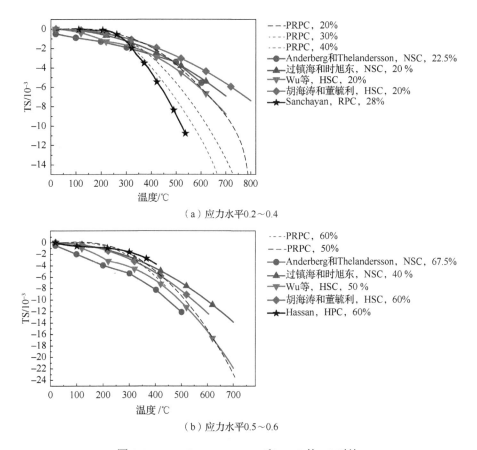

（a）应力水平0.2～0.4

（b）应力水平0.5～0.6

图 4-35　PRPC、NSC、HSC 和 HPC 的 TS 对比

4.7　小　　结

本章通过一系列试验，研究了 RPC 在高温下的短期徐变和瞬态热应变，揭示了不同目标温度、荷载水平、钢纤维、PP 纤维和混掺纤维对 RPC 短期徐变的影响，以及恒载和变荷载水平下钢纤维、PP 纤维和混掺纤维 RPC 瞬态热应变的变化规律，探讨了短期徐变和瞬态热应变产生的机理及与其他类型混凝土的差异。通过分析主要得出以下结论。

1）总体来说，STC 随着应力水平和温度的增大而增大。STC 初期增长较快，在第一个小时内，徐变值便可以达到总徐变的一半，随后徐变速率逐渐减慢。当温度小于 500℃时，所有类型 RPC 的 STC 均较小。当温度超过 570℃时（石英骨料体积膨胀），SRPC 和 HRPC 的 STC 会发生明显变化。

2）在所有应力水平下，SRPC 和 HRPC 的 STC 均明显高于 PRPC。这主要是由于前两者配合比中含有钢纤维，钢纤维在高温下的热膨胀系数与 RPC 基体不同。此外，钢纤维在达到其熔化温度（650℃）的一半时开始产生徐变。也就是说，胶凝材料与钢纤维之间的热不相容性破坏了内部结构，使应变明显增加。研究还发现，PP 纤维熔融后留下的微通道对 STC 没有明显影响。

3）在所有温度范围内，SRPC 和 HRPC 的 STC 均大于 NSC 和 HSC。这主要是由于 SRPC 和 HRPC 中使用的大量胶凝材料、石英骨料和钢纤维。PRPC 的 STC 与硅质骨料的 NSC 基本相同，但高于钙质骨料的 NSC。

4）应力水平越大，温度越高，RPC 的 TS 越大。但在温度小于 250℃时，没有观察到明显的 TS。在 250～700℃范围内，TS 显著增加。此外，HRPC 的 TS 数值大于 SRPC 和 PRPC，这主要是由于钢纤维和 RPC 基体之间的不均匀热膨胀和 PP 纤维熔融产生了多孔网络，导致 TS 增加。

5）在变应力状态下，增大应力水平，TS 增长率显著增大；降低应力水平，TS 增长率无明显变化。

6）当温度小于 250℃时，RPC 的 TS 数值小于 NSC 和 HSC；温度大于 250℃时，RPC 的 TS 数值大于 NSC 和 HSC。

7）给出了 RPC 的 STC、FTS 和 TS 的计算模型，与高温下 RPC 应力-应变关系结合，即为 RPC 热力耦合本构关系，为 RPC 结构的耐火性能分析与抗火设计提供了依据。

参 考 文 献

[1] RILEM. Test method for mechanical properties of concrete at high temperatures, part 6-thermal strain[J]. Materials and structures, 1997(30): 17-21.

[2] RILEM. Test methods for mechanical properties of concrete at high temperatures, part 8 steady-state creep and creep recovery for service and accident conditions[J]. Materials and structures, 2000(33): 6-13.

[3] RILEM. Test methods for mechanical properties of concrete at high temperatures recommendations, part 7: transient

creep for service and accident conditions[J]. Materials and structures, 1998(31): 290.

[4] GILLEN M. Short-term creep of concrete at elevated temperatures[J]. Fire and materials, 1981(5): 142-148.

[5] BAMONTE P, GAMBAROVA P. Thermal and mechanical properties at high temperature of a very high-strength durable concrete[J]. Journal of materials in civil engineering , 2009, 22(6): 545-555.

[6] ABRAMS M. Compressive strength of concrete at temperatures to 1600F[J]. Journal of American Concrete Institute, 1971(25): 33-58.

[7] BRNIC J, NIU J, TURKALJ G, et al. Experimental determination of mechanical properties and short-time creep of AISI 304 stainless steel at elevated temperatures[J]. International journal of minerals, metallurgy, and materials, 2010, 17(1): 39-45.

[8] ZHENG W, LUO B, WANG Y. Compressive and tensile properties of reactive powder concrete with steel fibres at elevated temperatures[J]. Construction and building materials, 2013 (41): 844-851.

[9] 过镇海，时旭东. 钢筋混凝土的高温性能试验及其计算[M]. 北京：清华大学出版社，2011.

[10] ANDERBERG Y, THELANDERSSON S. Stress and deformation characteristics of concrete at high temperatures. 2. experimental investigation and material behaviour model[R]. Lund: Lund Institute of Technology, 1976.

[11] WU B, SIULHU L, LIU Q, et al. Creep behavior of high-strength concrete with olypropylene fibers at elevated temperatures[J]. ACI materials journal, 2010, 107(2): 176-184.

[12] GRAYBEAL B. Characterization of the behavior of ultra-high performance concrete PhD thesis [D]. Washington：University of Maryland, 2005.

[13] BAŽANT Z, CHERN J. Stress-induced thermal and shrinkage strains in concrete [J]. Journal of engineering mechanics, 1987, 113(10): 1493-1511.

[14] DIAS W, KHOURY G, SULLIVAN P. Basic creep of unsealed hardened cement paste at temperatures between 20℃ and 725℃[J]. Magazine of concrete research, 1987, 39(139): 93-101.

[15] PIASTA J. Heat deformations of cement paste phases and the microstructure of cement paste[J]. Matériaux et construction, 1984 (17): 415-420.

[16] SCHNEIDER U, DIEDERICHS U. Detection of cracks by mercury penetration measurements, fracture mechanics of concrete [M]. Amsterdam: Elsevier science publishers, 1983.

[17] 邢万里，时旭东，倪健刚. 基于试验的混凝土高温短期徐变计算模型[J]. 工程力学，2011，28（4）：158-163.

[18] KHOURY G, GRAINGER B, SULLIVAN P J. Strain of concrete during first heating to 600℃ under load[J]. Magazine of concrete research, 1985,37(133): 195-215.

[19] KHOURY G, ANDERBERG Y, BOTH K, et al. Fire design of concrete structures—materials, structures and modelling[R]. Lausanne: Federation Internationale Du Beton, 2007.

[20] FU Y, WONG Y, POON C, et al. Experimental study of micro/macro crack development and stress–strain relations of cement-based composite materials at elevated temperatures[J]. Cement and concrete research, 2004, 24(5): 789-797.

[21] KODUR V, KHALIQ W. Effect of temperature on thermal properties of different types of high-strength concrete[J]. Journal of materials in civil engineering, 2010, 23(6): 793-801.

[22] British Standard Institute. Eurocode 2: design of concrete structures - part1.2: general rules - structural fire design: BS EN 1992-1-2:2004[S]. London: British Standard Institute, 2004.

[23] American Society of Civil Engineers. Structural fire protection[M]. New York: American Society of Civil Engineers, 1992.

[24] SCHNEIDER U. Concrete at high temperatures—a general review[J]. Fire safety journal, 1988, 13(1): 55-68.

[25] HASSEN S, COLINA H. Transient thermal creep of concrete in accidental conditions at temperatures up to 400℃[J]. Magazine of concrete research, 2006, 58(4): 201-208.

[26] TAO J, LIU X, YUAN Y, et al. Transient strain of self-compacting concrete loaded in compression heated to 700℃[J]. Materials and structures, 2013, 46(1/2): 191-201.

[27] SANCHAYAN S, FOSTER S. High temperature behaviour of hybrid steel–PVA fibre reinforced reactive powder concrete[J]. Materials and structures, 2016, 49(3): 769-782.

[28] 胡海涛，董毓利. 高温时高强混凝土瞬态热应变的试验研究[J]. 建筑结构学报，2002，23（4）：32-35+47.

[29] TAI Y, PAN H, KUNG Y. Mechanical properties of steel fiber reinforced reactive powder concrete following exposure to high temperature reaching 800℃[J]. Nuclear Engineering and design, 2011, 241(7): 2416-2424.

[30] SELEEM H, RASHAD A, ELSOKARY T. Effect of elevated temperature on physico-mechanical properties of blended cement concrete [J]. Construction and building materials, 2011, 25(2): 1009-1017.

[31] HUISMANN S, WEISE F, MENG B, et al. Transient strain of high strength concrete at elevated temperatures and the impact of polypropylene fibers[J]. Materials and structures, 2012, 45(5): 793-801.

第 5 章　高温后 RPC 力学性能与细观结构分析

5.1　引　　言

高温后 RPC 力学性能是进行火灾后结构损伤评估与加固修复的基础。RPC 组分、纤维掺量和养护方法等与普通强度混凝土（normal strenth concrete，NSC）和高强混凝土（high strength concrete，HSC）不同，高温后 RPC 力学性能退化呈现不同的规律。因此，研究不同纤维掺量 RPC 在高温后 RPC 立方体抗压强度、轴心抗压强度、劈裂强度、抗弯强度、弹性模量，为损伤评估提供依据，是本章需解决的第一个问题。

无损检测技术（non destructive testing，NDT）近年来在土木工程中应用越来越多。超声波脉冲速度（ultrasonic pluse velocity，UPV）测试和共振频率（resonace frequency，RF）测试是 NDT 的主要测试方法。前者测试应力波在试件中传播规律，后侧测试共振频率。应用 UPV 和 RF 技术，可以测量 NSC 的动态弹性模量和强度。然而，目前尚缺乏检测高温后 RPC 力学性能和弹性模型的 NDT 方法。因此开展高温后 RPC 的无损检测方法研究，给出无损检测方法与试验结果的对比关系，是本章需解决的第二个问题。

RPC 的微观结构性能，是其常温下强度、耐久性和断裂能等性能的基础。随温度升高，RPC 内部孔隙增多。通过扫描电子显微镜（scanning elctron microscope，SEM）、X 射线衍射（X-ray diffraction，XRD）、压汞孔隙法（mercury intrusion porosimetry，MIP，压汞法）分析、热重分析（thermogravimetric analysis，TG）等微观分析手段，研究 RPC 高温物理、化学变化和力学性能的退化机理，是本章需解决的第三个问题。

5.2　高温后 RPC 力学性能与无损检测方法

5.2.1　高温后 RPC 力学性能试验

高温后 RPC 力学性能试验依据《普通混凝土力学性能试验方法标准》（GB/T 50081—2002）[1]［此标准为试验时适用标准，现该标准已更新为《混凝土物理力学性能试验方法标准》（GB/T 50081—2019）］及英国相关试验标准完成[2,3]。抗压强度和弹性模量试验在 YA-2000 液压试验机上完成，弯曲强度和劈裂强度试验在数控万能试验机上完成。立方体抗压强度和劈裂强度试验采用为 70.7mm×70.7mm×70.7mm 立方体 RPC 试块，轴压强度、弯曲强度和弹性模量测试采用 70.7mm×70.7mm×

220mm 棱柱体 RPC 试块。取 2 个试件的平均值作为实测值。若 2 个实测值相差超过 5%，则测试第 3 个试件，并取相近的 2 个试验点作为实测值[4]。抗压强度和弹性模量试验加载速率为 0.3mm/min，劈裂强度和弯曲强度试验加载速率为 0.05mm/min[2,3]。弹性模量取受压应力-应变曲线的中 $0.5f_{c,T}$ 处的割线模量。试验概况如图 5-1 所示。劈裂强度 f_t 和弯曲强度 f_f 分别为

$$f_t = \frac{2F}{\pi A} = 0.637 \frac{F}{A} \tag{5-1}$$

$$f_f = \frac{1.5FL}{b^3} \tag{5-2}$$

式中：F 为峰值荷载；A 为试件受压面积；b 为试件宽度；L 为试件长度。

（a）立方体受压　　　　　　　　　　　（b）劈裂

（c）弯曲　　　　　　　　　　　（d）弹性模量

图 5-1　高温后力学性能试验概况

5.2.2　UPV 和 RF 试验

应用 UPV 和 RF 技术测试高温后 RPC 力学性能，试验标准分别依据 ASTM C597-16[5]和 ASTM C215-14[6]。UPV 和 RF 试验概况如图 5-2 和图 5-3 所示。每个试验点测 2 个数据，取值方法与 5.2.1 节相同。对 RF 测试用试件棱柱体试件长宽比应大于 3[6]。通过将试件放置到聚氨酯泡沫上保证其自由振动。沿试件长度方向分别测量高温后试件的 UPV 和 RF，则试件的动态弹性模量的计算公式如下[5,6]：

$$E_{\rm d} = \frac{\rho v^2 (1+\upsilon)(1-2\upsilon)}{1-\upsilon} \qquad\qquad (5\text{-}3)$$

式中：$E_{\rm d}$ 为动态弹性模量（GPa）；υ 为泊松比；ρ 为高温后试件密度（kg/m³），由高温后实测质量计算；v 为 UPV（km/s）。

相同的方法，试件的动态弹性模量可由 RF 计算，即

$$E_{\rm d} = \frac{4LMn^2}{bt} \qquad\qquad (5\text{-}4)$$

式中：L 为试件长度（m）；b 为试件宽度（m）；t 为试件高度（m）；M 为高温后试件质量（kg）；n 为实测共振频率（Hz）。

图 5-2　UPV 试验概况

图 5-3　RF 试验概况

5.3　高温后钢纤维 RPC

5.3.1　UPV 和 RF 退化规律

高温引起 RPC 微观结构变化，导致 UPV 和 RF 变化。以 SRPC 棱柱体试件为例，高温后试件的 UPV 和 RF 随历经温度的变化如图 5-4 所示，相对值变化如图 5-5 所示。常温下 SRPC 试件 UPV 和 RF 分别为 4.6km/s 和 9 081Hz，这说明常温下 SRPC 试件强度高，微观结构致密。RPC 通过高温蒸汽养护，在 RPC 内部发生火山灰反应，促进了水化反应，提升了其常温强度[7,8]。

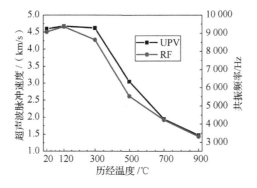

图 5-4　高温后 SRPC 试件的 UPV 和 RF

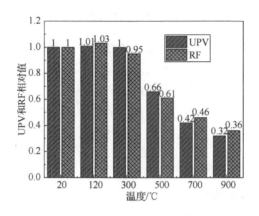

图 5-5　高温后 SRPC 试件 UPV 和 RF 的相对值

　　经历 300℃ 的高温后，UPV 和 RF 数值有所增加。超过 300℃ 后，数值明显降低。经历 700～900℃ 的高温后，UPV 和 RF 数值非常低，表明 SRPC 试件强度低。经历超过 500℃ 高温后，RPC 强度急剧降低，这主要是由于 C—S—H 凝胶开始分解，石英从 α 转变为 β 状态[9]。这些变化导致 RPC 内部孔隙增多，进而降低声波波速[10,11]。

5.3.2　高温后钢纤维 RPC 强度退化

　　高温后钢纤维 RPC 抗压强度、劈裂强度和弯曲强度退化规律如图 5-6 所示。常温下钢纤维 RPC 抗压强度、劈裂强度和弯曲强度分别为 154.3MPa、14.2MPa 和 29.8MPa。经历不超过 300℃ 的高温后，RPC 的 3 种强度均高于常温强度。经历 120℃ 和 300℃ 的高温后，RPC 的抗压强度分别比常温强度提高 9% 和 24%，劈裂强度分别比常温强度提高 8% 和 20%，弯曲强度分别比常温强度提高 5% 和 3%。这主要是由于经历不超过 300℃ 的高温时，RPC 试件内部的水蒸气难以逃逸，在试件内部孔隙中形成孔隙压力，对 RPC 试件起到"高温蒸压"养护作用，养护促进了水泥水化反应和火山灰反应 [SiO_2 和 Al_2O_3 等与 $Ca(OH)_2$ 反应]，导致高温后 RPC 强度高于常温强度。这也是本书第 2 章成功制备 250MPa 级 RPC 的原因之一。经历超过 300℃ 的高温后，RPC 强度明显降低，这主要是高温分解 C—S—H 凝胶，并使 $Ca(OH)_2$ 分解为 CaO 所致[11,12]。经历 571℃ 的高温后，石英砂和胶凝材料之间的黏结被破坏，这主要是高温下石英砂从 α 状态转变为 β 状态，体积膨胀所致。尽管常温下钢纤维具有较好的阻裂性能，但经历 700℃ 的高温后，阻裂效果损失较大。

5.3.3　弹性模量

　　基于割线法实测高温后 SRPC 静态弹性模量和基于 UPV 和 RF 方法实测弹性

模量如图 5-7 所示。常温下 RPC 静态弹性模量为 38.6GPa，由 UPV 和 RF 方法实测弹性模量分别为 45.9GPa 和 38.0GPa，EM_{RF} 与静态弹性模量更接近。经历不超过 120℃的高温后，弹性模量没有降低；经历 300℃的高温后，弹性模量降低约 5%；经历 700℃的高温后，静态弹性模量、EM_{UPV} 与 EM_{RF} 分别为常温下模量的 35%、16%和 20%。NSC 弹性模量 EM_{RF} 与 RPC 弹性模量退化规律对比如图 5-7 所示，与 RPC 相比，NSC 弹性模量退化较慢。

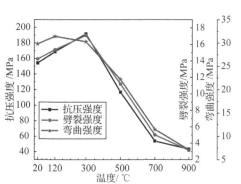 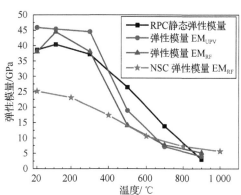

注：EM_{UPV}、EM_{RF}分别表示 UPV 和 RF 方法实测弹性模量。

图 5-6　高温后 SRPC 力学性能　　　　　图 5-7　高温后 SRPC 模量

5.3.4　基于 NDT 的高温后 SRPC 力学性能计算

高温后 SRPC 强度、弹性模量与 UPV、RF 的关系如图 5-8 所示。基于最小二乘法，拟合高温后 SRPC 强度、弹性模量计算如下所示。这些计算公式可为高温后 SRPC 力学性能的无损检测提供参考。

$$f_{cu} = -43.43 + 59.95 \times 10^3 \left(\frac{UPV}{1\,000} \right) - 2.90 \left(\frac{UPV}{1\,000} \right)^2, \quad R^2 = 0.96 \qquad (5\text{-}5)$$

$$f_{cu} = -156.88 + 69.29 \left(\frac{RF}{1\,000} \right) - 3.65 \left(\frac{RF}{1\,000} \right)^2, \quad R^2 = 0.94 \qquad (5\text{-}6)$$

$$f_{f} = -12.8 + 15.2 \times 10^3 \left(\frac{UPV}{1\,000} \right) - 1.26 \times 10^6 \left(\frac{UPV}{1\,000} \right)^2, \quad R^2 = 0.99 \qquad (5\text{-}7)$$

$$f_{t} = -7.70 + 8.12 \times 10^3 \left(\frac{UPV}{1\,000} \right) - 6.67 \times 10^5 \left(\frac{UPV}{1\,000} \right)^2, \quad R^2 = 0.97 \qquad (5\text{-}8)$$

$$f_{f} = -27.81 + 12.53 \left(\frac{RF}{1\,000} \right) - 0.67 \left(\frac{RF}{1\,000} \right)^2, \quad R^2 = 0.98 \qquad (5\text{-}9)$$

$$f_{t} = -18.53 + 7.74 \left(\frac{RF}{1\,000} \right) - 0.44 \left(\frac{RF}{1\,000} \right)^2, \quad R^2 = 0.95 \qquad (5\text{-}10)$$

$$\text{EM}_{\text{UPV}} = -28.16 + 25.29 \times 10^3 \left(\frac{\text{UPV}}{1\,000} \right) - 2.34 \left(\frac{\text{UPV}}{1\,000} \right)^2, \quad R^2 = 0.99 \quad （5\text{-}11）$$

$$\text{EM}_{\text{RF}} = -49.98 + 19.69 \left(\frac{\text{RF}}{1\,000} \right) - 1.09 \left(\frac{\text{RF}}{1\,000} \right)^2, \quad R^2 = 0.99 \quad （5\text{-}12）$$

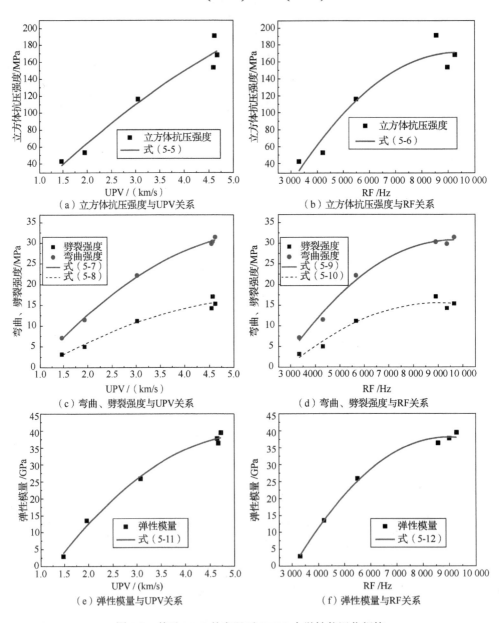

图 5-8　基于 NDT 的高温后 SRPC 力学性能退化规律

5.4　高温后 PP 纤维 RPC

5.4.1　UPV 和 RF 退化规律

以 PRPC（掺 PP 纤维 RPC）棱柱体试件为例，高温后 UPV 和 RF 随历经温度的变化如图 5-9 所示，相对值变化如图 5-10 所示。常温下 SRPC 试件 UPV 和 RF 分别为 4.54km/s 和 9215Hz，这说明常温下 PRPC 试件强度高，微观结构致密。经历 120℃的高温后，UPV 和 RF 数值有所增加，这主要是高温促进 RPC 水化，其强度有所增长所致；超过 120℃后，数值降低。经历 500℃的高温后，UPV 和 RF 数值为常温下 69%和 62%。900℃高温后，UPV 和 RF 数值为常温下 28%和 30%。PRPC 退化机理与 5.3 节 SRPC 相似。

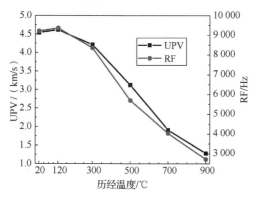

图 5-9　高温后 PRPC 试件的 UPV 和 RF

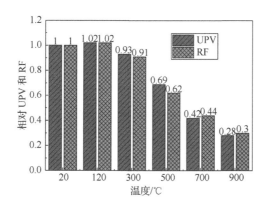

图 5-10　高温后 PRPC 试件的相对 UPV 和 RF

5.4.2　高温后 PP 纤维 RPC 强度退化

高温后 PRPC 立方体抗压强度、劈裂强度和弯曲强度退化规律如图 5-11 所示。

常温下 PRPC 抗压强度、劈裂强度和弯曲强度分别为 102.7MPa、9.6MPa 和 11.6MPa。经历不超过 300℃的高温后，PRPC 的 3 种强度均高于常温强度。经历 120℃高温后，PRPC 抗压强度、劈裂强度、抗弯强度分别比常温强度提高 13%、4%和 14%。这主要是高温对 PRPC 的养护作用和结硬所致的。经历 300℃的高温后，3 种强度均出现明显降低，但劈裂强度降低更多，这主要是 PP 纤维 165℃熔化所致；经历 900℃的高温后，抗压强度、劈裂强度和弯曲强度分别为常温强度的 32%、15%和 16%。

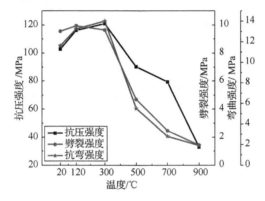

图 5-11　高温后 PRPC 力学性能

5.4.3　弹性模量

基于割线法实测高温后 PRPC 静态弹性模量，基于 UPV 和 RF 方法实测动态弹性模量分别为 E_{UPV} 和 E_{RF}，如图 5-12 所示。常温下 PRPC 静态弹性模量为 39.5GPa，由 UPV 和 RF 方法实测动态弹性模量分别为 38.8GPa 和 37.1GPa，3 种方法实测弹性模量接近。经历不超过 120℃的高温后，弹性模量没有降低。经历 300℃的高温后，弹性模量降低 12%～16%。经历 700℃的高温后，静态弹性模量、EM_{UPV} 和 EM_{RF} 分别为常温下模量的 19%、16%和 18%。

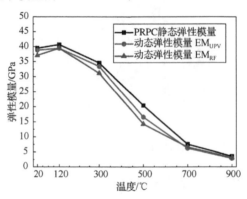

图 5-12　高温后 PRPC 模量

5.4.4　基于 NDT 的高温后 PRPC 力学性能计算

　　高温后 PRPC 强度、弹性模量与 UPV、RF 的关系如图 5-13 所示。基于最小二乘法，拟合高温后 PRPC 强度、模量计算公式如下所示。这些计算公式可为高温后 PRPC 力学性能的无损检测提供参考，然而，实际工程中，结构构件尺寸较大，截面存在温度梯度，适用于实际工程结构的 NDT 还有待于进一步研究。

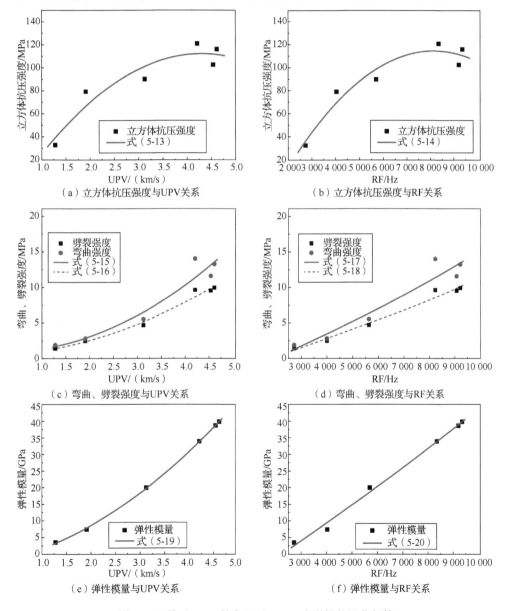

图 5-13　基于 NDT 的高温后 PRPC 力学性能退化规律

$$f_{cu} = -35.57 + 68.71 \times 10^3 \left(\frac{UPV}{1000} \right) - 7.98 \left(\frac{UPV}{1000} \right)^2, \quad R^2 = 0.90 \qquad (5\text{-}13)$$

$$f_{cu} = -61.74 + 43.31 \left(\frac{RF}{1000} \right) - 2.65 \left(\frac{RF}{1000} \right)^2, \quad R^2 = 0.93 \qquad (5\text{-}14)$$

$$f_f = 0.96 - 227.11 \left(\frac{UPV}{1000} \right) + 0.64 \times 10^6 \left(\frac{UPV}{1000} \right)^2, \quad R^2 = 0.92 \qquad (5\text{-}15)$$

$$f_t = 0.5 + 187 \left(\frac{UPV}{1000} \right) + 0.42 \times 10^6 \left(\frac{UPV}{1000} \right)^2, \quad R^2 = 0.98 \qquad (5\text{-}16)$$

$$f_f = -2.70 + 1.36 \left(\frac{RF}{1000} \right) + 0.04 \left(\frac{RF}{1000} \right)^2, \quad R^2 = 0.93 \qquad (5\text{-}17)$$

$$f_t = -1.93 + 1.07 \left(\frac{RF}{1000} \right) + 0.02 \left(\frac{RF}{1000} \right)^2, \quad R^2 = 0.98 \qquad (5\text{-}18)$$

$$EM_{UPV} = -2.69 + 2.92 \times 10^3 \left(\frac{UPV}{1000} \right) + 1.40 \left(\frac{UPV}{1000} \right)^2, \quad R^2 = 0.99 \qquad (5\text{-}19)$$

$$EM_{RF} = -11.50 + 5.02 \left(\frac{RF}{1000} \right) + 0.06 \left(\frac{RF}{1000} \right)^2, \quad R^2 = 0.99 \qquad (5\text{-}20)$$

5.5　高温下/后 RPC 微观结构分析

通常，硬结水泥中 C—S—H 凝胶和 Ca(OH)$_2$ 结晶分别占 50%～70% 和 25%～27%。RPC 由细骨料和胶凝材料组成。对于 RPC 而言，C—S—H 凝胶的含量是影响其力学性能的主要因素，其含量越高，抗压强度越高。Ca(OH)$_2$ 结晶体积较大，对 RPC 力学性能的提升作用有限。此外，Ca(OH)$_2$ 结晶溶于水，将降低 RPC 耐久性。为降低 Ca(OH)$_2$ 结晶的影响，一般在 RPC 加入水泥用量 30% 的硅灰，硅灰颗粒小于水泥颗粒，可填充于水泥颗粒的空隙中，提高 RPC 的致密性。硅灰的火山灰反应，可促进 C—S—H 凝胶的生成，进一步提升 RPC 力学性能。

因此，分析 RPC 微观结构，有利于研究 RPC 矿相变反应和孔结构演化规律。然而，高温后 RPC 的微观结构的研究尚不充分。本节主要通过 SEM、MIP 分析、TG 分析、差示扫描热量（differential scanning calorimeter，DSC）分析等微观分析手段，研究了 RPC 高温物理、化学变化和力学性能退化的机理。

5.5.1　高温下 TG 和 DSC 分析

TG 分析是测量混凝土质量随温度变化的方法。DSC 分析是研究热量随温度变化的分析方法，主要是测量混凝土与参比物的功率差随温度变化。TG 和 DSC 分析用于研究高温引起的 RPC 物理、化学变化。这些变化为揭示 RPC 高温力学性能退化规律提供了技术支撑。

高温下 RPC 的 TG 和 DSC 变化规律如图 5-14 所示。温度不超过 300℃时，TG 曲线下降斜率较大，这主要是 RPC 内部的自由水和结合水蒸发所致的。随着温度升高，TG 曲线继续下降，这主要是高温导致 C—S—H、$Ca(OH)_2$ 分解所致。1 000℃高温时，RPC 质量损失 9.4%，但温度为 300℃时，质量损失已达 4.0%，约占总损失的 43%。

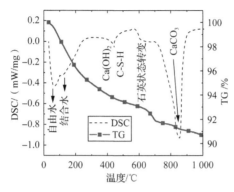

图 5-14　高温后 RPC 的 TG 和 DSC 变化规律

高温下 RPC 的 DSC 曲线具有明显的相变点。在 100~150℃，DSC 吸热峰主要是自由水和结合水蒸发所致；500℃后，DSC 吸热峰主要是 C—S—H、$Ca(OH)_2$ 分解所致；600℃后，DSC 吸热峰主要是石英状态转变所致；700~900℃后，DSC 吸热峰主要是 $CaCO_3$ 分解所致的。

5.5.2　高温后 MIP 分析

RPC 的孔结构对其物理性能、力学性能具有重要影响。采用 MIP 分析，实测高温后 3 种 RPC 的孔结构。高温后 RPC 孔隙分布、中值孔径和孔隙率如图 5-15~图 5-17 所示。中值孔径为混凝土累积孔面积达到 50%时所对应的孔径值。随温度升高，RPC 孔隙体积增加。经历 700℃的高温后，RPC 孔径从 0.01~0.1μm 增大到 1μm。经历 900℃的高温后，RPC 最大孔隙体积对应的孔径在 5~15μm。RPC 孔隙体积增加主要是高温导致其物理、化学变化，机理与 5.5.1 节相同。

经历不超过 500℃的高温后，3 种 RPC 的中值孔径没有明显变化，纤维种类和含量对 RPC 的孔隙率和中值孔径没有明显影响。常温下 SRPC、PRPC 和 HRPC 的中值孔径分别为 $7.5×10^{-3}$μm、$7.6×10^{-3}$μm 和 $7.4×10^{-3}$μm，经历 900℃的高温后，SRPC、PRPC 和 HRPC 的中值孔径分别为常温下的 7.33 倍、5.22 倍和 7.89 倍。与 PRPC 相比，高温后掺钢纤维 RPC 中值孔径更大，这主要是钢纤维和 RPC 导热系数等热工参数不同所致的。

常温下 SRPC、PRPC 与 HRPC 的孔隙率分别为 4.7%、5.0%和 5.5%。3 种 RPC 孔隙率随温度升高而增大。经历 900℃的高温后，SRPC、PRPC 和 HRPC 的孔隙率分别为常温下的 5 倍、4.8 倍和 4.6 倍。这主要是高温下自由水、结合水蒸发，C—S—H、Ca(OH)$_2$ 分解，骨料和胶凝材料膨胀不均匀的微裂缝发展所致。高温后 RPC 与 NSC、HSC[13]中值孔径、孔隙率对比如图 5-16 和图 5-17 所示。高温后 RPC 中值孔径、孔隙率均小于 NSC、HSC 的值，这也是高温后 RPC 相对抗压强度退化慢于 NSC、HSC 的原因之一。

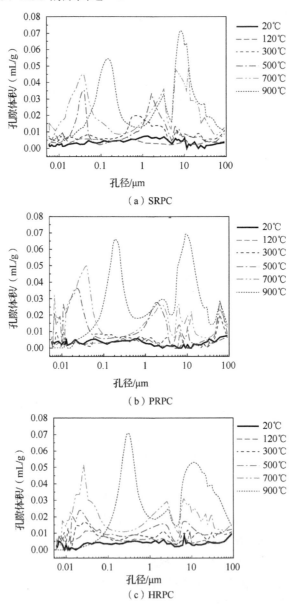

图 5-15　高温后 RPC 孔隙分布

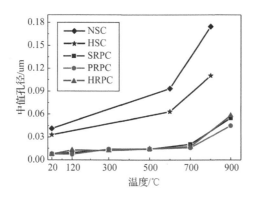

图 5-16　高温后 RPC、HSC、NSC 的中值孔径

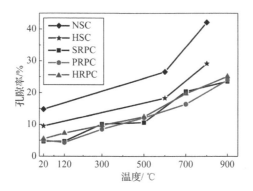

图 5-17　高温后 RPC、HSC、NSC 的孔隙率

5.5.3　高温后 SEM、EDX 分析

采用 SEM 方法，研究高温后 HRPC 微观变化。高温后 HRPC 基体 SEM 照片如图 5-18 所示，高温后钢纤维和 PP 纤维与 RPC 基体的 SEM 照片如图 5-19 和图 5-20 所示。常温下 RPC 结构致密，纤维与 RPC 基体黏结良好。经历 120℃ 高温后，水分蒸发及 C—S—H 膨胀，导致截面粗糙[14]。经历 300℃ 高温后，尽管有微裂缝发展，但 RPC 基体表面更平整，这主要是硅灰发生火山灰反应，生成新的 C—S—H 所致的。经历 500℃ 高温后，C—S—H、Ca(OH)$_2$ 分解，导致 RPC 基体孔隙增多［图 5-18（d）］。在这一温度区间，RPC 微裂缝增多，强度降低，钢纤维和 RPC 基体之间的黏结作用变弱。经历 700℃ 高温后，石英状态转变，RPC 基体表面更加粗糙［图 5-18（e）］。经历 900℃ 高温后，微裂缝和孔隙明显增大，钢纤维和 RPC 基体之间的黏结作用被完全破坏［图 5-19（f）］。

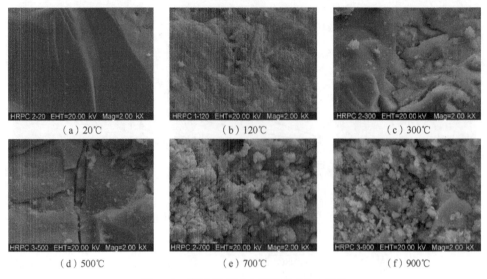

图 5-18　高温后 HRPC 基体的 SEM 照片

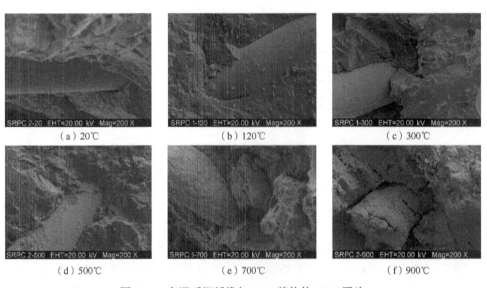

图 5-19　高温后钢纤维与 RPC 基体的 SEM 照片

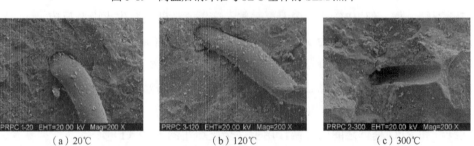

图 5-20　高温后 PP 纤维与 RPC 基体的 SEM 照片

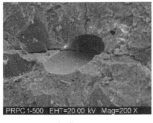
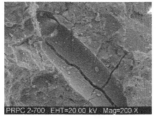
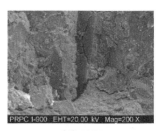

（d）500℃　　　　　　　　（e）700℃　　　　　　　　（f）900℃

图 5-20（续）

高温后 RPC 的石英和水泥基界面过渡区（interfacial transition zone，ITZ）变化如图 5-21 所示。高温后 RPC 能量色散 X 射线光谱仪（energy dispersive X-Ray spectroscopy，EDX）能谱分析如图 5-22 所示。EDX 试验测试不含石英骨料的水泥基材料性能。EDX 试验中各元素的原子比由下式判断[15]：

$$C—S—H,\quad 0.8 \leqslant Ca/Si \leqslant 2.5; (Al+Fe)/Ca \leqslant 0.2 \tag{5-21}$$

$$CH,\quad Ca/Si \geqslant 10; (Al+Fe)/Ca \leqslant 0.4; S/Ca \leqslant 0.04 \tag{5-22}$$

（a）过渡区

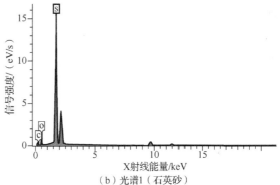

（b）光谱1（石英砂）

元素	光谱1/%	光谱2/%
C	38.14	29.83
O	27.43	28.29
Na		0.17
Mg		2.10
Al		3.62
Si	34.43	13.81
K		0.24
Ca		21.69
Fe		0.25
合计	100.00	100.00

（c）各元素的原子比

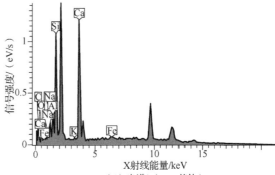

（d）光谱2（RPC基体）

注：eV 为电子伏特，1eV=1.602×10⁻¹⁹J。

图 5-21　高温后 RPC 的石英和水泥基界面过渡区变化

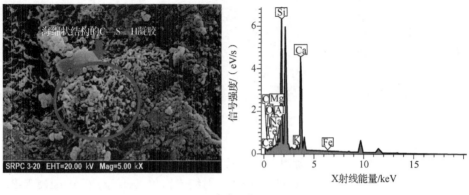

（a）20℃

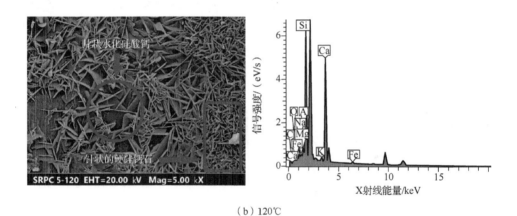

（b）120℃

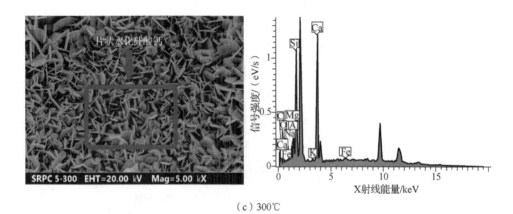

（c）300℃

图 5-22　高温后 RPC 基体 SEM 照片和 EDX 分析

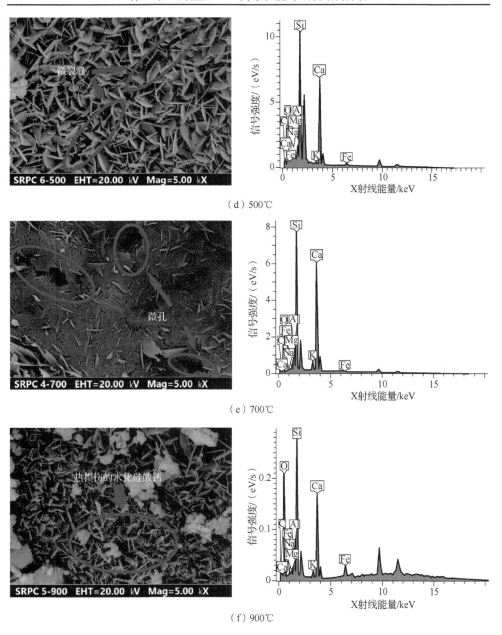

（d）500℃

（e）700℃

（f）900℃

图 5-22（续）

　　EDX 照片中，C—S—H 凝胶呈现海绵状结构（sponge-like structures），如图 5-22(a)所示。经历 120℃高温后，RPC 内产生呈针状的硬硅钙石 $Ca_6Si_6O_{17}(OH)_2$ 和扁平状的托贝莫来石$(Ca_5Si_6O_{16}(OH)\cdot 5H_2O)$，如图 5-22（b）所示。经历 300℃高温后，仍可见托贝莫来石。经历 500℃高温后，基体内产生微裂缝。经历 700℃高温后，基体内产生新孔隙。经历 900℃高温后，托贝莫来石发生破坏[16]。

5.6 小　　结

本章较系统地研究了 3 种不同纤维掺量 RPC 在高温后的力学性能，具体包括 RPC 的立方抗压强度、轴心抗压强度、劈裂强度、抗弯强度、弹性模量。通过 UPV 和 RF 两种 NDT 技术对高温后 RPC 力学性能进行了评估。

通过 SEM、XRD、MIP 分析、TG 分析等微观分析手段，研究了 RPC 高温物理、化学变化和力学性能退化的机理。TG/DSC 曲线结果表明：当温度为 100～250℃时，游离水和凝胶水蒸发；当温度为 500℃左右时，CH 和 C—S—H 水合物在开始分解，且该温度范围内 RPC 的物理、化学变化是导致 RPC 高温力学性能变化的主要因素。

随着温度的升高，RPC 内部孔隙增多。显微照片显示，当温度不超过 300℃时，RPC 微观结构较为致密，这主要是高温产生的水化硅酸钙等所致；当温度超过 300℃时，微裂纹增多，水化物分解，石英态转变，内部孔隙增多。

参 考 文 献

[1] 中华人民共和国建设部. 普通混凝土力学性能试验方法标准：GB/T 50081—2002[S]. 北京：中国建筑工业出版社，2003.

[2] British Standards Institution. Testing hardened concrete-part 5: flexural strength of test specimens: BS EN 12390-5: 2009[S]. London: British Standards Institution, 2009.

[3] British Standards Institution. Testing hardened concrete-part 6: tensile splitting strength of test specimens: BS EN 12390-6:2009 [S]. London: British Standards Institution, 2009.

[4] LAM E S S, WU B, LIU Q, et al. Monotonic and cyclic behavior of high-strength concrete with polypropylene fibers at high temperature[J]. ACI materials journal, 2012,109 (3): 323-330.

[5] ASTM. Standard test method for pulse velocity through concrete: ASTM C597-16[S]. West Conshohocken: ASTM, 2016.

[6] ASTM. Standard test method for fundamental transverse, longitudinal, and torsional resonant frequencies of concrete specimens: ASTM C215-14[S]. West Conshohocken: ASTM, 2014.

[7] RASHAD A, BAI Y, BASHEER P, et al. Chemical and mechanical stability of sodium sulfate activated slag after exposure to elevated temperature[J]. Cement and concrete research, 2012, 42 (2): 333-343.

[8] RASHAD A, ZEEDAN S. A preliminary study of blended pastes of cement and quartz powder under the effect of elevated temperature[J]. Construction and building materials, 2012, 29: 672-681.

[9] ABRAMS M. Compressive strength of concrete at temperatures to 1600 F[J]. Temperature and concrete, 1971, 25: 33-58.

[10] IAEA. Guidebook on non-destructive testing of concrete structures[S]. Vienna: International Atomic Energy Agency, 2002.

[11] TOPCU I, DEMIR A. Effect of fire and elevated temperatures on reinforced concrete structures[J]. Bulletin chamber of civil engineering, 2002, 16: 34-36.

[12] KHOURY G. Effect of fire on concrete and concrete structures[J]. Progress in structural engineering and materials, 2000, 2(4): 429-447.

[13] POON C, AZHAR S, ANSON M, et al. Comparison of the strength and durability performance of normal-and high-strength pozzolanic concretes at elevated temperatures[J]. Cement and concrete research, 2001, 31(9): 1291-1300.

[14] PENG G, CHAN S, ANSON M. Chemical kinetics of CSH decomposition in hardened cement paste subjected to elevated temperatures up to 800℃[J]. Advances in cement research，2001, 13(2): 47-52.

[15] HELMI M, HALL M, STEVENS L, et al. Effects of high-pressure/temperature curing on reactive powder concrete microstructure formation[J]. Construction and building materials, 2016, 105: 554-562.

[16] ABID M, HOU X M, ZHENG W Z, et al. Effect of fibers on high-temperature mechanical behavior and microstructure of reactive powder concrete[J]. Materials, 2019, 12(2): 329-359.

第6章　RPC 梁抗火性能试验研究与耐火极限计算

6.1　引　　言

国内外学者对梁的抗火性能进行了大量研究,研究方法涉及火灾试验、数值模拟以及理论分析,对于关键参数对火灾下梁抗火性能的影响有了比较明确的认识。然而目前对梁抗火性能的研究主要集中在普通混凝土梁和高强混凝土梁,对火灾下 RPC 梁抗火性能的试验研究鲜见报道,有限元软件分析结果是否正确有待于验证。研究表明,RPC 高温下的热工性能、爆裂性能以及力学性能与 NSC 有较大差异,突出表现在高温下 RPC 的强度、弹性模量、热工参数的退化规律及单轴受压应力-应变关系与 NSC 有较大差异,这直接导致了高温下 RPC 梁与 NSC 梁在耐火性能上的差异。国内外学者对 NSC 梁的抗火性能进行了大量的试验研究: Dwaikat 和 Kodur[1,2]完成了 2 根 NSC 梁的抗火性能试验;王全凤等[3]完成了 5 根配置 HRBF500 级钢筋的 NSC 简支梁的三面受火试验。然而对高温下 RPC 梁与 NSC 梁耐火性能差异上的研究尚不系统。本章拟进行 ISO 834 标准火灾作用下钢筋 RPC 简支梁力学性能试验,揭示火灾下 RPC 梁的破坏模式,考察 RPC 保护层厚度、荷载水平对其耐火性能的影响;基于 ABAQUS 有限元软件,建立火灾下 RPC 梁抗火性能数值分析模型,并验证模型的可靠性,进行火灾下钢筋 RPC 简支梁和 NSC 简支梁抗火性能的对比,为 RPC 梁在工程中的应用与推广奠定基础。

6.2　RPC 梁抗火性能试验研究

6.2.1　试验方法

1. 试验方案与试件设计

本试验将进行 4 根钢筋 RPC 简支梁在 ISO 834 标准火灾作用下的明火带载试验,分别考虑荷载水平、RPC 保护层厚度对火灾下钢筋 RPC 简支梁抗火性能的影响。试验过程中试件的受火方式为三面受火,并采用恒载升温的方式进行。试件详细信息见表 6-1,边界条件为两端简支,其中 RPCL 代表钢筋 RPC 简支梁,c 为 RPC 保护层厚度,η 为荷载水平,l 为试件总长度,l_0 为试件计算跨度,L_1 为试件实际受火长度,n 为试件受火面数,P 为火灾下施加在试件三分点的恒定荷载。

表 6-1　试件主要参数及工况

试件编号	c/mm	η	(l/l_0) / (mm/mm)	L_1/ mm	配筋			n	P/kN
					纵筋	箍筋	架立筋		
RPCL-1	25	0.3	4 900/4 500	3 500	3⫫25	φ8@60	2Φ10	3	50.9
RPCL-2	35	0.3	4 900/4 500	3 500	3⫫25	φ8@60	2Φ10	3	49.6
RPCL-3	25	0.5	4 900/4 500	3 500	3⫫25	φ8@60	2Φ10	3	84.9
RPCL-4	35	0.5	4 900/4 500	3 500	3⫫25	φ8@60	2Φ10	3	82.7

荷载水平（η）的定义：试件跨中截面实际承受的荷载与该截面的极限抗弯承载力之比，可按照下式进行计算：

$$\eta = \frac{P}{P_u} \tag{6-1}$$

式中：η 为试件的荷载水平；P 为火灾下施加在试件三分点的恒定荷载；P_u 为常温下试件三分点承受荷载时的极限抗弯承载力，由钢筋 RPC 适筋梁正截面抗弯承载力计算公式[4]计算得到。

4 个试件均采用单筋矩形截面且几何尺寸、配筋情况相同，截面尺寸（$b \times h$）为 200mm×400mm。试件尺寸及配筋情况如图 6-1 所示。另外，试验过程中试件要伸出炉体支撑在相应的反力装置上，因而本试验根据需要，设计了一套反力架，反力架配筋情况如图 6-2 所示。

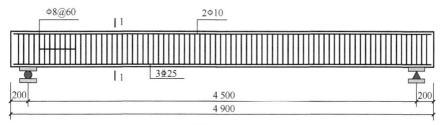

（a）试件 RPCL-1~RPCL-4

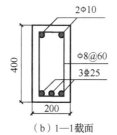

（b）1—1 截面

图 6-1　试件尺寸及配筋图（单位：mm）

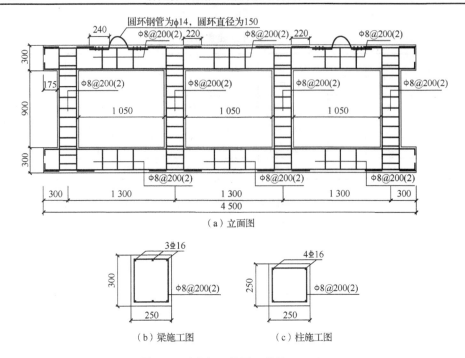

（a）立面图

（b）梁施工图　　　　　　　（c）柱施工图

图 6-2　反力架配筋图（单位：mm）

为了测量试验过程中试件截面的温度场分布，在浇筑 RPC 之前预埋热电偶。热电偶沿试件长度方向以及截面高度方向的预埋位置如图 6-3 所示。采用镍铬-镍硅 K 型热电偶测量试件截面的温度场分布，热电偶的直径为 2.0mm，长度为 2m，最高可测量 1 300℃ 的温度。

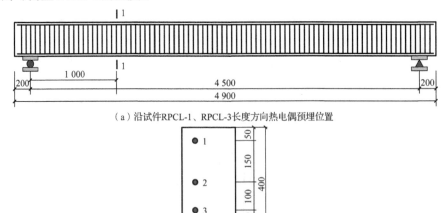

（a）沿试件RPCL-1、RPCL-3长度方向热电偶预埋位置

（b）1—1截面

图 6-3　热电偶布置图（单位：mm）

2. 试件制作及养护

按试件配筋图完成钢筋 RPC 简支梁的制作，制作过程如图 6-4 所示。第一步是支模、绑扎钢筋［图 6-4（a）］。第二步是制备 RPC，RPC 优化配合比见表 6-2。此外，为避免 RPC 梁火灾下发生爆裂，在制备 RPC 过程中掺入 2%钢纤维+0.2% PP 纤维。采用 JW350 立式强制搅拌机搅拌［图 6-4（b）］，将拌合物装入试模后，利用振捣棒振捣成型［图 6-4（c）］。第三步是在标准环境下静置 24h 后拆模，然后用塑料膜和棉被将试件封盖起来，通入温度为 90℃的水蒸气，养护 72h，试件的养护情形如图 6-4（d）所示。试件反力架的制作过程如图 6-5 所示。

（a）支模、绑扎钢筋

（b）制备 RPC

（c）振捣 RPC

（d）蒸汽养护

图 6-4　试件制作过程

（a）支模、绑钢筋

（b）砂、石下料

图 6-5　试件反力架制作过程

（c）浇筑混凝土

（d）振捣混凝土

图 6-5（续）

表 6-2　RPC 优化配合比

胶凝材料/（kg/m³）			石英砂/	减水剂/	水/	钢纤维	PP 纤维	水胶比
水泥	硅灰	矿渣	（kg/m³）	（kg/m³）	（kg/m³）	体积掺量/ %	体积掺量/ %	
800.53	240.16	120.08	960.64	46.43	208.94	2	0.2	0.18

3. 常温下材料性能指标

试件中所用钢筋根据《金属材料　拉伸试验　第 1 部分：室温试验方法》（GB/T 228.1—2010）[5]的规定，每种直径的钢筋分别取 3 个试样进行标准拉伸试验，实测结果见表 6-3，其中 f_y 为钢筋屈服强度，f_u 为极限强度，ε_y 为屈服应变，E_s 为弹性模量。

表 6-3　常温下钢筋力学性能指标

钢筋类型	f_y/（N/mm²）	f_u/（N/mm²）	ε_y/（με）	E_s/（N/mm²）
φ8	415.2	639.4	1 253	210 000
φ10	321.6	499.5	1 270	210 000
⊈25	463.3	633.7	2 317	200 000

注：1）表中所列试样的屈服强度、极限强度以及屈服应变均为 3 个试样的平均值。
　　2）钢筋的弹性模量根据《混凝土结构设计规范（2015 年版）》（GB 50010—2010）[6]选用。

根据《普通混凝土力学性能试验方法标准》（GB/T 50081—2002）[7]的规定，对试验中所用钢筋 RPC 简支梁 70.7mm×70.7mm×70.7mm 的伴随试件进行试验，实测试验当天钢筋 RPC 简支梁伴随试件的抗压强度。试验在 YA-1000 万能试验机上进行，加载速率为 1.5kN/s。强度测试过程如图 6-6 所示，结果见表 6-4，其中 $f_{m,cu}$ 为 RPC 立方体试块的抗压强度，$\bar{f}$ 为一组立方体试件的抗压强度平均值。

图 6-6 强度测试

表 6-4 常温下伴随试块的立方体抗压强度

试件编号	$f_{m,cu}$/MPa	$\bar{f}$/MPa
1	135.9	
2	121.7	127
3	123.4	

按照《混凝土砌块和砖试验方法》（GB/T 4111—2013）[8]的规定，对 70.7mm×70.7mm×70.7mm 的伴随试块进行试验，实测试验当天 RPC 梁伴随试块的含水率。测试过程如图 6-7 所示，结果见表 6-5，其中 W_1 为试件的含水率，$\bar{W}_2$ 为试件含水率的平均值。

（a）试件烘干前称重

（b）试件放进电热鼓风干燥箱烘干

图 6-7 含水率测试

表 6-5 钢筋 RPC 简支梁伴随试块的含水率

试件编号	W_1/%	$\bar{W}_2$/%
1	2.1	
2	2.6	2.93
3	4.1	

4. 试验流程

正式升温前，借助分配梁，用油泵驱动液压千斤顶，将荷载分级施加到试件设定的荷载水平，每级持荷 10min。之后将荷载维持在该荷载水平不变并且稳定 15min 以后，基于 ISO 834 标准升温曲线对试件进行升温。升温过程中，不断观察和调整油泵仪表的示数，始终保持油泵仪表示数不变。当试件的跨中挠度达到 $1/(20l_0)$（l_0 为试件的计算跨度），或试件无法持荷时，卸载并关闭燃烧器，停止升温，让火灾试验炉自然降温至常温。

5. 测试内容及方法

（1）变形测量

试件变形随时间的变化规律利用差动式高精度位移传感器 LVDT 测量，测点布置在试件跨中、三分点、支座处。另外，为了研究由于温度升高试件产生的膨胀变形，在试件两端水平方向各布置 1 个 LVDT。LVDT 测点布置如图 6-8 所示。为了避免 LVDT 在高温下损坏，对试件三分点以及跨中位置的变形进行了引出测量，引出装置如图 6-9 所示。利用 LVDT 测量三分点和跨中位置的变形时，将 LVDT 的撞针绑在图 6-9 所示的钢筋上即可。支座位置处 LVDT 的撞针直接置于试件顶面上。变形数据利用北京波普 WS3811 应变采集仪（图 6-10）采集，采样频率为 1Hz。

（2）截面典型测点温度

试件截面典型测点温度通过补偿导线将试件上预埋的热电偶与采集仪连接在一起。温度数据利用安捷伦 34980A 数据采集仪（图 6-11）采集，每隔 1min 采集一次数据。

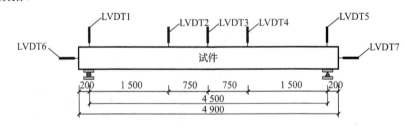

图 6-8　LVDT 测点布置（单位：mm）

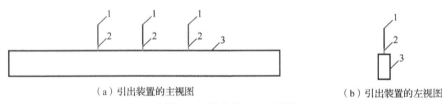

（a）引出装置的主视图　　　　　　　　　　（b）引出装置的左视图

1. 钢筋；2. 膨胀螺栓；3. 试验梁。

图 6-9　测量变形的引出装置

图 6-10　WS3811 应变采集仪　　　　图 6-11　安捷伦 34980A 数据采集仪

（3）耐火极限

根据《建筑构件耐火试验方法　第 1 部分：通用要求》（GB/T 9978.1—2008）[9]的要求，在构件的跨中挠度达到 $1/(20l_0)$，或构件无法持荷的情况下，即认为构件达到了耐火极限。

（4）裂缝观测

停止升温后，待试验炉降至常温后，将试件从炉内吊出，观察试件过火后的现象，借助裂缝宽度对比卡、裂缝宽度监测仪、卷尺等工具将试件表面的裂缝宽度、裂缝间距测出。

6.　试验装置

本次试验在哈尔滨工业大学国防抗爆与防护工程实验室中进行。试验装置由立式火灾试验炉、燃气式烧嘴、排烟系统、炉温控制监测系统、加载装置等部分组成。

（1）立式火灾试验炉及其改造

立式火灾试验炉尺寸为长×宽×高=4.9m×2.6m×4.05m，为全纤维式组装。立式火灾试验炉全貌[10]如图 6-12 所示。试验炉设置 10 个呈螺旋线布置的燃气式喷口。试验过程中用计算机控制燃气式喷口的数量以实现对炉温的控制，通过对引风机频率的控制以实现对炉压的控制。基于"组态王开发监控系统软件"的炉温控制监测系统如图 6-13 所示，内部预设 ISO 834 标准升温及 ISO 834 标准升、降温曲线[10]。

试件总长度为 4.9m，由于试件不能直接放置在火灾试验炉墙板上，而是要伸出炉体支撑在自制的反力架上，因而火灾试验炉的平面尺寸不满足本次试验要求，需要对火灾试验炉的平面尺寸进行改造。另外，目前立式火灾试验炉的高度为4.05m，而试件反力架的高度为 1.5m，若使用目前的两层炉体，不但试件无法支撑在反力架上，而且达到相同的炉温会消耗大量的能源，为了节省能源，也为了满足本次试验的所需，对火灾试验炉的高度也要进行改造。

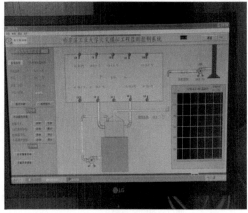

图6-12　立式火灾试验炉全貌　　　　　　图6-13　炉温控制监测系统

　　具体改造步骤如下：将原来的3 000kN伺服式液压千斤顶卸下，将火灾试验炉顶层盖板和二层墙板全部拆下，将一层长边墙板各向外移动350mm，将一层短边墙板各向内移动350mm，再将火灾试验炉盖板放置在一层炉体的墙板上。改造后的火灾试验炉尺寸为长×宽×高=4.2m×3.3m×2.2m（图6-14）。改造后的立式火灾试验炉安装4个燃气式烧嘴，沿炉壁长边方向布置3个探测炉温变化的热电偶,取其平均值作为平均炉温。试件在改造后的火灾试验炉中的位置如图6-15所示。

①火灾试验炉盖板；②火灾试验炉墙板；③燃烧器；④烟道。

图6-14　改造后的火灾试验炉

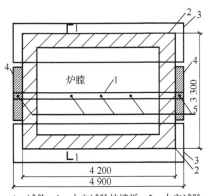
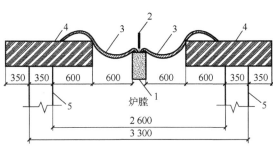

1. 试件；2. 火灾试验炉墙板；3. 火灾试验
　 炉盖板；4. 自制反力架；5. LVDT 测点。

1. 试件；2. LVDT；3. 硅酸铝岩棉；4. 火灾试验炉盖板；
　　　　　5. 火灾试验炉墙板。

（a）俯视图　　　　　　　　　　　　　（b）1—1剖面图

图 6-15　试件在火灾试验炉中的位置（单位：mm）

（2）加载装置

对炉体高度的改造，导致原来反力梁的高度不满足对试件加载的要求，为满足加载需要，将另一根反力梁安装在反力架的适当高度上，具体做法如下：首先将与反力梁配套的横梁提升到相应高度，并用 10.9 级高强螺栓将横梁与反力架连接，再将要安装的反力梁提升到横梁高度位置，并用高强螺栓将反力梁和横梁连接在一起，反力梁的吊装过程如图 6-16 所示。本次试验通过油泵驱动 1 000kN 液压千斤顶对试件进行加载，千斤顶需要端板和限位钢板才能固定在反力梁上，千斤顶安装过程如图 6-17 所示。

（a）反力梁吊装　　　　　　　　　　　（b）反力梁就位

①反力梁；②横向钢梁；③反力架。

图 6-16　反力梁的吊装

　　　（a）千斤顶固定装置的施工　　　　　　（b）千斤顶安装在反力梁上
①千斤顶；②限位钢板；③端板。

图 6-17　千斤顶的安装

　　为实现三分点加载，本次试验利用分配梁，通过油泵驱动液压千斤顶对分配梁加载，分配梁再对试件进行三分点加载，分配梁采用 36a 工字钢（Q235），长度为 2m，计算跨度为 1.5m。加载装置与试件的相对位置如图 6-18 所示。此外，为了防止加载过程中液压千斤顶的枪头直接压到分配梁上造成局部破坏，在分配梁的加载位置放置刚性垫块。值得注意的是，分配梁与试件距离较近，试验时温度比较高，若不采取措施，分配梁在高温和荷载作用下会提前屈曲而发生破坏，导致试验失败。为此，可以在分配梁刷钢结构防火涂料，以进行防火保护。

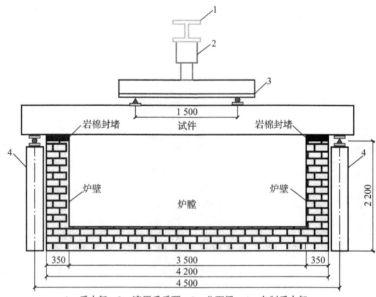

1. 反力架；2. 液压千斤顶；3. 分配梁；4. 自制反力架。

图 6-18　加载装置与试件的相对位置（单位：mm）

7. 试验前准备

试验正式开始前的准备过程如下。

1）标定液压千斤顶：试验前利用压力机对液压千斤顶进行标定，得到油泵油压和施加荷载的关系。本次试验液压千斤顶施加荷载和油压的关系：$y = 0.08x + 1$，其中 x 为施加荷载，单位为 kN；y 为油泵油压，单位为 MPa。

2）安装测量变形的引出装置 [图 6-19（a）]。

3）安装支撑试件的反力架。

4）安装试件：将试件吊入火灾试验炉中，支撑在自制的反力架上 [图 6-19（b）]。

5）安装分配钢梁 [图 6-19（c）]。

6）连接热电偶：将测量试件截面典型测点温度的热电偶通过补偿导线接在安捷伦 34980A 数据采集仪上，打开采集仪，确保每根热电偶示数正常。

7）封堵火焰：在试件的两端各放置一铁架，每个铁架张开 4 根钢棍可支撑在炉盖板上 [图 6-19（d）]，试件的每侧各放置一扇宽度为 80cm 的铁丝网片，将铁丝网片固定在铁架上。然后将硅酸铝岩棉盖在铁丝网片上，并用小块岩棉填堵缝隙。最后打开火灾试验炉的大风机和燃烧器风机，检查火灾试验炉气密性，漏风处即为升温时火焰蹿出的位置，应用岩棉及时封堵，以免火焰蹿出，造成事故。

8）安装 LVDT：在位移测点位置对应的反力梁上焊一根 $\phi 25$ 钢筋，将 LVDT 绑在钢筋上。试件支座位置的 LVDT 的撞针直接置于试件顶面上，三分点及跨中位置处的 LVDT 撞针绑在测量变形的引出装置上，安装好的 LVDT 如图 6-19（e）所示。

9）试验装置的防火保护：LVDT 是一种高精度的位移测量仪器，高温会影响其测量的精确性，长时间暴露于高温中还有可能损坏。为此，试验前需要用硅酸铝岩棉将 LVDT 包裹住。液压千斤顶在高温环境下内部弹性元件会发生损坏，导致千斤顶因液压油泄漏而无法持荷，无法按既定的荷载水平对试件施加荷载，更为严重的是，一旦油管被烧坏，液压油会滴落到炉内，酿成火灾。为此试验前需用岩棉将液压千斤顶及油管包裹住。另外，为防止分配梁在高温和荷载作用下提前屈曲而发生损坏，还需用岩棉将分配梁包裹住。岩棉包裹好的试验装置如图 6-19（f）所示。

10）预点火：逐个点燃燃气式喷嘴，随即熄灭，检查每个喷嘴是否能够正常工作。

11）预载：预先施加设定荷载的 20%，以压实缝隙，并且检查各测量系统是否正常，然后卸载。

（a）测量变形的引出装置

（b）试件支撑在反力架上

（c）分配梁放置在试件上

（d）固定岩棉的铁架

（e）安装好的LVDT

（f）岩棉包裹好的试验装置

图 6-19　试验前的准备过程

6.2.2　试验加载

1. 升温前的加载

正式升温前，按照试件相应的设计极限荷载（设计极限荷载的确定参照文献[4]）和荷载水平，利用油泵驱动液压千斤顶，将荷载分级施加到设定的荷载水平，每级持荷 10min。试件的设计极限弯矩 M_u、设计极限荷载 P_u、需要施加在三分点的集中荷载 P、液压千斤顶施加在分配梁上的集中荷载 P_1 以及对应的油泵油压见表 6-6。

表 6-6　M_u、P_u、P、P_1 及油泵油压

试件编号	荷载水平	$M_u/$(kN·m)	P_u/kN	P/kN	P_1/kN	油压/MPa
RPCL-1	0.3	254.8	169.9	50.9	101.8	9.1
RPCL-2	0.3	248.0	165.3	49.6	99.2	8.9
RPCL-3	0.5	254.8	169.9	84.9	169.8	14.6
RPCL-4	0.5	248.0	165.3	82.7	165.4	14.2

2. 正式升温

将荷载施加到设定的荷载水平后，将荷载维持在该水平不变。当荷载稳定 15min 以后，利用监测控制系统打开火灾试验炉的大风机和燃烧器风机，调整风机频率，点燃燃烧器，火灾试验炉开始升温，升温后的监测控制系统界面及试验全貌分别如图 6-20 和图 6-21 所示。升温过程中，依然保证所施加的荷载始终维持恒定。当炉内温度超过 600℃ 时，打开水泵，对烟道进行降温。

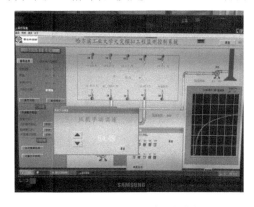

图 6-20　升温后的监测控制系统界面　　　图 6-21　升温后的试验全貌

6.2.3　试验结果与分析

1. 升温过程中的现象

升温过程中，火灾试验炉的炉膛是封闭的，加之未设置观火孔和安装高温摄像头，因此炉体内部试件的变形及裂缝开展等试验现象未能观察到。由于各试件升温过程中典型试验现象大致相同，以试件 RPCL-1 为例进行描述。

1) 升温进行到 5min 时，试件背火面有少量水蒸气冒出，这是试件受火、温度升高、试件内部自由水蒸发所致的。

2) 升温进行到 10min 时，试件端部的侧面上开始泌水 [图 6-22 (a)]，这是因为相比于炉内的试件部分，试件端部的温度较低，蒸发出的水蒸气在试件端部遇冷液化。

3) 随升温时间的延长，试件温度持续升高，内部自由水大量蒸发，因而在升温进行到 15min 时，试件背面冒出大量水蒸气，试件端部的侧面上泌水增多 [图 6-22 (b)]，水渍沿试件高度方向从底部向上发展。试验进行到 20min 时，试件端部的侧面上沿高度方向水渍满布 [图 6-22 (c)]。

4) 升温进行到 40min 时，试件背火面冒出的水蒸气开始减少，这是由于随升温时间的延长，试件内部大量自由水被蒸发，自由水含量越来越少。试件端部的侧面上水渍面积也开始减小，这是由于在热传导和热辐射作用下，试件端部的温度越来越高，试件端部侧面上的水渍被逐渐烘干。

5) 升温进行到 50min 时，试件背面的水蒸气基本消失，试件端部侧面上的水渍被完全烘干。

值得注意的是，升温后期，试件端部发生翘曲，与原水平方向产生一定夹角 [图 6-22 (d)]，并且随升温时间的延长，端部翘曲程度越来越大。停止升温时，试件端部发生大幅度翘曲，与水平方向夹角约为 30° [图 6-22 (e)]。试件端部翘曲的原因是在升温过程中试件发生弯曲。

（a）端部的侧面开始泌水　　　　　　　（b）端部的侧面泌水增多

图 6-22　试件 RPCL-1 升温过程中的试验现象

（c）端部的侧面水渍满布　　　　　（d）端部发生翘曲　　　　　（e）端部发生大幅度翘曲

图 6-22（续）

2. 试验后的宏观现象

待炉内温度降至常温，将试件从火灾试验炉中吊出，观察试件过火后的宏观现象。4 个试件过火后的现象如图 6-23～图 6-26 所示。其中，在试验过程中，试件 RPCL-4 的分配梁提前屈曲，导致试件还没有达到耐火极限就被迫卸载并停止升温，因而没有明显的变形。另外，当试件达到耐火极限时要卸载并停止升温，在降温过程中，试件的变形有所恢复，图 6-23～图 6-26 拍摄于火灾试验炉降至常温后，因而试件的变形略小于试件达到耐火极限时的变形。各试件过火后的宏观现象描述如下。

1）试件 RPCL-1 发生正截面受弯破坏。从图 6-23 中可以看出，试件跨中发生了较大的弯曲变形，端部翘曲的程度也比较大。试件端部未受火部分仍为青灰色，受火部分一面变为棕黄色，另一面变为淡黄色。棕黄色受火面在试件的纯弯段出现许多自下向上发展的竖向裂缝，裂缝宽度多为 1～1.5cm。宽度最大的一条裂缝位于跨中，贯穿全截面高度。另外，该受火面局部还出现了 RPC 的酥松、剥落现象。淡黄色受火面跨中位置底部有小块 RPC 脱落，该受火面裂缝多集中于试件的纯弯段，裂缝宽度多为 0.8～2.1mm，裂缝高度多为 10cm 左右，无贯穿全截面高度的裂缝出现。用锤子敲击试件表面，发出比较沉闷的声音。

2）试件 RPCL-2 发生正截面受弯破坏。从图 6-24 中可以看出，试件发生了明显的弯曲变形。2 个受火面均变为粉红色。其中一个受火面 [图 6-24（a）] 局部出现 RPC 的剥落现象。该受火面裂缝集中分布于纯弯段，裂缝最大宽度为 0.5mm，最小宽度为 0.2mm，裂缝平均间距为 18.7cm，无贯穿全截面高度的竖向裂缝出现。另一受火面 [图 6-24（b）] 有几处小块 RPC 的脱落，该受火面的裂缝宽度多为 3.1～5.8mm，裂缝平均间距为 14.5cm，平均高度为 15.1cm。

3）试件 RPCL-3 发生正截面受弯破坏。从图 6-25 中可以看出，试件发生了显著的弯曲变形，并且发生断裂。图 6-27 为试件 RPCL-3 的局部，可以看出，试件断裂部位 3 根纵向受力钢筋全部被拉断 [图 6-27（a）]，这一现象说明了常温下的适筋 RPC 梁火灾下易变为少筋梁。值得注意的是，由于钢纤维的拉结作用，位于断裂部位底部被撕裂的小块 RPC 并未脱落。断裂位置附近的裂缝已经贯通，导致两个受火面相同位置处的裂缝开展近乎相同，两侧面裂缝交汇于试件底部 [图 6-27 (b)]。

4）试件 RPCL-4 未发现明显的变形（图 6-26），这是因为试件未达到耐火极限就卸载并停止升温，所以试验过程试件变形较小，加之卸载后试件又发生了较大程度的变形恢复，因而变形不明显。试件的一个受火面变为棕黄色，另一个受火面变为粉红色。棕黄色受火面出现多处 RPC 的剥落 [图 6-26 (a)]，此受火面裂缝宽度多为 0.2～0.6mm，裂缝间距为 15.6cm 左右，大多分布于试件的纯弯段。粉红色受火面底部有多处小块 RPC 已经脱落 [图 6-26 (b)]，此受火面的裂缝开展情况与棕黄色受火面类似。

（a）受火面

（b）另一受火面

图 6-23　试件 RPCL-1 过火后的现象

（a）受火面

（b）另一受火面

图 6-24　试件 RPCL-2 过火后的现象

图 6-25　试件 RPCL-3 过火后的现象

（a）受火面

（b）另一受火面

图 6-26　试件 RPCL-4 过火后的现象

（a）纵向受力钢筋被拉断

（b）裂缝汇交于梁底

图 6-27　试件 RPCL-3 局部

3. 截面温度场分布

为了监测炉内温度，在火灾试验炉炉膛内的不同位置安装了 3 个热电偶。试件 RPCL-1 升温过程中试验炉内不同位置实测温度与 ISO 834 标准升温曲线的对比如图 6-28（a）所示，其中，T3、T6、T8 分别为各个热电偶的实测炉温，由图可以看出试验炉内不同位置的升温曲线与 ISO 834 标准升温曲线吻合较好，可见火灾试验炉内的温度是比较均匀的。试验过程中，取 T3、T6、T8 的平均值作为实测平均炉温，各试件试验过程中实测平均炉温与 ISO 834 标准升温曲线的对比如图 6-28（b）所示，可见实测平均炉温与 ISO 834 标准升温曲线吻合良好，说明改造后的火灾试验炉满足控温精度的要求。

试验过程中试件截面典型测点温度如图 6-29 和图 6-30 所示。由图 6-29 和图 6-30 可知，各测点升温曲线在整个升温过程中斜率有明显的阶段性变化。升温初期曲线基本处于水平状态，这是因为热量从试件表面传递到内部需要一段时间，之后才进入明显的升温阶段。在 100℃左右，RPC 内部的水分蒸发时带走大量热量，导致 RPC 虽然不断吸热但升温速率变得缓慢，具体表现为：各测点升温曲线达到 100℃左右的时候斜率有所减小并出现明显的温度平台，但试件各测点进入温度平台的时间不同，距离受火面越近的测点，进入温度平台的时间越早；距离受火面越远的测点进入温度平台的时间相对滞后。以试件 RPCL-1 为例，测点 1、测点 2、测点 3、测点 4 进入温度平台的时间分别为 24min、20.5min、16.5min、12.5min。

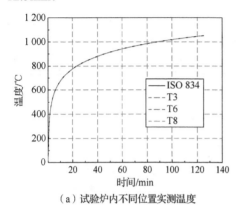
（a）试验炉内不同位置实测温度

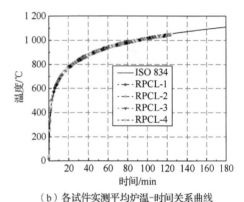
（b）各试件实测平均炉温-时间关系曲线

图 6-28　试验炉内不同位置实测温度及各试件平均炉温-时间关系曲线

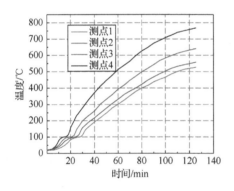
图 6-29　试件 RPCL-1 截面典型测点温度

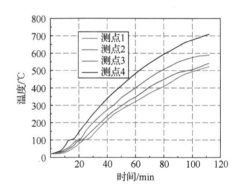
图 6-30　试件 RPCL-3 截面典型测点温度

4. 跨中挠度分析

试验过程中，利用差动式位移传感器 LVDT 测量各试件支座处的刚体位移及跨中挠度。扣除支座微小的刚体位移后，各试件跨中挠度最大值及受火时间见表 6-7，其中 f_{max} 为跨中挠度最大值，t 为试件受火时间。实测试件跨中挠度-时间关系曲线如图 6-31 所示，跨中挠度以向上为正，向下为负。

表 6-7　跨中挠度最大值及受火时间

试件编号	f_{max}/mm	t/min	试件编号	f_{max}/mm	t/min
RPCL-1	226.561	125	RPCL-3	226.26	112
RPCL-2	228.712	176	RPCL-4	30.589	81

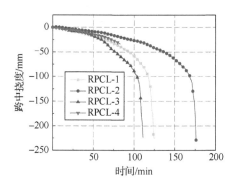

图 6-31　试件跨中挠度-时间关系曲线

由表 6-7 和图 6-31 可以看出以下内容。

1）4 个试件的跨中挠度-时间关系曲线的形状大体相同，说明火灾下不同工况的钢筋 RPC 简支梁跨中挠度的发展规律一致。

2）火灾下试件跨中挠度随受火时间的延长而增加，这是由于在升温过程中，试件会同时受到热辐射和对流的影响，表面温度不断升高，热量通过热传导从试件表面传至内部 RPC 及纵向受力钢筋，使 RPC 和纵向受力钢筋的温度不断升高、力学性能不断恶化，进而导致试件的刚度不断降低、跨中挠度不断增大。

3）各试件在升温初期跨中挠度随时间大致呈线性增长，表现为跨中挠度-时间曲线大致为一条倾斜直线，尤其是试件 RPCL-4 受火时间短，未达到耐火极限，在整个升温过程中跨中挠度都保持在弹性阶段。造成这一现象的原因是升温时间短，试件整体上温度比较低，材料力学性能仍保持在弹性阶段，试件的跨中挠度也在弹性范围内。之后随升温时间的延长，RPC 和纵向受力钢筋因温度逐渐升高导致力学性能逐渐退化，试件的刚度也逐渐减小，表现为试件的跨中挠度-时间曲线斜率逐渐增大，跨中挠度增长速率加快。继续升温，材料力学性能进一步恶化，试件的刚度进一步减小，在接近试件的耐火极限时，跨中挠度突然骤增，表现为跨中挠度-时间曲线斜率出现陡然增大的阶段。

由此，火灾下钢筋 RPC 简支梁跨中挠度增长全过程大致可以分为 3 个阶段：第一阶段为线性增长阶段；第二阶段为变形速率逐渐加快阶段；第三阶段为急剧增长阶段。试件跨中挠度发展从第二阶段进入第三阶段，除了曲线表现出的特征外，从挠度上看也有特征。一般是试件跨中挠度达到 100mm 左右时，挠度就进入突然骤增的阶段，从每分钟 5～6mm 的增长速率过渡到更快的增长速率。

（1）RPC 保护层厚度对跨中挠度的影响

RPC 保护层厚度对试件跨中挠度的影响如图 6-32 所示。可以看出，当荷载水平 η 为 0.3 时，RPC 保护层厚度越小，相同时刻，试件的跨中挠度越大，且升温时间越长，两种 RPC 保护层厚度的试件跨中挠度差值越大，RPC 保护层厚度小的试件率先达到变形控制的极限承载力。当荷载水平为 0.5 时，虽然 RPC 保护层厚度为 35mm 的试件 RPCL-4 未达到变形控制的耐火极限，但是 RPC 保护层厚度对钢筋 RPC 简支梁跨中挠度的影响规律仍可以从图 6-32（b）中看出。由此可知，RPC 保护层厚度对试件的跨中挠度影响显著，即当荷载水平相同时，RPC 保护层厚度越大，火灾下试件跨中挠度发展得越慢，相同受火时间下，试件的跨中挠度越小。这是因为 RPC 保护层厚度越大，相同时间下从试件表面传至纵向受力钢筋的热量越少，纵向受力钢筋升温越慢，钢筋产生的高温膨胀和徐变越小。因而，增大 RPC 保护层厚度是减小火灾下钢筋 RPC 简支梁跨中挠度的有效措施。

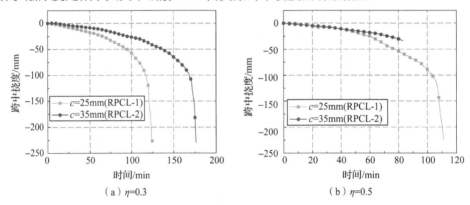

图 6-32　RPC 保护层厚度对试件跨中挠度的影响

（2）荷载水平对跨中挠度的影响

荷载水平对试件跨中挠度的影响如图 6-33 所示。可以看出，当 RPC 保护层厚度 c 为 25mm 时，两种荷载水平的钢筋 RPC 简支梁升温初期跨中挠度发展较为接近；升温超过 60min 后，同一时刻，荷载水平越高，试件跨中挠度越大，并且随受火时间的延长，两种荷载水平的试件跨中挠度差值越来越大，荷载水平高的试件先于荷载水平低的试件达到变形控制的耐火极限。一方面，因为荷载水平越高，试件的 RPC 和钢筋应力产生的应变及高温徐变越大，钢筋屈服时间越早；另一方面，荷载水平越高，试件的 RPC 应力水平越高，相同时间下受拉区产生的裂缝数量越多、宽度越大，进而通过裂缝侵入试件内部的热量就越多，试件的刚度退化得越快，跨中挠度发展越快。由此可知，荷载水平能够显著影响火灾下钢筋 RPC 简支梁的跨中挠度，即当 RPC 保护层厚度相同时，荷载水平越高，火灾下试件的跨中挠度发展越快，相同受火时间下，试件跨中挠度越大。因而，实际工程中严格控制荷载水平是减小火灾下钢筋 RPC 简支梁跨中挠度的有效措施。当 RPC 保护层厚度为 35mm 时，荷载水平对钢筋 RPC 简支梁跨中挠度的影响规律与 RPC 保护层厚度为 25mm 时相近。

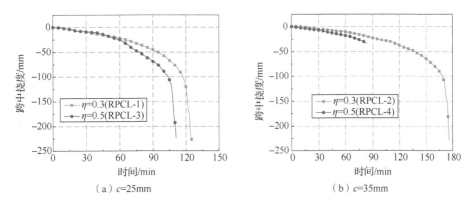

（a）c=25mm　　　　　　　　　　　　（b）c=35mm

图 6-33　荷载水平对试件跨中挠度的影响

5. 耐火极限分析

对于梁而言，当其挠度达到 $1/(20l_0)$（l_0 为计算跨度）或无法持荷时，梁经历的受火时间即为耐火极限。值得注意的是，试验过程中 RPCL-4 的分配梁提前屈曲，导致试件 RPCL-4 的耐火极限没能测出。试件的耐火极限 t_Δ 见表 6-8。根据《建筑设计防火规范》（2018 年版）（GB 50016—2014）[11]中对构件防火要求的规定，单层、多层建筑中耐火等级为一级的梁耐火极限不低于 2h。由表 6-8 可知，试件 RPCL-3 的耐火极限不能满足规范的要求，需要设置防火保护以达到规范对构件耐火极限的要求。

表 6-8　试件耐火极限

试件编号	c/mm	η	$(l/l_0)/$（mm/mm）	L_1/mm	P/kN	t_Δ /min
RPCL-1	25	0.3	4 900/4 500	3 500	50.9	125
RPCL-2	35	0.3	4 900/4 500	3 500	49.6	176
RPCL-3	25	0.5	4 900/4 500	3 500	84.9	112
RPCL-4	35	0.5	4 900/4 500	3 500	82.7	

注：试件 RPCL-4 试验过程中未测出耐火极限。

（1）RPC 保护层厚度对耐火极限的影响

RPC 保护层厚度对试件耐火极限的影响如图 6-34 所示。可以看出，当荷载水平为 0.3 时，随 RPC 保护层厚度的增加，试件的耐火极限随之提高，提高幅度为40.8%。由此可知，RPC 保护层厚度对试件耐火极限的影响非常显著，原因是 RPC 保护层厚度越大，纵向受力钢筋升温越慢，产生的高温膨胀和徐变越小，试件变形发展越缓慢，达到变形控制的耐火极限的时间越长。因而，增大 RPC 保护层厚度是提高钢筋 RPC 简支梁耐火极限的有效措施。

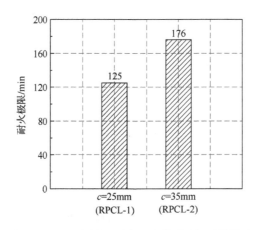

图 6-34　RPC 保护层厚度对试件耐火极限的影响

（2）荷载水平对耐火极限的影响

荷载水平对试件耐火极限的影响如图 6-35 所示。可以看出，当 RPC 保护层厚度为 25mm 时，随荷载水平的提高，试件的耐火极限随之降低，降低幅度约为 10.4%。由此可知，高荷载水平对试件耐火极限的降低有一定影响。究其原因：一方面，随受火时间的延长，高温下材料劣化使试件的刚度逐渐降低，试件变形不断发展，而荷载水平越大，试件变形发展越快，试件达到极限承载力的时间越短，耐火极限越低；另一方面，荷载水平越高，相同时间下试件裂缝开展越多、宽度越大，通过裂缝侵入试件内部的热量就越多，导致试件刚度进一步退化，试件变形发展越快，耐火极限越低。因而，控制荷载水平能在一定程度上提高构件的耐火极限。

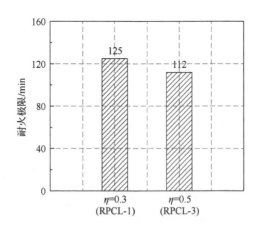

图 6-35　荷载水平对试件耐火极限的影响

6. 膨胀变形分析

试验过程中，在试件两端各放置一个与试件截面垂直的 LVDT（图 6-8），用来测量升温过程中试件发生的膨胀变形。各试件左右两端 LVDT 示数随时间的变化规律如图 6-36 所示，图中 LVDT 的撞针被压缩时示数为正，被拉伸时示数为负。

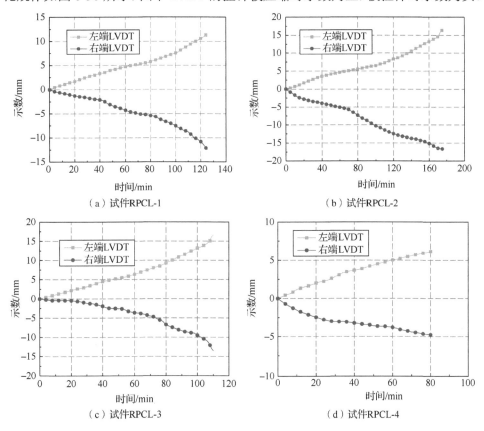

图 6-36　各试件左右两端 LVDT 的示数

由图 6-36 可以发现以下规律。

1）各试件左端 LVDT 示数始终为正值，右端 LVDT 示数始终为负值。这说明试件左端 LVDT 的撞针在升温后始终处于被压缩的状态，而右端 LVDT 的撞针在升温后始终处于被拉伸状态，左右两端 LVDT 撞针的状态说明左右两端 LVDT 的撞针向同一个方向发生了位移。

2）左右两端 LVDT 的示数-时间曲线大致对称，说明左右两端 LVDT 的撞针向同一个方向发生了相同的位移。以上两规律表明试件的膨胀变形向同一个方向产生。造成这种现象的原因如下：试验过程中，各试件左端为滑动铰支座，右端为固定铰支座。左端滑动铰支座的滚轴可以在小范围内移动，而右端固定铰支座的

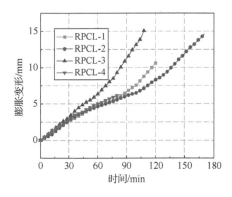

图 6-37 试件膨胀变形-时间曲线

滚轴不能发生移动，但试件可以绕其转动。当试件发生膨胀变形时，膨胀变形促使滑动铰支座的滚轴向左移动，从而带动试件整体发生向左的刚体位移，使左端 LVDT 撞针被压缩，而右端 LVDT 撞针被拉伸，左右两端 LVDT 的示数代表试件同一个膨胀变形，因此取左右两端 LVDT 示数绝对值的平均值作为试件的膨胀变形。各试件膨胀变形随时间的变化规律如图 6-37 所示。从图 6-37 中可以看出，随升温时间的延长，试件的膨胀变形逐渐增大。这是因为RPC 和纵向受力钢筋随温度的升高发生了变形，包括自由升温变形、高温时应力作用产生的变形及高温徐变。升温初期各试件的膨胀变形-时间曲线近乎重合且大致呈线性变化，这是因为升温初期试件温度较低，RPC 和纵向受力钢筋的性能仍保持在弹性阶段；升温后期，各试件膨胀变形的发展速度明显加快，表现为试件的膨胀变形-时间曲线在受火后期不再呈线性变化，曲线斜率明显增大，这是因为随升温时间的延长，RPC 和纵向受力钢筋因温度不断升高而产生了较大的高温膨胀和徐变。

（1）RPC 保护层厚度对膨胀变形的影响

RPC 保护层厚度对试件膨胀变形的影响如图 6-38 所示。可以看出，当荷载水平为 0.3 时，两种 RPC 保护层厚度的试件在升温的前 80min 内膨胀变形-时间曲线近乎重合；升温超过 80min 后，同一时刻，RPC 保护层厚度越大，试件膨胀变形越小，且随受火时间的延长，两曲线纵坐标的差值越来越大。当荷载水平为 0.5时，RPC 保护层厚度对试件膨胀变形的影响规律与荷载水平为 0.3 时相同，只是两条膨胀变形-时间曲线保持重合的时间缩短。由此可知，RPC 保护层厚度对试件的膨胀变形有一定的影响，即当荷载水平相同时，RPC 保护层厚度越大，试件的膨胀变形发展得越慢，相同受火时间下，试件膨胀变形越小。这是因为 RPC 保护层厚度越大，相同受火时间下，从试件表面传至纵向受力钢筋的热量越少，钢筋升温越慢，产生的高温膨胀和徐变越小。

（2）荷载水平对膨胀变形的影响

荷载水平对钢筋 RPC 简支梁膨胀变形的影响如图 6-39 所示。可以看出，当RPC 保护层厚度为 25mm 时，相同受火时间下，荷载水平越高，试件的膨胀变形越大，且升温时间越长，两种荷载水平试件的膨胀变形差值越大。当 RPC 保护层厚度为 35mm 时，荷载水平对试件膨胀变形的影响规律与 RPC 保护层厚度为25mm 时相同。由此可知，荷载水平对试件的膨胀变形有一定影响，表现如下：当 RPC 保护层厚度相同时，荷载水平越大，试件的膨胀变形发展得越快，相同受火时间下，试件的膨胀变形越大。造成这一现象的原因主要有两个：一是荷载水平越高，RPC 和纵向受力钢筋的应力水平越高，高温下产生的徐变越大；二是荷载水平高，相同时间下试件裂缝开展得越多、宽度越大，通过裂缝侵入试件内部的热量就越多，内部 RPC 和纵向受力钢筋的温度升高得越快，RPC 和钢筋产生的高温膨胀和徐变越大。

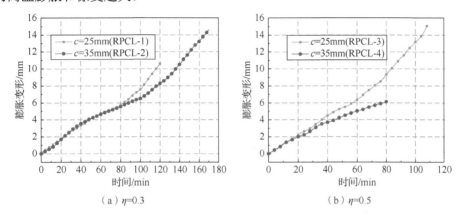

图 6-38　RPC 保护层厚度对试件膨胀变形的影响

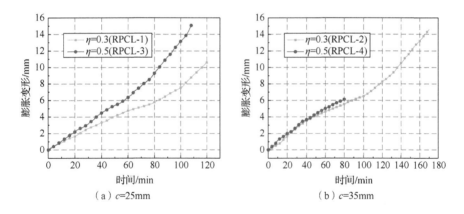

图 6-39　荷载水平对试件膨胀变形的影响

7. 高温爆裂性能分析

混凝土微观结构构越致密、渗透性越低，内部的水蒸气越难向外逃逸，高温下越容易发生爆裂。郑文忠等[12,13]研究表明 0.2% PP 纤维+2%钢纤维能够防止RPC试件（70.7mm×70.7mm×70.7mm）的高温爆裂，而此掺量能否防止较大尺寸 RPC构件的高温爆裂，尚需进一步验证。一方面，因为试件尺寸越大，高温下试件内外温度梯度越大，温度梯度产生的温度应力越大，试件发生爆裂的概率越大；另一方面，试件尺寸越大，内部水蒸气逃逸路径越长，导致试件内部孔隙压力越大，试件发生爆裂的概率也越大。钢筋 RPC 简支梁同时具有微观结构致密、尺寸较大

的特点，火灾下发生爆裂的概率较高，因而有必要对钢筋 RPC 简支梁高温爆裂性
能进行研究。

　　试验当天钢筋 RPC 简支梁 70.7mm×70.7mm×70.7mm 的伴随试件含水率平均
值为 2.93%，由试件过火后的宏观现象（图 6-23～图 6-26）可知，4 根混掺纤
维 RPC 梁均未发生严重的爆裂，仅仅在试件局部出现了 RPC 轻微起鼓、剥落
（图 6-40）。由图 6-40 可以看出，RPC 剥落深度为 3～5mm，而这种轻微剥落对
RPC 梁抗火性能的影响可以忽略。

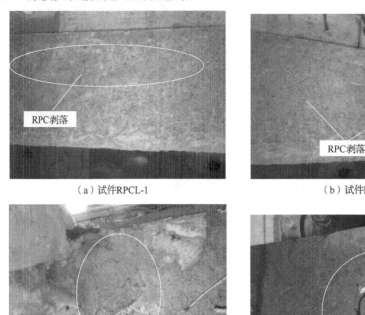

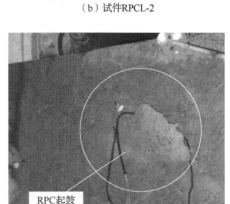

（a）试件RPCL-1　　　　　　　　　　　　（b）试件RPCL-2

（c）试件RPCL-3　　　　　　　　　　　　（d）试件RPCL-4

图 6-40　试件局部出现 RPC 轻微起鼓、剥落

　　4 根混掺纤维 RPC 梁未发生爆裂的原因主要是梁中掺入体积掺量为 0.2%的
PP 纤维。一方面 PP 纤维熔点相对较低，在 160～170℃时达到熔点就会熔化，在
RPC 内部形成大量的孔洞，有利于水蒸气的逃逸，使 RPC 中孔隙压力得到释放；
另一方面，PP 纤维在 RPC 内乱向分布，PP 纤维熔化后在 RPC 内形成杂乱无序且
连通的孔道网络，使 RPC 内部的孔隙压力得到释放，从而在一定程度上缓解了
RPC 的高温爆裂。由此可知，2%钢纤维+0.2% PP 纤维的混掺纤维方式，能够使
钢筋 RPC 简支梁高温下不爆裂，因此混掺钢纤维和 PP 纤维是缓解钢筋 RPC 简支
梁高温爆裂的有效措施。

6.3　RPC 梁抗火性能数值模拟

6.3.1　数值模型方法

开发一个求解复掺纤维 RPC 配筋梁的火灾下响应的模型,包括 3 个步骤:①进行传热分析以获得梁的温度场;②在获得的温度场的基础上,得出 RPC 梁在高温下的 $M\text{-}\varphi$ 关系,即强度分析;③基于前两个步骤进行变形分析。

1. 传热分析

在传热分析期间,假设 RPC 梁的 3 个侧面(底面和两侧)暴露于火灾下,而梁的顶侧处于环境温度下。RPC 梁在高温下的温度分布与 RPC 热性能如热导率、比热容和密度密切相关。郑文忠等[14]研究了 RPC 热导率和比热容。RPC 的密度可以取为常数 2500kg/m^3。受火面和未受火面的对流换热系数(h_c)分别为 25W/(m^2·K)和 9W/(m^2·K)[15]。对于混凝土,受火表面的热辐射率可以取为 0.5[15]。在本次试验中,假设沿梁的温度分布是均匀的,因此可通过二维传热分析,并使用 ANSYS 软件中的平面 55 单元来模拟混凝土传热。为了保证计算的准确性和效率,网格尺寸选择为 5mm×5mm(如具有 200mm×400mm 的梁截面可以分成 40×80 个单元)。此外,标准 ISO 834 火灾曲线[16]被视为火灾情况。在这种热分析中忽略了钢筋的影响,因为它不会显著影响梁横截面的温度分布,并且钢筋的温度可被其周围的混凝土构件的温度所取代[17]。

2. 强度分析

在上述热分析得到的横截面温度基础上,可以根据非线性分析方法获得 RPC 梁的 $M\text{-}\varphi$ 关系。对于强度分析,做出以下假设[17]:①钢筋与混凝土之间没有黏结滑移;②平截面假定。复掺纤维 RPC 在高温下的力学性能,如抗压和抗拉应力-应变关系、热应变、抗压和抗拉峰值应变及弹性模量(E)等,已经通过研究得到[18],可用于此模拟。在火灾下的任意时刻,高温下的总混凝土应变包括机械应变、热应变和荷载引起的热应变(即蠕变应变和瞬态应变)。已经证明,荷载引起的热应变对火灾下梁的模拟影响很小[18],因此,在该分析中没有考虑到这一点。对于钢筋,采用 BS EN 1992-1-2:2004[19]推荐的本构模型和高温下的热应变。

在强度分析过程中,对于估算的机械应变,可以根据钢筋和 RPC 的应力-应变关系得到任何单元的应力。一旦得知应力值,就可计算出单元所受的力。这些力可用于检查假定的应变和曲率下的受力平衡。重复该迭代过程直到满足平衡条件和收敛标准等。一旦满足这些条件,就获得对应于该应变的弯矩和曲率,以表示弯矩-曲率曲线的一个点。通过这种方法,为每个时间步长生成各点的弯矩-曲率曲线。应该注意的是,当应变超过 RPC 的极限应变时,无论混凝土单元是处于抗压区域还是抗拉区域均视为失效。

3. 变形分析

在真实火灾下，作为结构构件的梁的约束条件非常复杂，并且可能随着相邻构件因高温而改变的约束条件而改变。因此，在目前的大多数研究中，简支梁被广泛使用。对于简支梁，内力与刚度无关，并且在不考虑剪切力引起的变形的情况下，基于所开发的 M-φ 曲线容易获得梁变形。

在变形分析期间，RPC 梁被分成沿着梁的 n 个单元和（$n+1$）个节点。如果 n 足够大，则每个单元的变形由单元的中心表示。在荷载的作用下，可以获得每个单元中心处的弯矩，然后可以通过调用从上述强度分析获得的 M-φ 关系来导出其曲率。对于单元上的弯矩不完全等于来自 M-φ 关系的弯矩的情况，可以利用线性插值来获得相应的单元曲率。在获得每个区段的曲率分布之后，可以通过积分来计算梁的转角。最后，RPC 梁的失效是根据其承载能力和挠度确定的。在这项研究中，所有 RPC 梁的失效发生在如下情况[17]：

1）施加的荷载超过梁的承载能力。

2）梁的最大变形超过 $l_0/20$。

6.3.2　模型验证

为了验证所建立的模型的准确性，将预测结果与侯晓萌等测试的 4 种复掺纤维 RPC 配筋梁（RPCL-1～RPCL-4）的试验结果进行比较[20]。4 个经过测试的 RPC 配筋梁的几何尺寸和配筋情况如图 6-1 所示。梁 RPCL-1～RPCL-4 的详细信息见表 6-9。应注意梁 RPCL-4 的加载设备在试验过程中损坏，因此无法得到梁 RPCL-4 的耐火极限。此外，作者还模拟了 4 个 NSC 梁（NSCL-1～NSCL-4）在火灾下的性能，以研究 RPC 和 NSC 梁之间的差异。NSC 混凝土强度等级为 C40，抗压强度为 33.4MPa。为了使耐火性能相当，必须确保 RPC 和 NSC 梁在常温下具有相同的抗弯能力。因此，除了弯曲钢筋之外，NSC 梁的其他参数与 RPC 梁相同。

表 6-9　试验测试 RPC 梁的详细参数[20]

试件编号	c/mm	η	f_c/MPa	f_y/MPa	（l/l_0）/（mm/mm）	配筋	M_u/（kN·m）	t_{exp}/min	t_{pred}/min
RPCL-1	25	0.3	127	463	4 900/4 500	3Φ25	254.8	125	120
RPCL-2	35	0.3	127	463	4 900/4 500	3Φ25	248.0	176	160
RPCL-3	25	0.5	127	463	4 900/4 500	3Φ25	254.8	112	105
RPCL-4	35	0.5	127	463	4 900/4 500	3Φ25	248.0		130

注：M_u 是室温下梁的极限弯矩；t_{pred} 和 t_{exp} 分别是被测梁的预测和实测的耐火极限。

图 6-41 显示了不同火灾时长下的 RPCL-1 梁的 M-φ 曲线。可以看出，在早期升温阶段，梁的承载能力没有降低，但延性明显提高。随着升温的继续，梁的承

载能力急剧下降，并且其延展性开始进一步提高。这主要是因为钢纤维在刚暴露于火灾期间仍在发挥作用，所以梁的承载能力保持稳定。当温度高于 400℃时，钢筋的抗拉强度显著下降，变形量增大。这将导致更低的承载能力和更好的 RPC 梁延展性。当加热时间小于 60min 时，由于 RPC 的受压区混凝土压碎，梁失效。当加热时间大于 60min 时，RPC 梁由于受拉钢筋的屈服而失效。这里应该提到的是，PP 纤维和钢纤维对防止火灾引起的爆裂是有效的，使在火灾下 RPC 梁的 M-φ 曲线可用于挠度计算。

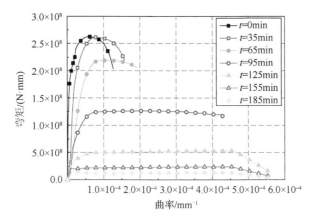

图 6-41　RPCL-1 不同火灾时长下的弯矩-曲率曲线

图 6-42 显示了梁 RPCL-1 和 RPCL-3 不同位置的预测和实测温度之间的比较。可以发现，所建立的传热分析模型是可信的，因为模拟的温度非常接近于实测的温度。保护层厚度为 25mm，荷载比为 0.3 的 NSCL-1 和 RPCL-1 梁的预测温度比较如图 6-43 所示。可以发现，在火灾时长和梁截面位置相同时，RPC 梁温度高于 NSC 梁温度。这主要是因为 RPC 的热导率和比热容高于 NSC 的热导率和比热容。

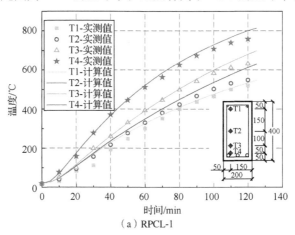

（a）RPCL-1

图 6-42　梁 RPCL-1 和 RPCL-3 不同位置预测与实测温度对比

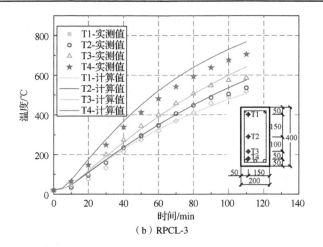

（b）RPCL-3

图 6-42（续）

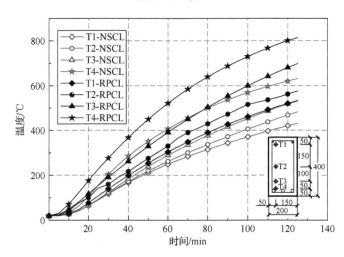

图 6-43　RPCL-1 和 NSCL-1 不同位置预测温度对比

　　图 6-44 显示了梁 RPCL-1～RPCL-3 的预测和实测跨中挠度的比较。尽管由于试验和模拟之间的差异，预测的跨中挠度与实测的略有偏差，但预测结果总体来说与实测结果一致。同时，预测和实测的耐火极限也吻合良好，见表 6-9。为了研究 RPC 和 NSC 梁之间结构响应的差异，在环境温度下具有与 RPC 梁相同的梁截面和抗弯能力的 NSC 梁的跨中挠度如图 6-44 所示。可以发现，NSC 的强度和弹性模量低于 RPC，因此在早期火灾下，在室温下具有相同的梁截面和抗弯能力的 NSC 梁的跨中挠度高于 RPC 梁在早期火灾下的挠度。随着升温的继续，RPC 梁的挠度比 NSC 梁变化得更快，特别是在火灾后期，这主要是 RPC 的强度和弹性模量的退化速度高于 NSC，导致 RPC 梁的耐火极限比 NSC 梁低。

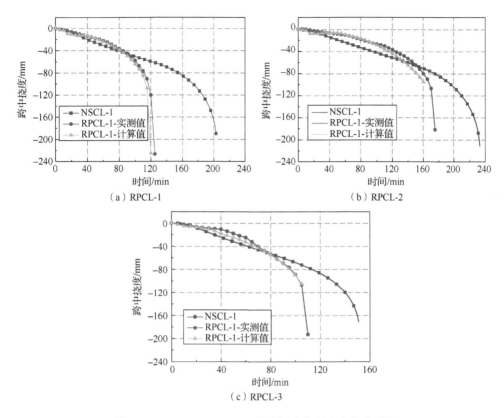

图 6-44　RPCL-1～RPCL-3 的预测和实测跨中挠度对比

6.4　RPC 梁耐火极限计算

6.4.1　关键参数对耐火极限的影响规律

1．参数选取

将验证的模型用于复掺纤维 RPC 配筋梁的耐火极限参数化研究中。已有研究表明[21,22]梁宽（b）、高宽比（h/b）、跨高比（l_0/h）、荷载比（γ）、混凝土保护层厚度（c）和配筋率（ρ_s）是影响 RC 梁耐火极限的关键因素。Gao 等[23]也考虑了混凝土骨料类型、角部钢筋与所有受拉钢筋面积比的影响。硅质骨料是唯一的 RPC 骨料类型，所有的钢筋都按照我国标准《混凝土结构设计规范（2015 年版）》（GB 50010—2010）[6]进行排列。基于上述火灾下的复掺纤维 RPC 的性能研究成果，本节研究未考虑 RPC 爆裂的影响。

4 种梁宽（200mm、300mm、400mm 和 500mm）、3 种跨高比（8、10 和 12）、3 种荷载比（0.2、0.4 和 0.6）、3 种混凝土保护层厚度（25mm、35mm 和 45mm）和 6 种配筋率（1.0%、1.5%、2.0%、2.5%、3.0%和 3.5%）被用于参数研究。考虑到实际中的实用性和经济性，将深宽比设为恒定值（即 2）。上述工况定义为Ⅰ系列，见表 6-10，RPC 的抗压强度为 160MPa。在 3 个荷载比条件下，系列Ⅱ具有 3 个高宽比（即 1.5、2 和 3），以研究高宽比的影响。此外，5 根具有不同混凝土强度的 RPC 梁（选择 120MPa、140MPa、160MPa、180MPa 和 200MPa，RPC120～RPC200 是目前较常用的强度等级[24]）被定义为系列Ⅲ，以研究 RPC 强度的影响。

对于所有模拟 RPC 梁，箍筋和抗压钢筋的直径取 10mm；纵向钢筋为 HPB400型，屈服强度为 435MPa。在相同的抗弯能力下，钢筋的强度不是梁的耐火性分析中的重要参数[17]，可以忽略不计。参数研究的所有情况见表 6-10。

表 6-10　参数研究的情况

系列	参数	取值
系列Ⅰ	截面尺寸 $b \times h$	80mm×160mm，200mm×400mm，300mm×600mm，400mm×800mm，500mm×1000mm
	RPC 保护层厚度 c /mm	25, 35, 45
	荷载比 γ	0.2, 0.4, 0.6
	配筋率 ρ_s /%	1.0, 1.5, 2.0, 2.5, 3.0, 3.5
	跨高比 l_0 / h	8, 10, 12
	RPC 抗压强度 f_c / (N/mm²)	160
系列Ⅱ	截面尺寸 $b \times h$	200mm×400mm
	RPC 保护层厚度 c /mm	25, 35, 45
	荷载比 γ	0.4
	配筋率 ρ_s /%	2.0
	跨高比 l_0 / h	10
	RPC 抗压强度 f_c / (N/mm²)	100, 120, 140, 160, 180
系列Ⅲ	截面尺寸 $b \times h$	300mm×600mm
	RPC 保护层厚度 c /mm	35
	荷载比 γ	0.4
	配筋率 ρ_s /%	2.0
	跨高比 l_0 / h	10
	RPC 抗压强度 f_c / (N/mm²)	120, 140, 160, 180,200

2. 参数与耐火极限间的关系

参数研究由几个间接相关的变量组成，因此，研究参数与耐火性之间的关系至关重要。RPC 梁的耐火性随梁宽、混凝土保护层厚度和配筋率的增加而增大，随跨高比和荷载比的增大而减小。此外，RPC 配筋梁的荷载比与耐火极限之间的相关性最大。跨高比与耐火极限之间的相关性较小，表明跨高比对 RPC 配筋梁的耐火极限的影响与其他参数相比不明显。

3. 梁宽对耐火极限的影响

图 6-45 显示了相对耐火极限（由系列 I 的平均值归一化的耐火极限，即耐火极限/190min）与梁宽度之间的关系。它们的相关系数为正，但线性不明显。相关系数是表示两个变量之间相关程度的最重要值。如果它们之间的相关系数为正，则一个变量将随着另一个变量的增加而增加；相反，如果相关系数为负，则一个变量将随着另一个变量的增加而减小。而且，相关系数的绝对值越大，两个变量之间的关系越紧密。图 6-45 所示的平均值定义为系列 I 中具有一定梁宽度的 RPC 梁的相对耐火极限平均值。例如，相对耐火极限平均值= 0.70 表示梁宽度为 200mm 的梁的相对耐火极限平均值为 0.70。与 200mm RPC 梁相比，I 系列宽度为 300mm、400mm 与 500mm 梁的平均相对耐火极限分别提高了 21.6%、55.1% 和 94.1%。此外，梁宽度为 200mm、300mm、400mm 与 500mm 时的变异系数 COV（coefficient of variation，即标准差与平均值之比）分别为 19%、24%、28% 和 33%，可以看出在恒定的高宽比（即 2）下，梁宽对 RPC 配筋梁耐火性的影响与其他参数具有明确的耦合效应。总之，随着梁宽的增加，RPC 梁的耐火极限显著增加，如果梁宽相对较大，其他参数对耐火性的影响也会相应增大。这是因为梁截面边缘的温度远高于火灾下梁截面的中心温度。这也意味着，梁横截面越大，受火灾影响的面积越小，导致抗拉钢筋的强度降低更慢，RPC 配筋梁的耐火极限更高。

4. 荷载比影响

图 6-46 显示了相对耐火极限和荷载比之间的关系。随着荷载比的增加，相对耐火极限的平均值显著降低。与 I 系列中荷载比 0.2 的梁相比，当荷载比为 0.4 和 0.6 时，RPC 梁的平均相对耐火极限分别下降了 26.2% 和 42.8%。这是因为较高的荷载比会显著增大梁的变形，从而导致提前破坏。因此，荷载比对 RPC 配筋梁的耐火极限有显著影响。此外，在荷载比分别为 0.2、0.4 和 0.6 时，COV 分别为 33%、30% 和 24%，表明相对耐火极限的分布不均匀，特别是在相对低的荷载比下。

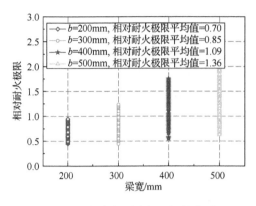 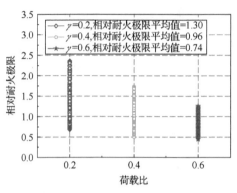

图 6-45　梁宽与耐火极限间的关系　　　　图 6-46　耐火极限与荷载比的关系

5. 混凝土厚度影响

图 6-47 显示了相对耐火极限和混凝土保护层厚度之间的关系。如图 6-47 所示，随着混凝土保护层厚度的增加，平均相对耐火极限几乎呈线性增加，这表明保护层厚度对 RPC 配筋梁的耐火极限有显著影响。混凝土保护层厚度分别为 25mm、35mm 与 45mm 时，COV 分别为 42%、37% 和 35%。混凝土保护层厚度的 COV 值相对高于各种梁宽度和荷载比下的 COV 值。实际上，COV 值显示了参数对 RPC 配筋梁的耐火极限的影响，因此，混凝土保护层厚度对 RPC 配筋梁的耐火极限的影响小于梁宽度和荷载比。在火灾条件下，随着混凝土保护层厚度的增加，钢筋的温度将大大降低，导致其刚度和强度的退化速度减慢，RPC 梁的耐火极限更高。

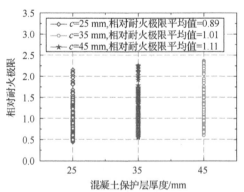

图 6-47　混凝土保护层厚度和耐火极限的关系

6. 配筋率的影响

图 6-48 显示了相对耐火极限与配筋率之间的关系，它们的相关系数为正。随着配筋率的增加，平均相对耐火极限比配筋率为 1% 时提高了 15.0%～35.0%。当

配筋率为 1%~3.5%时，COV 在 30%~42%范围内变化。可以推断，配筋率通过影响梁截面中抗拉配筋的分布来影响 RPC 配筋梁的耐火极限。较高的配筋率意味着钢筋需要分布在多层中，这导致内部钢筋的刚度和强度的降低较慢并且具有较高的耐火极限。

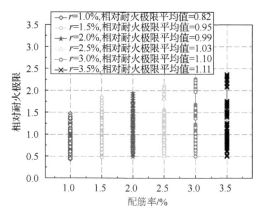

图 6-48　耐火极限和配筋率之间的关系

7. 跨高比影响

相对耐火极限与跨高比之间的关系如图 6-49 所示。从图 6-49 中可以看出，相对耐火极限随着跨高比的增加而成比例地减小，尽管这种减小几乎可以忽略不计。跨高比对耐火极限的影响几乎与其他参数的影响不相关，因为无论跨高比的值如何，COV 保持约为 39%，这意味着跨高比可以与其他因素分开考虑。

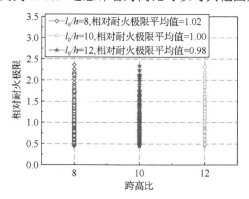

图 6-49　耐火极限与跨高比之间的关系

此外，由于与梁重的关系，跨高比对控制截面的承载能力也有较小的影响。梁的重量将给控制截面带来额外的荷载，随着跨高比从 10 减小到 8，这个额外荷载的增长率约为 2%。随着跨度增加，变形也在增长，当跨高比超过一定限度时，变形将超过正常使用要求的限制条件。当通过变形控制破坏时，RPC 的优异力学性就不能得到充分发挥，特别是在高温时弹性模量降低的情况下。实际上，本章验证了 RPC 梁在高温下的失效在跨高比为 8～12 时是由于承载能力不足造成的，因此只要跨高比限制在一定范围内，RPC 梁的耐火极限由承载力控制。在这种情况下，跨高比的影响主要反映在承载能力的降低上，如图 6-49 所示，这是很微小的。因此，跨高比不是影响耐火极限的主要因素。

8. 高宽比影响

图 6-50 显示了耐火极限与高宽比之间的关系，图中的平均值由 3 个试样的耐火极限计算得出，这 3 个试样的截面相同。如图 6-50 所示，当高宽比从 3 变为 2 时，耐火极限大大增加（约 41%），但当高宽比从 2 变为 1.5 时，耐火极限增加相对较小（约 9%）。这是因为高宽比对 RPC 配筋梁的耐火极限的影响主要通过影响横截面的温度分布来反映。由于梁截面的温度分布不均匀，高温区域主要位于周边，而低温核心区是确定梁的耐火极限的关键。理论上，随着高宽比减小，核心区域的面积增加；这意味着高宽比越低，核心区域的面积越大，因此耐火极限越高。然而，梁的经济性和适用性受到高宽比的显著影响。因此，必须将梁高宽比控制在合理的值。在实际工程中，采用 2 作为高宽比是合适的，但对于一些具有较高防火要求的建筑物也可适当减小。

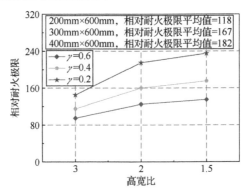

图 6-50　耐火极限与高宽比之间的关系

9. 混凝土强度影响

表 6-11 显示了具有不同 RPC 强度的 RPC 配筋梁的耐火极限和跨中挠度。可以看出，RPC 强度对恒定荷载比、混凝土保护层厚度和配筋率的 RPC 梁的耐火性能几乎没有影响。但 RPC 梁的跨中挠度随着强度的增加而减小。它表明 RPC 强度对耐火极限的影响相对不明显，当 RPC 梁的破坏受到承载力控制时，可以忽略，但需要注意，当强度过低时，可能发生变形引起的破坏。当 RPC 强度增加时，梁的承载能力没有大幅提高，说明钢筋是决定承载能力的主要因素。然而，更高的

RPC 强度将导致更高的弹性模量和更明显的脆性，导致梁变形将相应地减小并且试样的破坏将趋于脆性。

表 6-11　不同 RPC 强度的耐火极限和跨中挠度

RPC 强度/MPa	120	140	160	180	200
抗弯承载力/（kN·m）	847	853	858	862	865
耐火极限/min	158	158	158	158	159
跨中挠度/mm	161	152	145	138	133

6.4.2　耐火极限计算公式

为了获得可靠的结果，RPC 配筋梁的耐火极限预测必须基于足够多的数据。因此，在 648 个模拟梁（系列Ⅰ）的耐火极限基础上，建立了 RPC 配筋梁耐火极限的预测公式。高宽比在该预测中被设为工程中常用的值 2，混凝土强度对耐火极限预测不是很重要，在公式中可以忽略。因此，当给出拟合公式时，应考虑其余的参数，即梁宽度、跨高比、混凝土保护层厚度、荷载比和配筋率。考虑到拟合参数与拟合公式实用性之间关系的复杂性，本章给出的拟合公式采用更简单但拟合效果更好的加法关系。为了确保公式的准确性，根据相关系数的大小，将公式按梁宽度分为 4 个拟合公式。MATLAB 软件可以根据回归函数自动模拟预测公式。通过 MATLAB 处理数据，可以得到如下公式：

$$t_{\text{fit}} = \begin{cases} 0.538\,6\,b - 0.231\,5\dfrac{l_0}{h} + 1.842\,6c - 119.907\,4\gamma + 5.111\,1\rho_s, b = 200\text{mm} \quad (R^2 = 0.953\,8) \\[2mm] 0.552\,4\,b - 1.134\,3\dfrac{l_0}{h} + 1.768\,5c - 206.713\,0\gamma + 12.709\,0\rho_s, b = 300\text{mm} \quad (R^2 = 0.958\,4) \\[2mm] 0.568\,4\,b - 1.990\,7\dfrac{l_0}{h} + 2.217\,6c - 309.490\,7\gamma + 20.328\,0\rho_s, b = 400\text{mm} \quad (R^2 = 0.948\,9) \\[2mm] 0.535\,9\,b - 2.963\,0\dfrac{l_0}{h} + 2.458\,3c - 421.296\,3\gamma + 45.809\,5\rho_s, b = 500\text{mm} \quad (R^2 = 0.941\,0) \end{cases}$$

$$(6\text{-}2)$$

式（6-2）的应用范围为：$h/b=2$，$200\text{mm} \leqslant b \leqslant 500\text{mm}$，$8 \leqslant l_0/h \leqslant 12$，$25\text{mm} \leqslant c \leqslant 45\text{mm}$，$0.2 \leqslant \gamma \leqslant 0.6$，$1.0\% \leqslant \rho_s \leqslant 3.5\%$。

MATLAB 给出的式（6-2）是完全线性的，包括 648 个梁的所有结果（系列Ⅰ）。显然，如果增加该公式中每个项的阶次，则可以提高准确度，但是上面给出的公式非常简单，具有非常好的应用价值。图 6-51 显示了式（6-2）预测与有限元分析预测结果之间的对比。图 6-51 所示的平均值的计算方法是，对于每个工况，通过公式计算的耐火极限除以由有限元分析模型计算的耐火极限获比值，平均值是

所有这些比值的平均值。所有这些比值的标准差与平均值之比为 COV，如图 6-51
所示。可以看出，公式预测与有限元分析预测之间的平均比值为 1.00，而 COV
为 6.93%，这表明预测公式结果与有限元分析结果之间吻合较好。

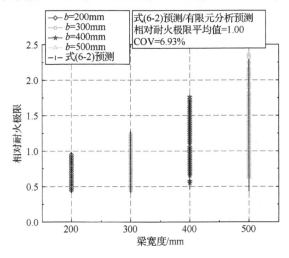

图 6-51　公式预测结果和有限元分析预测结果对比

6.4.3　高温下最小配筋率

Hou 等[20]发现，常温下配筋率较低的 RPC 梁在高温下会发生纵向钢筋断裂导
致的脆性破坏。为了防止这种情况的发生，需要提出在高温下的 RPC 配筋梁的最
小配筋率（$\rho_{\text{min-ht}}$）概念，即保证 RPC 配筋率在高温下暴露于火灾中一定时间内不
会发生脆性破坏的配筋率。在本次试验中，高温下 RPC 配筋梁的最小配筋率应满
足如下要求，并由式（6-3）确定。

1）它应该大于常温下 RPC 配筋梁的最小配筋率。

2）它应满足最少 2h 的耐火极限要求[11]。

$$\begin{cases} M_T = A_\text{s} f_\text{y}^T h_0 (1 - 0.5\xi_T) \\ \rho_{\text{min-ht}} = \dfrac{A_\text{s}}{bh} \end{cases} \tag{6-3}$$

式中：M_T 是 T 温度下的抵抗弯矩值；f_y^T 是 T 温度下的钢筋抗拉强度值；A_s 是钢
筋的截面面积；h_0 是梁截面的有效高度；ξ_T 是 T 温度下的受压区相对高度。

常温下 RPC 配筋梁的最小配筋率可近似取为 1%，以满足常温下的性能要求。
表 6-12 显示了 RPC 配筋梁在高温下的建议最小配筋率。如果超过 4%，则认为超
过了可以进行配筋的范围[6]，不在表 6-12 中列出。从表 6-12 可以看出，增加混凝
土保护层厚度 c 和横截面尺寸可以减少高温下最低配筋率的要求。然而，仅通过
增加配筋率来提高高温下的耐火极限和承载能力是效率很低的。

表 6-12　RPC 配筋梁高温下建议最小配筋率

c/mm	截面尺寸	γ	RPC 梁最小配筋率 $\rho_{\text{min-ht}}$ /%		
			耐火极限 2h	耐火极限 3h	耐火极限 4h
25	200mm×400mm	0.3	2.00		
		0.4			
		0.5			
		0.6			
	300mm×600mm	0.3	1.00	2.87	
		0.4	1.02		
		0.5	1.44		
		0.6	2.75		
	400mm×800mm	0.3	1.00	1.09	2.87
		0.4	1.00	1.43	
		0.5	1.00		
		0.6	1.05		
	500mm×1 000mm	0.3	1.00	1.00	1.34
		0.4	1.00	1.06	2.14
		0.5	1.00	1.44	
		0.6	1.00	2.83	
35	200mm×400mm	0.3	1.00		
		0.4	1.00		
		0.5	1.71		
		0.6	3.25		
	300mm×600mm	0.3	1.00	1.67	
		0.4	1.00		
		0.5	1.00		
		0.6	1.22		
	400mm×800mm	0.3	1.00	1.00	2.29
		0.4	1.00	1.03	
		0.5	1.00	2.00	
		0.6	1.00		
	500mm×1 000mm	0.3	1.00	1.00	1.13
		0.4	1.00	1.00	1.46
		0.5	1.00	1.00	2.58
		0.6	1.00	1.50	
45	200mm×400mm	0.3	1.00		
		0.4	1.00		
		0.5	1.00		
		0.6	1.34		

c/mm	截面尺寸	γ	RPC 梁最小配筋率 ρ_{min-ht} /%		
			耐火极限 2h	耐火极限 3h	耐火极限 4h
45	300mm×600mm	0.3	1.00	1.00	
		0.4	1.00	1.87	
		0.5	1.00		
		0.6	1.00		
	400mm×800mm	0.3	1.00	1.00	1.14
		0.4	1.00	1.00	2.88
		0.5	1.00	1.00	
		0.6	1.00	2.13	
	500mm×1 000mm	0.3	1.00	1.00	1.00
		0.4	1.00	1.00	1.15
		0.5	1.00	1.00	1.91
		0.6	1.00	1.00	3.17

6.5　RPC 梁与 NSC 梁抗火性能对比分析

6.5.1　NSC 梁基本参数

为了使 RPC 简支梁与 NSC 简支梁的抗火性能具有可比性，首先保证 RPC 简支梁与 NSC 简支梁在相同工况下具有相同的抗弯承载力。不同工况下钢筋 RPC 简支梁的抗弯能力见表 6-6。可根据钢筋 RPC 简支梁的抗弯承载力对 NSC 简支梁进行设计。NSC 简支梁截面尺寸取 200m×400mm，混凝土强度等级为 C30，受拉钢筋采用 HRB400 级钢筋，箍筋和架立筋采用 HPB300 级钢筋。NSC 简支梁在 2 个三分点承受集中荷载的前提下基于 ISO 834 标准升温曲线进行升温。

NSC 简支梁主要参数及工况见表 6-13，其中 NSCL 代表 NSC 简支梁，c 为混凝土保护层厚度，η 为荷载水平，l 为试件总长度，l_0 为试件计算跨度，L_1 为试件实际受火长度，n 为试件受火面数，P 为施加在试件三分点的恒定荷载。

表 6-13　NSC 简支梁主要参数及工况

试件编号	c/mm	η	(l/l_0)/ (mm/mm)	L_1/mm	配筋			n	P/kN
					纵筋	箍筋	架立筋		
NSCL-1	25	0.3	4 900/4 500	3 500	5⊈25	φ8@60	2φ10	3	50.9
NSCL-2	35	0.3	4 900/4 500	3 500	4⊈25	φ8@60	2φ10	3	49.6
NSCL-3	25	0.5	4 900/4 500	3 500	5⊈25	φ8@60	2φ10	3	84.9
NSCL-4	35	0.5	4 900/4 500	3 500	4⊈25	φ8@60	2φ10	3	82.7

6.5.2　RPC 梁与 NSC 梁耐火极限分析

1. 截面温度场对比

钢筋 RPC 简支梁与 NSC 简支梁的温度测点如图 6-52 所示。相同工况下，钢筋 RPC 简支梁与 NSC 简支梁相同位置处的温度对比如图 6-53 所示。

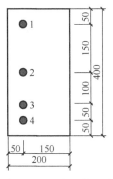

图 6-52　钢筋 RPC 简支梁与 NSC 简支梁的温度测点（单位：mm）

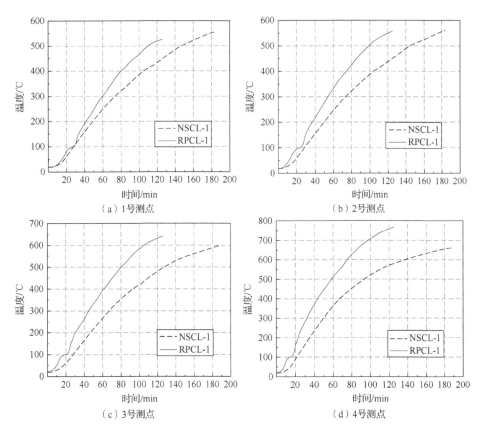

（a）1号测点　　　　　　　　　　　（b）2号测点

（c）3号测点　　　　　　　　　　　（d）4号测点

图 6-53　相同工况下钢筋 RPC 简支梁与 NSC 简支梁相同位置处的温度对比

1）升温初期，钢筋 RPC 简支梁和 NSC 简支梁截面相同位置处的温度接近，表现为温度-时间曲线近乎重合，且距离受火面位置越远，曲线重合的时间越长。这是因为升温初期，试件整体温度较低，而距离受火面越远，热量传至该位置处的时间越晚，两构件保持相同低温的时间越长。

2）随升温时间的延长，钢筋 RPC 简支梁的温度开始迅速上升，而 NSC 简支梁截面同一位置的温度上升则比较缓慢，导致同一时刻钢筋 RPC 简支梁的温度开始高于 NSC 简支梁同一位置处的温度，且随升温时间的延长，两者相同位置处的温差越来越大。造成这一现象的原因如下：同一温度下，RPC 的导热系数和比热容大于普通混凝土，这就使 RPC 的导热能力和吸热能力强于普通混凝土，因而在单位时间内 RPC 能够吸收更多的热量，并且热量能够以较快的速度从构件表面传至构件内部，最终导致相同受火时间下，钢筋 RPC 简支梁的温度比 NSC 简支梁同一位置处的温度高。

2. 跨中挠度对比

相同工况下钢筋 RPC 简支梁与 NSC 简支梁跨中挠度对比如图 6-54 所示。

1）相同工况下，钢筋 RPC 简支梁与 NSC 简支梁火灾下跨中挠度发展规律有较大差异。钢筋 RPC 简支梁火灾下跨中挠度增长过程包括 3 个阶段：第一阶段为线性增长阶段，第二阶段为变形速率逐渐加快阶段，第三阶段为急剧增长阶段。NSC 简支梁火灾下跨中挠度增长过程只包括两个阶段：第一阶段为线性增长阶段，第二阶段为变形速率逐渐加快阶段，即 NSC 简支梁跨中挠度没有急剧增长的阶段，其变形在受火后期表现出较好的延性。

2）相同工况下，钢筋 RPC 简支梁与 NSC 简支梁火灾下跨中挠度增长阶段过渡的标志大致相同，钢筋 RPC 简支梁跨中挠度增长从第二阶段过渡到第三阶段，以及 NSC 简支梁跨中挠度增长从第一阶段过渡到第二阶段都是以构件跨中挠度达到 100mm 左右为标志的。

3）相同工况下，升温初期，NSC 简支梁跨中挠度发展速率大于钢筋 RPC 简支梁，表现为相同时刻钢筋 RPC 简支梁的跨中挠度小于 NSC 简支梁。这是因为升温初期构件温度低，RPC 和 NSC 的力学性能基本未退化，但 RPC 抗压强度高，弹性模量大，使钢筋 RPC 简支梁的刚度大于 NSC 简支梁。随着升温时间的延长，两者跨中挠度的差值越来越大。当差值达到最大以后，继续升温，两者的跨中挠度差值又开始减小，这说明钢筋 RPC 简支梁跨中挠度发展速率开始加快。这是因为 RPC 导热系数高，比热容大，相同时间下 RPC 的升温速度比 NSC 快，RPC 的力学性能退化得比 NSC 快，导致钢筋 RPC 简支梁的刚度降低比 NSC 简支梁快。到受火后期，钢筋 RPC 简支梁的刚度急剧降低，跨中挠度在极短时间内骤增，很快达到变形控制的耐火极限，而 NSC 简支梁在受火后期变形速率虽然加快，但并未骤增。这说明受火后期，RPC 的抗压强度、弹性模量等力学性能指标急剧恶化；而 NSC 力学性能虽然退化，但退化程度远没有 RPC 大。

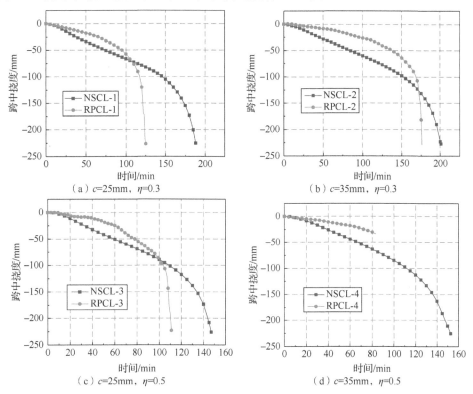

（a）c=25mm，η=0.3　　　　　（b）c=35mm，η=0.3

（c）c=25mm，η=0.5　　　　　（d）c=35mm，η=0.5

图 6-54　相同工况下钢筋 RPC 简支梁与 NSC 简支梁跨中挠度对比

3. 耐火极限对比

　　进行同种工况下、具有相同抗弯承载力的钢筋 RPC 简支梁和 NSC 简支梁耐火极限对比时，NSC 简支梁达到耐火极限的判别准则与钢筋 RPC 简支梁相同。同种工况下，具有相同抗弯承载力的钢筋 RPC 简支梁和 NSC 简支梁的耐火极限见表 6-14，其中 t_Δ 表示耐火极限。同种工况下、具有相同抗弯承载力的钢筋 RPC 简支梁与 NSC 简支梁的耐火极限对比如图 6-55 所示。

表 6-14　钢筋 RPC 简支梁和 NSC 简支梁的耐火极限

试件编号	c/mm	η	(l/l_0)/（mm/mm）	t_Δ/min	提高比例/%
RPCL-1	25	0.3	4 900/4 500	125	50.4
NSCL-1				188	
RPCL-2	35	0.3	4 900/4 500	176	14.2
NSCL-2				201	

续表

试件编号	c/mm	η	$(l/l_0)/$（mm/mm）	t_Δ/min	提高比例/%
RPCL-3	25	0.5	4 900/4 500	112	31.3
NSCL-3				147	
RPCL-4	35	0.5	4 900/4 500		
NSCL-4				153	

注：试验过程中未测出试件 RPCL-4 的耐火极限，因而表中只列出了试件 NSCL-4 的耐火极限。

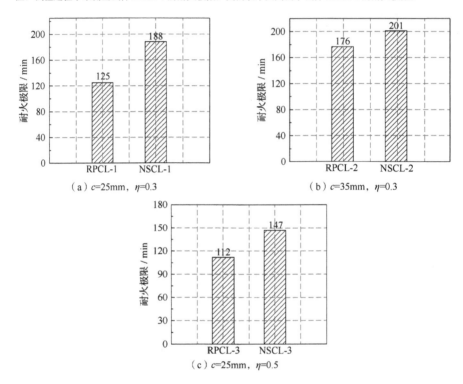

（a）c=25mm，η=0.3　　　　（b）c=35mm，η=0.3

（c）c=25mm，η=0.5

图 6-55　同种工况下、具有相同抗弯承载力的钢筋 RPC 简支梁与 NSC 简支梁耐火极限对比

由表 6-14 和图 6-55 可以看出，同种工况下、具有相同抗弯承载力的 NSC 简支梁火灾下的耐火极限高于钢筋 RPC 简支梁，特别是保护层厚度为 25mm、荷载水平为 0.3 时，NSC 简支梁火灾下耐火极限的提高比例达到 50.4%。由此可知，同种工况下，具有相同抗弯承载力的 NSC 简支梁的抗火性能优于钢筋 RPC 简支梁。这是因为：相比于 NSC，RPC 导热系数和比热容大，相同受火时间内，RPC 升温快，这使 RPC 的抗压强度、弹性模量等力学性能指标退化得比 NSC 快，特别是到升温后期，RPC 力学性能更是急剧退化，使钢筋 RPC 简支梁短期内刚度急剧降低，导致钢筋 RPC 简支梁受火后期变形急剧增长，并且在很短的时间内达到耐火极限。这说明相比于 NSC 梁，RPC 梁对高温更加敏感，力学性能退化更快，耐火极限更低，需要设置防火保护措施，如表面涂抹防火涂料，使其在一定时间

内升温缓慢，材料力学性能退化缓慢，耐火极限提高。

4. 破坏模式对比

同种工况下、具有相同抗弯承载力的钢筋 RPC 简支梁与 NSC 简支梁的破坏模式对比如图 6-56 所示。可以看出，同种工况下钢筋 RPC 简支梁与 NSC 简支梁火灾下的破坏模式相同，均发生正截面受弯破坏。

（a）试件 RPCL-1

（b）试件 NSCL-1

图 6-56　同种工况下、具有相同抗弯承载力的钢筋 RPC 简支梁与 NSC 简支梁破坏模式对比

6.6 小　　结

本章进行了 4 根钢筋 RPC 简支梁在 ISO 834 标准火灾作用下的明火带载试验，考虑了不同荷载水平、RPC 保护层厚度对火灾下钢筋 RPC 简支梁抗火性能的影响，揭示了钢筋 RPC 简支梁火灾下及火灾后的试验现象，建立了火灾下 RPC 梁抗火性能数值分析模型，并验证了模型的可靠性，分析了 RPC 梁的耐火极限，开展了火灾下钢筋 RPC 简支梁和 NSC 简支梁抗火性能的对比。通过研究得出如下结论。

1）通过火灾试验，实测了炉内温度，得到了不同工况的钢筋 RPC 简支梁火灾下截面典型测点温度、跨中挠度-时间关系曲线，耐火极限、膨胀变形-时间关系曲线。揭示了 RPC 保护层厚度、荷载水平对火灾下钢筋 RPC 简支梁抗火性能的影响规律，并通过试验现象证明了混掺 2% 钢纤维+0.2% PP 纤维的 RPC 梁火灾下不发生爆裂。

2）分析了影响复掺纤维 RPC 配筋梁耐火极限的因素。降低荷载比，增加梁宽、配筋率和混凝土保护层厚度是提高复掺纤维 RPC 配筋梁耐火极限的有效途径。跨高比和混凝土强度对耐火极限的影响很小。

3）提出了一种估算复掺纤维 RPC 配筋梁耐火极限的计算公式，即式（6-2）。式（6-2）可应用于以下条件：$h/b=2$，$200\text{mm} \leqslant b \leqslant 500\text{mm}$，$8 \leqslant l_0/h \leqslant 12$，$25\text{mm} \leqslant c \leqslant 45\text{mm}$，$0.2 \leqslant \gamma \leqslant 0.6$，$1.0\% \leqslant \rho_s \leqslant 3.5\%$。

4）在高温下，RPC 梁可能像少筋梁一样失效，这主要是由于钢筋的强度比
RPC 退化得更快。为了解决这个问题，应采用 RPC 配筋梁高温下的最小配筋率。

5）受火时间相同时，对于截面同一位置，钢筋 RPC 简支梁的温度高于 NSC
简支梁，且随升温时间的延长，两者的差值越来越大。

6）同种工况下，钢筋 RPC 简支梁升温初期的跨中挠度比具有相同抗弯承载
力的 NSC 简支梁发展慢，但火灾下 RPC 力学性能退化较快，升温过程中变形速
率会加快，特别是在受火后期，力学性能更是急剧退化，使钢筋 RPC 简支梁的变
形急剧发展，耐火极限低于 NSC 简支梁。同等抗力的 NSC 梁的抗火性能优于
RPC 梁。

7）同种工况下，具有相同抗弯承载力的钢筋 RPC 简支梁火灾下的破坏模式
与 NSC 简支梁相同，均发生正截面受弯破坏，但 RPC 梁对高温更加敏感，高温
下力学性能退化更快，需要设置防火保护以改善其耐火性能。

参 考 文 献

[1] DWAIKAT M B, KODUR V K R. Response of restrained concrete beams under design fire exposure[J]. Journal of structural engineering, 2009,135(11): 1408-1417.

[2] DWAIKAT M B, KODUR V K R. Fire induced spalling in high strength concrete beams[J]. Fire technology, 2010, 46(1): 251.

[3] 王全凤，霍喆赟，徐玉野，等. HRBF500 级钢筋混凝土简支梁抗火性能试验[J]. 建筑结构，2013，43（1）：76-80.

[4] 李莉. 活性粉末混凝土梁受力性能及设计方法研究[D]. 哈尔滨：哈尔滨工业大学，2010.

[5] 全国钢标准化技术委员会. 金属材料　拉伸试验　第 1 部分：室温试验方法：GB/T 228.1—2010[S]. 北京：中国标准出版社，2011.

[6] 中华人民共和国住房和城乡建设部. 混凝土结构设计规范（2015 年版）：GB 50010—2010[S]. 北京：中国建筑工业出版社，2015.

[7] 中华人民共和国建设部. 普通混凝土力学性能试验方法标准：GB/T 50081—2002[S]. 北京：中国建筑工业出版社，2003.

[8] 全国墙体屋面及道路用建筑材料标准化技术委员会（SAC/TC）. 混凝土砌块和砖试验方法：GB/T 4111—2013[S]. 北京：中国标准出版社，2013.

[9] 全国消防标准化技术委员会建筑构件耐火性能分技术委员会（SAC/TC 113/SC 8）. 建筑构件耐火试验方法　第 1 部分：通用要求：GB/T 9978.1—2008[S]. 北京：中国标准出版社，2008.

[10] 刘发起. 火灾下与火灾后圆钢管约束钢筋混凝土柱力学性能研究[D]. 哈尔滨：哈尔滨工业大学，2014.

[11] 中华人民共和国住房和城乡建设部. 建筑设计防火规范（2018 年版）：GB 50016—2014[S]. 北京：中国计划出版社，2018.

[12] ZHENG W Z, LUO B F, WANG Y. Microstructure and mechanical properties of RPC containing PP fibres at elevated temperatures[J]. Magazine of concrete research, 2014, 66(8): 397-408.

[13] ZHENG W Z, LUO B F, WANG Y. Compressive and tensile properties of reactive powder concrete with steel fibres at elevated temperatures[J]. Construction and building materials, 2013, 41: 844-851.

[14] ZHENG W Z, LUO B F, WANG Y. Experimental study on thermal parameter of reactive powder concrete[J]. Journal of building structures, 2014, 35(9):107-114.

[15] European Committee for Standarization. Actions on structures, part 1-2: general actions-actions on structures exposed to fire: BS EN 1991-1-2:2002[S]. Brussels: European Committee for Standarization, 2002.

[16] International Organization for Standardization. Fire resistance tests-elements of building construction-part 1: general requirements：ISO 834-1[S]. Geneva: International Organization for Standardization, 1999.

[17] KODUR V K R, DWAIKAT M B. A numerical model for predicting the fire resistance of reinforced concrete beams[J]. Cement and concrete composites, 2008, 30(5): 431-443.

[18] ABID M, HOU X M, ZHENG W Z, et al. High temperature and residual properties of reactive powder concrete—a review[J]. Construction and building materials, 2017, 147: 339-351.

[19] British Standards Institution. Design of concrete structures, part 1-2: general rules-structural fire design: BS EN 1992-1-2:2004[S]. London: British Standards Institution, 2004.

[20] HOU X M, REN P F, RONG Q, et al. Comparative fire behavior of reinforced RPC and NSC simply supported beams[J]. Engineering structures, 2019, 185: 122-140.

[21] KODUR V K R, DWAIKAT M B. Design equation for predicting fire resistance of reinforced concrete beams[J]. Engineering structures, 2011, 33(2): 602-614.

[22] KODUR V K R, DWAIKAT M B. Performance-based fire safety design of reinforced concrete beams[J]. Journal of fire protection engineering, 2007, 17(4): 293-320.

[23] GAO W Y, DAI J G, TENG J G. Fire resistance design of un-protected FRP-strengthened RC beams[J]. Materials and structures, 2016, 49(12): 5357-5371.

[24] RICHARD P, CHEYREZY M. Composition of reactive powder concretes[J]. Cement and concrete research, 1995, 25(7): 1501-1511.

第7章　带防火涂料钢筋 RPC 梁抗火性能试验与有限元分析

7.1　引　　言

活性粉末混凝土因其强度高、耐久性好、韧性好等优点而被广泛应用于市政交通、建筑结构、防护工程等领域。RPC 构件在服役期间可能面临火灾的威胁[1]。一方面，与普通混凝土、高强混凝土相比，RPC 材质更加均匀、微观结构更为致密、抗渗透性更好，火灾下 RPC 中的水分更难向外排出，因而高温下更容易发生爆裂[2]。另一方面，RPC 梁对高温更加敏感、力学性能退化更快；抗弯承载力相同的情况下，RPC 梁的耐火极限低于普通钢筋混凝土梁[3]。因此，为使 RPC 构件满足相应的耐火等级，需要设置防火保护以改善其耐火性能。防火涂料密度小、导热系数低，在受火时具有良好的隔热性能，高温下可以延缓构件强度和刚度的退化，从而提高构件的耐火极限。然而，目前对带防火涂料保护的 RPC 梁抗火性能的研究显见报道，防火涂料在提高 RPC 梁抗火性能中发挥的作用尚不可知。因此，有必要进行带涂料保护的 RPC 梁的抗火性能试验。同时，数值模拟作为火灾试验的补充研究手段，近年来在建筑结构抗火性能研究领域得到广泛应用，国内外学者提出了许多研究钢筋混凝土梁抗火性能的有限元模型[4-6]，另外，由于 RPC 与普通混凝土性能有较大差异，之前的研究提出的有限元模型未必适用于 RPC 梁。因此，有必要建立适用于 RPC 梁的抗火性能有限元模型。国内外学者对 RPC 材料进行的高温性能研究[7-12]为 RPC 梁抗火性能有限元模型的建立奠定了基础。

本章拟进行带防火涂料 RPC 简支梁在 ISO 834 标准火灾作用下的试验，实测钢筋 RPC 简支梁的截面典型测点温度、跨中挠度-时间关系、轴向膨胀变形-时间关系及耐火极限；揭示火灾作用下试件的破坏模式及裂缝开展模式；研究 RPC 保护层厚度、荷载水平及防火涂料涂层厚度对钢筋 RPC 简支梁抗火性能的影响规律。基于 ABAQUS 有限元软件，建立带防火涂料的钢筋 RPC 梁抗火性能有限元分析模型，研究升温曲线、截面宽度、RPC 保护层厚度、荷载水平、跨高比、RPC 抗压强度及配筋率等关键参数对钢筋 RPC 梁抗火性能的影响规律，研究防火涂料的热工参数、涂层厚度、设置方式及局部剥落对钢筋 RPC 梁抗火性能的影响规律。

7.2　带防火涂料钢筋 RPC 梁抗火性能试验研究

7.2.1　试验方法

1. 试件设计及制作

进行 4 根带防火涂料的钢筋 RPC 简支梁在 ISO 834 标准火灾作用下的试验，主要参数包括防火涂料的涂层厚度、荷载水平及 RPC 保护层厚度。正式升温前，对试件的 2 个三分点施加荷载，升温过程中试件三面受火并保持荷载恒定不变。

4 个试件均采用单筋矩形截面且几何尺寸、配筋情况相同。截面尺寸（$b \times h$）为 200mm×400mm，总长度为 4.9m，跨度为 4.5m，受火长度为 3.5m。试件尺寸及配筋如图 7-1 所示。试验设计了 2 种 RPC 保护层厚度（25mm 和 35mm）、2 种荷载水平（0.3 和 0.5）及 2 种防火涂料的涂层厚度（6mm 和 9mm），构成钢筋 RPC 简支梁火灾下的 8 种工况，试件主要参数及工况见表 7-1，边界条件为两端简支，其中 L 代表钢筋 RPC 简支梁，c 为 RPC 保护层厚度，n 为荷载水平，c_{in} 为防火涂料涂层厚度，ω 为试验当天试件含水率，Q 为火灾下施加在试件三分点的恒定荷载，M_u 为常温下试件的极限抗弯承载力，T_0 为正式升温前的环境温度。

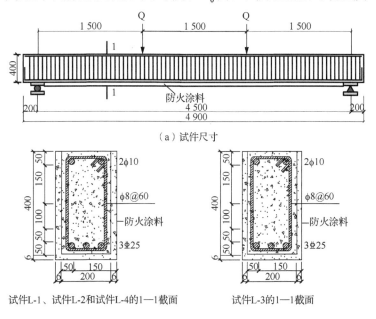

（a）试件尺寸

试件 L-1、试件 L-2 和试件 L-4 的 1—1 截面　　　试件 L-3 的 1—1 截面

（b）1—1 截面的配筋和涂料设置

图 7-1　试件尺寸以及配筋图（单位：mm）

表 7-1 试件主要参数及工况

试件编号	c/mm	n	c_{in}/mm	配筋			ω/%	Q/kN	M_u/（kN·m）	T_0/℃	耐火极限/min
				纵筋	箍筋	架立筋					
L-1	25	0.5	6	3Φ25	Φ8@60	2Φ10	2.12	84.9	254.8	17	155
L-2	35	0.3	6	3Φ25	Φ8@60	2Φ10	2.62	49.6	248.0	28	245
L-3	25	0.5	9	3Φ25	Φ8@60	2Φ10	4.06	84.9	254.8	22	147
L-4	35	0.5	6	3Φ25	Φ8@60	2Φ10	3.09	82.7	248.0	25	208

　　试件的制作养护及材料强度等同 6.2.1 节。试件养护结束后，进行防火涂料的设置。由于试件在试验过程中三面受火，设置防火涂料时，仅在试件的两个侧面和底面设置防火涂料。本节试验选用的涂层厚度较小，涂料的施工采用手工涂抹的方式，具体做法如下：正式施工前，先用扫帚和钢丝刷对试件表面进行清理，去掉表面的尘土和其他粗颗粒杂质，以免影响涂料与试件表面的黏结性。为了增强涂料与试件表面的黏结性，保证试件表面的平整度，涂抹涂料前，采用专用 TB 界面增强剂与防火涂料混合配制成底料，在砂浆搅拌机中按 TB 界面增强剂∶涂料=1∶10（质量比）的比例搅拌 10～15min，待拌合物成均匀浆体即可进行涂抹。涂抹完毕，在室温下干燥 4h 后，开始进行面料涂抹。在砂浆搅拌机中按水∶涂料=1∶1（质量比）的比例搅拌 10～15min，待拌合物成均匀浆体即可进行涂抹。每次抹涂厚度为 3mm，两次涂抹的间隔时间为 24h，直至涂料厚度达到试验设计的厚度为止。涂料施工过程中，在试件侧面有热电偶的位置，要特别注意将涂料涂抹均匀，防止此位置形成防火保护的薄弱环节。涂料施工完毕后，将试件置于室温下自然干燥 40d。

　　本节试验采用厚涂型隧道防火涂料对试件进行防火保护。防火涂料使用广州泰堡特种涂料工程有限公司提供的 SH（JF-204）隧道防火涂料。防火涂料热工参数见表 7-2。

表 7-2 厚涂型隧道防火涂料的热工参数

质量密度 ρ/（kg/m³）	导热系数 λ/[W/（m·℃）]	比热容 c/[J/（kg·℃）]
500	0.126	1 036

2. 试验设备、测试内容及方法

采用的试验设备同 6.2.1 节，具体测试内容和方法如下。

（1）变形测量

火灾下试件变形随时间的变化利用差动式位移传感器 LVDT 测量（量程±150mm），测点布置在试件跨中和支座处；另外，为了研究升温过程试件产生的轴向膨胀变形，在试件两端水平方向各布置 1 个 LVDT。LVDT 测点布置如图 7-2（a）所示。变形数据利用 WS3811 应变采集仪采集，采样频率为 1Hz。

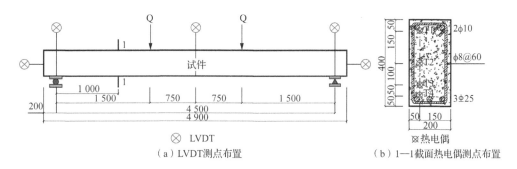

（a）LVDT测点布置

（b）1—1截面热电偶测点布置

图 7-2　LVDT 和热电偶测点布置（单位：mm）

（2）截面典型测点温度

火灾下试件截面典型测点温度是利用预埋在试件上的热电偶进行测量的，热电偶采用 K 型镍硅-镍铬热电偶，测温范围为 0～1 200℃，热电偶测点布置如图 7-2（b）所示。温度数据利用安捷伦 34980A 数据采集仪采集，每隔 1min 采集一次数据。

（3）火灾后试验现象

停止升温后，待火灾试验炉降至常温，将试件从火灾试验炉内吊出，观察试件过火后的现象，包括裂缝开展及爆裂情况。

每次试验时，火灾试验炉内放置一个试件。自制反力架紧靠火灾试验炉放置，用来支承试件，所有试件均为两端简支。为避免试件顶面受火，降低火灾试验炉试验内与周围环境的热交换，火灾试验炉盖板与试件之间的缝隙用硅酸铝岩棉进行封堵。此外，为了避免 LVDT、液压千斤顶及分配梁在高温下发生损坏，需要用硅酸铝岩棉对其进行保护。正式升温前 30min，利用油泵驱动液压千斤顶，对试件的 2 个三分点施加荷载，一次性将荷载施加至试件设定的荷载水平。施加荷载 30min 后，基于 ISO 834 标准升温曲线对试件进行升温。升温过程中，不断观察和调整油泵仪表的示数，保持施加的荷载不变。当试件的跨中挠度达到 $1/(20l_0)$（l_0 为试件的计算跨度），或试件无法继续持荷时，卸载并关闭燃烧器，试验结束，让火灾试验炉自然降温至常温。

7.2.2　试验结果与分析

1. 截面温度场分布

升温过程中火灾试验炉内不同位置实测温度与 ISO 834 标准升温曲线的对比如图 7-3（a）所示，其中，T3、T6、T8、T14 分别为各个热电偶的实测炉温，可以看出，火灾试验炉内不同位置的升温曲线与 ISO 834 标准升温曲线吻合较好，由此可见火灾试验炉内的温度是比较均匀的。试验过程中，取 T3、T6、T8、T14 的平均值作为实测平均炉温，试验过程中各试件实测平均炉温与 ISO 834 标准升温曲线的对比如图 7-3（b）所示，可见实测平均炉温与 ISO 834 标准升温曲线吻合较好。

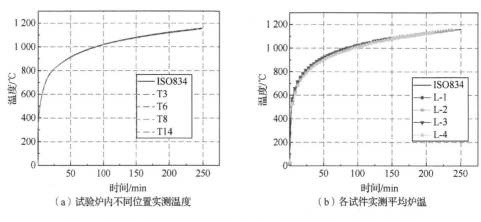

（a）试验炉内不同位置实测温度　　　　　　　（b）各试件实测平均炉温

图 7-3　试验炉内不同位置实测温度及各试件平均炉温-时间关系曲线

升温过程试件 L-1 和试件 L-3 截面典型测点温度如图 7-4 所示。可以看出，各测点升温曲线的斜率在整个升温过程中呈明显的阶段性变化。受火初期，构件升温速率较快。这是因为这个阶段炉温迅速升高，火和试件之间形成了较大的温度梯度所致。在 100℃左右，RPC 内部水分蒸发时带走大量热量，使 RPC 虽然不断吸收热量但是温度基本不变，表现为各测点升温曲线在 100℃左右出现明显的温度平台。但是，试件各测点进入温度平台的时间不同，具体如下：距离受火面越近的测点，进入温度平台的时间越早；距离受火面越远的测点，进入温度平台的时间相对滞后。

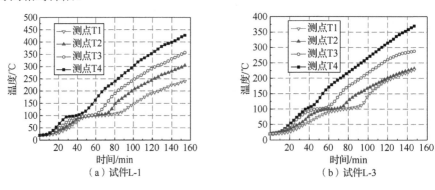

（a）试件L-1　　　　　　　　　　　（b）试件L-3

图 7-4　试件 L-1 和试件 L-3 截面典型测点温度

1）以试件 L-1 为例，测点 T1、测点 T2、测点 T3、测点 T4 进入温度平台的时间分别为 52min、46min、40min、29min。此外，距离受火面越近的测点，温度平台持续的时间越短；距离受火面越远的测点，温度平台持续的时间越长。

2）以试件 L-3 为例，测点 T1、测点 T2、测点 T3、测点 T4 温度平台持续时间分别为 24min、22min、16.5min、5.5min。这是因为越靠近受火面的位置升温越快，水分蒸发得越快。越过温度平台后，与炉内升温曲线类似，各测点温度继续上升，但是升温速率减小。

　　相同截面位置试件 L-1 和试件 L-3 温度对比如图 7-5 所示。可以看出，在受火的前 80min 内，试件 L-1 和试件 L-3 的温度发展较为接近。这说明在涂料和 RPC 中的水分蒸发完毕前，不同试件的温度场分布差别不大。一旦涂料和 RPC 中的水分蒸发完毕，试件 L-1 和试件 L-3 的温度继续上升，然而，试件 L-3 升温速率要小于试件 L-1。这是因为试件 L-3 的涂层厚度较大，相同受火时间内，传入到试件的热量较少，试件升温较慢。

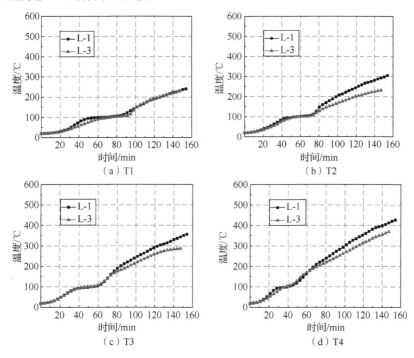

（a）T1　　　　　　　　　　　（b）T2

（c）T3　　　　　　　　　　　（d）T4

图 7-5　相同截面位置试件 L-1 和试件 L-3 温度对比

2. 跨中挠度

　　各试件跨中挠度-时间关系曲线如图 7-6 所示，跨中挠度以向上为正，向下为负。值得注意的是，试件 L-3 在升温过程中突然发生断裂，试验在进行到 147min 时被迫停止，因此试件 L-3 并未达到耐火极限 [1/（$20l_0$）]。可以看出，在整个受火期间，带防火涂料的钢筋 RPC 简支梁的跨中挠度发展大致分为 3 个阶段。

　　第一阶段：试件跨中挠度增长缓慢，这主要是防火涂料和 RPC 中的水分蒸发吸收热量，使 RPC 和受力钢筋的温度上升缓慢，试件的刚度和强度退化缓慢。一旦防火涂料和 RPC 中的水分蒸发完毕，涂料表面失水收缩开裂，试件的跨中挠度发展进入第二阶段（第一阶段和第二阶段的转折点如图 7-6 所示）。

　　进入第二阶段，试件跨中挠度发展较快，表现为试件的跨中挠度-时间曲线斜率逐渐增大。这是 RPC 和受力钢筋温度迅速增加导致其力学性能不断退化所致的。继续升温，材料力学性能进一步恶化，试件的刚度和强度进一步减小，跨中挠度突然骤增，表现为跨中挠度-时间曲线的斜率出现陡然增大，试件在极短的时间内达到耐火极限，表明试件的跨中挠度发展进入第三阶段（第二阶段和第三阶段的转折点如图 7-6 所示）。

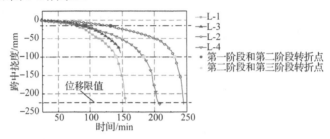

图 7-6　试件 L-1～试件 L-4 跨中挠度-时间关系

此外，对比试件 L-1～试件 L-4 的跨中挠度发展可以看出，在受火的前 80min 内，各试件的跨中挠度发展较为接近，这是因为在这个阶段，带有不同涂层厚度的试件的温度发展较为接近造成的（图 7-5）。另外，试件跨中挠度发展从第二阶段进入第三阶段，除曲线表现出的特征外，挠度数值上也会表现出一些特征，一般是试件的跨中挠度达到 100mm 左右时，跨中挠度进入突然骤增的阶段，此后试件的变形速率由 5～6mm/min 变为更快。

3. 轴向膨胀变形

各试件轴向膨胀变形-时间关系曲线如图 7-7 所示，正值代表膨胀。可以看出，随受火时间的延长，试件的轴向膨胀变形逐渐增大。这是因为随试件温度的升高，RPC 和纵向受力钢筋产生了热膨胀变形。此外，从图中可以看出，除试件 L-3 外，整个受火期间其余试件的轴向膨胀变形发展大致分为 3 个阶段。

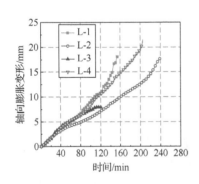

图 7-7　试件 L-1～试件 L-4 轴向
膨胀变形-时间关系

1）第一阶段（大约为受火的前 50min），各试件的轴向膨胀变形大致呈线性变化且发展缓慢。这是因为受火初期试件温度较低，RPC 和受力钢筋的力学性能仍保持在弹性阶段。继续升温，尽管各试件的轴向膨胀变形继续增大，但是各试件的轴向膨胀变形-时间曲线的斜率开始逐渐减小，试件的轴向膨胀变形发展由此进入第二阶段。

2）在第二阶段，试件的膨胀变形发展不再呈线性变化，这是 RPC 中微观结构的改变及损伤积累造成的。继续升温，试件的轴向膨胀变形-时间曲线出现转折点，此后试件的膨胀变形发展进入第三阶段。

3）在第三阶段，RPC 和受力钢筋由于温度较高而产生了较大的热膨胀变形，试件的轴向膨胀变形迅速发展。值得注意的是，由于突然破坏，图 7-7 中只显示了试件 L-3 轴向膨胀变形发展的第一阶段和第二阶段。

4. 耐火极限

根据美国规范（ASTM E119）[13]的规定，受弯构件在达到下列条件之一时被视为达到耐火极限：①不能继续承受荷载；②受力钢筋的温度超过 593℃；③不受火面的平均温度超过 140℃或者不受火面某一位置的温度超过 180℃；④试件的最大变形超过其跨度的 1/20。在本次试验中，试件在达到条件①或者④时，可以认为达到耐火极限。各试件的耐火极限见表 7-1。根据《建筑设计防火规范》（2018 年版）（GB 50016—2014）[14]中对构件防火要求的规定，单层、多层建筑中耐火等级为一级的梁耐火极限不低于 2h。由表 7-1 可以看出，本次试验所有试件的耐火极限都满足规范的要求，特别是带 6mm 厚防火涂料的试件 L-2 的耐火极限更是超过了 4h。这说明防火涂料在延缓构件强度、刚度退化及提高构件耐火极限等方面发挥了重要的作用。因此，设置防火涂料是提高钢筋 RPC 构件耐火极限、使其达到相应耐火等级的有效措施。

5. 火灾后的试验现象

待炉内温度降至常温，观察试件过火后的现象，包括试件的破坏模式、裂缝开展及高温爆裂等情况。

（1）破坏模式

4 个试件过火后的现象如图 7-8 所示。值得注意的是，因试验过程中试件达到耐火极限时要卸载并停止升温，在降温过程中，试件的变形将会有所恢复，图 7-8 拍摄于火灾试验炉降至常温后，因而试件的变形略小于达到耐火极限时的变形。由图可以看出，除试件 L-3 之外，其余试件均发生正截面受弯破坏，试件跨中附近发生了较大的弯曲变形。另外，由图 7-8 还可以看出，梁底的涂料已经大面积脱落，梁的两侧面仍有部分涂料还未脱落。这是因为梁两侧面经历的温度要低于梁的底面，所以梁两侧面的涂料能长时间与试件保持黏结。

火灾后试件 L-1 的局部如图 7-9（a）所示。可以看出，试件底部的涂料已经脱落，梁底形成了几条较宽的裂缝，这可能会使纵向受力钢筋暴露于烈火之中。从火灾后试件 L-2 的局部放大图［图 7-9（b）］可以清楚地看出，试件的受力钢筋全部被拉断。从试件 L-1 和试件 L-2 火灾后的现象可以推断出，火灾下带涂料保护的钢筋 RPC 梁的破坏是，构件表面涂料脱落，构件吸热产生较宽的裂缝，致使受力钢筋暴露于烈火之中。当钢筋被拉断时，构件表面的裂缝贯通，发生断裂破坏[15,16]。根据以上推论,试件 L-3 在火灾下的破坏模式应该与其他试件相同。出乎意料的是,试件 L-3 并未达到变形控制的耐火极限,就突然发生了断裂破坏[图 7-8(c)]。发生该情况可能的原因是,试件断裂位置的涂料发生了脱落。与其他带涂料保护的区域相比,涂料脱落区域吸收较多热量而产生裂缝,使受力钢筋直接暴露于烈火之中,在荷载和高温共同作用下受力钢筋被拉断,试件发生破坏。Fayyad 和 Lees[17]指出:少筋梁的破坏带有脆性,表现为受力钢筋突然断裂,紧跟着一条主裂缝贯通截面,试件发生破坏。从火灾后试件 L-2 的局部放大图[图 7-9(b)]可以发现,试件 L-2 的破坏模式与上述提到的少筋梁的破坏模式相似:3 根纵向受力钢筋突然断裂,裂缝贯通截面,试件破坏。由此可知,常温下带防火涂料的适筋 RPC 梁在高温下易发生少筋破坏。

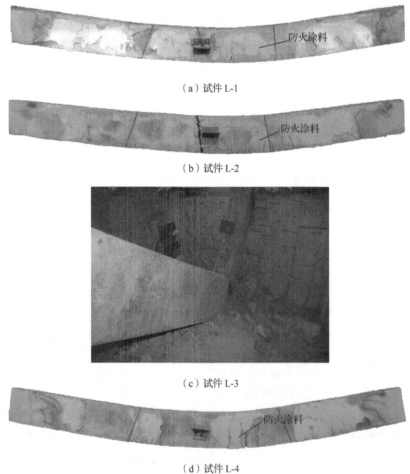

（a）试件 L-1

（b）试件 L-2

（c）试件 L-3

（d）试件 L-4

图 7-8　火灾后各试件的破坏模式

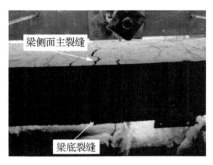
（a）试件 L-1

（b）试件 L-2

图 7-9　火灾后试件 L-1 和试件 L-2 的局部放大图（拍摄于火灾试验炉内）

（2）裂缝开展

将试件表面未脱落的涂料铲掉，火灾后试件的裂缝开展情况如图 7-10 所示。可以看出，各试件跨中附近形成一条主裂缝，该裂缝已经贯通，延伸至梁的受压区。除此之外，梁其他部位几乎没有裂缝分布。这主要是因为防火涂料密度小、导热系数低，在火焰作用下具有优良的隔热性能，所以试件表面形成隔热保护层，延缓了 RPC 和受力钢筋温度的升高以及强度、刚度等力学性能的退化，从而阻止了裂缝的产生和发展。尽管如此，与梁的其他位置相比，梁跨中位置附近的弯矩相对较大，促进了该位置附近主裂缝的产生和发展。

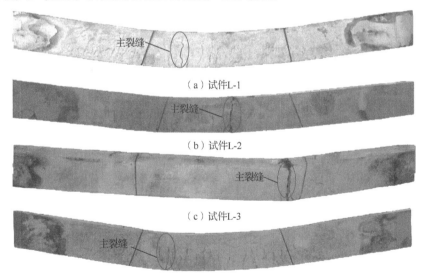
（a）试件L-1

（b）试件L-2

（c）试件L-3

（d）试件L-4

图 7-10　各试件的裂缝开展（拍摄于铲掉涂料后）

（3）高温爆裂

通过火灾后现象的观察，不仅可以了解火灾下带防火涂料保护的钢筋 RPC 梁的破坏模式和裂缝开展情况，还可以掌握防火涂料在防止钢筋 RPC 梁爆裂方面发挥的作用。由表 7-1 可知，试验当天各试件的含水率范围为 2.12%～4.06%。由图 7-10 可知，各试件火灾下均未发生爆裂，火灾后试件表面光滑平整，无任何 RPC 的起鼓、剥落现象。造成上述现象的原因有两个：一方面，试件中掺入 2% 钢纤维及 0.2% PP 纤维，能够有效阻止钢筋 RPC 梁在高温下发生爆裂；另一方面，由于热应力也是混凝土构件发生高温爆裂的重要因素之一，试件表面的防火涂料在阻止钢筋 RPC 梁发生爆裂方面也发挥了重要作用。防火涂料密度小、导热系数低，在火焰作用下具有优良的隔热性能，因而会在试件表面形成隔热保护层，使试件表面在一定时间内温度较低，而试件中心的温度本来就比较低，这就使得试件内外的温度梯度较小，温度梯度产生的热应力也就比较小，因此钢筋 RPC 简支梁在高温下的爆裂得到有效的抑制。由此可知，同时使用混掺纤维（2%钢纤维+0.2% PP 纤维）和防火涂料是防止 RPC 梁高温爆裂的有效措施。

7.2.3　试验参数对 RPC 梁耐火性能的影响分析

本节将对试验数据进行具体分析，研究 RPC 保护层厚度、荷载水平及防火涂料涂层厚度等试验参数对钢筋 RPC 梁耐火性能的影响。

（1）RPC 保护层厚度影响

对比试件 L-1 和试件 L-4 的跨中挠度-时间曲线（图 7-6），可研究 RPC 保护层厚度对火灾下钢筋 RPC 梁跨中挠度的影响。可以看出，在受火的前 80min 内，试件 L-1 的跨中挠度发展与试件 L-4 基本一致。在这段时间内，两试件经历了相近的温度发展，使两试件刚度和强度的退化大体一致。当试件的跨中挠度发展进入第二阶段后，相同受火时间下，保护层厚度为 25mm 的试件 L-1 的跨中挠度大于保护层厚度为 35mm 的试件 L-4，且随受火时间的延长，两试件跨中挠度-时间曲线纵坐标差值越来越大。特别是，在跨中挠度发展的第三阶段，试件 L-1 的跨中挠度发展速率远高于试件 L-4，并在极短的时间内达到耐火极限。由此可知，增大 RPC 保护层厚度有助于延缓火灾下钢筋 RPC 梁的变形发展。这主要是由于试件 RPC 保护层厚度越大，相同受火时间内，从试件表面传至受力钢筋的热量越少，钢筋升温越慢，其力学性能退化越慢，使构件的刚度退化越慢。

对比试件 L-1 和试件 L-4 的轴向膨胀变形-时间曲线（图 7-7），可研究 RPC 保护层厚度对火灾下钢筋 RPC 梁轴向膨胀变形的影响。可以看出，在轴向膨胀变形发展的第一阶段和第二阶段，试件 L-1 与试件 L-4 的轴向膨胀变形相近。进入轴向膨胀变形发展的第三阶段后，两试件的轴向膨胀变形迅速发展。然而，在这个阶段，保护层厚度较小的试件 L-1 变形的发展速率远高于保护层厚度较大的试件 L-4。这主要是由于试件 RPC 保护层厚度越大，相同受火时间下，纵向受力钢筋升温越慢，产生的高温膨胀越小，使试件的轴向膨胀变形越小。

对比试件 L-1 和试件 L-4 的耐火极限（表 7-1），可研究 RPC 保护层厚度对火灾下钢筋 RPC 梁耐火极限的影响。由表 7-1 可以看出，当试件 RPC 保护层厚度从 25mm（试件 L-1）增加到 35mm（试件 L-4）时，试件的耐火极限随之提高，提高幅度为 34.2%。因此适当增加 RPC 保护层厚度，可显著提高钢筋 RPC 梁的耐火极限。这主要是因为试件 RPC 保护层厚度越大，纵向受力钢筋升温越慢，力学性能退化越慢，使试件的强度和刚度退化越慢，耐火极限由此提高。

（2）荷载水平影响

对比试件 L-2 和试件 L-4 的跨中挠度-时间曲线（图 7-6），可研究荷载水平对火灾下钢筋 RPC 梁跨中挠度的影响。可以看出，两试件在受火的前 50min 内跨中挠度-时间曲线接近。当跨中挠度发展进入第二阶段后，相同受火时间下，荷载水平较高的试件 L-4 的跨中挠度大于荷载水平较低的试件 L-2，并且随升温时间的延长，两试件跨中挠度差值越来越大。最后，在跨中挠度发展的第三阶段，试件 L-4 的跨中挠度骤增，早于试件 L-2 发生破坏。这主要是由于荷载水平越高，受力钢筋越早发生屈服并产生较大的应力应变和徐变，使梁的刚度迅速退化，变形快速发展。

对比试件 L-2 和试件 L-4 的轴向膨胀变形-时间曲线（图 7-7），可研究荷载水平对火灾下钢筋 RPC 梁轴向膨胀变形的影响。可以看出，两试件的轴向膨胀变形-时间曲线在升温的前 40min 内近乎重合且大致呈线性变化，说明升温初期不同荷载水平的试件轴向膨胀变形的发展规律大体一致。继续升温，相同受火时间下，荷载水平较高的试件 L-4 轴向膨胀变形大于荷载水平较低的试件 L-2。在轴向膨胀变形发展的第三阶段，尽管两试件的变形都在快速发展，但试件 L-4 的变形发展速率高于试件 L-2。因此，荷载水平能够显著影响火灾下钢筋 RPC 梁的轴向膨胀变形。造成这一现象的原因主要有两个：一是荷载水平越高，RPC 和纵向受力钢筋的应力水平越高，高温下产生的应变越大；二是荷载水平越高，试件表面产生的裂缝越多［试件 L-2 和试件 L-4 的裂缝开展对比如图 7-10（b）和（d）所示］，通过裂缝侵入试件内部的热量越多，内部 RPC 和受力钢筋升温越快，RPC 产生的高温膨胀和钢筋产生的应变越大。

对比试件 L-2 和试件 L-4 的耐火极限（表 7-1），可研究荷载水平对火灾下钢筋 RPC 梁耐火极限的影响。可以看出，荷载水平从 0.3（试件 L-2）提高到 0.5（试件 L-4）时，试件的耐火极限随之降低，降低幅度约为 15.1%。这主要是因为荷载水平越高，试件的变形发展越快，试件达到变形控制的耐火极限的时间越短。

（3）防火涂料涂层厚度影响

1）对比试件 L-1 和试件 L-3 的跨中挠度-时间曲线（图 7-6），可研究防火涂料涂层厚度对火灾下钢筋 RPC 梁跨中挠度的影响。可以看出，在受火的前 80min 内，试件 L-1（6mm 涂层）和试件 L-3（9mm 涂层）的跨中挠度-时间曲线近乎重合，这是由于这段时期内两试件经历了相似的温度发展（试件 L-1 和试件 L-3 的温度比较如图 7-5 所示）。受火 80min 后，相同受火时间下，试件 L-1 的跨中挠度大于试件 L-3。这是因为防火涂料涂层厚度越大，相同时间下从试件表面传至 RPC 和受力钢筋的热量越少，RPC 和受力钢筋升温越慢，力学性能退化越慢，从而使试件的强度和刚度退化越慢。因此，增大防火涂料的涂层厚度是减缓火灾下钢筋

RPC 简支梁变形发展的有效措施。

　　2）对比试件 L-1 和试件 L-3 的轴向膨胀变形-时间曲线（图 7-7），可研究防火涂料涂层厚度对火灾下钢筋 RPC 梁轴向膨胀变形的影响。可以看出，在受火的前 80min 内，两试件经历了相似的温度发展，因而在这段时间内两试件的轴向膨胀变形发展规律大体一致。升温超过 80min 后，同一受火时间，涂层厚度较小的试件 L-1 的轴向膨胀变形开始比涂层厚度较大的试件 L-3 大。尽管试件 L-3 突然破坏导致其膨胀变形-时间曲线不完整，但是仍可以推测出，在轴向膨胀变形发展的第三阶段，试件 L-1 的变形发展速率远高于试件 L-3。这是由于与试件 L-3 相比，这个时期内试件 L-1 的温度迅速升高（图 7-5），导致 RPC 和受力钢筋产生较大的高温膨胀变形，因而试件 L-1 的轴向膨胀变形在该阶段内迅速发展。

　　3）对比试件 L-1 和试件 L-3 的耐火极限（表 7-1），可研究防火涂料涂层厚度对火灾下钢筋 RPC 梁耐火极限的影响。从理论上讲，防火涂料涂层厚度越大，试件的耐火极越高。这主要是因为防火涂料对高温下的试件起到了隔离和保护作用，涂层厚度越大，试件的 RPC 和受力钢筋温度升高得越慢，力学性能退化得越慢，从而延缓了试件承载力和刚度的下降，提高了试件的耐火极限。然而，在本次试验中，试件 L-3 的突然破坏，导致试件 L-3（9mm 涂层厚度）的耐火极限为 147min，小于试件 L-1（6mm 涂层厚度）的耐火极限。这可能是由于试件 L-3 发生了局部的涂料剥落，在涂料剥落位置试件吸收较多的热量而产生较宽的裂缝，使受力钢筋直接暴露于烈火之中，当受力钢筋被拉断时，试件突然发生破坏。因此，防火涂料的完整性是保证 RPC 构件耐火极限的前提。

7.3　带防火涂料钢筋 RPC 梁抗火性能有限元分析

　　在 7.2 节带防火涂料钢筋 RPC 梁抗火性能试验的基础上，基于 ABAQUS 有限元软件，采用顺序热力耦合的方式，建立带防火涂料的钢筋 RPC 梁抗火性能有限元分析模型，并利用试验数据验证模型的可靠性。同时，利用有限元分析模型分析升温曲线、RPC 抗压强度、配筋率、荷载水平、RPC 保护层厚度、试件宽度及跨高比等关键参数对火灾下带防火涂料钢筋 RPC 梁跨中挠度的影响规律。此外，防火涂料在提高钢筋 RPC 梁抗火性能方面作用显著，防火涂料的完整性也是保证钢筋 RPC 梁具有相应耐火极限的前提。因此，本节还将利用有限元分析模型研究防火涂料的热工参数、涂层厚度、设置方式及局部脱落等因素对钢筋 RPC 梁抗火性能的影响规律。

7.3.1　有限元模型建立

　　采用顺序热力耦合的方式，先建立温度场有限元分析模型，通过瞬态传热分析求解火灾下带防火涂料钢筋 RPC 梁的温度场分布；再建立耐火极限有限元分析模型，将求解得到的温度场分布导入耐火极限有限元分析模型，进行火灾全过程带防火涂料钢筋 RPC 梁抗火性能有限元分析。

1. 温度场有限元分析模型建立

利用 ABAQUS 有限元软件建立带防火涂料钢筋 RPC 梁温度场有限元分析模型时，构件材料的热工参数是必不可少的。构件材料的热工参数主要包括导热系数、比热容和密度。高温下材料的热工参数并非常数，而与温度有关。国内外学者对钢材和混凝土的热工性能进行了大量的研究，给出了许多高温下钢材和混凝土的热工参数模型。本节只列出了建模时所用到的热工参数模型。

（1）钢材热工参数

导热系数 λ_s [18] 为

$$\lambda_s = \begin{cases} -0.022T + 48 & 0 \leqslant T \leqslant 900℃ \\ 28.2 & T > 900℃ \end{cases} \tag{7-1}$$

密度 ρ_s 为

$$\rho_s = 7\,850\text{kg/m}^3 \tag{7-2}$$

比热容 c_s 与密度 ρ_s 之积随温度的变化 [18] 为

$$\rho_s c_s = \begin{cases} (0.004T + 3.3) \times 10^6 & 0℃ \leqslant T \leqslant 650℃ \\ (0.068T - 38.3) \times 10^6 & 650℃ < T \leqslant 725℃ \\ (-0.086T + 73.35) \times 10^6 & 725℃ < T \leqslant 800℃ \\ 4.55 \times 10^6 & T > 800℃ \end{cases} \tag{7-3}$$

（2）RPC 热工参数

导热系数 λ_c [12] 为

$$\lambda_c = 1.44 + 1.85 e^{(-T/242.95)} \tag{7-4}$$

比热容 c_c [12] 为

$$c_c = \begin{cases} 950 & 20℃ \leqslant T \leqslant 100℃ \\ 950 + (T - 100) & 100℃ < T \leqslant 300℃ \\ 1150 + (T - 300)/2 & 300℃ < T \leqslant 600℃ \\ 1300 & 600℃ < T \leqslant 900℃ \end{cases} \tag{7-5}$$

密度 ρ_c 为

$$\rho_c = 2\,500\text{kg/m}^3 \tag{7-6}$$

（3）防火涂料热工参数

验证模型可靠性时，防火涂料热工参数的选取与火灾试验一致，即防火涂料的导热系数、比热容及密度分别取 0.126W/（m·℃）、1 036J/（kg·℃）和 500kg/m³（表 7-2）。

（4）网格划分、单元类型选取及边界条件设定

采用结构化技术划分 RPC、钢筋及防火涂料的网格。RPC 网格尺寸取为 25mm×25mm×25mm，因为该网格尺寸可以获得较好的收敛效果。防火涂料的厚度较小，因此防火涂料的网格尺寸取为 25mm×25mm×c_{in}，即涂料厚度方向只划分一个单元。RPC 和防火涂料采用三维八节点实体热分析单元 DC3D8，钢筋采用二节点索单元 DC1D2。温度场有限元分析模型网格划分如图 7-11 所示。RPC 与钢筋之间、RPC 与防火涂料之间采用束缚（tie）定义，以保证钢筋和防火涂料与相同位置 RPC 的温度相同。模型初始温度除验证模型与试验取为相同之外，其余均取为 20℃。模型升温曲线可以选择标准升温曲线（ISO 834 和 ASTM E119）或者其他设计升温曲线。无特别说明时，模型底面和两个侧面按照 ISO 834 标准升温曲线进行升温，模型顶面不受火。模型迎火面的对流系数取 25W/（m²·℃），背火面的对流系数取 9W/（m²·℃），降温阶段迎火面的对流系数取 9W/（m²·℃）；防火涂料表面的综合辐射系数取 0.7。利用此模型进行瞬态传热分析时，采用固定的荷载步步长（30s）。

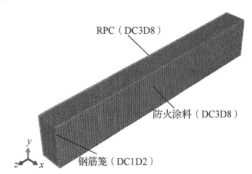

图 7-11　温度场有限元分析模型网格划分（1/2 模型）

（5）模型假设

1）沿模型长度方向的温度场是均匀分布的。

2）RPC、钢筋及防火涂料的热工性能是均匀且各向同性的。

3）不考虑 RPC 高温爆裂的影响。

4）除分析防火涂料局部剥落的影响之外，其余情况均认为防火涂料与梁黏结良好。

5）不考虑水分迁移对 RPC 截面温度场的影响，水分蒸发对 RPC 截面温度场的影响通过下列公式考虑[19]：

$$\rho_c' c_c' = \begin{cases} 0.95\rho_c c_c + 0.05\rho_w c_w & T < 100℃ \\ \rho_c c_c & T \geqslant 100℃ \end{cases} \qquad (7\text{-}7)$$

$$\rho_w c_w = 4.2 \times 10^6 \text{J}/（\text{m}^3 \cdot ℃） \qquad (7\text{-}8)$$

式中：ρ_c'、c_c' 分别为考虑水分蒸发时 RPC 的密度和比热容。ρ_c、c_c 分别为不考

虑水分蒸发时 RPC 的密度和比热容。

2. 耐火极限有限元分析模型建立

利用 ABAQUS 有限元软件建立带防火涂料钢筋 RPC 梁耐火极限有限元分析模型时，高温下构件材料的力学性能指标是必不可少的。国内外学者对高温下钢材和混凝土的力学性能指标研究较多，给出了许多高温下钢材和混凝土的力学性能指标模型。本节只列出了建模时所用到的力学性能指标模型。

（1）钢材的热力学性能

1）高温下钢材的应力-应变关系。BS EN 1993-1-2:2005[20]给出了钢材高温应力-应变关系模型，同时 BS EN 1993-1-2:2005[20]指出，其建议的钢材高温应力-应变关系模型已隐含了高温徐变的影响，不需要再单独考虑，因此采用此模型，高温下钢材应力-应变关系为

$$
\sigma_{s} = \begin{cases}
E_{s}(T)\varepsilon & \varepsilon \leqslant \varepsilon_{p}(T) \\
f_{p}(T) - c + \dfrac{b}{a}\sqrt{a^{2} - \left[(\varepsilon_{y}(T) - \varepsilon)\right]^{2}} & \varepsilon_{p}(T) < \varepsilon \leqslant \varepsilon_{y}(T) \\
f_{y}(T) & \varepsilon_{y}(T) < \varepsilon \leqslant \varepsilon_{t}(T) \\
f_{y}(T)\left[1 - \dfrac{\varepsilon - \varepsilon_{t}(T)}{\varepsilon_{u}(T) - \varepsilon_{t}(T)}\right] & \varepsilon_{t}(T) < \varepsilon < \varepsilon_{u}(T) \\
0 & \varepsilon \geqslant \varepsilon_{u}(T)
\end{cases}
\tag{7-9}
$$

式 中： $\varepsilon_{p}(T) = f_{p}(T) / E_{s}(T)$ ； $\varepsilon_{y}(T) = 0.02$ ； $\varepsilon_{t}(T) = 0.15$ ； $\varepsilon_{u}(T) = 0.2$ ； $a^{2} = \left[\varepsilon_{y}(T) - \varepsilon_{p}(T)\right]\left[\varepsilon_{y}(T) - \varepsilon_{p}(T) + c / E_{s}(T)\right]$ ； $b^{2} = c\left[\varepsilon_{y}(T) - \varepsilon_{p}(T)\right]E_{s}(T) + c^{2}$ ； $c = \dfrac{\left[f_{y}(T) - f_{p}(T)\right]^{2}}{\left[\varepsilon_{y}(T) - \varepsilon_{p}(T)\right]E_{s}(T) - 2\left[f_{y}(T) - f_{p}(T)\right]}$ 。

高温下热轧钢筋的力学指标折减系数按照 BS EN 1992-1-2:2004[21]建议的取值，具体见表 7-3。

表 7-3　高温下热轧钢筋力学性能指标折减系数[21]

温度/℃	屈服强度折减系数 $k_{yT} = f_{y}(T) / f_{y}$	比例极限折减系数 $k_{pT} = f_{p}(T) / f_{y}$	弹性模量折减系数 $k_{ET} = E_{s}(T) / E_{s}$
20	1.00	1.00	1.00
100	1.00	1.00	1.00
200	1.00	0.81	0.90
300	1.00	0.61	0.80
400	1.00	0.42	0.70
500	0.78	0.36	0.60
600	0.47	0.18	0.31
700	0.23	0.07	0.13

温度/℃	屈服强度折减系数 $k_{yT} = f_y(T)/f_y$	比例极限折减系数 $k_{pT} = f_p(T)/f_y$	弹性模量折减系数 $k_{ET} = E_s(T)/E_s$
800	0.11	0.05	0.09
900	0.06	0.04	0.07
1 000	0.04	0.02	0.04
1 100	0.02	0.01	0.02
1 200	0.00	0.00	0.00

2）钢材热膨胀系数（α_s）。采用 Lie[18]建议的钢材热膨胀系数的表达式为

$$\alpha_s = \begin{cases} (0.004T+12)\times10^{-6} & T < 1\,000℃ \\ 16\times10^{-6} & T \geqslant 1\,000℃ \end{cases} \tag{7-10}$$

3）钢材的弹性模量（E_s）和泊松比（ν_s）。常温下钢材的弹性模量按照《混凝土结构设计规范》（2015 年版）（GB 50010—2010）[22]的要求取值：对于 HPB300 级钢筋，弹性模量取 $2.1\times10^5\text{N/mm}^2$；对 HRB335、HRB400 级钢筋，弹性模量取 $2.0\times10^5\text{N/mm}^2$。高温下热轧钢筋弹性模量的折减系数按照 BS EN 1992-1-2:2004[21]建议的取值，见表 7-3。钢材的泊松比受温度影响较小，因此忽略温度的影响，取为 0.3。

（2）RPC 的热力学性能

1）高温下复掺纤维 RPC 的强度退化。采用罗百福[11]提出的高温下复掺纤维 RPC 抗压强度和抗拉强度随温度的变化关系，即

$$\frac{f_{c,T}}{f_{c,20}} = 0.96 - 0.958\left(\frac{T}{1\,000}\right) \qquad 20℃ \leqslant T \leqslant 800℃ \tag{7-11}$$

$$\frac{f_{t,T}}{f_{t,20}} = 0.972 - 0.82\left(\frac{T}{1\,000}\right) \qquad 20℃ \leqslant T \leqslant 800℃ \tag{7-12}$$

式中：$f_{c,20}$ 为常温下复掺纤维 RPC 的轴心抗压强度；$f_{t,20}$ 为常温下复掺纤维 RPC 的抗拉强度；$f_{c,T}$ 为高温下复掺纤维 RPC 的轴心抗压强度；$f_{t,T}$ 为高温下复掺纤维 RPC 的抗拉强度。

2）高温下 RPC 受压应力-应变关系。采用罗百福[11]提出的高温下复掺纤维 RPC 单轴受压应力-应变关系，即

$$y = \begin{cases} mx + (3-2m)x^2 + (m-2)x^3 & 0 \leqslant x \leqslant 1 \\ \dfrac{x}{n(x-1)^2 + x} & x > 1 \end{cases} \tag{7-13}$$

式中：$x = \dfrac{\varepsilon}{\varepsilon_{c,T}}$；$y = \dfrac{\sigma}{f_{c,T}}$；$\varepsilon_{c,T}$ 为高温下复掺纤维 RPC 的峰值压应变；m、n 为受压应力-应变曲线上升段和下降段参数，取值见表 7-4。

表 7-4　高温下复掺纤维 RPC 受压应力-应变曲线的参数取值

参数	20℃	200℃	400℃	600℃	800℃
m	0.997	1.21	1.31	1.33	2.44
n	5.5	6	9.7	23	6.8

3）RPC 的弹性模量（E_c）和泊松比（v_c）。高温下 RPC 的弹性模量 $E_{c,T}$ 取高温下 RPC 受压应力-应变关系中 $0.5f_{c,T}$ 处的割线模量。高温下 RPC 的泊松比 $v_c(T)$ 采用 Gernay 等[23]提出的模型：

$$v_c(T) = \begin{cases} v_c\left(0.2 + 0.8\dfrac{500-T}{480}\right) & T \leqslant 500℃ \\ 0.2v_c & T > 500℃ \end{cases} \tag{7-14}$$

式中：v_c 为常温下 RPC 的泊松比，取为 0.22。

4）高温下 RPC 受拉应力-应变关系。李莉[24]提出的常温下 RPC 受拉应力-应变关系为

$$y = \begin{cases} 1.17x + 0.65x^2 - 0.83x^3 & 0 \leqslant x \leqslant 1 \\ \dfrac{x}{5.5(x-1)^{2.2} + x} & x \geqslant 1 \end{cases} \tag{7-15}$$

式中：$x = \varepsilon/\varepsilon_t$；$y = \sigma/f_t$；$\varepsilon_t$ 为常温下 RPC 的峰值拉应变；f_t 为常温下 RPC 的抗拉强度。

目前，针对高温下 RPC 受拉应力-应变关系的研究相对较少。建模时，根据高温下 RPC 的抗拉强度 $f_{t,T}$ 和弹性模量 $E_{c,T}$ 获得高温下 RPC 的峰值拉应变 $\varepsilon_{t,T}$。根据高温下 RPC 的抗拉强度 $f_{t,T}$、峰值拉应变 $\varepsilon_{t,T}$ 及常温下 RPC 的受拉应力-应变关系，最终获得高温下 RPC 的受拉应力-应变关系。

5）RPC 的热膨胀系数（ε_{th}）、高温徐变（ε_{cr}）及瞬态热应变（ε_{tr}）。

Abid 等[7]对 RPC 的热膨胀系数、高温徐变及瞬态热应变进行了详细的研究，分别提出了三者的表达式，即

$$\varepsilon_{th} = \begin{cases} 3.08 \times 10^{-8}(T-20)^2 & 20℃ \leqslant T \leqslant 690℃ \\ 13.82 \times 10^{-3} & 690℃ < T \leqslant 900℃ \end{cases} \tag{7-16}$$

$$\varepsilon_{cr} = \begin{cases} 7.48 \times 10^{-3}(\sigma/f_{c,T})^{1.18}\left(\dfrac{t}{t_{total}}\right)^p \times e^{\left(\frac{-267.39(\sigma/f_{c,T})^{0.26}}{T-20}\right)} & 120℃ \leqslant T \leqslant 500℃ \\ 173.90 \times 10^{-3}(\sigma/f_{c,T})^{1.13}\left(\dfrac{t}{t_{total}}\right)^p \times e^{\left(\frac{-1728.87(\sigma/f_{c,T})^{0.02}}{T-20}\right)} & 500℃ < T \leqslant 900℃ \end{cases}$$

$$\tag{7-17}$$

式中：$p = \begin{cases} 0.35 & T \leqslant 120℃ \\ e^{-\left(\frac{t}{80}\right)^{0.3}} & 120℃ < T \leqslant 500℃ \\ e^{-\left(\frac{t}{40}\right)^{0.3}} & 500℃ < T \leqslant 900℃ \end{cases}$；$t$ 为受火某时刻；t_{total} 为受火总时间。

$$\varepsilon_{\text{tr}} = \begin{cases} 2.03 \times 10^{-5}\left(\dfrac{\sigma}{f_{\text{c}}}\right)^{-1.68} + \left(2.07 \times 10^{-3} - 1.86 \times 10^{-3} \times e^{\left(9.26\frac{\sigma}{f_{\text{c}}}\right)}\right)\left(e^{\left(\frac{T}{146.50 \times \left(\frac{\sigma}{f_{\text{c}}}\right)^{0.2}}\right)}\right) \times 10^{-3} & 0.1 \leqslant \dfrac{\sigma}{f_{\text{c}}} \leqslant 0.3 \\[6mm] 2.03 \times 10^{-5}\left(\dfrac{\sigma}{f_{\text{c}}}\right)^{-1.68} + \left(5.42 \times 10^{-3} - 8.14 \times 10^{-3} \times e^{\left(5.39\frac{\sigma}{f_{\text{c}}}\right)}\right)\left(e^{\left(\frac{T}{146.50 \times \left(\frac{\sigma}{f_{\text{c}}}\right)^{0.2}}\right)}\right) \times 10^{-3} & 0.3 < \dfrac{\sigma}{f_{\text{c}}} \leqslant 0.6 \end{cases}$$

$$(7\text{-}18)$$

（3）防火涂料的热力学性能

对于耐火极限有限元分析模型而言，最重要的是将瞬态传热分析获得的温度场分布导入进来，因而在建立耐火极限有限元分析模型时可忽略防火涂料的力学贡献。因此，不需要设置防火涂料的热力学性能。

（4）模型选择

钢筋采用等向弹塑性模型，RPC 采用损伤塑性模型。损伤塑性模型在考虑 RPC 的高温徐变和瞬态热应变时，是将这两部分应变直接加到上述提到的高温下 RPC 受压应力-应变关系中。

（5）网格划分、单元类型选取及边界条件设定

为了保证温度场有限元分析模型计算得到的节点温度准确读入耐火极限有限元分析模型中，两模型的网格划分保持一致。RPC 采用三维八节点实体单元 C3D8R，钢筋采用二节点桁架单元 T3D2。耐火极限有限元分析模型网格划分如图 7-12 所示。RPC 与钢筋之间的接触关系用嵌入区域（embedded region）定义。由于忽略防火涂料的力学贡献，在进行部件组装时，对防火涂料部件进行了抑制，不需要为防火涂料选择单元。此外，为了避免应力集中影响模型收敛效果，在加载位置以及支座位置设置刚性垫块，垫块采用三维八节点实体单元 C3D8R，弹性模量取 1.0×10^{13}MPa，泊松比取 0.000 1，垫块与梁之间采用束缚定义。模型的边界条件与试验相同，设置为两端简支。在耐火极限分析过程中，增量步大小由程序自动选择，初始增量步和最大增量步分别为 10s 和 30s。

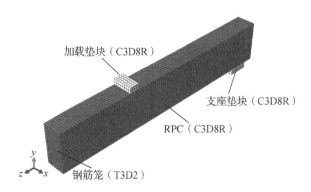

图 7-12　耐火极限有限元分析模型网格划分（1/2 模型）

（6）模型假设

不考虑防火涂料的力学贡献；RPC 和钢筋的力学性能是均匀且各向同性的；RPC 与钢筋之间无黏结滑移；不考虑 RPC 高温爆裂的影响。

7.3.2　有限元模型验证

1. 温度场有限元分析模型验证

选择 7.2 节所述火灾试验中试件 L-1 和试件 L-3 的温度场分布对温度场有限元分析模型的可靠性进行验证。温度场有限元分析模型的模拟结果与试验结果对比如图 7-13 所示。可以看出，由于建模过程中未能充分考虑 RPC 中水分蒸发的影响，梁截面各点温度-时间曲线中 100℃左右的温度平台未能得到很好的模拟，但总体上温度场有限元分析模型的模拟结果与试验结果吻合较好。

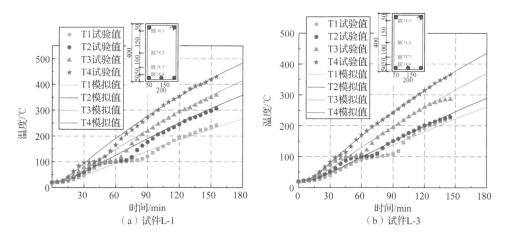

图 7-13　温度场有限元分析模型的模拟结果与试验结果对比

2. 耐火极限有限元分析模型验证

选择 7.2 节所述火灾试验中试件 L-1～试件 L-4 的跨中挠度发展和耐火极限对耐火极限有限元分析模型的可靠性进行验证。耐火极限有限元分析模型的模拟结果与试验结果对比如图 7-14 所示。可以看出，各点温度-时间曲线中 100℃ 左右的温度平台未能得到很好的模拟，使得耐火极限有限元分析模型高估了该阶段内梁的跨中挠度发展。但是由模型得到的火灾下带防火涂料钢筋 RPC 梁的跨中挠度发展趋势及耐火极限与试验结果吻合较好，模型可靠性得到验证。

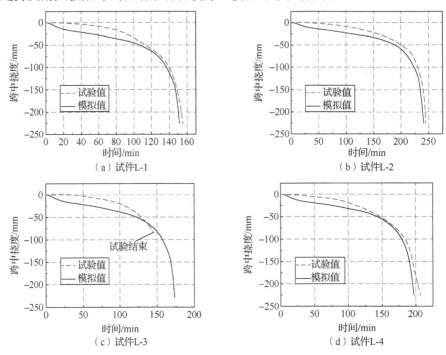

图 7-14　耐火极限有限元分析模型的模拟结果与试验结果对比

7.3.3　关键参数对带防火涂料钢筋 RPC 梁跨中挠度的影响

升温曲线、混凝土强度、荷载水平、配筋率、混凝土保护层厚度、截面宽度及跨高比等参数能影响火灾下钢筋混凝土梁的抗火性能。本节利用建立的带防火涂料钢筋 RPC 梁抗火性能有限元分析模型进行火灾全过程分析，研究上述参数对带防火涂料钢筋 RPC 梁跨中挠度的影响规律，参数的取值范围见表 7-5。无特别说明的，表 7-5 中加粗数值在研究其他参数影响时保持不变。所有模型截面高度均为 400mm。在研究跨高比影响时，跨高比值范围为 10～18；而在研究其他参数影响时，跨高比均取 11.25（即截面高度为 400mm，跨度为 4.5m）。在相同的抗弯承载力下，受拉钢筋的屈服强度对钢筋混凝土梁的耐火极限影响较小。因此，对所有模型，常温下受拉钢筋的屈服强度与试验取值相同，为 463MPa。模型的底面和两个侧面由防火涂料保护，涂层厚度取 6mm，导热系数、比热容以及密度与试验取值相同，分别为 0.126W/（m·℃）、1036J/（kg·℃）和 500kg/m³。实际火灾发生时，梁的约束条件较为复杂，还会随升温时间以及毗邻柱的变形发生变化。在本研究中，偏于保守地将模型设置为两端简支。集中荷载施加在模型的两个三分点上，在升温过程中荷载保持不变。当模型的最大变形超过模型跨度的 1/20 时，模型被视为破坏。

表 7-5　关键参数取值范围

关键参数	取值范围
升温曲线	ISO 834[25]、ASTM E119[13]， (FireⅠ、FireⅡ、FireⅢ[26])，(LF 和 SF [27])
RPC 抗压强度	100MPa、120MPa、140MPa、160MPa、180MPa
配筋率	2%、2.5%、3%、3.5%、4%
荷载水平	0.20、0.35、0.5、0.65、0.75
RPC 保护层厚度	25mm、30mm、35mm、40mm、45mm
截面宽度	200mm、300mm、400mm、500mm、600mm
跨高比	10、12、14、16、18 （对应跨度分别为 4m、4.8m、5.6m、6.4m 和 7.2m）

1. 升温曲线的影响

实际火灾发生时，现场环境温度的发展受建筑尺寸、通风状况及燃烧物性质等因素的影响而不尽相同。因此，有必要研究钢筋 RPC 梁在不同火灾状况下的抗火性能。标准升温曲线（如 ISO 834 及 ASTM E119）是国际上测试结构材料和构件耐火极限常用的升温曲线。然而，这两个升温曲线没有降温阶段，因而不能考虑构件因为降温而产生的强度和刚度恢复的影响。在过去的 40 年内，国内外学者提出了许多模型来表达实际火灾发生时环境温度的发展，这些模型被称为设计升温曲线。因此本节除选择两个标准升温曲线之外，还分别选择了 Kodur 和 Dwaikat[26]、Dwaikat 和 Kodur[27]的火灾试验中所用的设计升温曲线，对带防火涂料保护的钢筋 RPC 梁进行升温，研究升温曲线对带防火涂料钢筋 RPC 梁抗火性能的影响。本节研究中用到的升温曲线如图 7-15 所示。

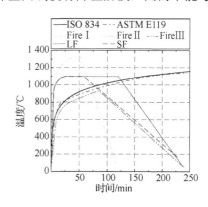

图 7-15　不同升温曲线下环境温度的发展

升温曲线对带防火涂料钢筋 RPC 梁不同位置温度发展的影响如图 7-16 所示。可以看出，随环境温度的升高，梁中 RPC 和钢筋的温度逐渐升高。尽管如此，在带有降温阶段的火灾工况下，梁中钢筋的温度因导热性良好先升高后降低。升温曲线对带防火涂料钢筋 RPC 梁跨中挠度的影响如图 7-17 所示。可以得出以下结论。

1）在 ISO 834、ASTM E119 及 LF 这 3 种火灾工况下，带防火涂料的钢筋 RPC 梁最终都达到了耐火极限；而在其他 4 种火灾工况下，梁的跨中挠度先增大后减小，最终没有达到变形控制的耐火极限。这主要是由于其余 4 种火灾工况都有降温阶段，使 RPC 和钢筋的温度在该阶段降低，从而使梁的强度和刚度有所恢复。

2）在 ISO 834 和 ASTM E119 这两种火灾工况下，带防火涂料钢筋 RPC 梁的跨中挠度发展基本一致。这是因为在这两种火灾工况下，梁中 RPC 和钢筋的温度发展较为接近（图 7-15）。

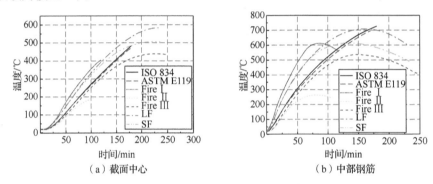

（a）截面中心　　　　　　　（b）中部钢筋

图 7-16　升温曲线对带防火涂料 RPC 梁温度发展的影响

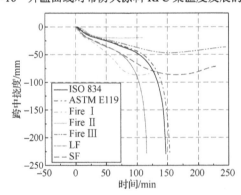

图 7-17　升温曲线对带涂料 RPC 梁跨中挠度的影响

3）在受火初期，不同升温曲线下梁的跨中挠度大小排序如下：Fire I > LF = SF > ISO 834 ≈ ASTM E119 > Fire III > Fire II。如图 7-15 所示，各升温曲线的斜率（即升温速率）也呈现出类似的规律。这表明升温速率对带防火涂料钢筋 RPC 梁的变形发展影响较大。这主要是因为升温速率越大，环境温度达到最高值时所需的时间越短，在相同的受火时间下，RPC 和钢筋的温度越高，梁的刚度和强度退化得越快。

4）如图 7-17 所示，升温初期，两种火灾工况下的梁具有相同的跨中挠度发展。这主要是因为，在这个阶段内，两种升温曲线的温度发展完全相同，两种火灾工况下梁的刚度和强度退化一致。继续升温，置于火灾工况 LF 下的梁变形发展越来越快，最后达到了变形控制的耐火极限；而置于火灾工况 SF 下的梁的变形先增大后减小，最后没有达到耐火极限。这是因为升温曲线 SF 在达到最高温度后，比升温曲线 LF 更早地进入降温阶段，即升温曲线 LF 经历最高温度的时间比升温曲线 SF 长。这使当 RPC 和钢筋在火灾工况 SF 下开始降温时，RPC 和钢筋在火灾工况 LF 下仍然在继续升温（图 7-16），导致火灾工况 LF 下梁的变形迅速发展，最终达到耐火极限。因此，对比 LF 和 SF 两种火灾工况下带涂料钢筋 RPC 梁的跨中挠度可以得出，除升温速率之外，升温曲线最高温度的持续时间对带防火涂料钢筋 RPC 梁的抗火性能影响也比较大。

2. 截面宽度的影响

截面宽度对火灾下带防火涂料钢筋 RPC 梁跨中挠度的影响如图 7-18 所示。可以看出，在受火初期，不同截面宽度的钢筋 RPC 梁的跨中挠度-时间曲线近乎重合。这主要是因为受火初期，梁的温度较低，梁的刚度和强度没有发生明显的退化。继续升温，相同受火时间下，截面宽度越小，钢筋 RPC 梁跨中挠度发展越快，达到耐火极限的时间越短。主要原因如下：一方面，截面高度和配筋率相同时，截面宽度越大的梁中纵向受力钢筋的面积越大，梁的承载力和刚度越大，相同受火时间下，变形发展越缓慢，耐火极限越高；另一方面，截面高度相同时，截面宽度越大，热量从梁的两个侧面传至截面中心的时间越长，梁截面的温度发展越慢，梁的刚度和强度退化越慢。此外，随截面宽度增加，梁的耐火极限并非呈线性增长。当截面宽度从 200mm 增加至 300mm 时，梁的耐火极限增长尤为明显（增长比例约为 31%）。总体而言，截面宽度能够显著影响带防火涂料钢筋 RPC 梁的耐火极限。

3. RPC 保护层厚度的影响

变化保护层厚度（表 7-5），研究 RPC 保护层厚度对火灾下带防火涂料 RPC 梁跨中挠度的影响，如图 7-19 所示。可以看出，相同受火时间内，RPC 保护层厚度越大，钢筋 RPC 梁的跨中挠度发展越缓慢，耐火极限越长。这主要是因为，RPC 保护层厚度越大，热量从梁表面传至内部受力钢筋需要的时间越长，钢筋升温越慢，梁的刚度和强度退化越慢。此外，随 RPC 保护层厚度的增加，带涂料钢筋 RPC 梁的跨中挠度并非呈线性增长。当 RPC 保护层厚度从 25mm 增加至 30mm 时，梁的耐火极限增长尤为明显（增长比例约为 23%）。因此，增加 RPC 保护层厚度能够有效地延缓火灾下钢筋 RPC 梁的变形发展，从而提高其耐火极限。

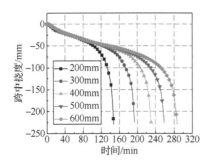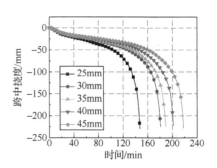

图 7-18　截面宽度对带涂料 RPC 梁跨中
　　　　挠度的影响

图 7-19　保护层厚度对跨中挠度的影响

4. 荷载水平的影响

荷载水平对火灾下带防火涂料钢筋 RPC 梁跨中挠度的影响如图 7-20 所示。可以看出，荷载水平对火灾下带防火涂料钢筋 RPC 梁的抗火性能有显著影响。在相同受火时间下，荷载水平越高，梁跨中挠度发展越快。继续升温，不同荷载水平梁的跨中挠度差值越来越大。最终，荷载水平较高的梁先达到耐火极限。同时，随着荷载水平的提高，带防火涂料钢筋 RPC 梁的耐火极限显著降低，荷载水平由 0.2 提升至 0.35 时，梁的耐火极限降低尤为显著。主要原因如下：一方面，荷载水平越高，梁中受力钢筋越早屈服，高温下应力产生的应变以及高温徐变迅速增加，使梁刚度迅速退化；另一方面，荷载水平越高，梁表面产生的裂缝越多，传至内部 RPC 和纵向受力钢筋的热量越多，加速了梁承载力和刚度的退化。此外，由图 7-20 还可以看出，荷载水平为 0.2 的梁的跨中挠度发展与较高荷载水平（0.35～0.75）的梁的跨中挠度发展有很大差异，特别是在受火后期。受火后期，荷载水平较高的梁的跨中挠度急剧增长，在极短时间内达到耐火极限；而荷载水平为 0.2 的梁的跨中挠度发展速率虽然加快，但是跨中挠度-时间曲线并未出现陡降段。这表明，荷载水平对火灾下带防火涂料钢筋 RPC 梁的破坏模式有显著影响，因此，在进行钢筋 RPC 梁的抗火设计时有必要对荷载水平进行控制。

5. 跨高比的影响

跨高比对火灾下带防火涂料钢筋 RPC 梁跨中挠度的影响如图 7-21 所示。可以看出，在整个受火期间，跨高比大的梁跨中挠度发展较快。主要原因如下：不同跨高比的梁除跨度不同之外，截面尺寸、配筋率和材料强度均相同，因而这些梁具有相同的极限抗弯承载力和刚度。当极限抗弯承载力和刚度相同时，梁跨度越大，梁的跨中挠度就越大。由图 7-21 还可以看出，不同跨高比的梁的耐火极限相差不大，这表明跨高比对带防火涂料钢筋 RPC 梁的耐火极限影响不大。尽管如此，跨高比较小的梁破坏具有明显的脆性，表现为受火后期跨中挠度的增长速率陡然增大。因此，为避免脆性破坏，在进行带防火涂料钢筋 RPC 梁的抗火设计时，梁的跨高比要控制在合理的范围内。

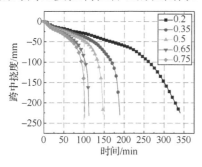
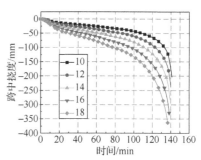

图 7-20　荷载水平对带涂料 RPC 梁　　　　图 7-21　跨高比对带涂料 RPC 梁
　　　　　跨中挠度的影响　　　　　　　　　　　　跨中挠度的影响

6. RPC 抗压强度的影响

《活性粉末混凝土》（GB/T 31387—2015）[28]将活性粉末混凝土的强度划分为 5 个等级，分别是 RPC100、RPC120、RPC140、RPC160 和 RPC180。因此，选取这 5 个强度研究 RPC 抗压强度对火灾下带防火涂料钢筋 RPC 梁跨中挠度的影响。由图 7-22 可以看出，在受火的前 100min 内，RPC 抗压强度不同的梁的跨中挠度发展基本一致。这主要是因为，这段时期内梁的刚度和强度没有发生明显的退化。继续升温，随 RPC 抗压强度的提高，梁的跨中挠度发展越来越慢，耐火极限不断提高。这主要是因为，RPC 抗压强度越高，梁的极限抗弯承载力越大。当 RPC 抗压强度由 100MP 提高至 180MPa 时，梁常温下的极限抗弯承载力由 262kN·m 提高至 296kN·m。在受火过程中，尽管 RPC 的强度和弹性模量随温度升高而降低，使梁的承载力和刚度也不断降低；但当 RPC 抗压强度较高时，相同受火时间下，RPC 具有较高的剩余强度和弹性模量，使梁具有较高的剩余承载力和刚度，因而梁的变形发展缓慢，耐火极限较高。然而，如图 7-22 所示，RPC 抗压强度不同的梁的耐火极限相差不大。这是因为，当 RPC 抗压强度提高时，梁常温下的极限抗弯承载力提高幅度并不大（大约为 13%）。总体而言，RPC 抗压强度对带防火涂料钢筋 RPC 梁的耐火极限影响不大。

7. 配筋率的影响

Hou 等[3]研究表明，常温下的适筋 RPC 梁在高温易发生少筋破坏，为了避免这种脆性破坏的发生，提出了火灾下钢筋 RPC 梁最小配筋率的概念，建议截面尺寸为 200mm×400mm 的梁在达到 2h 耐火极限时的最小配筋率为 2%。然而，当配筋率超过 4% 时，RPC 梁又可能会发生超筋破坏。因此，选取 2%～4% 的配筋率范围，研究配筋率对火灾下带防火涂料钢筋 RPC 梁跨中挠度的影响。由图 7-23

可以看出，配筋率不同时，梁的跨中挠度-时间曲线近乎重合。同时，随配筋率增大，梁的耐火极限变化不大。因此，配筋率对带防火涂料钢筋 RPC 梁的抗火性能影响不大。

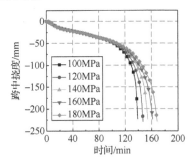
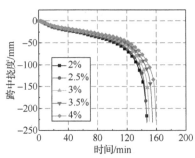

图 7-22　RPC 抗压强度对带涂料 RPC 梁　　　　图 7-23　配筋率对带涂料 RPC 梁
　　　　　　跨中挠度的影响　　　　　　　　　　　　　　　跨中挠度的影响

7.4　防火涂料对 RPC 梁抗火性能的影响

　　7.2 节火灾试验表明，防火涂料能够显著改善钢筋 RPC 梁的抗火性能。然而，受试验条件的限制，许多能够影响防火涂料性能、进而影响钢筋 RPC 梁的抗火性能的参数没有被研究。此外，在实际工程中，涂刷于结构构件表面的防火涂料易受到机械振动、地震、爆炸、施工及干缩失水等因素的影响发生破坏。7.2 节火灾试验也表明，由于防火涂料的局部剥落造成钢筋 RPC 梁在火灾下提前发生破坏，说明防火涂料的完整性对钢筋 RPC 梁的耐火性能影响非常大。因此，本节将继续利用带防火涂料钢筋 RPC 梁抗火性能有限元分析模型进分析，研究防火涂料热工参数、涂层厚度、设置方式及涂料局部剥落等对钢筋 RPC 梁抗火性能的影响。本节研究中，模型尺寸、配筋、RPC 保护层厚度、荷载水平、加载方式及支承条件与火灾试验中试件 L-1 相同，具体如表 7-1 和图 7-1 所示。常温下 RPC 抗压强度与钢筋屈服强度分别取 127MPa 和 463MPa。不同于火灾试验，本节研究中，模型在全跨度内受火。无特别说明，模型三面受火，且底面和两个侧面由厚度为 6mm 的防火涂料进行保护。当模型的最大变形超过模型跨度的 1/20 时，模型被视为破坏。

7.4.1　防火涂料热工参数的影响

　　本节研究防火涂料的热工参数，包括密度、比热容及导热系数对钢筋 RPC 梁抗火性能的影响。对于混凝土结构而言，通常使用厚涂型隧道防火涂料对其进行防火保护。根据隧道防火涂料常用的热工参数范围[29]，本节防火涂料热工参数的取值范围见表 7-6。无特别说明的，表 7-6 中加粗数值在研究其他参数影响时保持不变。防火涂料热工参数对火灾下钢筋 RPC 梁跨中挠度的影响如图 7-24 所示。可以看出，涂料密度或比热容不同时，梁的跨中挠度发展近乎一致，耐火极限基本相同［图 7-24（a）和（b）］；而随着涂料导热系数的增加，梁的跨中挠度发展速率加快、耐火极限逐渐降低［图 7-24（c）］，特别是当防火涂料导热系数由 0.08W/（m·℃）变化为 0.126W/（m·℃）时，梁的耐火极限降低尤为显著（降低幅度大约为 15%）。这表明与涂料的密度和比热容相比，涂料的导热系数对钢筋 RPC 梁抗火性能的影响更为显著。主要原因如下：与涂料导热系数相比，涂料的密度和比热容在传热方面发挥的作用较小，这使得当涂料的密度或者比热容不同时，被保护梁的温度变化不会太大，因而被保护梁的刚度和强度退化程度基本相同。

表 7-6　防火涂料热工参数取值范围

热工参数	取值范围	涂料设置方式
密度/（kg/m³）	250、**500**、750、1 000	
比热容/［J/（kg·℃）］	600、800、**1036**、1 200	
导热系数/［W/（m·℃）］	0.08、**0.126**、0.16、0.20	

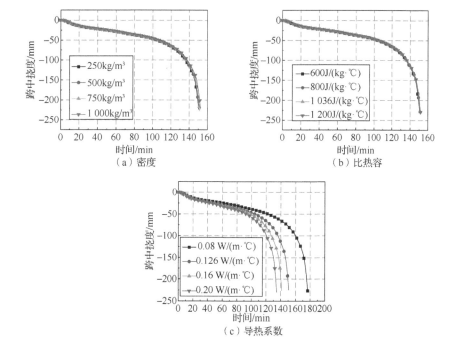

图 7-24　热工参数对火灾下 RPC 梁跨中挠度的影响

7.4.2　防火涂料涂层厚度的影响

防火涂料涂层厚度的取值分别为 3mm、6mm、9mm、12mm、15mm。防火涂料涂层厚度对火灾下钢筋 RPC 梁跨中挠度的影响如图 7-25 所示。可以看出，随涂层厚度的增加，梁的跨中挠度发展越来越缓慢，耐火极限显著提高。这是由于随涂层厚度的增加，由梁表面传至内部 RPC 和受力钢筋的热量减少，延缓了 RPC 和受力钢筋温度的上升（不同涂层厚度 RPC 和受力钢筋的升温曲线如图 7-26 所示），从而延缓了梁刚度和强度的退化。因此，增加防火涂料的涂层厚度是延缓火灾下钢筋 RPC 梁变形发展、提高其耐火极限的有效措施。此外，由图 7-26 可以看出，防火涂料涂层厚度为 3mm 时，钢筋 RPC 梁的耐火极限已经满足《建筑设计防火规范》（2018 年版）（GB 50016—2014）[14]对梁耐火极限的要求。尽管如此，根据《建筑混凝土结构耐火设计技术规程》（DBJ/T 15-81—2011）[30]的规定，7.2 节所述的火灾试验选取 6mm 和 9mm 的防火涂料对试件进行防火保护。

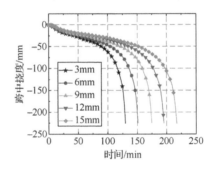

图 7-25　涂层厚度对火灾下 RPC 梁跨中挠度的影响

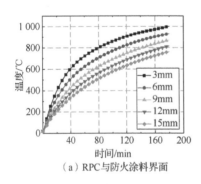

（a）RPC 与防火涂料界面

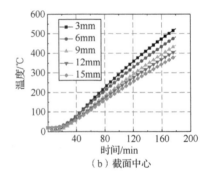

（b）截面中心

图 7-26　防火涂料涂层厚度对钢筋 RPC 梁不同位置温度的影响

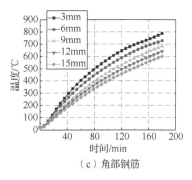

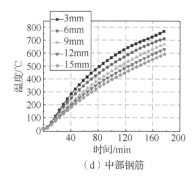

（c）角部钢筋　　　　　　　　　　（d）中部钢筋

图 7-26（续）

7.4.3　防火涂料设置方式的影响

分别选择梁底部、梁一个侧面、梁两个侧面、梁一个侧面+底部和梁两个侧面+底部等 5 种防火涂料的设置方式，研究其对钢筋 RPC 梁抗火性能的影响。涂料具体的设置方式及梁相应的耐火极限见表 7-7。防火涂料对火灾下钢筋 RPC 梁跨中挠度的影响如图 7-27 所示。可以看出，在 5 种涂料的设置方式中，梁的两个侧面和底部同时设置防火涂料［设置方式（e）］时，火灾下钢筋 RPC 梁的变形发展最慢，耐火极限最高。这是因为这种涂料设置方式能够从三个方向阻止热量由梁的表面传至梁的内部，有效地延缓了梁截面温度的升高以及梁刚度和强度的退化。同理，涂料设置方式（c）和（d）下，钢筋 RPC 梁由于具有较大的防火保护面积，梁相应的耐火极限比涂料设置方式（a）和（b）高。值得注意的是，尽管涂料设置方式（a）的防火保护面积小于涂料设置方式（b），但是前者对应的梁跨中挠度发展比后者慢，耐火极限比后者高。对比涂料设置方式（c）和（d）下梁的火灾响应，也能够看出此规律。这表明，火灾下梁被保护的位置比被保护的面积更重要。也就是说，如果火灾下梁的关键位置没有得到有效的防火保护，即使防火保护面积再大，梁在火灾下的变形也会迅速发展，耐火极限同样很低。对于梁而言，底部比两个侧面更需要得到良好的防火保护。这主要是因为，纵向受力钢筋靠近梁的底部，受力钢筋的温度受从底部传来热量的影响比受从梁侧面传来热量的影响大。为了说明此问题，需要对不同涂料设置方式下梁的钢筋温度进行对比，如图 7-28 所示。由图 7-28（a）可以看出，涂料同时设置于梁的底部和一个侧面时，钢筋的温度比涂料仅设置于梁的底部或者一个侧面时要低。更重要的是，当涂料设置方式由梁的底部［设置方式（a）］变为梁的一个侧面+底部［设置方式（d）］时，钢筋温度的下降幅度小于涂料设置方式由梁的一个侧面［设置方式（b）］变为梁的一个侧面+底部［设置方式（d）］。相似的规律还可以从图 7-28（b）和（c）中看出，当涂料设置方式由梁的一个侧面［设置方式（b）］变为梁的两个侧面［设置方式（c）］时，钢筋温度的下降幅度小于涂料设置方式由梁的一个侧面［设置方式（b）］变为梁的一个侧面+底部［设置方式（d）］。以上研究表明，相比于梁的侧面而言，梁底部设置防火涂料对于延缓钢筋温度发展起到更加重要的作用。因此，应特别注意 RPC 梁底部的防火保护。

表 7-7　防火涂料设置方式及梁相应的耐火极限

	（a）	（b）	（c）	（d）	（e）
防火涂料设置方式	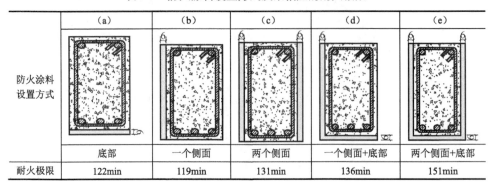				
	底部	一个侧面	两个侧面	一个侧面+底部	两个侧面+底部
耐火极限	122min	119min	131min	136min	151min

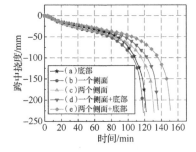

图 7-27　涂料设置方式对 RPC 梁跨中挠度的影响

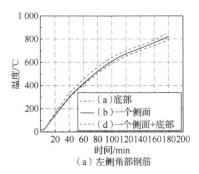

（a）左侧角部钢筋

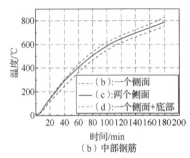

（b）中部钢筋

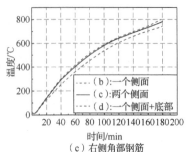

（c）右侧角部钢筋

图 7-28　不同涂料设置方式下钢筋 RPC 梁不同位置钢筋的温度对比

7.4.4　防火涂料局部剥落的影响

研究防火涂料剥落长度以及剥落位置对钢筋 RPC 梁抗火性能的影响。在建模过程中，防火涂料的剥落是通过移除梁表面某一部分的涂料来实现的。

1. 涂料剥落长度的影响

钢筋混凝土梁表面防火涂料的剥落主要是由涂料和梁之间的层间应力引起的，而层间应力的大小主要是由梁的弯矩决定的[31,32]。梁跨中位置的弯矩一般比其他位置大，因而此位置涂料和梁之间的层间应力一般也比其他位置大，使实际工程中防火涂料的剥落多发生于梁跨中位置附近。因此，本节研究涂料剥落长度的影响时，选择的是梁的跨中位置作为涂料剥落的位置。同时，用涂料剥落长度与梁跨度的比值定义了涂料的破损率（μ），用来量化涂料的剥落长度。本节研究中涂料设置方式以及涂料破损率的取值范围见表 7-8。

表 7-8　防火涂料设置方式和涂料破损率的取值范围

涂料设置方式	（单位：mm）
涂料破损率 $\mu = \dfrac{L_1}{L_0}$	0, 0.1, 0.2, 0.3, 0.4, 0.5, 0.6, 0.7, 0.8, 0.9

涂料破损率对火灾下钢筋 RPC 梁跨中挠度的影响如图 7-29 所示。可以看出，当防火涂料未发生剥落（即 $\mu = 0$）时，梁的跨中挠度发展最缓慢，耐火极限最高。随着涂料破损率的增大，梁的跨中挠度发展越来越快，耐火极限也越来越低。特别是涂料破损率由 0 增加至 0.1 时，梁的耐火极限降低尤为显著（大约为 21%）。这说明，对于钢筋 RPC 梁而言，即使梁表面只有一小部分防火涂料发生剥落，都会造成梁耐火极限的大幅度降低。主要原因如下：一方面，与没有发生涂料剥落的梁相比，发生涂料局部剥落的梁在涂料剥落位置吸收大量的热量，并迅速扩散至整个构件。因此，发生涂料局部剥落的梁中 RPC 和钢筋的温度比未发生涂料剥落的梁高得多（涂料局部剥落和未剥落的钢筋 RPC 梁相同位置的温度对比如图 7-30 所示），导致发生涂料局部剥落的梁中 RPC 和钢筋力学性能的迅速退化，梁的强度和刚度也因此发生迅速退化。另一方面，梁在涂料剥落的位置大量吸热，该位置在高温和荷载作用下会产生裂缝，当裂缝宽度足够大时，梁中纵向受力钢筋直接暴露于高温之中，致使钢筋断裂，梁发生脆性破坏。此外，如图 7-29 所示，涂料破损率超过 0.4 时，继续增大涂料破损率，梁的跨中挠度发展和耐火极限基本不变。这表明，防火涂料的局部剥落对火灾下钢筋 RPC 梁造成的损伤有一个最大值。当梁的损伤程度达到这个值时，即使涂料的剥落长度继续增大，梁在火灾

下的损伤程度也不会再增大。

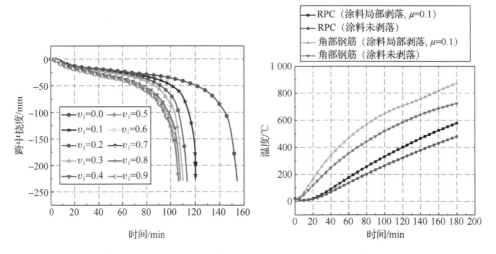

图 7-29　涂料破损率对 RPC 梁跨中挠度的　　图 7-30　涂料局部剥落和未剥落的钢筋 RPC
　　　　　　影响　　　　　　　　　　　　　　　　　　梁相同位置的温度对比

2. 涂料剥落位置的影响

　　实际情况下，地震、爆炸及干缩失水等现象的发生具有随机性，因而防火涂料的剥落位置也具有随机性。因此，分别选择梁的跨中、三分点和四分点等位置作为涂料的剥落位置，研究涂料的剥落位置对钢筋 RPC 梁抗火性能的影响。上述研究表明，对于钢筋 RPC 梁而言，即使梁表面只有一小部分防火涂料发生剥落，都会造成梁耐火极限的大幅度降低。换而言之，涂料的剥落长度较小或者较大对钢筋 RPC 梁的耐火极限影响不大。因此，本研究中选择 0.45m（即 $\mu = 0.1$）作为涂料的剥落长度。防火涂料在钢筋 RPC 梁不同位置剥落的示意图如图 7-31 所示。图 7-32 为防火涂料在梁三分点处剥落时梁的温度场发展。可以看出，在整个受火过程中，涂料剥落位置处梁的温度远高于带涂料保护的位置。同时，热量不只是从梁的底部传递至梁的顶部，也会从涂料剥落的位置向带涂料保护的位置进行传递。防火涂料在梁其他两个位置剥落时梁的温度场发展与此类似，不再赘述。不同涂料剥落位置的钢筋 RPC 梁的破坏模式如图 7-33 所示。可以看出，对于 3 个梁而言，最大变形都出现在涂料剥落的位置，也就是说，钢筋 RPC 梁在涂料剥落的位置发生破坏。主要原因如下：梁在涂料剥落位置吸收的热量比有涂料保护的位置更多，使涂料剥落位置处 RPC 以及钢筋升温更快，从而导致涂料剥落位置处梁的刚度和强度退化得更快。因而，梁在涂料剥落的位置变形迅速发展，首先达到变形控制的耐火极限。不同涂料剥落位置的钢筋 RPC 梁的耐火极限如图 7-34 所示。可以看出，发生涂料剥落的钢筋 RPC 梁的耐火极限远比未发生涂料剥落的梁的耐火极限小。此外，在 3 个发生涂料剥落的梁中，涂料剥落于跨中的梁的耐火极限最小。这是因为梁跨中位置的弯矩最大，在高温和荷载作用下梁的变形发展更快。由以上分析可知，防火涂料的完整性是保证涂料发挥隔热保护作用的前提。

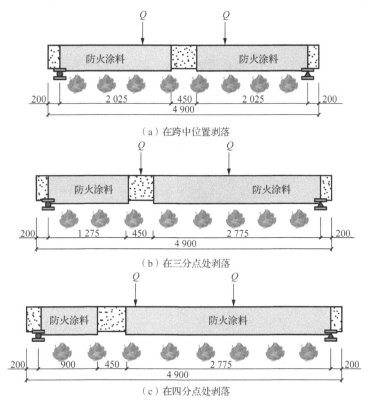

（a）在跨中位置剥落

（b）在三分点处剥落

（c）在四分点处剥落

图 7-31　防火涂料在钢筋 RPC 梁不同位置剥落的示意图（单位：mm）

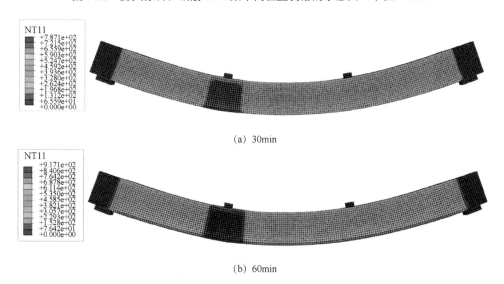

(a) 30min

(b) 60min

图 7-32　不同升温时间下涂料剥落于三分点的钢筋 RPC 梁的温度场分布

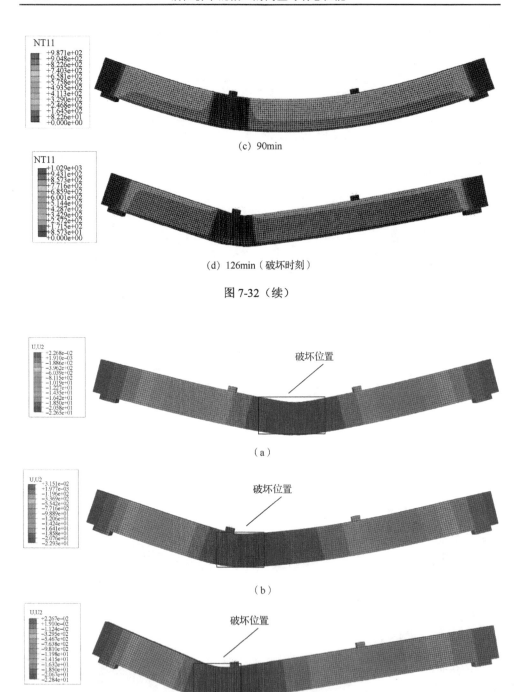

(c) 90min

(d) 126min（破坏时刻）

图 7-32（续）

(a)

(b)

(c)

图 7-33　不同涂料剥落位置的钢筋 RPC 梁的破坏模式

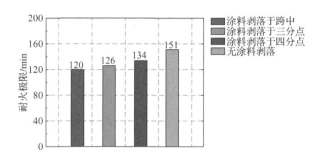

图 7-34 不同涂料剥落位置的钢筋 RPC 梁的耐火极限

7.5 小 结

本章进行了 4 根带防火涂料的钢筋 RPC 简支梁在 ISO 834 标准火灾作用下的试验研究，获得了钢筋 RPC 简支梁截面典型测点温度、跨中挠度-时间关系、轴向膨胀变形-时间关系、耐火极限、破坏模式及裂缝开展模式，揭示了 RPC 保护层厚度、荷载水平以及防火涂料涂层厚度对钢筋 RPC 简支梁抗火性能的影响。基于 ABAQUS 有限元软件，建立了带防火涂料的钢筋 RPC 梁抗火性能有限元分析模型，研究了关键参数对钢筋 RPC 梁抗火性能的影响，揭示了防火涂料的热工参数、涂层厚度、设置方式以及局部剥落对钢筋 RPC 梁抗火性能的影响规律。基于火灾试验和有限元分析，得到以下结论。

1）带防火涂料的适筋 RPC 梁在高温下易发生少筋破坏。

2）在涂料和内部 RPC 中的水分蒸发完毕之前，涂层厚度不同的钢筋 RPC 梁截面温度发展相近，从而使得这个阶段内梁的跨中挠度和轴向膨胀变形发展也相近。

3）火灾下带防火涂料的钢筋 RPC 梁的破坏是梁表面涂料剥落、产生裂缝，使受力钢筋暴露于烈火之中发生断裂，从而造成破坏；使用复掺纤维和防火涂料是防止钢筋 RPC 梁高温爆裂的有效措施。

4）防火涂料设置相同时，升温曲线、截面宽度、RPC 保护层厚度及荷载水平对钢筋 RPC 梁的抗火性能影响显著；而跨高比、RPC 抗压强度、配筋率对钢筋 RPC 梁的抗火性能影响较小。

5）防火涂料的导热系数、涂层厚度以及设置方式对钢筋 RPC 梁的耐火极限影响显著；相比于导热系数，防火涂料的密度和比热容对钢筋 RPC 梁的耐火极限影响较小。

6）即使只有 10%的防火涂料从钢筋 RPC 梁表面脱落，也能造成梁耐火极限的大幅度降低。

参 考 文 献

[1] HOU X M, CAO S J, RONG Q, et al. Effects of steel fiber and strain rate on the dynamic compressive stress-strain relationship in reactive powder concrete[J]. Construction and building materials, 2018, 170: 570-581.

[2] TIAN K P, JU Y, LIU H B, et al. Effects of silica fume addition on the spalling phenomena of reactive powder concrete[J]. Applied mechanics and materials, 2012, 174-177: 1090-1095.

[3] HOU X M, REN P F, RONG Q, et al. Comparative fire behavior of reinforced RPC and NSC simply supported beams[J]. Engineering structures, 2019, 185: 122-140.

[4] GAO W Y, DAI J G, TENG J G, et al. Finite element modeling of reinforced concrete beams exposed to fire[J]. Engineering structures, 2013, 52(9): 488-501.

[5] OŽBOLT J, BOŠ NJAK J, PERIŠ KIĆ G, et al. 3D numerical analysis of reinforced concrete beams exposed to elevated temperature[J]. Engineering structures, 2014, 58(2): 166-174.

[6] KODUR V K R, DWAIKAT M B. A numerical model for predicting the fire resistance of reinforced concrete beams[J]. Cement and concrete composites, 2008, 30(5): 431-443.

[7] ABID M, HOU X M, ZHENG W Z, et al. Creep behavior of steel fiber reinforced reactive powder concrete at high temperature[J]. Construction and building materials, 2019, 205: 321-331.

[8] ABID M, HOU X M, ZHENG W Z, et al. Effect of fibers on high-temperature mechanical behavior and microstructure of reactive powder concrete[J]. Materials, 2019, 12(2): 329.

[9] ZHENG W Z, LUO B F, WANG Y. Compressive and tensile properties of reactive powder concrete with steel fibres at elevated temperatures[J]. Construction and building materials, 2013, 41(2): 844-851.

[10] ZHENG W Z, LUO B F, WANG Y. Stress-strain relationship of steel-fibre reinforced reactive powder concrete at elevated temperatures[J]. Materials and structures, 2015, 48(7): 2299-2314.

[11] 罗百福. 高温下活性粉末混凝土爆裂规律及力学性能研究[D]. 哈尔滨: 哈尔滨工业大学, 2014.

[12] 郑文忠, 王睿, 王英. 活性粉末混凝土热工参数试验研究[J]. 建筑结构学报, 2014, 35（9）: 107-114.

[13] ASTM. Standard methods of fire tests on building construction and materials: ASTM E119-88[S]. Philadelphia: American Society for Testing and Materials, 1990.

[14] 中华人民共和国住房和城乡建设部. 建筑设计防火规范（2018 年版）: GB 50016—2014 [S]. 北京: 中国计划出版社, 2018.

[15] ZHANG H Y, LV H R, KODUR V, et al. Comparative fire behavior of geopolymer and epoxy resin bonded fiber sheet strengthened RC beams[J]. Engineering structures, 2018, 155: 222-234.

[16] RYDER N L, WOLIN S D, MILKE J A. An investigation of the reduction in fire resistance of steel columns caused by loss of spray-applied fire protection[J]. Journal of fire protection engineering, 2002, 12(1): 31-44.

[17] FAYYAD T M, LEES J M. Experimental investigation of crack propagation and crack branching in lightly reinforced concrete beams using digital image correlation[J]. Engineering fracture mechanics, 2017, 182: 487-505.

[18] LIE T T. Fire resistance of circular steel columns filled with bar-reinforced concrete[J]. Journal of structural engineering, 1994, 120(5): 1489-1509.

[19] LU H, ZHAO X L, HAN L H. Finite element analysis of temperatures in concrete filled double skin tubes exposed to fires[C]//XIE Y M, PATNAIKUNI I. 4th international structural engineering and construction conference. Melbourne: Institute of Materials Engineering Australasia Ltd, 2007.

[20] British Standards Institution. Design of steel structures-part 1-2, general rules- structural fire design: BS EN 1993-1-2:2005[S]. London: British Standards Institution, 2005.

[21] British Standards Institution. Design of concrete structures-part 1-2, general rules-structural fire design: BS EN 1992-1-2:2004[S]. London: British Standards Institution, 2004.

[22] 中华人民共和国住房和城乡建设部. 混凝土结构设计规范（2015 年版）: GB 50010—2010 [S]. 北京: 中国建筑工业出版社, 2015.

[23] GERNAY T, MILLARD A, FRANSSEN J M. A multiaxial constitutive model for concrete in the fire situation: Theoretical formulation[J]. International journal of solids & structures, 2013, 50(22-23): 3659-3673.

[24] 李莉. 活性粉末混凝土梁受力性能及设计方法研究[D]. 哈尔滨：哈尔滨工业大学，2010.

[25] International Organization for Standardization. Fire resistance tests-elements of building construction-part 1: general requirements: ISO 834-1[S]. Geneva: International Organization for Standardization, 1999.

[26] KODUR V K R, DWAIKAT M B. Design equation for predicting fire resistance of reinforced concrete beams[J]. Engineering structures, 2011, 33(2): 602-614.

[27] DWAIKAT M B, KODUR V K R. Response of restrained concrete beams under design fire exposure[J]. Journal of structural engineering, 2009, 135(11): 1408-1417.

[28] 全国混凝土标准化技术委员会（SAC/TC 458）. 活性粉末混凝土：GB/T 31387—2015[S]. 北京：中国标准出版社，2015.

[29] 万夫雄，郑文忠. 无机胶粘贴碳纤维布加固板防火涂层厚度取值[J]. 哈尔滨工业大学学报，2012，44（2）：11-16.

[30] 广东省住房和城乡建设厅. 建筑混凝土结构耐火设计技术规程：DBJ/T 15-81—2011[S]. 北京：中国建筑工业出版社，2011.

[31] LI G Q, WANG W Y, CHEN S W. A simple approach for modeling fire-resistance of steel columns with locally damaged fire protection[J]. Engineering structures, 2009, 31(3): 617-622.

[32] WANG W Y, LI G Q, KODUR V K R. Approach for modelling fire insulation damage in steel columns[J]. Journal of structural engineering, 2013, 139(4): 491-503.

第8章 考虑高温徐变影响的RPC柱抗火性能有限元分析

8.1 引　　言

目前关于RPC的研究大多集中在材料的常温力学性能和热工参数，部分学者对火灾下RPC梁抗火性能、火灾后RPC柱的力学性能及钢管RPC等[1-5]进行了研究，但对火灾下足尺寸RPC柱的高温响应研究却未见报道。然而，火灾下RPC柱比普通混凝土柱高温损伤区域大，容易发生爆裂，力学性能下降得更快，升温后期（500℃）的高温徐变更大，因此进一步掌握RPC柱火灾下的响应尤为重要[6-10]。

相关研究表明[8,9]，当温度小于250℃时，RPC的瞬态热应变数值很小（几乎为0），随着温度的升高，RPC的瞬态热应变开始变大，并且在升温后期应变率显著增大，在温度900℃、应力状态0.1时，应变可以达到0.035；在应力状态0.2时，以5℃/min升高到900℃时，RPC的短期徐变仅为0.004。可以看出，在相同的升温时间内，RPC的短期徐变数值相对瞬态热应变小得多且难以剥离，因此很多学者将其与瞬态热应变一起考虑或者忽略不计[11,12]。RPC瞬态热应变产生的原因是在升温过程中，混凝土内部自由水、结合水产生了蒸发和迁移，即C—S—H结构脱水和$Ca(OH)_2$转化为CaO，改变了内部孔隙结构，导致刚度下降，压缩应变显著增加[8]。目前，通用的混凝土和钢筋本构关系大多没有充分考虑瞬态热应变，由此分析得到的火灾下的结构响应与实际情况并不符。因此，已有相关学者对瞬态热应变及其对混凝土构件耐火性能的影响展开了研究：相关研究给出了普通混凝土[13,14]、高强混凝土[11,15,16]及RPC[8,9,17]的瞬态热应变计算模型，由于采用的试验方法和材料不同，计算数值差异较大；文献[18]～[20]分析了瞬态热应变对钢筋混凝土柱火灾下响应的影响，发现在计算分析中若不考虑瞬态热应变，将会高估柱的耐火极限，导致结构的抗火设计不安全；同样也会高估钢筋混凝土板在火灾下的变形，对板的抗火性能有着有利影响[21,22]；对于受火面在受拉区的钢筋混凝土简支梁影响较小，然而当荷载和加热都是在压缩面时，瞬态热应变对梁的变形也有重要影响[23,24]。可见，瞬态热应变对受压构件抗火性能的影响更为显著，在结构的抗火设计中应该引起重视。

基于以上问题，本章采用ABAQUS有限元软件建立火灾下RPC柱的三维有限元模型，明确地考虑了RPC瞬态热应变，计算RPC柱的耐火极限，并进行参数化分析，考虑了截面尺寸、轴压比、配筋率、受火面、火灾工况和保护层厚度等不同参数下，RPC柱的耐火极限及瞬态热应变对RPC柱变形和耐火极限的影响；与相同工况下普通混凝土柱、高强混凝土柱的耐火极限进行对比分析，探讨了 RPC 柱的抗火性能。

8.2　RPC 柱抗火性能有限元模型

8.2.1　考虑瞬态热应变的方法

采用数值方法模拟钢筋混凝土构件在火灾下的响应时，需要赋予钢筋和混凝土材料高温下的应力-应变关系，此时混凝土的应变应该包括应力应变、自由膨胀应变、瞬态热应变和短期高温徐变 4 个部分，钢筋的应变则包括应力应变、自由膨胀应变、短期高温徐变 3 个部分。其中，测瞬态热应变需要预先对试件施加恒定荷载，然后升温到指定温度，取自由膨胀应变和温度应变的差值；测短期高温徐变则需要先加热到指定温度，然后施加恒定荷载，再取自由膨胀应变和温度应变的差值。因此通过以力加载控制或位移加载控制所测得的混凝土高温下的本构关系大多不包括瞬态热应变和高温徐变，并且也难以通过以应力 σ_{c}、温度 T、受火时间 t 为变量的显式方法将其引入本构方程中[11,13]。ASCE 和 BS EN 1992-1-2:2004 规范中给出的混凝土和钢筋高温下的本构关系也没有充分考虑瞬态热应变和高温徐变，因此，采用数值方法计算出来的火灾下钢筋混凝土结构的高温响应与实际情况有所差异。

为了准确模拟结构在火灾下的响应，相关学者针对如何在分析计算中考虑混凝土和钢筋的瞬态热应变和短期徐变开展了一定的研究。在温度达到 500℃ 以上时，钢筋短期徐变也会变得很显著，但由于在钢筋混凝土构件中钢筋所占比例很小，并且有混凝土保护层隔热，钢筋高温下的短期徐变对构件的抗火性能影响不大[19]。下面介绍两种目前常用的考虑混凝土瞬态热应变的方法。

1. 修改材料的热膨胀系数和弹性系数

Anderberg 和 Thelanderson[25]对混凝土试件单轴受压试验结果进行了回归分析，提出了普通混凝土的瞬态热应变计算模型，并得到了广泛的应用，即

$$\varepsilon_{tr} = k\left(\frac{\sigma}{f_{c}'}\right)\varepsilon_{th} \tag{8-1}$$

$$\frac{\partial \varepsilon_{tr}}{\partial T} = 0.0001\left(\frac{\sigma}{f_{c}'}\right) \tag{8-2}$$

式中：ε_{tr} 为瞬态热应变；ε_{th} 为自由膨胀应变；σ 为单轴压应力；f_{c}' 为常温下混凝土的抗压强度；k 为根据试验结果拟合确定的常数，本书建议取值范围为 1.82～2.35；T 为温度。随后，Thelandersson[26]将计算模型从单轴应力状态推广到多轴应力状态，则有

$$\dot{\varepsilon}_{tr} = \dot{T}\overline{\boldsymbol{Q}} : \overline{\boldsymbol{\sigma}} \tag{8-3}$$

式中：$\dot{\varepsilon}_{tr}$ 为瞬态热应变率；$\dot{T}$ 为温度变化率；$\overline{\boldsymbol{\sigma}}$ 为应力张量；$\overline{\boldsymbol{Q}}$ 为一个四阶张量，其展开形式为

$$\boldsymbol{Q}_{ijkl} = \frac{\alpha k}{f'_c}\left[-\upsilon\delta_{ij}\delta_{kl} + \frac{1}{2}(1+\upsilon)\left(\delta_{ik}\delta_{jl} + \delta_{il}\delta_{jk}\right)\right] \tag{8-4}$$

式中：α 为热膨胀系数；υ 为泊松比；δ_{ij} 为张量中的数学符号，没有具体物理含义，如 $\delta_{ij} = \begin{cases} 1 & i=j \\ 0 & i \neq j \end{cases}$；其余参数同前。

王广勇和薛素铎[27]将式（8-3）和式（8-4）联立，进行积分变换，将多轴应力状态下的瞬态热应变和自由膨胀应变组合后对温度取平均值，得到等效热膨胀系数 $\overline{\alpha}$ 为

$$(\varepsilon_{tr})_{ij} + (\varepsilon_{th})_{ij} = \frac{\alpha kT}{f'_c}\left[-\upsilon\delta_{ij}\sigma_{kk} + (1+\upsilon)\sigma_{ij}\right] + \alpha T\delta_{ij} \tag{8-5}$$

$$\overline{\alpha} = \frac{(\varepsilon_{tr})_{ij} + (\varepsilon_{th})_{ij}}{T} = \frac{\alpha k}{f'_c}\left[-\upsilon\delta_{ij}\sigma_{kk} + (1+\upsilon)\sigma_{ij}\right] + \alpha\delta_{ij} \tag{8-6}$$

式中：σ_{ij} 为初始应力。

以 ABAQUS 有限元软件为平台进行二次开发，通过用户自定义子程序 UEXPAN 来定义混凝土的热膨胀系数。通过场变量子程序 USDFLD 和函数 GETVRM 读取每个增量步的初始应力 σ_{ij}，结合当前增量步的初始时间 t、初始温度 T、时间增量 Δt、温度增量 ΔT，利用式（8-6）计算等效热膨胀应变增量，将组合应变增量计入应力总应变中，即考虑了高温下混凝土瞬态热应变的影响。谭清华和韩林海[28]采用此种方法，对火灾下钢筋混凝土简支梁试验和考虑升温、降温火灾后型钢混凝土柱的力学性能试验进行了验证，证明采用修改材料热膨胀系数的方法可以较好地考虑瞬态热应变影响，模拟结果与试验吻合较好。此外，侯舒兰等[29]采用与谭清华等相同的模型和计算程序，模拟了升温、降温阶段钢管混凝土叠合柱的轴向变形，发现高温下混凝土的瞬态热应变对钢管混凝土叠合柱轴向变形影响显著。同时，王广勇和薛素铎[27]还提出了计算等效弹性模量的方法来考虑混凝土的瞬态热应变，原理与等效热膨胀系数方法类似，即将瞬态热应变与弹性应变组合后，再计算弹性模量和泊松比。

2. 扩展的 Drucker-Prager 模型

ABAQUS 有限元软件中的热分析和力学分析模块，可以用于计算火灾下的结构响应。对于钢筋混凝土结构，ABAQUS 有限元软件中热分析（heat tranfer）可以较为准确地计算出截面的温度场分布，这已经通过与大量试验的对比得到了验证。ABAQUS 有限元软件中常用混凝土塑性损伤（concrete damaged plasity）模型

计算混凝土的力学行为，该模型通过定义受压损伤因子和受拉损伤因子，模拟混凝土典型的受压时软化和破碎、受拉时微裂缝的扩展和开裂，但高温下混凝土的本构关系难以充分考虑混凝土的瞬态热应变，使采用混凝土塑性损伤（concrete damaged plasity）模型准确模拟结构火灾下的响应变得复杂，往往需要编写程序对 ABAQUS 有限元软件进行二次开发。ABAQUS 有限元软件中提供的 Extended Drucker-Prager（扩展的德鲁克-普拉格）模型则可以计算混凝土的压缩和徐变行为[19,20]，混凝土的总应变率可以表示成 3 种应变率的线性叠加：

$$\dot{\varepsilon}=\dot{\varepsilon}_e+\dot{\varepsilon}_p+\dot{\varepsilon}_{cr} \tag{8-7}$$

式中：$\dot{\varepsilon}_e$ 为弹性应变率；$\dot{\varepsilon}_p$ 为塑性应变率；$\dot{\varepsilon}_{cr}$ 为徐变率。弹性应变和塑性应变通过随温度变化的弹性模量和应力-应变关系定义，徐变率则通过下面方法计算出来的徐变系数定义。

在 Drucker-Prager creep（德鲁克-普拉格徐变）模型中，提供时间硬化、应变硬化和辛格-米切尔（Singh-Mitchell）共 3 种徐变率计算模型。混凝土在高温下的瞬态热应变和高温徐变相对于常温下的徐变可以在较短的时间内达到很大的数值，因此选择应变硬化计算模型，即

$$\dot{\bar{\varepsilon}}_{cr}=\left(A\left(\bar{\sigma}_{cr}\right)^n\left[\left(m+1\right)\bar{\varepsilon}_{cr}\right]^m\right)^{\frac{1}{m+1}} \tag{8-8}$$

式中：当混凝土处于单轴受压状态下时，$\dot{\bar{\varepsilon}}_{cr}$ 表示徐变率；$\bar{\sigma}_{cr}$ 表示徐变所对应的压应力；A、n、m 分别为与徐变率相关的随温度变化的系数，其中，A、n 必须为正数，m 取值范围为 $-1<m\leqslant 0$。假设 $m=0$，则可以将徐变率的计算模型与徐变解耦。采用相关文献中的瞬态热应变计算模型，通过计算每个温度梯度下所对应的系数 A、n，则可以将瞬态热应变计入结构的高温响应之中[19,20]。

8.2.2　RPC 柱有限元模型

ABAQUS 有限元软件包括两种热力耦合的分析方式，即完全热力耦合和顺序热力耦合，用于计算热分析和力学分析相互影响的结构。

1）完全热力耦合采用同时具有温度自由度和结构自由度的单元，直接进行热力耦合分析（更接近实际情况），但有限元方程中的单元矩阵或单元荷载向量包含了所有耦合场的自由度，计算起来难以收敛。

2）顺序耦合即将热分析和力学分析解耦分别计算，在不同的分析步中采用不同的单元类型，但单元划分（节点自由度）必须保持一致。采用顺序热力耦合的方法建立 RPC 柱耐火极限有限元模型，即先对 RPC 柱进行热分析，得到 RPC 柱节点温度，然后在力学分析中，通过导入节点温度和定义随温度变化的力学性质计算 RPC 柱的高温响应。

目前，尚未见到有关荷载作用下 RPC 柱抗火试验的报道，参考已有的国内外普通混凝土柱、高强混凝土柱和超高强混凝土柱明火试验和计算分析时的通常做

法，并且为了后续的抗火性能对比，本节设计了 3 种不同参数的 RPC 柱进行计算分析（表 8-1）。文献[7]通过 RPC 棱柱体试件荷载作用下的高温试验，发现在 RPC 配合比中掺入 0.2% PP 纤维和 2%钢纤维，可以有效防止 RPC 高温下的爆裂，并且提高 RPC 强度、韧性，此外 Hou 等[1,2]采用该 RPC 配合比和纤维掺量，进行了火灾下的 RPC 梁抗火试验，发现爆裂现象并不明显。因此，进行火灾下 RPC 柱有限元模拟时，采用该纤维掺量下的本构关系，忽略 RPC 柱高温下的爆裂。

表 8-1　RPC 柱模型参数

参数	A 柱	B 柱	C 柱
截面尺寸	305mm×305mm	300mm×300mm	500mm×500mm
长度/m	3.81	3.3	3.6
RPC 抗压强度 f_c' /MPa	150	150	200
纵筋屈服强度 f_y' /MPa	354	500	500
钢筋	4Φ25	6Φ20	16Φ29
箍筋	Φ8@（75～150）	Φ8@250	Φ13@100
保护层厚度/mm	40	40	50
升温曲线	ASTM-E119	ISO 834	ISO 834
纤维掺量	0.2% PP 纤维+2%钢纤维		

　　Abid[30]通过对 RPC 棱柱体试件先加载后升温和先升温后加载两种试验方法，系统地测量了不同应力水平下 RPC 的瞬态热应变和短期徐变，并对试验数据进行回归分析，给出与温度 T、应力 σ、时间 t 相关的计算模型。对于混掺纤维 RPC 的瞬态热应变计算式（8-9），采用恒载升温过程中的总应变，减去开始施加荷载的机械应变和自由膨胀应变得到的 RPC 瞬态热应变，因此式（8-9）中包含了 RPC 升温到目标温度过程中的短期徐变。但由于升温时间相对较短，短期徐变所占比例也很小，可以近似忽略。

$$\varepsilon_{tr} = \begin{cases} \dfrac{\sigma}{f_c}\left(-6.51\times10^{-4} + 3.16\times10^{-5}T - 9.55\times10^{-14}T^3\right) & 20℃ \leqslant T \leqslant 700℃ \\ \dfrac{\sigma}{f_c}\left(-49.66\times10^{-3} - 6.63\times10^{-9}\times e^{0.208\times T}\right) & 700℃ \leqslant T \leqslant 900℃ \end{cases} \tag{8-9}$$

式中：f_c 表示常温下混凝土的抗压强度。

　　通过对上面考虑瞬态热应变的方法分析可知，采用 ABAQUS 有限元软件中通用的 Drucker-Prager creep 模型考虑混凝土瞬态热应变的影响，同时兼顾了计算的准确性和效率，因此下面的钢筋 RPC 柱的抗火分析均采用此种方法。

　　1. 温度场模型

　　钢筋和 RPC 的热工参数主要包括密度、导热系数和比热容等，在高温下，由于钢材内部的颗粒成分与结构发生变化和混凝土内部的水分迁移、蒸发和化学成分改变等因素，这些参数往往不是定值，而是随着温度升高而变化的。钢筋的热工参数参考相关文献选取 BS EN 1993-1-2:2005[31]建议的热工性能表达式，RPC 选取郑文忠等[6]给出的混掺纤维的热工参数计算公式，将每个温度梯度下的热工参数输入 ABAQUS 有限元软件中。环境温度设为 20℃，升温方式选取对应工况下的升温曲线。火灾下，热量的传递方式包括对流、辐射和热传导，在 ABAQUS 有限元软件温度场模型中，通过定义相关接触系数来模拟实际火灾热量传递的过程。RPC 柱外表面受火面和不受火面对流换热系数分别取 25W/（m^2·℃）和 9W/（m^2·℃），对于烃烷类火灾升温曲线对流换热系数取为 50W/（m^2·℃），辐射系数均取为 0.5[1]，绝对温度为 0K（−273℃），Stefan-Boltzmann（斯特藩-玻尔兹曼定律）系数取为 5.67× 10^{-8}W/（m^2·K^4）。

钢筋和 RPC 之间采用 tie 约束，使钢筋与同位置的混凝土具有相同的温度。钢筋和 RPC 网格划分尺寸均为 25mm。对于热分析，RPC 选用八节点三维热分析实体单元 DC3D8，钢筋选用二节点索单元 DC1D2。

2. 耐火极限模型

建立 RPC 柱耐火极限有限元模型，采用与温度场模型相同的模型尺寸和网格划分，RPC 和钢筋的单元类型分别选择适用于应力分析的 C3D8R 和 T3D2。将温度场模型计算出来的各个节点温度随时间变化的 file 文件，导入耐火极限模型中给出受火过程中各个时刻下单元的温度，通过在 ABAQUS 有限元软件中定义随时间变化的力学性能，模拟 RPC 柱火灾下的高温响应。RPC 和钢筋高温下的力学参数主要包括应力-应变关系、弹性模量、泊松比、热膨胀系数等，RPC 高温下的受压应力-应变关系、弹性模量、热膨胀系数取自罗百富[7]研究中给出的模型，受拉应力-应变曲线为双线性，抗拉强度取为抗压强度的 10%，瞬态热应变计算模型采用式（8-9），钢筋高温下的应力-应变关系、弹性模量、热膨胀系数均取自 BS EN 1993-1-2:2005[31]，高温下的折减系数取为 BS EN 1992-1-2:2004[32]。

采用 Extend Drucker-Prager 模型模拟 RPC 受力过程中的压缩、拉伸和徐变行为，Extend Drucker-Prager 模型需要定义材料的摩擦角 δ、膨胀角 β 和三轴拉伸中的流动应力与三轴压缩中的流动应力之比 K。文献中对于混凝土材料摩擦角 δ 和膨胀角 β 建议取值为 37° 和 31°[19]，对于 RPC 材料的取值建议目前还未见报道，本章取值与混凝土材料相同，当考虑混凝土徐变时，K 取值为 1。采用式（8-9）计算出 RPC 随温度变化的瞬态热应变系数 A、n、m，然后输入 Drucker-Prager creep 模型中。钢材采用 ABAQUS 有限元软件中的等效弹塑性模型，满足米塞斯（von Mises）屈服准则。

钢筋与混凝土之间采用嵌入式约束，钢筋混凝土之间无相对滑动，保证其共同受力和变形。在柱的两端建立刚性约束面（rigid body），约束面上建立参考点，通过对参考点的约束和加载来定义 RPC 柱的边界条件，同时模型也考虑了 RPC

柱的几何非线性和初始缺陷。

8.2.3　模型验证

由于缺乏荷载作用下 RPC 柱的足尺寸耐火性能试验，本节采用已见报道的普通混凝土柱[33,34]、超高强混凝土柱[35]、RPC 梁[1,2]等明火试验分别进行了有限元温度场模型、耐火极限模型及 RPC 材料模型的验证。

1. 普通混凝土柱验证

Lie 等[33]和 Kodur 等[34]分别进行了几何尺寸相同的普通混凝土柱耐火性能试验，本节引用其中两根钢筋混凝柱的试验结果对有限元模型进行验证，试验详细信息见表 8-2。

表 8-2　用于模型验证的普通混凝土柱

参数	Lie 等[33]/柱 1	Kodur 等[34]柱 2
截面尺寸	305mm×305mm	305mm×305mm
长度/m	3.81	3.81
混凝土抗压强度 f_c' /MPa	36.1	40.2
骨料类型	硅质	硅质
纵筋屈服强度 f_y' /MPa	354	354
钢筋	4Φ25	4Φ25
箍筋	Φ8@305	Φ8@（75～150）
保护层厚度/mm	40	40
荷载/kN	1 067	930
轴压比	0.32	0.26
失效时间/min	208	278

在普通钢筋混凝土柱有限元模型中，高温下混凝土的热工参数、受压应力-应变关系和热膨胀系数等均取自 Lie[36]建议的计算表达式，高温下混凝土的弹性模量取为受压应力-应变曲线在原点的斜率，受拉应力-应变关系选取文献[37]给出的模型，泊松比选取 Gernay 等[38]建议的计算公式，瞬态热应变计算模型选取过镇海和时旭东[39]给出的表达式。钢筋高温下各种参数的选取与 8.2.2 节中的"1. 温度场模型"相同。图 8-1 和图 8-2 中给出柱中间截面不同位置的温度-时间曲线试验值与模拟结果对比，可以看出计算结果与试验结果基本吻合，试验条件下，模型对火灾下的钢筋混凝土柱温度场具有较好的预测能力。图 8-3 和图 8-4 中给出柱顶轴向位移随时间的变化曲线，可以看出采用 Drucker-Prager creep 模型来考虑火灾下混凝土柱瞬态热应变的影响可以与试验值基本吻合，与文献[19]中的计算结果基本一致。

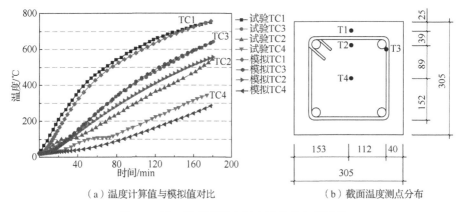

图 8-1　柱 1 横截面测点温度试验值与模拟值

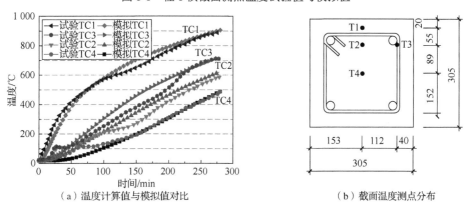

图 8-2　柱 2 横截面测点温度试验值与模拟值

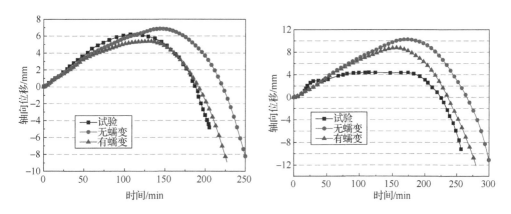

图 8-3　柱 1 模拟与试验的轴向位移时间曲线　　图 8-4　柱 2 模拟与试验的轴向位移时间曲线

2. UHPC 柱验证

Choe 等[35]进行了圆柱体强度为 200MPa 的超高强度混凝土柱抗火性能及火灾

后力学性能试验，试验详细参数见表 8-1 中 C 柱。采用前面内容中提到的混掺纤维 RPC200 的热工参数和力学性能进行验算，柱截面温度场和柱顶位移随受火时间的变化曲线如图 8-5 和图 8-6 所示。从图 8-5 和图 8-6 中可以看出，计算结果与试验结果基本吻合，其中 UHSC 柱表面温度测点 5 的模拟结果与试验结果差距较大，这可能是由于除了高温试验结果的离散性外，还与采用了 RPC 的热工参数及有限元模型中不能考虑混凝土的含水率和水分的蒸发迁移有关；对于柱顶位移时间曲线在升温后期模拟结果比试验值略小，可能是模拟中没有考虑柱的爆裂造成的。

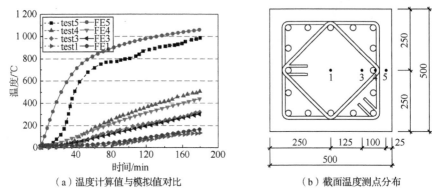

（a）温度计算值与模拟值对比　　　　　　（b）截面温度测点分布

图 8-5　UHSC 柱横截面测点温度试验值与模拟值

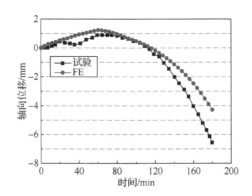

图 8-6　UHSC 柱顶位移试验值与模拟值

3. RPC 材料本构验证

RPC 材料模型验证选择 Hou 等[1]和 Al-bayati[40]所完成的 3 根火灾下 RPC 简支梁耐火性能试验。Hou 等[1]研究的 RPC 梁在制作时，采用与文献[7]相同的 RPC200 配合比，纤维掺量为 0.2% PP 纤维及 2%钢纤维，边长为 70.7mm 的 RPC 立方体抗压强度为实测值 127MPa，梁横截面尺寸为 200mm×400mm，全长为 4900mm，受火长度为 3500mm，升温曲线为国际标准升温曲线（ISO 834）。Al-bayati[40]在 RPC 配合比中加入了体积分数为 1.25%的混合纤维，钢纤维和 PP 纤维各占 50%，试验前

RPC 立方体抗压强度为 108MPa，横截面尺寸为 150mm×200mm，全长 2.0mm，梁底面和侧面三面受火，受火长度为 1.8m，升温曲线为 AST-E119。3 根 RPC 梁均采用在三分点施加集中力的方式加载吧，梁底和侧面三面受火，试验详细信息见表 8-3。

表 8-3　用于模型验证的 RPC 梁

参数	Hou 等[1]/梁 1	Hou 等[1]/梁 2	Al-bayati[40]/梁 3
截面尺寸	200mm×400mm	200mm×400mm	150mm×200mm
梁长/m	4.9	4.9	2.0
梁顶钢筋	2Φ10	2Φ10	2φ6
屈服强度/MPa	415	415	500
梁低钢筋	3⏀25	3⏀25	2⏀8
屈服强度/MPa	463	463	500
箍筋	Φ8@60	Φ8@60	Φ8@75
屈服强度/MPa	415	415	500
保护层厚度/mm	25	35	30
三分点荷载/kN	50.9	49.6	22.1
升温曲线	ISO 834	ISO 834	ASTM-E119
受火时间/min	125	176	120

RPC 梁耐火极限有限元模型材料的热力参数和本构关系与前面内容中提到的 RPC 柱取值相同，采用相同的单元和网格划分，瞬态热应变模型同样采用式（8-9）进行计算，RPC 梁温度场和跨中挠度随受火时间的变化曲线如图 8-7 和图 8-8 所示。计算结果基本与试验结果吻合，综合考虑可认为所建立的考虑瞬态热应变的影响顺序耦合的耐火极限有限元模型，能够较好地预测火灾下 RPC 柱抗火性能。

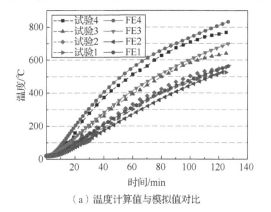
（a）温度计算值与模拟值对比

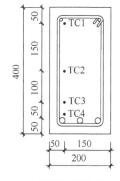
（b）截面温度测点分布

图 8-7　梁 1 横截面测点温度试验值与模拟值

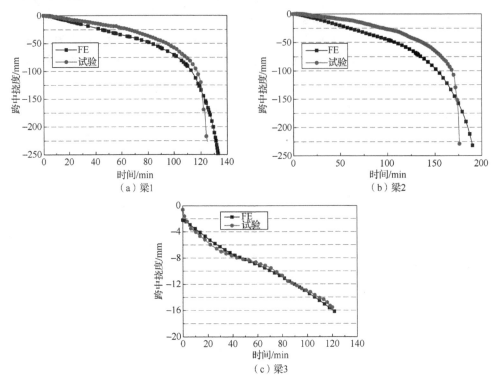

图 8-8　RPC 梁跨中挠度试验值与模拟值随受火时间变化曲线

8.3　关键参数对 RPC 柱耐火性能的影响

采用上述有限元模型，对 RPC 柱的耐火极限进行参数分析，分析了不同的截面尺寸、轴压比、配筋率、受火面、火灾工况和保护层厚度下，RPC 柱的抗火性能及瞬态热应变的影响。为了便于对比分析，轴压柱的荷载水平均采用相同的计算方法，即施加的竖向荷载与 RPC 柱截面最大承载力（按照 ACI 318-14[41]规范计算）的比值。柱的耐火极限参照 ISO 834-1（1999）[42]的规定，取构件的轴向变形达到 $h/100$（h 为柱高）或构件的轴向变形速率达到 $0.003h$/min 时对应的升温时间。详细的计算结果见表 8-4。

表 8-4　瞬态热应变对 RPC 柱耐火极限的影响

参数	柱编号	应力水平/%	荷载/kN	耐火极限		差值	误差/%
				有蠕变	无蠕变		
截面尺寸	1-A1-305	47	3 007	189	231	42	22
	1-A2-400		5 094	248	333	85	34
	1-A3-500		7 898	323	461	138	43

续表

参数	柱编号	应力水平%	荷载/kN	耐火极限 有蠕变	耐火极限 无蠕变	差值	误差/%
截面尺寸	1-B1-300	64	4 050	128	143	15	12
	1-B2-400		7 022	175	206	31	18
	1-B3-500		10 842	228	285	57	25
	1-C1-400	63	10 052	221	244	23	10
	1-C2-500		15 000	258	300	42	16
	1-C3-600		21 190	299	375	76	26
轴压比	2-A1-0.2	44	2 790	203	247	44	22
	2-A2-0.3	65	4 186	137	152	15	11
	2-A3-0.4	88	5 580	102	108	6	6
	2-B1-0.2	43	2 700	184	229	45	25
	2-B2-0.3	64	4 050	128	143	15	12
	2-B3-0.4	85	5 400	96	103	7	7
	2-C1-0.2	20	10 000	362	497	135	37
	2-C2-0.3	30	15 000	258	300	42	16
	2-C3-0.4	40	20 000	192	219	27	14
配筋率	3-A1-4/25	47	3 007	189	231	42	22
	3-A2-6/25			200	241	41	21
	3-A3-8/25			210	252	42	20
	3-B1-4/25	43	2 700	175	221	46	26
	3-B2-6/25			184	229	45	25
	3-B3-8/25			192	237	45	23
	3-C1-8/25	62	15 000	228	272	44	19
	3-C2-12/25			253	304	51	20
	3-C3-16/25			258	300	42	16
受火面	4-A1-4	65	4 186	137	152	15	11
	4-A2-3			188	218	30	14
	4-A3-2			NF（300min）	NF（300min）		
	4-A4-1			NF（300min）	NF（300min）		
	4-B1-4	64	4 050	128	143	15	12
	4-B2-3			178	208	30	17
	4-B3-2			290	NF（300min）		
	4-B4-1			NF（300min）	NF（300min）		
	4-C1-4	25	15 000	258	300	42	16
	4-C2-3			367	454	87	24
	4-C3-2			NF（500min）	NF（500min）		
	4-C4-1			NF（500min）	NF（500min）		

续表

参数	柱编号	应力水平%	荷载/kN	耐火极限		差值	误差/%
				有蠕变	无蠕变		
受火工况	5-A1-A	47	3 007	189	231	42	22
	5-A2-H			138	190	52	38
	5-B1-I	64	4 050	128	143	15	12
	5-B2-H			94	111	17	18
	5-C1-I	62	15 000	258	300	42	16
	5-C2-H			231	282	51	22
保护层厚度	7-A1-30	65	4 186	133	149	14	11
	7-A2-40			137	152	15	11
	7-A3-50			142	157	15	10
	7-B1-30	43	2 700	180	227	47	26
	7-B2-40			184	229	45	25
	7-B3-50			190	234	44	23
	7-C1-40	62	15 000	247	290	41	17
	7-C2-50			258	300	42	16
	7-C3-60			267	308	41	15

8.3.1 截面尺寸

在保持 3 种 RPC 柱其他参数不变的条件下,每类 RPC 柱分别计算了 3 种截面尺寸在考虑和不考虑瞬态热应变(transient strain,TS)两种情况时的耐火极限。从表 8-4 的计算结果可知,保持配筋量和荷载水平不变的条件下,随着截面尺寸的增大,3 种 RPC 柱的耐火极限均得到了显著的提升。以 RPC-A 柱为例,将核心单元的温度随受火时间变化曲线绘于图 8-9 中,当截面尺寸较小的 1-A1-300 柱达到耐火极限 189min 时,横截面最低温度约为 481℃,而相同时刻截面尺寸相对较大的 1-A2-400 柱和 1-A3-500 柱横截面中心点的温度约为 295℃和 183℃。增大截面尺寸有效地降低了高温部分所占全截面的比例,虽然一定程度上增大了截面的温度梯度,但也降低了截面的平均温度,从而提高了 RPC 柱的耐火极限。与高强混凝土柱和普通混凝土柱一样,增大截面尺寸也是保证 RPC 柱具有足够耐火极限的有效方式之一。当截面尺寸增大到 500mm 时,3 种 RPC 柱均满足美国规范 ACI 318-14[41]和我国《建筑设计防火规范》(2018 年版)(GB 50016—2014)[43]中对柱类构件 3~4h 耐火极限的要求。

将 RPC-A、RPC-B 和 RPC-C 柱在 3 种截面尺寸、18 种工况下的柱顶轴向位移随着受火时间的变化曲线如图 8-10 和图 8-11 所示。可以看出,当计算过程中不考虑瞬态热应变时,RPC 柱火灾下的轴向变形明显

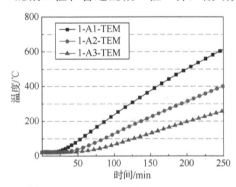

图 8-9　RPC-A 柱中心温度随时间变化曲线

偏小，与实际情况有所差异，尤其是随着截面尺寸的增大、耐火极限的延长，瞬态热应变对轴向位移的影响则越来越大。对于 RPC-A 柱，当截面尺寸为 305mm 时耐火极限为 189min，而不考虑 TS 耐火极限则为 231min，TS 的影响为 22%；当截面尺寸分别增大到 400mm 和 500mm 时，耐火极限分别为 248min 和 323min，TS 的影响也增大到 34% 和 43%，若不考虑 TS 的影响则轴向位移则比实际工况小 25mm 左右。此外，在 1-A1-300 达到耐火极限时，瞬态热应变对 1-A2-400 柱和 1-A3-500 柱轴向位移的影响仅为 8mm 和 5mm。对于 RPC-B 柱和 RPC-C 柱也得到了同样的规律，随着截面尺寸的增大，耐火极限分别提高了 100min 和 78min，TS 对耐火极限的影响也分别从 12% 和 10%，增大到 25% 和 26%。RPC-B 柱不考虑 TS 时，在破坏时刻轴向位移会减小 11mm 左右；而 RPC-C 柱不考虑 TS 时，破坏时刻轴向位移会减小 16~25mm。根据以上计算结果，可以判定随着截面尺寸的增大，瞬态热应变对 RPC 柱耐火极限的影响更大，但在相同的受火时间内，TS 对截面尺寸较小的 RPC 柱影响更大。主要原因可能如下：增大截面时，RPC 柱的受火时间更长，RPC 柱截面温度也随之更高，尤其是在高温下，瞬态热应变会快速增长，截面尺寸大，产生的温度梯度也更大，放大瞬态热应变的影响，会导致截面产生附加应力，增大柱子的变形；相同的荷载水平下，柱子截面尺寸越大，所施加的荷载也就越大，布置同样强度和根数的钢筋，钢筋所发挥的作用越小，相应的混凝土应力增大，从而导致瞬态热应变的影响变大。这与增大截面尺寸可以提高耐火极限的规律相反，增大截面尺寸在达到耐火极限的同时反而会放大瞬态热应变的影响，因此在大截面 RPC 柱的抗火设计中应该重视该影响。

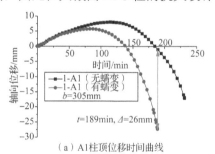

（a）A1柱顶位移时间曲线

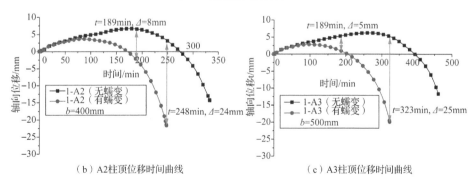

（b）A2柱顶位移时间曲线　　　　　（c）A3柱顶位移时间曲线

图 8-10　RPC-A 柱轴向位移随受火时间变化曲线

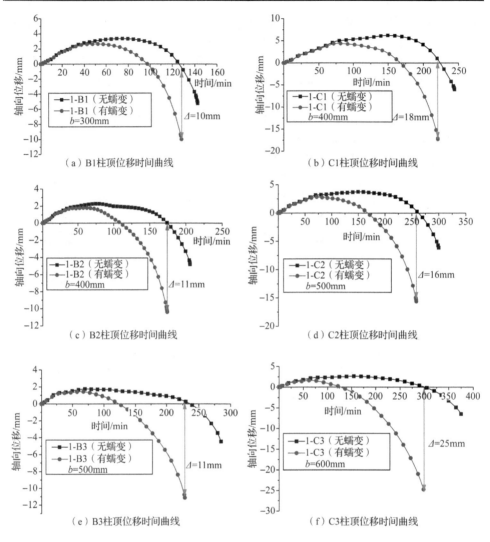

图 8-11　RPC-B、RPC-C 类柱轴向位移随受火时间变化曲线

8.3.2　荷载水平

取 3 种不同参数的 RPC 柱，分别在荷载水平为 40%～90%时，计算考虑和不考虑瞬态热应变时的变形曲线、耐火极限及应力分布情况。从表 8-4 的计算结果可以看出随着荷载水平的增大，耐火极限显著降低，瞬态热应变对 RPC 柱耐火极限的影响也逐渐减小。对于 RPC-A 柱，当荷载水平为 44%时，耐火极限为 203min，而不考虑 TS 时耐火极限的计算结果为 247min，误差为 42min，占总耐火极限的22%。当荷载水平分别增大到 65%和 88%时，耐火极限则降低到 137min 和 102min，并且不考虑 TS 时的耐火极限与此差别不大，分别为 152min 和 108min，TS 对耐火极限的影响也仅为 11%和 6%。另外，从图 8-12 中 RPC-A 柱火灾下的变形曲线

也可以看出，随着荷载的增大，达到耐火极限的轴向变形也更小，即火灾下的变形能力减弱，考虑 TS 与不考虑 TS 两种工况的轴向位移曲线差别不大。对于 RPC-B 柱与 RPC-C 柱在本章所取的 3 种荷载水平下也有着相似的变化规律。这与普通混凝土柱应力水平越大 TS 对耐火极限的影响越大的论述有所差异，主要原因可能如下。

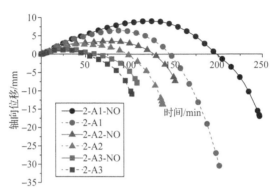

图 8-12　不同荷载水平的 RPC-A 柱轴向位移随受火时间变化曲线

1）由于 RPC 材料性能在高温下退化更快，相同荷载水平的钢筋 RPC 柱耐火性能明显弱于普通钢筋混凝土柱（详细对比分析见后文），高应力状态下 RPC 柱在火灾下会快速失效，受火时长相对较短。图 8-13 所示为 2-A3-0-4（荷载水平为 88%）达到耐火极限时 1/2 柱高处横截面的温度分布，占整个横截面一半以上核心区域（约 53%）的温度低于 600℃，高温区域所占比例较小的 RPC 的瞬态热应变没有充分发展。

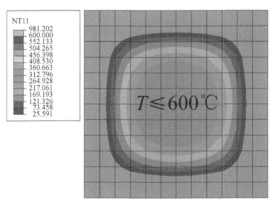

图 8-13　2-A3-0-4 柱横截面温度分布

2）本章采用的瞬态热应变计算模型主要与应力和温度有关，RPC 的瞬态热应变与应力水平成比，随着温度的增大成指数增长。引入 RPC 和 NSC 的单位应力瞬态热应变值 $\beta(T)$ [39]，即

$$\beta(T) = \frac{\varepsilon_{tr}}{\sigma / f_c} \qquad (8\text{-}10)$$

将 RPC 和 NSC 的瞬态热应变数值代入计算，可以得到 β-T 曲线，如图 8-14 所示。从图 8-14 中也可以看出，当温度小于 400℃时，RPC 的瞬态热应变数值很小并且与 NSC 几乎相同，但随并随着温度的升高瞬态热应变会显著增大，表现出了比 NSC 更高的温度敏感性。因此对于 RPC 柱，降低温度抵消了增大荷载水平带来的瞬态热应变对耐火时长的影响。

3）RPC 在升温过程中，材料内部结合水的损失［C—S—H 结构脱水和 Ca(OH)$_2$ 转化为 CaO］，以及 PP 纤维在 169℃和钢纤维在 650℃融化产生了更多的微孔结构，导致刚度下降，在高应力和高温状态下更容易被压碎和固结，产生瞬态热应变，压缩变形显著增加，加速了火灾下 RPC 柱的失效。此外，1-A1-305 柱在荷载为 3007kN 时，瞬态热应变对耐火极限的影响为 42min，占耐火极限的 22%，与 2-A1-0-2 柱几乎相同。在一定范围内，应力的增长也会放大瞬态热应变的效应。

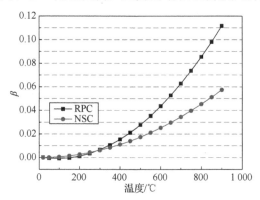

图 8-14　RPC 和 NSC 单位应力瞬态热应变值随温度的变化曲线

8.3.3　配筋率

对于 3 种类型的 RPC 柱在保持其他几何参数和荷载大小不变的情况下，计算了三种配筋率下考虑 TS 和不考虑 TS 两种工况下的耐火极限。将 RPC-A 柱和 RPC-B 柱纵筋分别从 4⊈25 和 4⊈20 增加到 8⊈25 和 8⊈20，耐火极限分别从 189min 和 175min 提高到 200min 和 192min。3 种配筋率下，瞬态热应变对 RPC-A 柱耐火极限的影响约为 42min，对 RPC-B 柱的影响约为 45min，配筋率增大导致耐火极限的增大，因此 TS 所带来的误差占比稍有减小。将 RPC-C 柱纵筋从 8⊈25 增加到 16⊈25，耐火极限从 228min 提高到 258min，TS 对耐火极限的影响为 42～51min。从以上计算结果可以看出，随着配筋率的增大，RPC 柱耐火极限的提升并不明显，这也与文献[59]中有关高强混凝土柱耐火极限随着配筋率的变化规律一致，瞬态热应变对 RPC 柱耐火极限的影响也基本不随配筋率发生变化。

RPC 柱 3-C1-8/29 在 1/(2h) 处截面单元的应力随受火时间的变化情况如图 8-15 所示,分别提取考虑与隐含考虑瞬态热应变两种情况下不同位置处的 3 个单元的轴向应力,其中点 A 表示截面边缘 RPC 单元,点 B 表示截面核心 RPC 单元,C 表示角部钢筋单元。从图 8-15 中可以看出,钢筋 RPC 柱受火过程中发生了明显的应力重分布现象,若以钢筋应力变化为参考标准大概可以分为 4 个阶段。

第一阶段,升温初期,RPC 热惰性导致截面温度场分布不均匀,外围 RPC 受热膨胀而材料强度和弹性模量损失不大,外围 RPC 承担的荷载较大,因此在图 8-15 中可以看出外围单元的压应力先增大,钢筋和核心 RPC 单元的压应力减小,但这种现象仅出现在开始受火的很短时间内,此时整个 RPC 柱轴向位移处于膨胀阶段。

第二阶段,随着受火时间的延长,RPC 柱温度继续升高,此时柱子表面 RPC 单元平均温度已经超过了 355℃,外围 RPC 材料性能和弹性模量开始退化,承载能力下降,而钢筋温度升高、受热膨胀并且力学性能变化不大,承担的外荷载快速增大,这种现象大概维持到 $t<50\min$,值得注意的是,在前两个阶段,RPC 柱核心单元温度始终维持在较低的水平 ($T\leqslant30$℃),因此核心 RPC 单元的应力变化主要是由外层 RPC 和钢筋应力变化引起的。

第三阶段,继续对 RPC 柱加热,热量不断向内传递,钢筋的力学性能随着温度的升高开始出现缓慢的退化,此时混凝土外表面温度已经达到了一个较高的水平,无法继续承担较大的荷载,压应力进一步减小。此时,核心区域 RPC 开始发挥承担外荷载的主要作用,截面中心处的 RPC 单元压应力也从开始受火时的减小转变为逐渐增大。

第四阶段,升温后期,RPC 柱内部温度场和横截面温度梯度都处于一个较高的状态,角部钢筋温度超过了 390℃,并且继续升高,钢筋力学性能退化明显,随着受火时间的延长,处于此阶段的钢筋压应力快速降低,RPC 柱压缩变形和变形速率也发展较快,RPC 柱逐渐走向失效。在此阶段,由于升温曲线后期温度趋于稳定,RPC 外表面单元温度随着受火时间的变化不再明显,应力变化不大。为了保持截面应力状态平衡,核心区域 RPC 的压应力则进一步增大,直到 RPC 柱达到耐火极限。

从图 8-15 中可以看出,瞬态热应变对 RPC 和钢筋应力的影响主要体现在第三和第四阶段。第一和第二阶段,由于钢筋和 RPC 的温度均不超过 400℃,瞬态热应变数值非常小,对 RPC 柱截面单元应力的影响不大,前期无论是钢筋应力还是 RPC 表面单元和核心单元应力两种工况并无差异;在第三和第四阶段,截面外层 RPC 温度升高,产生了不可忽略的瞬态热应变,外层 RPC 受热膨胀并没有只考虑自由膨胀应变时那么大,因此所承担的外荷载会有所减小。同时,瞬态热应变的存在会使 RPC 柱核心区域的压应力显著增加,并且 RPC 柱由轴向膨胀变形转变为压缩变形。这主要是由于升温后期高应力状态下外层高温区域 RPC 的瞬态热应变较大主导了高温下的应变，使其大于核心低温区域 RPC 的压缩变形，因此考虑瞬态热应变后的外荷载主要由温度较低的核心区域 RPC 承担。

总体而言，瞬态热应变的存在使高温压应力下的 RPC 单元产生不可忽略的压缩变形。在火灾下，RPC 柱截面发生应力重分布，使外层高温区域 RPC 单元压应力略有减小，内部相对的低温区域 RPC 单元压应力则进一步增大，钢筋应力则无明显变化。从而产生更大的应力差，加速 RPC 柱达到耐火极限。

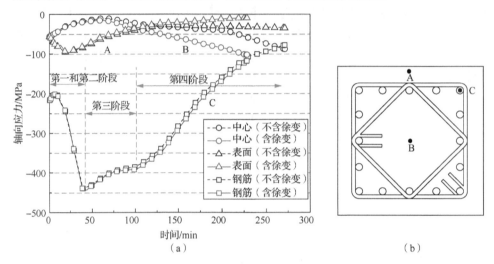

图 8-15 RPC 柱 3-C1-8/29 中间截面单元应力随受火时间变化曲线

8.3.4 受火面

由于钢筋混凝土柱在结构中所处的位置不同，发生火灾时柱子的受火面也会有所不同，本节对 3 种 RPC 柱分别进行了四面、三面、两面和单面受火时，不考虑瞬态热应变与明确考虑瞬态热应变等共 24 种工况的耐火极限有限元模拟计算，计算结果见表 8-4。

1）当 RPC 柱单面受火时，在设定的受火时间（RPC-A 柱和 RPC-B 柱为 300min，RPC-C 柱为 500min）内都没有发生失效，对于 3 种 RPC 柱，在设定的受火时间内，变形均很小，基本处于膨胀阶段，是否考虑瞬态热应变的两种工况下轴向位移曲线接近，瞬态热应变的影响不明显，直到升温后期瞬态热应变开始占据高温变形的主要部分才会有些差异，与同等荷载水平的普通混凝土柱变化规律类似。这主要是由于在升温期间，混凝土类材料较低的导热系数和较大的比热容使加热面的温度并不能传到整个截面，截面大部分处于低温状态，较低的温度也限制了RPC 柱的性能退化和瞬态热应变的增长，从而保证其具有足够的耐火极限。

2）当 RPC 柱两面受火时，在设定的受火时间内 RPC-A 柱（300min）和 RPC-C 柱（500min）均未失效，RPC-B 柱在考虑瞬态热应变时耐火极限为 290min，不考虑 TS 时没有失效。RPC-A 柱不同受火面下轴向位移随受火时间的变化曲线如图 8-16 所示，可以看出两面受火时，虽然保证了 RPC 柱足够的耐火极限，但考虑 TS 与不考虑 TS 两种工况的变形曲线差异较大。其中 RPC-A 柱在受火时长 300min 时，轴向压缩变形已经达到了 10mm，而不考虑 TS 时仍然处于膨胀阶段。相邻两面受火时，截面不均匀的温度梯度会使 RPC 柱的破坏模式发生改变，考虑 TS 时火灾下 RPC 柱的延性增强、变形更大。

3）当 RPC 柱三面受火时，在设定的受火时间内瞬态热应变对计算结果的影响最为显著。对于 RPC-A 柱，当受火时间为 188min 时，柱子的实际轴向变形已经达到 18mm 接近破坏，而忽略瞬态热应变后的轴向位移刚由膨胀状态转为下降阶段，不考虑瞬态热应变的耐火极限为 218min，对耐火极限的影响为 14%。

4）当 RPC 柱四面受火时，从 RPC-B 和 RPC-C 柱的计算结果中也可以看出，相同荷载作用下，四面受火时耐火极限分别为 137min 和 258min，TS 对耐火极限的影响为 12% 和 16%；三面受火时耐火极限分为 178min 和 367min，TS 对耐火极限的影响增大到 17% 和 24%。

两面和三面受火时，柱截面的温度场分布不均，截面不同位置处材料性能退化程度不同，使截面的材料强度中心偏向未受火面，与荷载作用点之间产生了附加偏心距；此外，受火面区域的温度较高，会产生明显的瞬态热应变致使高温区域压缩变形增大，从而使 RPC 柱产生附加挠度，在附加弯矩和挠度的影响下 RPC 柱会更快达到耐火极限，TS 对变形和耐火极限的影响也就更加明显。值得说明的是，为了较为准确地还原结构中柱的约束条件，模型中也采用两端固结约束而仅有荷载方向的轴向位移，这样计算出来的结果显示；四面受火工况下，RPC 柱的耐火性能最差，但三面受火工况下瞬态热应变的影响更为显著。但若放开柱顶约束，使其自由转动，则三面受火时的耐火极限会进一步减小，甚至会出现小于四面受火时的情况。

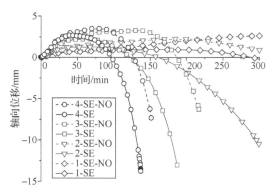

图 8-16　RPC-A 柱在不同受火面下轴向位移随受火时间变化曲线

8.3.5　火灾工况

结构所处的环境不同，发生火灾时结构的升温速率也会有所差异，而严重的火灾工况会使混凝土结构内部温度更高，从而对耐火性能产生更为不利的影响。选取了烃烷类火灾升温曲线[44]，如图 8-17 所示。计算了 3 种 RPC 柱的耐火性能及瞬态热应变对耐火极限的影响，并与标准火灾下 RPC 柱的耐火性能进行了对比分析。采用 ASTM-E119 升温曲线时，RPC-A 柱的耐火极限为 189min，不考虑瞬态热应变时的耐火极限为 231min，误差百分比为 22%；而烃烷类火灾下，RPC-A 柱的轴向变形明显增大，如图 8-18 所示，在 138min 时达到了耐火极限，轴向位移为 20mm，与同时刻不考虑瞬态热应变时轴向变形差值约为 21mm，瞬态热应变对耐火极限的影响也达到了 38%，TS 对变形曲线的影响比标准火灾出现要早25min 左右，膨胀阶段也要比标准火灾少 37min 左右，更早进入压缩变形阶段。同样，RPC-B 柱与 RPC-C 柱在烃烷类火灾升温曲线下，耐火极限比标准火灾ISO 834 更短，瞬态热应变的效应出现得更早，瞬态热应变对耐火极限的影响也更大，主要原因可能是，烃烷类升温曲线前期升温速度比标准火灾快，后期温度趋于一致。在相同的升温时间下，烃烷类火灾引起的柱子截面温度要大于标准火灾升温曲线，柱子边缘位置温度比 ASTM-E119 和 ISO 834 计算的温度高，而核心RPC 温度基本相同，引起了较大的温度梯度。不同温度下的瞬态热应变差异也会导致截面上产生更为剧烈的应力重分布，主要承担外荷载的核心区域 RPC 的压应力会进一步增大，从而加速柱子变形和破坏。总体而言，在烃烷类火灾下，瞬态热应变效应比标准火灾 ASTME-119 火灾发生的时间更早，并产生更高的轴向变形，对 RPC 柱的耐火极限影响更大。

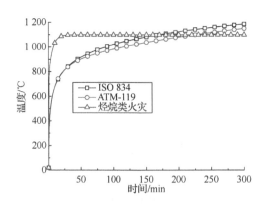

图 8-17　不同的火灾升温曲线

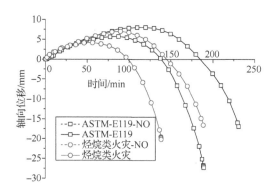

图 8-18　在烃烷类火灾和标准火灾下 RPC-A 柱轴向位移随受火时间变化曲线

8.3.6　RPC 保护层厚度

为探究钢筋保护层厚度对 RPC 柱耐火性能及瞬态热应变效应的影响,对 3 种 RPC 柱分别选取了 3 种保护层厚度,计算考虑 TS 与不考虑 TS 时的耐火极限,计算结果见表 8-4。RPC-A 和 RPC-B 柱保护层厚度分别取为 30mm、40mm 和 50mm,RPC-C 柱保护层厚度取为 40mm、50mm 和 60mm。RPC-A 柱在荷载 4186 kN（荷载水平 65%）作用下,明确考虑 TS 时耐火极限从 133min 提高到 142min,不考虑 TS 时火极限从 149min 提高到 157min,TS 所带来的影响为 15min 左右,误差占比约为 11%。RPC-B 柱施加荷载为 2 700kN（荷载水平 43%）,明确考虑 TS 时,耐火极限从 180min 提高到 190min,不考虑 TS 时火极限从 227min 提高到 234min,TS 所带来的影响为 45min 左右,误差占比约为 25%。同样,RPC-C 柱保护层厚度从 40mm 增加到 60mm,施加荷载为 15 000kN（荷载水平 62%）,明确考虑 TS 时耐火极限从 247min 提高到 265min,不考虑 TS 时火极限从 290min 提高到 308min,TS 所带来的影响为 42min 左右,误差占比约为 16%。从 RPC 柱计算结果可以看出,随着保护层厚度的增大 RPC 柱耐火极限略有提升,同增大配筋率一样 RPC 柱的耐火极限提升幅度并不明显。其中 RPC-A 柱和 RPC-C 柱角部纵筋温度随着保护层厚度的变化曲线如图 8-19 和图 8-20 所示,提升保护层厚度 RPC-A 柱钢筋温度降低约 100℃,RPC-C 柱钢筋温度降低约 150℃,一定程度上使钢筋在高温下承载力的退化有所减慢,从而提高了 RPC 柱的耐火极限。但是由于所选取的保护层厚度变化范围有限;与 NSC 和 HSC 相比,RPC 材料具有更高的导热能力;RPC 强度高,相同强度的钢筋对承载力的贡献要小于 NSC 柱和 HSC 柱,其提升耐火极限并不明显。至于瞬态热应变对耐火极限的影响涉及 RPC 的应力和温度,提升保护层厚度虽然使钢筋的承载力增大、RPC 应力减小,但受火时长也有所增加,因此瞬态热应变对耐火极限的影响在相同荷载下几乎不随着保护层厚度的变化而变化。

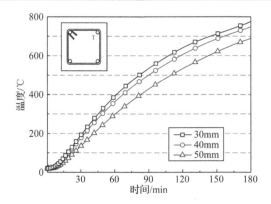

图 8-19　RPC-A 柱角部纵筋温度

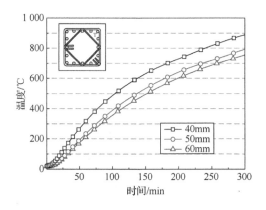

图 8-20　RPC-C 柱角部纵筋温度

8.4　RPC 柱与 NSC、HSC 柱抗火性能对比分析

　　为了探究钢筋 RPC 柱与普通钢筋混凝土柱、高强混凝土柱耐火性能的差异，建立了与文献[33]、[34]和[45]中足尺寸的 NSC 柱和 HSC 柱明火试验具有相同构造和荷载水平的 RPC 柱有限元模型，模型中明确考虑了 RPC 瞬态热应变的影响，计算 RPC 柱温度场分布和轴向位移曲线，并与 NSC 柱和 HSC 柱进行对比分析。RPC 柱截面和 NSC 柱截面不同时刻温度变化曲线如图 8-21 所示。从图 8-21 中可以看出，RPC 柱截面边缘温度基本上与 NSC 相同，但越接近截面中心 RPC 的温度越高于 NSC，在升温 180min 时，RPC 柱核心区域温度要比 NSC 柱核心区域温度高 300℃，也就是说，在相同的受火时间和升温曲线下，RPC 柱截面的平均温度要明显大于 NSC，温度梯度小于 NSC。这可能是由于 RPC 材料含有更多的水泥凝胶体及配置过程中参加了钢纤维，使 RPC 具有更强的导热能力，热工参数大于 NSC 和 HSC；同时在实际的 NSC 柱火灾试验中，随着混凝土中水分的蒸发及向内部迁移，混凝土内部温度降低。

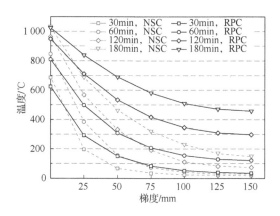

图 8-21　不同受火时间下 RPC 柱和 NSC 柱截面温度梯度

　　RPC 柱和 NSC 柱随着受火时间的轴向位移曲线如图 8-22～图 8-24 所示，施加荷载水平为 47%时，RPC 柱的膨胀变形要大于 NSC1 柱，但很快便由膨胀阶段转入瞬态热应变主导的压缩变形阶段，在相同的受火时间内，RPC 柱的压缩变形要大于 NSC1 柱，并且变形速率逐渐增大并失效，失效时的轴向变形也要大于 NSC1 柱。RPC 柱和 NSC 柱耐火极限分别为 189min 和 278min，RPC 柱耐火极限仅是相同荷载水平下 NSC 柱的 68%。瞬态热应变对 RPC 柱耐火极限的影响为 22%，也要大于 NSC1 柱的 7%。对于荷载水平为 59%的 RPC 柱和 NSC2 柱，升温前期，RPC 柱的膨胀变形要大于 NSC2 柱。但随着受火时间的延长，NSC2 柱呈现出了更大的膨胀变形，这可能是由于此 NSC 柱箍筋间距更大。升温后期，RPC 柱与 NSC2 柱的轴向变形差异越来越大，直至 RPC 柱失效。RPC 柱和 NSC2 柱耐火极限分别为 149min 和 208min，RPC 柱耐火极限是相同荷载水平下 NSC2 柱的 72%。不考虑 TS 时的 RPC 柱耐火极限为 166min，瞬态热应变对 RPC 柱耐火极限的影响为 11%，要小于 NSC2 柱的 16%。将荷载水平进一步增大，当达到 76%时，RPC 柱与 NSC3 柱的轴向变形与之前呈现出了差异。由于荷载的增大，无论是 RPC 柱还是 NSC3 柱的膨胀变形均有所减小，两者前期无明显差异，并且均快速进入压缩变形阶段，但在破坏时刻 NSC3 柱表现出比 RPC 更大的轴向位移。RPC 柱和 NSC3 柱的耐火极限分别为 118min 和 204min，RPC 柱的耐火极限仅是相同荷载水平下 NSC 柱的 58%。随着荷载水平的增加，不考虑 TS 时的 RPC 柱的耐火极限为 129min，瞬态热应变对 RPC 柱耐火极限的影响为 8%，要小于 NSC3 柱的 11%，TS 对 RPC 柱和 NSC3 柱的耐火极限的影响误差百分比均有所减小。

　　综上所述，在相同的火灾工况和受火时间下，由于 RPC 热工性能的差异，RPC 柱截面平均温度要高于 NSC 柱，温度梯度小于 NSC 柱。在相同的荷载水平作用下，RPC 材料高温下力学性能退化更快，高温损伤区域更大，配置相同强度和根数的纵筋，钢筋对 NSC 柱的承载能力贡献更大，因此 RPC 柱的耐火极限要明显弱于 NSC 柱。由于 RPC 的瞬态热应变对温度具有高敏感性，会随着温度的增大快速增长，当荷载水平较低，但可以保证 RPC 柱具有足够的受火时长时，TS 对 RPC 柱耐火极限的影响要大于对 NSC 柱耐火极限的影响；当荷载水平增大时，由于 RPC 柱的耐火极限较短，TS 的影响并不明显，要小于 TS 对 NSC 柱耐火极限的影响程度。

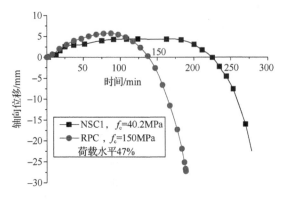

图 8-22　荷载水平 47%时 RPC 柱和 NSC1 柱轴向位移变化曲线

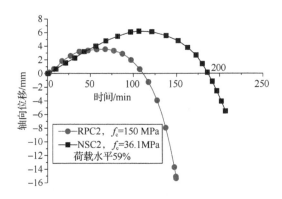

图 8-23　荷载水平 59%时 RPC 柱和 NSC2 柱轴向位移变化曲线

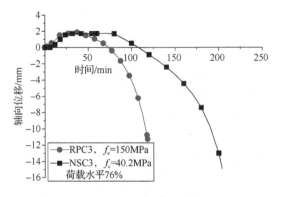

图 8-24　荷载水平 76%时 RPC 柱和 NSC3 柱轴向位移变化曲线

　　RPC 柱和含有钢纤维的 HSC 柱在截面不同位置处的温度计算值和实测值如图 8-25 所示。由图 8-25 可以看出，RPC 柱无论在截面边缘还是核心位置，温度都要高于 HSC 柱，在升温 250min 以内最大差值可以达到 150℃。原因同与 NSC 柱温度场对比分析中类似，这是由 RPC 材料热工性能和火灾试验中水分的迁移造成的。RPC 柱和含有钢纤维的 THS11 和 PP 纤维的 THP14 的高强混凝土柱随着受火时间的轴向位移曲线如图 8-26 所示，RPC 柱比 THS11 和 THP14 柱在火灾下的膨胀变形更大，并且持续时间更长，升温前期 RPC 柱的压缩变形更小。随着受火时间的延长，RPC 柱呈现出比 THS11 和 THC14 更快的变形速率，由膨胀阶段快速转入压缩阶段，并且变形速率继续增大，直到达到耐火极限，此时两种高强混凝土柱变形速率仍然较小，轴向位移不到 RPC 柱的 1/2。在荷载水平为 55%情况下，RPC 柱的耐火极限为 161min，试验测得的 THS11 和 THP14 耐火极限分别为 196min 和 212min，RPC 耐火性能要弱于掺加了纤维的高强混凝土柱。将施加荷载水平为 45%的 RPC 柱与不掺加纤维、抗压强度为 99.6MPa 的高强混凝土柱 THC4 的轴向位移随着受火时间的变化曲线如图 8-27 所示。由图 8-27 可以看出，在升温前期 RPC 柱和 THC4 柱均具有较长的膨胀阶段，但 RPC 柱的膨胀变形要大于 THC4 柱，随后 RPC 柱和 THC4 柱几乎同时由膨胀阶段转入压缩变形阶段，但 RPC 的变形幅度和速率要明显大于 THC4，耐火极限为 196min 略小于 THC4 的 201min。继续将 RPC 柱与不掺加纤维、骨料类型为钙质的 THC8 高强混凝土柱做对比分析，荷载水平为 60%，两者轴向位移随着受火时间的变化曲线如图 8-28 所示。RPC 柱的膨胀变形仍然要大于 THC8 柱，压缩阶段的变形速率也更大，但失效时的轴向位移要小于 THC8 失效时的轴向位移。最终 RPC 柱的耐火极限为 149min，仅为 THC8 柱 305min 耐火极限的一半。

　　综上所述，在相同的火灾工况和受火时间下，由于 RPC 材料热工性能的差异，RPC 柱截面平均温度要高于高强混凝土柱。但由于火灾下高强混凝土柱的爆裂问题，其与 NSC 柱和 RPC 柱火灾下的表现有所差异。本章所选用的 RPC 材料配合比中掺加 PP 纤维和钢纤维，默认 RPC 柱火灾下不发生爆裂，其耐火性能要大于同样掺加了 PP 纤维默认火灾下不发生爆裂的 THC14 高强混凝土柱。THS8 柱中掺加了钢纤维，火灾下会发生爆裂，但爆裂程度要小于同是硅质骨料不掺加纤维的 THC4。爆裂的存在使 THS11 的耐火极限要小于 THC14，对轴向变形影响不大，但其耐火极限仍然要大于同等荷载水平 RPC 柱。不发生爆裂的 RPC 柱与爆裂相对较为严重的 THC4 柱的耐火极限接近，但失效时的轴向变形要大于 THC4，这可能是升温后期 TS 主导 RPC 柱的压缩变形，而 THC4 的爆裂破坏模式发生改变造成的。THC8 柱骨料类型为钙质，其爆裂程度小于硅质骨料的 THC4，因此其火灾下的变形及耐火极限也要更大，RPC 柱的耐火极限明显弱于钙质骨料高强混凝土柱的耐火极限。

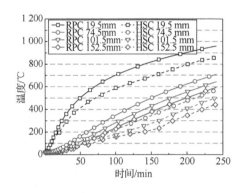

图 8-25　RPC 柱和 HSC 柱截面不同位置
处温度变化曲线

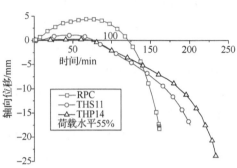

图 8-26　RPC 柱和掺加纤维的 HSC 柱
轴向位移随着受火时间的变化曲线

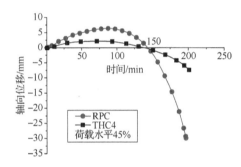

图 8-27　RPC 柱和不掺纤维的 HSC 柱
轴向位移随着受火时间的变化曲线

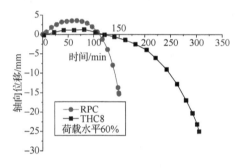

图 8-28　RPC 柱和钙质骨料的 HSC 柱
轴向位移随着受火时间的变化曲线

8.5　小　　结

　　本章发展了 RPC 柱抗火性能分析三维有限元模型,考虑了高温蠕变对柱变形的影响,并与相同工况下普通混凝土柱、高强混凝土柱的耐火极限进行对比分析,探讨了 RPC 柱的抗火性能。结果表明:瞬态热应变和高温蠕变将使轴压柱的变形增大,若忽略其影响,将导致柱耐火极限计算偏于不安全。在相同的火灾工况和受火时间下,由于 RPC 材料热工性能的差异,RPC 柱截面平均温度要高于高强混凝土柱,耐火极限低于高强混凝土柱。

参 考 文 献

[1] HOU X M, REN P F, RONG Q, et al. Comparative fire behavior of reinforced RPC and NSC simply supported beams[J]. Engineering structures, 2019, 185: 122-140.

[2] HOU X M, REN P F, RONG Q, et al. Effect of fire insulation on fire resistance of hybrid-fiber reinforced reactive powder concrete beams[J]. Composite structures, 2019, 209: 219-232.

[3] ABDULRAHEEM M S, KADHUM M M. Experimental and numerical study on post-fire behaviour of concentrically

loaded reinforced reactive powder concrete columns[J]. Construction and building materials, 2018, 168: 877-892.

[4] ABDULRAHEEM M S. Experimental investigation of fire effects on ductility and stiffness of reinforced reactive powder concrete columns under axial compression[J]. Journal of building engineering, 2018, 20: 750-761.

[5] GUO Z K, CHEN W X, ZHANG Y Y, et al. Post fire blast-resistances of RPC-FST columns using improved Grigorian model[J]. International journal of impact engineering, 2017, 107: 80-95.

[6] 郑文忠, 王睿, 王英. 活性粉末混凝土热工参数试验研究[J]. 建筑结构学报, 2014, 35（9）: 107-114.

[7] 罗百福. 高温下活性粉末混凝土爆裂规律及力学性能研究[D]. 哈尔滨: 哈尔滨工业大学, 2014.

[8] ABID M, HOU X M, ZHENG W Z, et al. Creep behavior of steel fiber reinforced reactive powder concrete at high temperature[J]. Construction and building materials, 2019, 205: 321-331.

[9] ABID M, HOU X M, ZHENG W Z, et al. Effect of fibers on high-temperature mechanical behavior and microstructure of reactive powder concrete[J]. Materials, 2019, 12(2): 329.

[10] ABID M, HOU X M, ZHENG W Z, et al. High temperature and residual properties of reactive powder concrete—a review[J]. Construction and building materials, 2017, 147: 339-351.

[11] 胡海涛, 董毓利. 高温时高强混凝土瞬态热应变的试验研究[J]. 建筑结构学报, 2002, 23（4）: 32-35, 47.

[12] KHOURY G A, GRAINGER B N, SULLIVAN P J E. Strain of concrete during first heating to 600℃ under load[J]. Magazine of concrete research, 1985, 37(133): 195-215.

[13] 南建林, 过镇海. 混凝土的温度: 应力耦合本构关系[J]. 清华大学学报（自然科学版）, 1997, 83（6）: 87-90.

[14] TERRO M J. Numerical modeling of the behavior of concrete structures in fire[J]. ACI structural journal, 95(2): 183-193.

[15] WU B, SIULHU L, LIU Q, et al. Creep behavior of high-strength concrete with olypropylene fibers at elevated temperatures[J]. ACI materials journal, 2010, 107(2): 176-184.

[16] HASSEN S, COLINA H. Transient thermal creep of concrete in accidental conditions at temperatures up to 400℃[J]. Magazine of concrete research, 2006 , 58 (4): 201-208.

[17] SANCHAYAN S, FOSTER S J. High temperature behaviour of hybrid steel-PVA fibrereinforced reactive powder concrete[J]. Materials and structures, 2016, 49 (3): 769-782.

[18] SADAOUI A, KHENNANE A. Effect of transient creep on behavior of reinforced concrete beams in a fire[J]. ACI materials journal, 2012, 109(6): 607-615.

[19] KODUR V K R, ALOGLA S M. Effect of high-temperature transient creep on response of reinforced concrete columns in fire[J]. Materials and structures, 2017, 50: 27.

[20] ALOGLA S, KODUR V K R. Quantifying transient creep effects on fire response of reinforced concrete columns[J]. Engineering structures, 2018, 174: 885-895.

[21] WEI Y, AU F T K, LI J, et al. Effects of transient creep strain on post-tensioned concrete slabs in fire[J]. Magazine of concrete research, 2017,69(7): 337-346.

[22] 王勇, 董毓利, 袁广林, 等. 考虑瞬态热应变的钢筋混凝土板火灾反应分析[J]. 湖南大学学报（自然科学版）, 2014（6）: 63-69.

[23] SADAOUI A, KHENNANE A. Effect of transient creep on behavior of reinforced concrete beams in a fire[J]. ACI materials journal, 2012, 109(6): 607-615.

[24] GAO W Y, DAI J G, TENG J G, et al. Finite element modeling of reinforced concrete beams exposed to fire[J]. Engineering structures, 2013, 52: 488-501.

[25] ANDERBERG Y, THELANDERSSON S. Stress and deformation characteristics of concrete at high temperatures. 2. experimental investigation and material behaviour model[R]. Lund: Lund Institute of Technology, 1976.

[26] THELANDERSSON S. Modeling of combined thermal and mechanical action in concrete[J]. Journal of engineering mechanics, 1987, 113(6): 893-906.

[27] 王广勇, 薛素铎. 混凝土的瞬态热应变及其计算[J]. 北京工业大学学报, 2008, 34（4）: 387-390.

[28] 谭清华, 韩林海. 火灾后和加固后型钢混凝土柱的力学性能分析[J]. 清华大学学报（自然科学版）, 2013, 53（1）: 12-17.

[29] 侯舒兰, 韩林海, 宋天诣. 钢管混凝土叠合柱耐火性能分析[J]. 工程力学, 2014, 31（S1）: 109-114.

[30] ABID M. 活性粉末混凝土高温蠕变与力学性能研究[D]. 哈尔滨：哈尔滨工业大学，2019.

[31] British Standards Institution. Design of steel structures—part 1-2: general rules—structural fire design: BS EN 1993-1-2:2005[S]. London: British Standards Institution, 2005.

[32] British Standards Institution. Design of concrete structures—part 1-2: general rules—structural fire design: BS EN 1992-1-2:2004[S]. London: British Standards Institution, 2004.

[33] LIE T T, LIN T D, ALLEN D E, et al. Fire resistance of reinforced concrete columns[J]. China civil engineering journal, 1984.

[34] KODUR V R, CHENG F P, WANG T C, et al. Fire resistance of high-performance concrete columns[R]. Halifax: National Research Council of Canada, 2001.

[35] CHOE G, KIM G, GUCUNSKI N, et al. Evaluation of the mechanical properties of 200 MPa ultra-high-strength concrete at elevated temperatures and residual strength of column[J]. Construction and building materials, 2015, 86: 159-168.

[36] LIE T T. Fire resistance of circular steel columns filled with bar-reinforced concrete[J]. Journal of structural engineering, 1994, 120(5): 1489-1509.

[37] HONG S, VARMA A H. Analytical modeling of the standard fire behavior of loaded CFT columns[J].Journal of constructional steel research, 2009, 65(1): 54-69.

[38] GERNAY T, MILLARD A, FRANSSEN J M. A multiaxial constitutive model for concrete in the fire situation: theoretical formulation[J].International journal of solids and structures, 2013, 50(22-23): 3659-3673.

[39] 过镇海，时旭东. 钢筋混凝土的高温性能及其计算[M]. 北京：清华大学出版社，2003.

[40] AL-BAYATI E S N. Behavior of Reactive powder reinforced concrete beams exposed to fire[D]. Tikrit: Tikrit University, 2017.

[41] American Concrete Institute. Building code requirements for structural concrete[S]. Farmington Hills, Michigan: American Concrete Institute, 2014.

[42] ISO. Fire resistance tests-elements of building construction—part 1: general requirements: ISO 834-1[S]. Geneva: ISO, 1999.

[43] 中华人民共和国住房和城乡建设部. 建筑设计防火规范（2018年版）：GB 50016—2014[S]. 北京：中国计划出版社，2018.

[44] British Standards Institution. Actions on structures: part 1-2: general actions: actions on structures exposed to fire: BS EN 1991-1-2:2002[S]. London: British Standards Institution, 2002.

[45] KODUR V K R, WANG T C, CHENG F P. Predicting the fire resistance behaviour of high strength concrete columns[J]. Cement and concrete composites, 2004, 26(2): 141-153.

第 9 章　基于 SHPB 技术的 RPC 动态抗压、抗拉性能试验研究

9.1　引　　言

混凝土材料因其抗压强度高、成本低、原材料来源广及可与钢筋协同作用等优点而成为应用较广、用量较大的工程材料，其动态力学性能的研究随着人类对爆炸、冲击破坏的日益重视而得到更多的关注。随着混凝土技术的发展，掺不同种类纤维、大掺量纤维、混杂纤维、级配纤维、网状纤维的活性粉末混凝土相继出现。活性粉末混凝土由于其优异的力学性能，越来越多地应用于防护结构中。在早期的混凝土动态压缩试验中，使用较多的是液压加压法和落锤试验方法，随着分离式霍普金森压杆（split Hopkinson pressure bar，SHPB）技术的出现，SHPB技术成为研究混凝土动态力学性能的一种重要方法。目前国内关于活性粉末混凝土动态拉压性能的研究中，研究对象应变率低（0～100/s），且主要适用于冲击荷载。因此，本章主要对应变率范围为 300/s～100/s，掺不同种类和不同数量的纤维RPC 进行动态拉压性能研究，以研究爆炸作用对活性粉末混凝土受力性能的影响。

9.2　SHPB 试验技术及其基本假设

9.2.1　SHPB 试验装置

分离式 Hopkinson 压杆装置通常用来测试材料在高应变率下的应力应变行为。SHPB 试验技术是根据弹性脉冲在圆杆中传播的理论发展起来的。Hopkinson于1914年利用压力脉冲在杆自由端反射时变为拉伸脉冲的特性设计出了 Hopkinson压杆。1949 年，为测量圆盘形试件的动态性能，Kolsky 提出分离式 Hopkinson 压杆试验系统。该系统解决了在冲击作用下很难直接测量试件的应力和应变的难题，其试验原理是根据应变片测得的输入杆中的加载脉冲和输出杆中的透射脉冲来推算得到夹在两根杆中试件的动态本构关系。SHPB 装置的主要组成部分包括：打击杆、入射杆、透射杆及嵌在入射杆和透射杆之间的试件，其试验装置简图和本章试验装置实物图分别如图 9-1～图 9-3 所示。

试验装置的压杆包括打击杆、入射杆、透射杆及吸收杆。测量系统主要是测量子弹速度的光电测量系统和与应变片相连的应变采集系统。图 9-1 中所示的动态应变仪可将贴于入射杆和透射杆上的电阻应变片所测变形转变为电压值（单位：V）并且放大。压杆实际应变的计算公式为

$$\varepsilon = \frac{4 \times 输入电压 \times 10^6}{K \times 桥压 \times 桥臂数 \times 仪器增压} \qquad (9\text{-}1)$$

式中：K 为应变片灵敏系数。

　　将桥压、桥臂数、仪器增压代入式（9-1）后，得到压杆实际应变与数据采集系统得到的电压值关系的计算公式，即

$$\varepsilon = \frac{1}{400} \times 输入电压 \qquad (9\text{-}2)$$

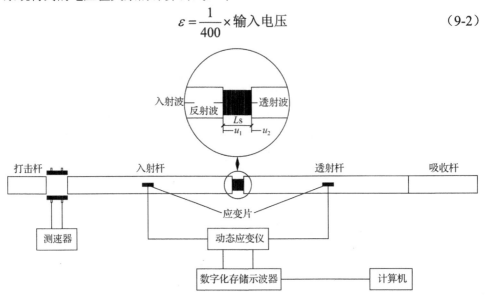

图 9-1　SHPB 试验装置简图

图 9-2　哈尔滨工业大学 SHPB 试验装置图　　　图 9-3　湖南大学 SHPB 试验装置图

9.2.2　SHPB 试验基本方程推导

1. 试验基本假设

Hopkinson 压杆试验原理的推导建立在以下两个基本假设基础之上。

　　1）一维应力波假设，即子弹撞击入射杆产生的入射波以及透射杆中的透射波在杆件中传播时不发生波形弥散，杆中各点只沿杆轴向做同一纵波运动，即截面

各点的应力波形信号相同，这样贴于入射杆和透射杆表面的应变片测出的数据才能代表整个截面的应力水平。

2）均匀性假设。假设整个试验过程中试件中的应力和应变均匀分布，这就相当于忽略了应力波的传播效应。

2. SHPB 动态压缩试验

入射杆与试件交界面处的轴向位移 u_1 可表示为

$$u_1 = c \int_0^t (\varepsilon_I - \varepsilon_R) \mathrm{d}t \tag{9-3}$$

式中：ε_I 为入射应变脉冲；ε_R 为反射应变脉冲；c 约为 5 000m/s；t 为入射应变脉冲持续时间。

可由透射应力脉冲 ε_T 得到透射杆与试件交界面处的轴向位移 u_2 为

$$u_2 = c \int_0^t \varepsilon_T \mathrm{d}t \tag{9-4}$$

式中：ε_T 为入射应变脉冲。

试件中的名义压缩应变 ε_s 为

$$\varepsilon_s = \frac{u_1 - u_2}{L_s} = \frac{c}{L_s} \int_0^t (\varepsilon_I - \varepsilon_R - \varepsilon_T) \mathrm{d}t \tag{9-5}$$

式中：L_s 为试件的初始长度。

从而试件两侧的轴力为

$$F_1 = E_b A_b (\varepsilon_I + \varepsilon_R) \tag{9-6}$$

$$F_2 = E_b A_b \varepsilon_T \tag{9-7}$$

式中：E_b、A_b 分别为压杆的弹性模量和截面面积。

由于认为试件两侧轴力相等，则有 $F_1 \approx F_2$，即由式（9-6）和式（9-7）可得

$$\varepsilon_T = \varepsilon_I + \varepsilon_R \tag{9-8}$$

利用式（9-8），可将式（9-5）简化为

$$\varepsilon_s = -\frac{2c}{L_s} \int_0^t \varepsilon_R \mathrm{d}t \tag{9-9}$$

则试件的应变率为

$$\dot{\varepsilon}_s = -\frac{2c}{L_s} \varepsilon_R \tag{9-10}$$

试件中的平均压应力为

$$\sigma_s = \frac{F_1 + F_2}{2 A_s} \tag{9-11}$$

式中：A_s 为试件的截面面积。由于 $F_1 \approx F_2$，则式（9-11）可变为

$$\sigma_s = E_b \left(\frac{A_b}{A_s} \right) \varepsilon_T \tag{9-12}$$

因此，利用 Hopkinson 压杆测得的反射波脉冲和透射波脉冲可以得到试件在动态冲击过程中的应力-应变曲线和相应过程的平均应变率为

$$\sigma_s = E_b \left(\frac{A_b}{A_s} \right) \varepsilon_T \tag{9-13}$$

$$\varepsilon_s = -\frac{2c}{L_s} \int_0^t \varepsilon_R \, dt \tag{9-14}$$

由数字化存储示波器测得的典型 SHPB 试验波形如图 9-4 所示（ϕ40mm SHPB 试验中测得）。

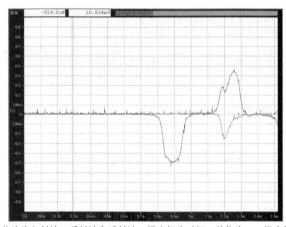

注：从左到右依次为入射波、反射波和透射波。横坐标为时间，单位为μs；纵坐标为电压，单位为 V。

图 9-4　典型的入射波、反射波和透射波波形

由式（9-10）可知，应变率与反射波电压值成正比，因此图 9-4 中横坐标上方的曲线代表试件在试验过程中的应变率变化。如图 9-4 所示，应变率在上升过程中有一段震荡的平台段。这是加载过程中 RPC 材料发生破碎导致强度下降与加载过程中应变增强效应共同作用的结果，一般而言，只有脆性材料才会出现反射波应变率下降。

3. SHPB 动态劈裂试验

RPC 的静态拉伸强度采用《纤维混凝土试验方法标准》（CECS 13：2009）中的劈裂试验来确定。试验原理如图 9-5 所示。当按图 9-5 给试件两端施加压力时，在试件的劈裂区域将产生拉应力。圆柱体试件拉应力大小为

$$\sigma_y = \frac{2F}{\pi LD} = 0.637 \frac{F}{LD} \tag{9-15}$$

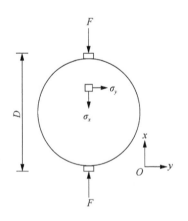

图 9-5　混凝土劈裂试验计算示意图

根据试件破坏的极限荷载 F 可以得到试件的

拉伸强度。式（9-15）也适用于动态劈裂试验中，只要把极限荷载 F 换为动态极限荷载，这样就可以算出动态拉伸强度。

$$f_{td} = \frac{2F_t}{\pi LD} \tag{9-16}$$

$$F_t = KE_s \pi R^2 V \tag{9-17}$$

式中：K 为电压-应变转化系数；E_s 为透射杆弹性模量；V 为应变片输出电压。

试件中的应力率和应变率分别为

$$\dot{\sigma} = \frac{f_{td}}{t} \tag{9-18}$$

$$\dot{\varepsilon} = \frac{\dot{\sigma}}{E} \tag{9-19}$$

式中：t 为试件中应力从零到计算峰值的时间；E 为试件的弹性模量。

9.2.3　SHPB 试验中的波形整形技术

本章采用波形整形技术解决大直径压杆引起的波形振荡和试件尺寸大导致的内部应力不均匀等问题。如图 9-6 所示，作为波形整形器的金属片要足够薄，通常忽略试验过程中金属片端面对试件轴向应力和应变的影响。整形器主要靠金属材料的塑性变形延长压杆与试件的作用时间，从而起到控制加载波波形的作用。SHPB 试验中采用在冲击杆与入射杆接触面黏结 4mm×4mm×1mm 的方形铅片作为波形整形器。铅片整形器延长入射波的上升沿，平滑波形，将矩形波修正为半正弦波。

图 9-7 为利用 ϕ 40mm SHPB 试验装置得到的典型加载波形曲线。由图 9-7 可以看出，在加入铅片整形器后，原本的矩形波形脉冲变为正弦波形脉冲，说明铅片波形整形器效果良好。在图 9-7 中还可以看到，反射波有一震荡平台段，这说明在试样的整个加载过程中，大部分时间内实现了近似恒应变率加载。

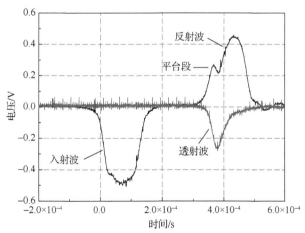

图 9-6　波形整形器　　　　　　　　图 9-7　典型 SHPB 加载波形

虽然 SHPB 试验装置已广泛应用到测量金属、合金、泡沫材料、混凝土等材料的动态性能试验中，但是随着 SHPB 装置的压杆直径尺寸逐渐加大，采用大尺寸 SHPB 试验装备测试材料动态特性时还存在如下问题。

（1）弥散问题

几何弥散现象是忽略杆件的横向收缩对动能的贡献，导致波形上升变缓，出现高频振荡的现象。当 Hopkinson 压杆尺寸变大时，质点的横向惯性效应必须予以考虑。

（2）试件长径比

研究表明，利用 SHPB 试验装置测量材料在高应变率下的本构关系时的试件长度与直径关系应满足如下关系：

$$\frac{l}{r} < \frac{tc_0}{\pi} \qquad (9\text{-}20)$$

式中：t 为加载脉冲时间；c_0 为试件中的纵波波速。经计算所用试件长径比取 0.5。

9.3　试件设计

9.3.1　原材料选用

本章试验中 RPC 主要选用的原材料有水泥、矿渣、硅灰、石英砂、高效减水剂、纤维（PP 纤维和钢纤维）和水。

（1）水泥

采用亚泰集团哈尔滨水泥有限公司生产的天鹅牌 P·O 42.5 普通硅酸盐水泥。水泥化学成分见表 9-1。

表 9-1　水泥、硅灰及矿渣的化学成分　　　　　　　　　　（单位：%）

胶凝材料	SiO_2	Al_2O_3	Fe_2O_3	CaO	MgO	烧失量
水泥	21.40	5.45	3.50	64.48	1.46	2.51
硅灰	94.50	0.50	0.45	0.60	0.70	0.80
矿渣	34.90	14.66	1.36	37.57	9.13	0.30

（2）矿渣和硅灰

选用辽源市金刚水泥有限公司生产的 S95 级矿渣，SiO_2 含量为 36.9%，比表面积为 4750cm²/g，化学成分见表 9-1。选用巩义市金石耐材贸易有限公司生产的微硅粉，SiO_2 含量为 75%～96%，比表面积为 20～28m²/g，化学成分见表 9-1。

（3）石英砂

本试验选用哈尔滨晶华水处理材料有限公司生产的 40～70 目（0.36～0.6mm）和 70～140 目（0.18～0.36mm）的石英砂，两种目数的石英砂比例为 1：1，SiO_2 含量超过 99.6%。

（4）高效减水剂

选用 FDN-A 浓缩型高效减水剂（粉剂）。高效减水剂是获得高强度、低水胶比和良好流动性的关键因素。

（5）钢纤维和 PP 纤维

选用辽宁省鞍山昌宏科技发展有限公司生产的平直型镀铜钢纤维，其平均长度为 13mm，平均直径为 0.22mm。选用哈尔滨路路通土工合成材料有限公司生产的 PP 纤维。PP 纤维的平均长度为 18～20mm，平均直径为 45μm，密度为 0.91g/cm³，熔点为 165℃。

9.3.2　RPC 配合比

为研究纤维种类和掺量对高应变率下 RPC 力学性能的影响，采用以下方案，即素 RPC、单掺钢纤维（2%、5%）、复掺纤维（2%钢纤维+0.2% PP 纤维）。具体配比见表 9-2，表中钢纤维和 PP 纤维的掺量为混凝土的体积掺量。

表 9-2　试验用 RPC 配合比

| 试件编号 | 胶凝材料/（kg/m³） | | | 石英砂/ | 减水剂/ | 水/ | 钢纤维 | PP 纤维 |
	水泥	硅灰	矿渣	（kg/m³）	（kg/m³）	（kg/m³）	掺量/%	掺量/%
RPC	800.53	240.16	120.08	960.64	46.43	232.15	0	0
SFRPC2	800.53	240.16	120.08	960.64	46.43	232.15	2	0
SPFRPC	800.53	240.16	120.08	960.64	46.43	232.15	2	0.2
SFRPC5	800.53	240.16	120.08	960.64	46.43	232.15	5	0

9.3.3　试件制作与养护

RPC 的搅拌采用 60L 单轴卧式强制式混凝土搅拌机，如图 9-8（a）所示。搅拌工艺如下：投入按试验要求确定了配合比的水泥、硅灰、矿渣、石英砂和减水剂，均匀搅拌 3min；然后加水搅拌 6min，再加入 PP 纤维（或钢纤维）搅拌 6min；最后将 RPC 拌合物装入试模，在混凝土振动台上振动成型。由于 RPC 流动度较小且凝固时间短，振动成型时可分层振动，这样形成的试件空隙少、密实度高。振动成型后，在室温条件下（20℃左右）静置 24h 后拆模，然后将试块放入温度为 90℃的混凝土蒸汽加速养护箱[图 9-8（b）]养护 3d，再将试块移入温度为 20℃和相对湿度为 75%的标准养护室进行养护，30d 后进行 SHPB 试验。部分试件实体如图 9-8（d）所示，养护箱升温曲线如图 9-8（d）所示。

（a）混凝土搅拌机　　　　　（b）混凝土加速养护箱　　　　　（c）部分试件

图 9-8　RPC 的制备

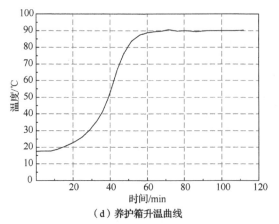

（d）养护箱升温曲线

注：在升温曲线中，当养护箱内温度达到并保持最高温度 90℃不变后，温度计将自动关机停止记录数据。

图 9-8（续）

9.3.4　试件加工

1. 芯样

为满足 SHPB 试验对试件的均匀性要求，先浇筑 100mm 的 RPC 立方体，再通过混凝土钻芯机取出圆柱体钻芯芯样，施工现场如图 9-9（a）所示。钻芯机采用内径 36mm 和 75mm 的薄壁钢钻头。钻芯过程主要如下：安放 100mm 厚钢筋混凝土板，固定钻芯机；将边长为 70.7mm 的立方体试件放入钢筋混凝土板上预先切出的孔内，空隙处塞入木楔，使立方体试件在钻芯过程中不晃动；将钻芯机固定并调整垂直度和钻芯与立方体试件的相对位置；接通水源及电源，均匀加压钻取芯样，尽量保证钻芯过程中钢芯垂直下压。试验中钻芯芯样如图 9-9（b）所示，钻芯后的立方体试块如图 9-9（c）所示。

（a）钻芯现场　　　　　　（b）钻芯芯样　　　　　　（c）钻芯后的立方体试块

图 9-9　钻芯取样

2. 切割打磨

为满足试验对试件两端平面平行度要求，由混凝土钻芯机取出的芯样要经过切割打磨。经过查阅文献发现，在静载单轴压缩试验中，当试件的高径比为 1 时，

对测得的静载抗压强度影响最小[1]。因此，静载试验中试件的尺寸采用
ϕ36mm×36mm 和ϕ75mm×75mm 两种。在 SHPB 试验的压缩试验中，试件的尺寸
采用ϕ36mm×17.5mm 和ϕ75mm×38mm 两种；劈裂试验中试件尺寸采用ϕ36mm×
36mm 和ϕ75mm×75mm 两种。

　　采用哈尔滨工业大学建筑材料实验室的自动双刃岩石切割机对芯样进行切
割，切割现场如图 9-10（a）所示。切割步骤如下：将若干芯样平放于切割部位，
用游标卡尺使芯样的两端对齐，并且使芯样轴心垂直于切片；打开水源和电源，控
制切片前进速度，将芯样两端分别切掉 10mm，得到两端平行的芯样如图 9-10（b）
所示；对得到的芯样进行二次切割，厚度比预定厚度多 1mm 左右；对得到的芯样
进行打磨，使芯样两端面平行，两端面的平行度满足试验要求，如图 9-10（c）～（e）
所示。

（a）切割现场

（b）第一次切割得到芯样

（c）试件正面

（d）试件侧面

（e）试件

图 9-10　试件切割打磨

9.4　RPC 静力试验

　　本章的静力试验主要涉及静力压缩试验和静力劈裂试验。静力压缩试验中采
用的试件为边长 100mm 立方体试件、边长 70.7mm 立方体试件、ϕ36mm×36mm
和ϕ75mm×75mm 圆柱体试件（表 9-3）。其中ϕ36mm×36mm 和ϕ75mm×75mm 圆
柱体试件是为与 SHPB 试验中试件的动态抗压强度做对比分析。静力劈裂试验中
采用试件为ϕ36mm×36mm 圆柱体试件、ϕ75mm×75mm 圆柱体试件（表 9-4）。

表 9-3　静力压缩试验试件设计

材料种类	纤维种类	纤维含量/%	试件数量	试件尺寸
RPC			6×4	φ36mm×36mm 圆柱体
SFRPC2	钢纤维	2	6×4	φ75mm×75mm 圆柱体
SFRPC5	钢纤维	5	6×4	边长 70.7mm 立方体
SPFRPC	钢纤维	2	6×4	边长 100mm 立方体
	PP 纤维	0.2		

表 9-4　静力劈裂试验试件设计

材料种类	纤维种类	纤维含量/%	试件数量	试件尺寸
SPFRPC	钢纤维	2	6×4	φ36mm×36mm 圆柱体
	PP 纤维	0.2		φ75mm×75mm 圆柱体

在静载试验中要注意加载速度对试验结果的影响，加载速度大会导致材料提前破坏，测得的应力值偏高。根据《纤维混凝土试验方法标准》（CECS 13：2009）规定，100mm×100mm×100mm 立方体试件的加载速度控制为 5～8kN/s，经过计算 70.7mm×70.7mm×70.7mm 立方体试件的加载速度控制为 2.5～4kN/s。RPC 静压试件试验结果见表 9-5。

表 9-5　RPC 静压试件试验结果　　　　（单位：MPa）

材料种类	编号	φ36mm×36mm	边长 70.7mm 立方试件	边长 100mm 立方试件
RPC	JY1	83.70	110.57	99.36
	JY2	87.86	105.77	102.46
	JY3	85.01	102.82	98.28
	平均值	85.52	106.39	100.03
SFRPC2	JY1	97.81	140.24	125.32
	JY2	112.07	147.69	123.94
	JY3	113.03	137.54	132.14
	平均值	107.64	141.82	127.13
SPFRPC	JY1	103.25	129.34	120.04
	JY2	96.48	128.36	106.46
	JY3	108.75	127.47	118.56
	平均值	102.83	128.39	115.02
SFRPC5	JY1	130.64	164.98	154.52
	JY2	123.02	160.02	153.67
	JY3	120.14	164.05	157.73
	平均值	124.60	163.02	155.31

9.4.1　不同纤维含量对 RPC 静态抗压强度的影响

钢纤维 RPC 试件破坏的过程一般如下。

1）基体材料开裂。在 RPC 中剔除粗骨料，用 40～70 目和 70～140 目两种石英砂代替。但是加工制造和水泥水化，使基体材料中存在大量微裂纹，当试件受到荷载时，基体中这些微裂纹会不断地张开扩展，形成较大的裂缝。

2）硬化水泥浆的解体破坏。RPC 基体材料中的微裂缝在极短时间内失稳扩展形成宏观裂纹时，在基体材料中广泛分布的钢纤维对该过程起到阻滞作用，从而提高 RPC 试件的韧性。

3）钢纤维拔出破坏。当材料受到的拉应力大于钢纤维和 RPC 基体的黏结约束作用时，钢纤维从基体中拔出。

因此，在 RPC 材料中加入钢纤维在很大程度上提高了其抗压强度和韧性。钢纤维与 RPC 基体界面结合的强度大小决定了强度提高值的大小。如果接触界面强度较弱，容易出现纤维还未发挥其增强作用复合材料已发生破坏；如果接触界面强度过高，纤维容易被拉断导致其断裂韧性的下降[2]。

设置 4 组试样研究不同纤维含量对 RPC 静态抗压强度的影响。在 SHPB 冲击试验中，试件尺寸为 ϕ36mm×17.5mm，因此对比的静态压缩试验的试件尺寸为 ϕ36mm×36mm。除圆柱体试验外，本章增加两组立方体试样（70.7mm 立方体和 100mm 立方体）来测定掺纤维 RPC 的静态抗压强度，如图 9-11～图 9-13 所示。

（a）正面破坏图　　　　　　　　　　　（b）侧面破坏图

注：试件从下到上、从左到右的编号依次为 SPFRPC 中的 JY1、JY2、JY3、JY4、JY5、JY6。

图 9-11　复掺纤维 RPC 圆柱体静压试件破坏图

（a）正面破坏图　　　　　　　　　　　（b）侧面破坏图

注：试件从下到上、从左到右的编号依次为 SFRPC2 中的 JY1、JY2、JY3、JY4、JY5、JY6。

图 9-12　掺 2%钢纤维的圆柱静压试件

　　（a）正面破坏图　　　　　　　　　　（b）侧面破坏图

注：试件从下到上、从左到右的编号依次为 SFRPC5 中的 JY1、JY2、JY3、JY4、JY5、JY6。

图 9-13　掺 5%钢纤维的圆柱静压试件

　　素 RPC 试件受压时，刚开始加载时试件无明显变化，随着加载时间加长，荷载越来越大，当所加荷载大约达到 RPC 试样极限强度的 60%后，试件发出很大声响，并有小碎块从试件表面迸出，当试件应力达到其抗压强度时，试件向四周迸裂，剩余试件在试验台上呈锥形。当试件为边长 100mm 立方体试件时，此现象非常明显。

　　掺钢纤维 RPC 试件受压时，加载初期与素 RPC 加载情况一致，当大约加载至试件极限强度的 60%后，试件也发出声响。当达到试件极限强度后，立方体试件侧表面布满斜裂缝，但仍然为一整体，还具有一定的抗压强度。

　　掺钢纤维和 PP 纤维的试件受压时，由于加入钢纤维和 PP 纤维，当 RPC 基体出现裂缝后，钢纤维和 PP 纤维起到阻滞裂缝扩展的作用。当荷载加载接近试件的极限抗压强度时，试件表面出现明显的裂纹，并发出撕裂的声音。即使达到了试样的极限抗压强度，试件并没有碎块迸出，仍具有一定的抗压强度。这说明钢纤维和 PP 纤维明显改善了 RPC 基体材料的受压变形和破坏特征。表 9-6 为钢纤维增强 RPC 试样静载抗压强度结果。

表 9-6　钢纤维增强 RPC 试样静载抗压强度结果　　　　　　（单位：MPa）

材料编号	纤维含量	ϕ36mm×36mm	边长 70.7mm 立方试件	边长 100mm 立方试件
RPC		85.5	106.3	100.1
SFRPC2	2%钢纤维	107.6	141.8	127.1
SPFRPC	2%钢纤维+0.2% PP	102.8	128.3	115.1
SFRPC5	5%钢纤维	124.6	163.1	155.3

　　将掺 2%钢纤维的 RPC 和复掺纤维的 RPC 静压强度数据对比后发现，在添加 PP 纤维后，RPC 试件的立方体抗压强度降低。当添加 PP 纤维后，混凝土拌合料的黏聚度增大，流动度降低，在保证混凝土搅拌成型过程中的和易性不受影响，需要增加掺水量，从而造成水胶比增大，因此掺 PP 纤维的 RPC 抗压强度有所降低。

由表 9-6 可知，边长 70.7mm 立方体试件的静态抗压强度比 ϕ36mm×36mm 试件的静态抗压强度高，如果试件尺寸过小会导致 RPC 试件内部缺陷的影响加大。边长 70.7mm 立方体试件的静态抗压强度大于边长 100mm 立方体试件所测强度是因为前者在加载时环箍效应较强。

由图 9-14 可以看出，掺 2%钢纤维 RPC 静态抗压强度比素 RPC 静态抗压强度提高大约 30%，掺 5%钢纤维 RPC 静态抗压强度比素 RPC 静态抗压强度提高大约 55%，主要原因如下：当试件受压时，纵横交错的纤维网状结构约束了试件的横向变形，推迟了 RPC 侧面裂纹的发生及扩展，并且使 RPC 在破坏前有较大范围的缓慢的稳定裂缝扩展，大大增加了 RPC 的断裂面积，这种约束使其近似处于三向受压状态，如同受到围压作用，促使材料压缩强度提高。

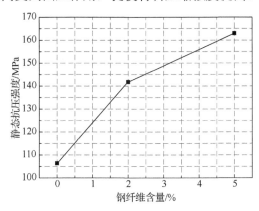

图 9-14　静载下钢纤维含量对 RPC 静态抗压强度的影响

钢纤维的掺入能否提高 RPC 的强度主要取决于 RPC 强度的高低，即与钢纤维-水泥界面黏结性状和界面强度有关。钢纤维的掺入约束了受压过程中混凝土的横向膨胀，推迟了破坏进程，对提高抗压强度有益。在混凝土基体中加入钢纤维越多，界面薄弱层就会越多，整体复合 RPC 材料容易在钢纤维未能充分发挥作用时提前发生破坏。另外，在 RPC 材料中加入过多的钢纤维时，在搅拌成型过程中，钢纤维容易打结成团不能均匀地散开；当承受较大的荷载时，材料的均匀性较差，内部发生应力集中，导致试件提前发生破坏。因此，在钢纤维掺量为 0～2%范围内引起 RPC 静载强度升高幅度比掺量为 2%～5%范围内大。

9.4.2　不同纤维含量对 RPC 静态抗拉强度的影响

通常混凝土静态拉伸试验有 3 种，即劈拉试验、轴拉试验和弯拉试验（抗折试验）[3]。其中轴拉试验是测定混凝土拉伸性能基本的方法，虽然在试验中试件端面应力应变分布相对均匀，所测得应力、应变值对应关系明确，但是该试验对试验设备要求较高。尤其在测定掺钢纤维的活性粉末混凝土时，普通试验机的刚度不足，试件难以对中，容易产生应力集中和偏心受拉破坏现象，因此很难用轴拉试验测定掺钢纤维 RPC 的抗拉强度，并获得相应的受拉应力-应变曲线。弯拉试验主要用于测量混凝土结构在受到弯矩作用时受拉区域的正拉应力，得到的应力-应变曲线并不适用于材料本构研究。采用《纤维混凝土试验方法标准》（CECS 13：2009）中劈裂抗拉试验方法来确定掺 2%钢纤维和 0.2%聚丙烯纤维 RPC 的抗拉强度。试验中 RPC 试样的峰值压力分别为 31.61kN、33.12kN 和 30.42kN，则根据 $\sigma_y = \dfrac{2P}{\pi LD}$ 计算，劈裂拉应力为 4.04MPa（图 9-15）。

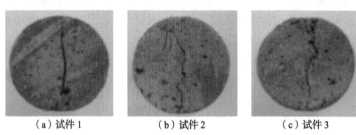

（a）试件 1　　　　　（b）试件 2　　　　　（c）试件 3

图 9-15　RPC 劈裂破坏试样

9.5　RPC 的动力压缩试验

9.5.1　冲击杆直径为 40mm 的 SHPB 冲击压缩试验

　　本章共进行了两部分 SHPB 试验，分别在 ϕ40mm、ϕ100mm SHPB 装置上完成。ϕ40mm 的 SHPB 试验在哈尔滨工业大学空间碎片高速撞击研究中心实验室完成，该实验室 SHPB 装置压杆系统均采用直径为 40mm 优质合金钢，入射杆长度为 2 000mm，透射杆长度为 1 000mm。试验前分别在入射杆和透射杆的中间位置贴应变片，测定应力脉冲在杆中传递时引起的应变。子弹（撞击杆）的长度为 400mm，试件的直径为 36mm、厚度为 17.5mm。为了改善入射波质量，拉长其上升空间,在试验前我们在反射杆与入射杆接触的端面贴直径为 10mm、厚度为 2mm 的铅片作为波形整形器。在贴了波形整形器后，矩形入射波变为三角形波。试件设计见表 9-7。ϕ40mm SHPB 试验试件典型入射波、反射波、透射波波形图如图 9-16 所示，素 RPC SHPB 试验试件应变率时程曲线如图 9-17 所示。

表 9-7　ϕ40mm SHPB 试验试件设计

材料编号	试件尺寸	纤维种类	纤维含量/%	应变率范围/（1/s）
RPC	36mm×17.5mm			100～300
SFRPC2	36mm×17.5mm	钢纤维	2	100～300
SFRPC5	36mm×17.5mm	钢纤维	5	100～300
SPFRPC	36mm×17.5mm	钢纤维	2	100～300
		聚丙烯纤维	0.2	

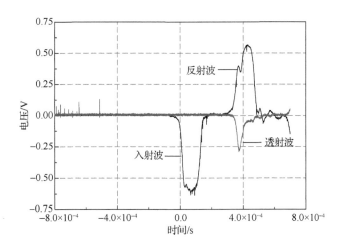

图 9-16　ϕ40mm SHPB 试验试件典型入射波、反射波、透射波波形图

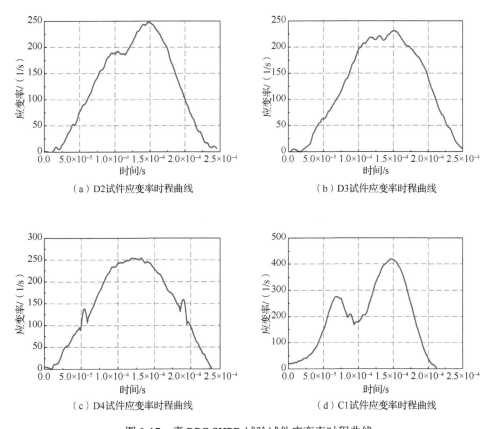

（a）D2试件应变率时程曲线　　　　　　　　（b）D3试件应变率时程曲线

（c）D4试件应变率时程曲线　　　　　　　　（d）C1试件应变率时程曲线

图 9-17　素 RPC SHPB 试验试件应变率时程曲线

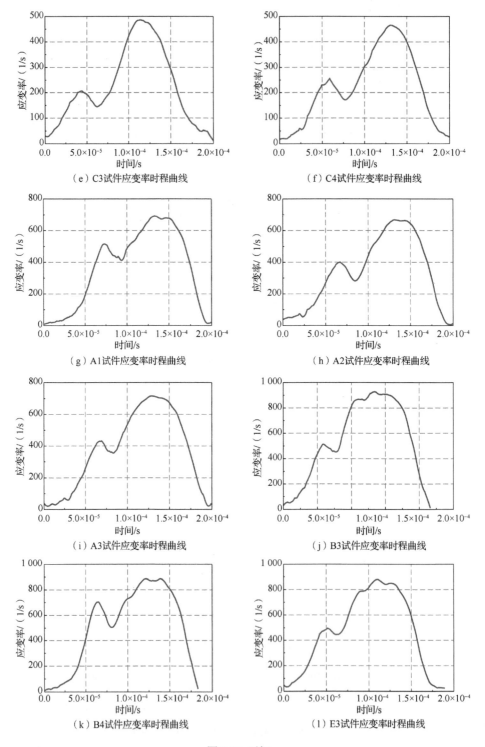

（e）C3试件应变率时程曲线　　　　　（f）C4试件应变率时程曲线

（g）A1试件应变率时程曲线　　　　　（h）A2试件应变率时程曲线

（i）A3试件应变率时程曲线　　　　　（j）B3试件应变率时程曲线

（k）B4试件应变率时程曲线　　　　　（l）E3试件应变率时程曲线

图 9-17（续）

如图 9-18 所示，当应变率约为 100/s 时，RPC 试件在 SHPB 冲击作用后成为大小不一的碎块；当应变率大于 100/s 时，RPC 试件受到冲击作用后成为粉末。这说明，素 RPC 材料的动态压缩破坏存在一定的应变率临界值，当应变率小于临界值时，素 RPC 试件处于弹性变形不发生破坏；当应变率大于临界值时，素 RPC 试件发生粉碎性破坏。

图 9-18　RPC-D4 试件破坏图

如图 9-19 和图 9-20 所示，对于掺 2%钢纤维的 RPC 试件，当应变率大约为 73/s 时，试件在冲击作用后破坏状态不明显；当应变率大约为 120/s 时，试件在冲击作用后变为较大碎块；当应变率接近 200/s 时，RPC 试件受到冲击作用后成为粉末状。说明掺 2%钢纤维 RPC 的动态冲击破坏临界应变率为 120/s。当应变率变化处于 0~100/s 时，掺钢纤维 RPC 试件处于弹性变形，只有个别试件可能由于端面平行度不好，在冲击过程中应力集中而开裂。当应变率稍大于素 RPC 的应变率临界值时，钢纤维起到阻裂的作用，使 RPC 试件裂而不散；当应变率继续增大，大于某一临界值（120/s）时，掺钢纤维 RPC 受到动态冲击作用也呈粉末状。

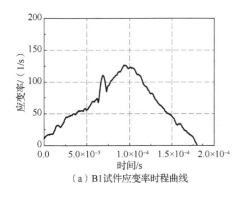

（a）B1 试件应变率时程曲线

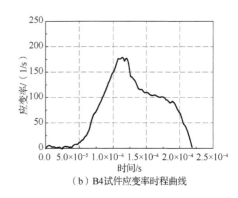

（b）B4 试件应变率时程曲线

图 9-19　掺 2%钢纤维 RPC SHPB 试验试件应变率时程曲线

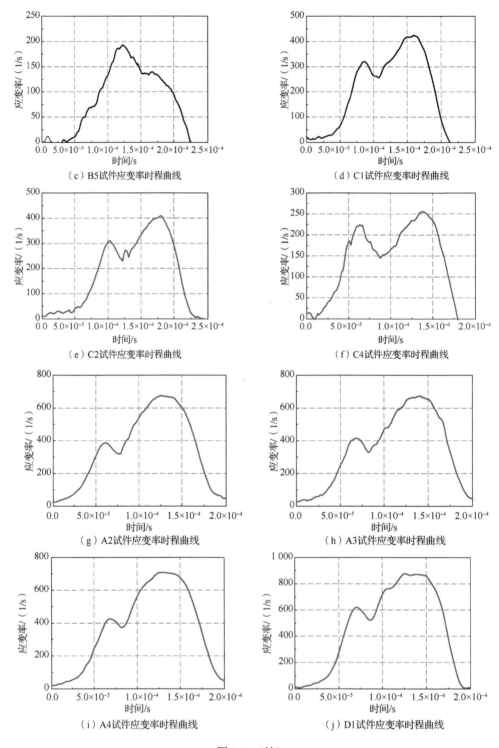

（c）B5试件应变率时程曲线

（d）C1试件应变率时程曲线

（e）C2试件应变率时程曲线

（f）C4试件应变率时程曲线

（g）A2试件应变率时程曲线

（h）A3试件应变率时程曲线

（i）A4试件应变率时程曲线

（j）D1试件应变率时程曲线

图9-19（续）

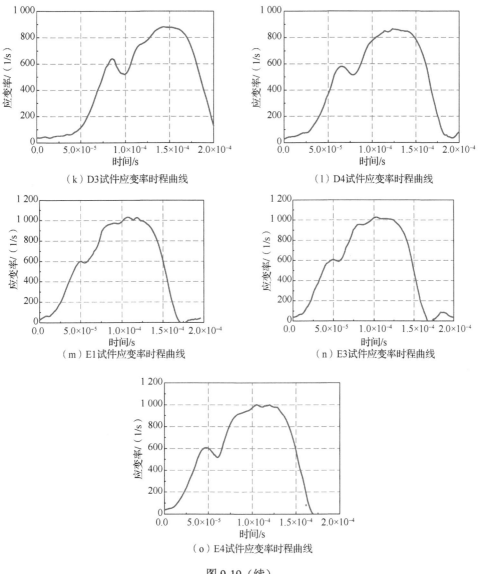

（k）D3试件应变率时程曲线

（l）D4试件应变率时程曲线

（m）E1试件应变率时程曲线

（n）E3试件应变率时程曲线

（o）E4试件应变率时程曲线

图 9-19（续）

（a）平均应变率为 73/s 试件破坏图

（b）平均应变率为 120/s 试件破坏图

图 9-20　不同应变率下掺 2%钢纤维 RPC 试件破坏图

（c）平均应变率为183/s试件破坏图

（d）平均应变率为216/s试件破坏图

图 9-20（续）

　　如图 9-21 和图 9-22 所示，对于掺 2%钢纤维和 0.2% PP 纤维含量的 RPC 试件，当应变率达到 173/s 时，试件在冲击作用后破坏状态明显，变为较大的碎块；当应变率大于 220/s 时，RPC 试件受到冲击作用后成为粉末状。将图 9-20 和图 9-22 对比后发现，虽然掺 PP 纤维并没有提高 RPC 试件的动态抗压强度，但其破坏时对应的应变率临界值大幅提高，说明 PP 纤维可以提高 RPC 材料的抗裂性能。

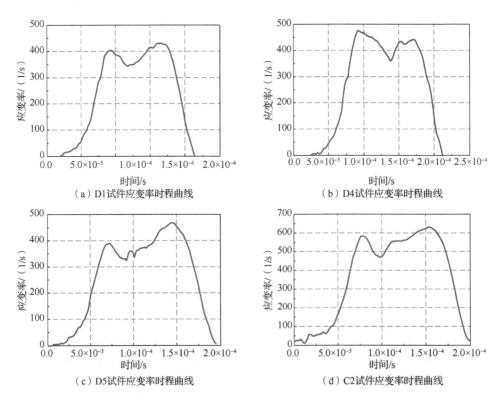

图 9-21　掺 2%钢纤维+0.2% PP 纤维 RPC SHPB 试验试件应变率时程曲线

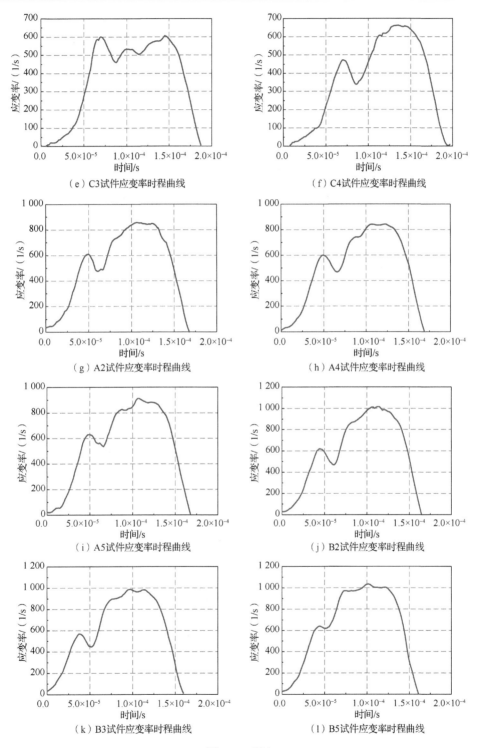

（e）C3试件应变率时程曲线

（f）C4试件应变率时程曲线

（g）A2试件应变率时程曲线

（h）A4试件应变率时程曲线

（i）A5试件应变率时程曲线

（j）B2试件应变率时程曲线

（k）B3试件应变率时程曲线

（l）B5试件应变率时程曲线

图 9-21（续）

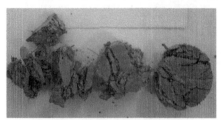

（a）平均应变率为 173/s 试件破坏图　　　　　（b）平均应变率为 223/s 试件破坏图

（c）平均应变率为 273/s 试件破坏图　　　　　（d）平均应变率为 303/s 试件破坏图

图 9-22　不同应变率下掺 2%钢纤维和 0.2% PP 纤维 RPC 试件破坏图

　　如图 9-23 和图 9-24 所示，当应变率大约为 75/s 时，掺 5%钢纤维的 RPC 试件没有破坏；当应变率达到 100/s 时，部分试件发生破坏；当应变率大约达到 175/s 时，RPC 试件均发生破坏；当应变率达到 250/s 时，RPC 试件在冲击作用后都呈粉末状。

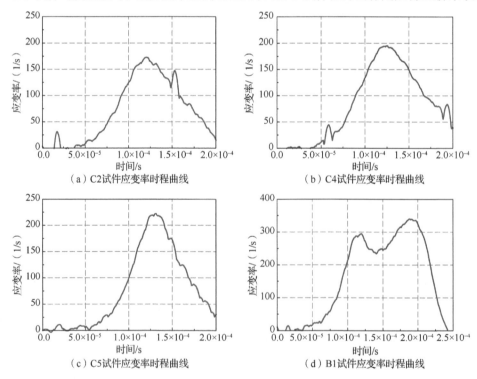

（a）C2试件应变率时程曲线　　　　　　　（b）C4试件应变率时程曲线

（c）C5试件应变率时程曲线　　　　　　　（d）B1试件应变率时程曲线

图 9-23　掺 5%钢纤维 RPC SHPB 试验试件应变率时程曲线

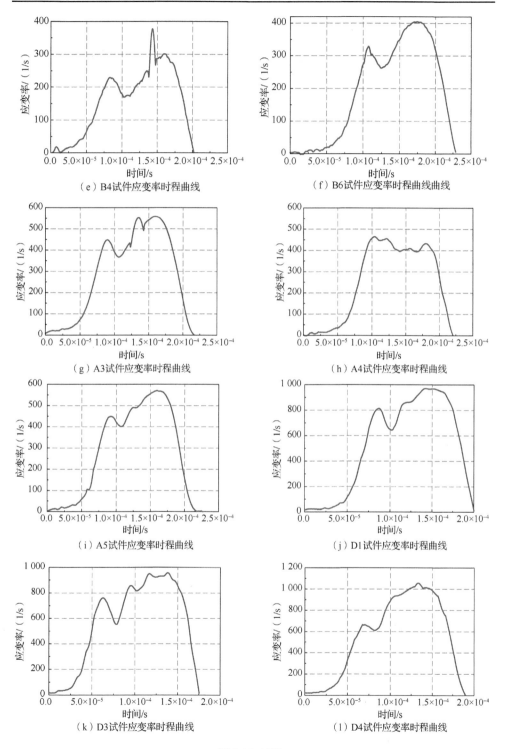

（e）B4试件应变率时程曲线

（f）B6试件应变率时程曲线曲线

（g）A3试件应变率时程曲线

（h）A4试件应变率时程曲线

（i）A5试件应变率时程曲线

（j）D1试件应变率时程曲线

（k）D3试件应变率时程曲线

（l）D4试件应变率时程曲线

图 9-23（续）

（a）平均应变率为 75/s 试件破坏图　（b）平均应变率为 100/s 试件破坏图　（c）平均应变率为 175/s 试件破坏图

图 9-24　不同应变率时掺 5%钢纤维 RPC 试件破坏情况

9.5.2　冲击杆直径为 100mm 的 SHPB 冲击压缩试验

　　ϕ100mm 的 SHPB 试验在湖南大学冲击动力室实验室完成。湖南大学冲击动力实验室 ϕ100mm 的 SHPB 装置入射杆长度为 6 000mm，透射杆的长度为 4 000mm，分别在入射杆和透射杆的中间位置贴应变片，测定应力脉冲在杆中传递时引起的杆应变。子弹（撞击杆）的长度为 1 500mm。试样的直径为 75mm，厚度为 38mm。试件设计见表 9-8。湖南大学 SHPB 试验试件原始波形如图 9-25 所示。通过控制打击气压来控制子弹（撞击杆）的发射速度，不同打击气压对应的入射波、反射波、透射波如图 9-26 所示。

表 9-8　ϕ100mm SHPB 试验试件设计

材料编号	试件尺寸	纤维种类	纤维含量/%	应变率范围/（1/s）
SPFRPC	75mm×38mm	钢纤维+聚丙烯纤维	2+0.2	100～300

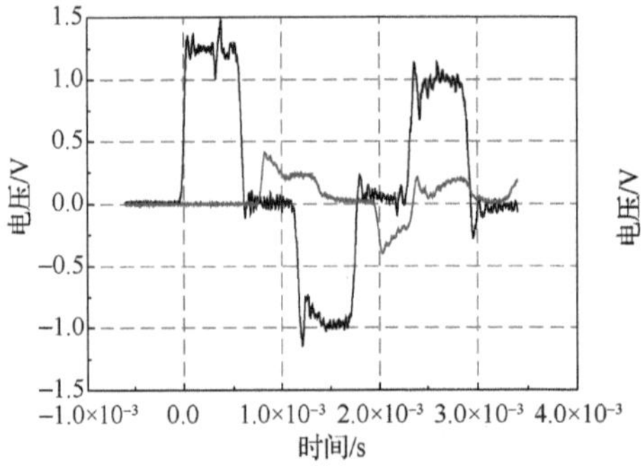

（a）0.7-1 号试件入射波、反射波、透射波波形图

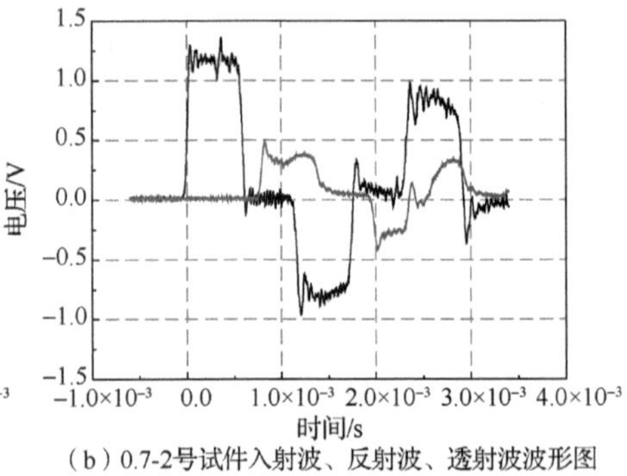

（b）0.7-2 号试件入射波、反射波、透射波波形图

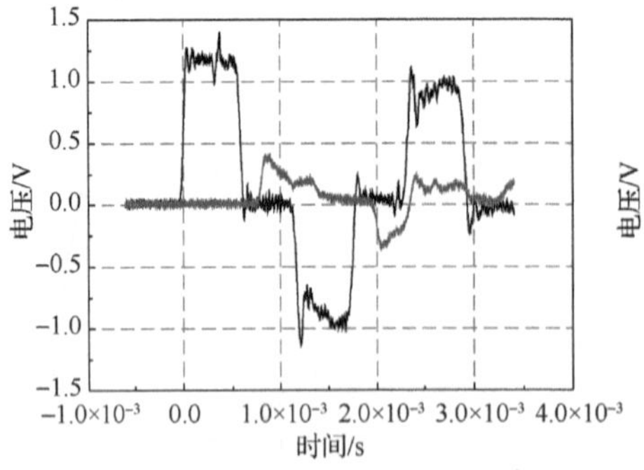

（c）0.7-3 号试件入射波、反射波、透射波波形图

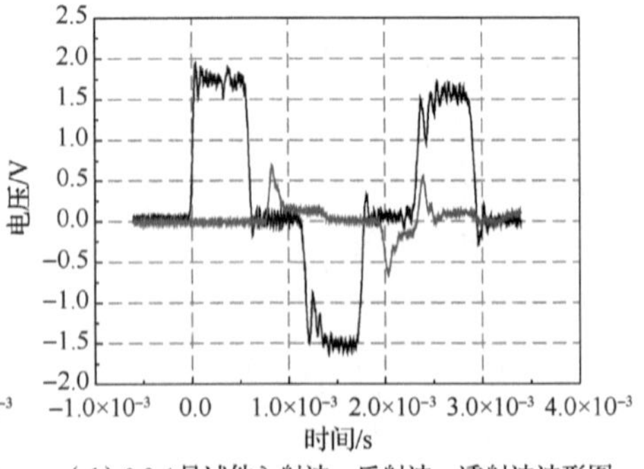

（d）0.9-1 号试件入射波、反射波、透射波波形图

图 9-25　湖南大学 SHPB 试验试件原始波形

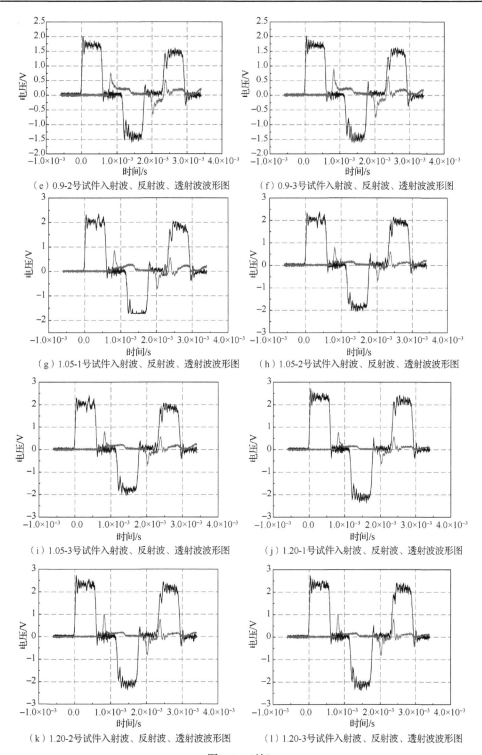

（e）0.9-2号试件入射波、反射波、透射波波形图　　　（f）0.9-3号试件入射波、反射波、透射波波形图

（g）1.05-1号试件入射波、反射波、透射波波形图　　　（h）1.05-2号试件入射波、反射波、透射波波形图

（i）1.05-3号试件入射波、反射波、透射波波形图　　　（j）1.20-1号试件入射波、反射波、透射波波形图

（k）1.20-2号试件入射波、反射波、透射波波形图　　　（l）1.20-3号试件入射波、反射波、透射波波形图

图 9-25（续）

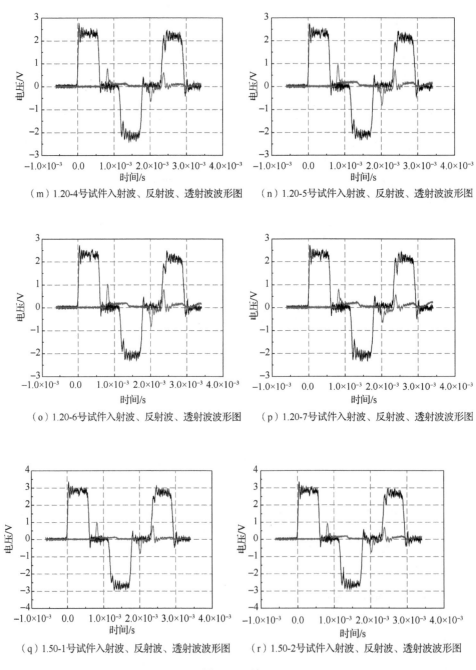

（m）1.20-4号试件入射波、反射波、透射波波形图　　（n）1.20-5号试件入射波、反射波、透射波波形图

（o）1.20-6号试件入射波、反射波、透射波波形图　　（p）1.20-7号试件入射波、反射波、透射波波形图

（q）1.50-1号试件入射波、反射波、透射波波形图　　（r）1.50-2号试件入射波、反射波、透射波波形图

图 9-25（续）

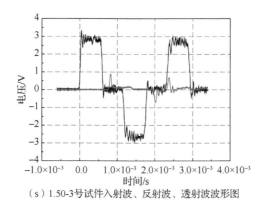

（s）1.50-3号试件入射波、反射波、透射波波形图

注：第 1 个波形曲线为入射波，第 2 个波形曲线为透射波，第 3 个波形曲线为反射波。

图 9-25（续）

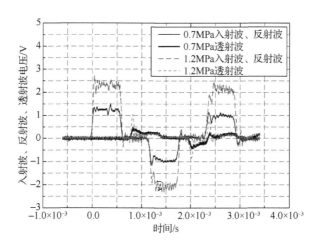

图 9-26　不同打击气压对应的入射波、反射波、透射波

　　图 9-26 为典型的 RPC 试样 SHPB 试验入射波、反射波、透射波波形图。由图 9-27 所示，通过控制打击气压的大小改变子弹的打击速度，从而控制试样平均应变率的大小。当打击气压较小时，子弹冲击速度较小，入射波幅值较小，试样中的应变率较低，试样受冲击作用下破坏程度较轻，试样表面完整；当打击气压较大时，子弹冲击速度较大，入射波幅值较大，试样中的应变率较高，试样受冲击作用下破坏程度重，试样受到损坏；当气压增大到一定程度时，试样直接变为小的碎屑。不同打击气压下试样的破坏状态如图 9-27 所示。

（a）0.7-1 号试件破坏图　　　（b）0.9-1 号试件破坏图　　　（c）1.05-2 号试件破坏图

图 9-27　不同打击气压下试样的破坏状态

9.6　尺寸效应对 RPC 动态受压性能的影响

　　RPC 材料在大跨度桥梁、军事工程及防护工程中有着极大的应用潜力[4]。过去的几十年中，许多相关研究对 RPC 材料的力学性能进行了报道[5-8]。为研究 SHPB 试验试件尺寸效应设置了两组试验，试验设计见表 9-9。在哈尔滨工业大学空间碎片高速撞击研究中心实验室完成ϕ36mm×17.5mm SHPB 试验，在湖南大学动力冲击实验室完成ϕ75mm×38mm SHPB 试验。

表 9-9　尺寸效应试验设计

试验装置	试件尺寸	纤维种类	纤维含量/%	应变率范围/（1/s）
ϕ100mm SHPB 试验装置	ϕ75mm×38mm	钢纤维	2	100～300
		聚丙烯纤维	0.2	
ϕ40 mm SHPB 试验装置	ϕ36mm×17.5mm	钢纤维	2	100～300
		聚丙烯纤维	0.2	

　　试验得到的应力-应变曲线如图 9-28 和图 9-29 所示，由此得到的应变率-抗压强度动态增大系数（dynamic increase factor，DIF）曲线如图 9-30 所示。由图可见，SHPB 试验试件的尺寸效应明显。试件尺寸越小，得到的 DIF 越大，应变率效应越明显。

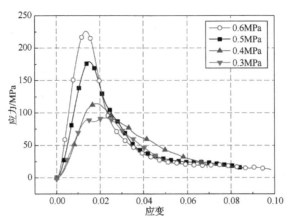

图 9-28　ϕ40mm SHPB 试验曲线

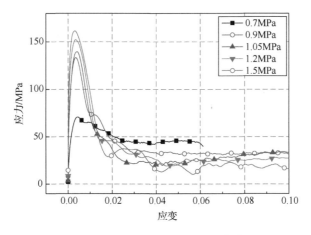

图 9-29　ϕ100mm SHPB 试验曲线

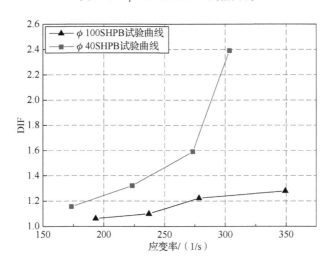

图 9-30　复掺纤维 RPC 应变率-抗压强度 DIF 曲线对比图

试验结果主要包括动态抗压强度（σ_m）、抗压强度 DIF、峰值应变（ε_m）、弹性模量的动态增大系数（E_d/E_s）、吸能能力（W）和破坏程度系数（D_c），具体见表 9-10 和表 9-11。

表 9-10　试件尺寸为ϕ36mm×17.5mm 的复掺纤维 RPC 试验结果

平均应变率/（1/s）	应变率 $\dot{\varepsilon}$/（1/s）	动态强度 σ_m/MPa	动态抗压强度 DIF	峰值应变 ε_m/（$10^{-3}\varepsilon$）	E_d/E_s	临界破坏因子 D_c	吸能能力 W/（MJ/m³）
	170	101.8	1.02	3.72	1.41	0.397	3.54
173	200	99.8	1.00	3.61	1.60	0.407	3.46
	148	117.0	1.17	3.98	1.26	0.426	3.15

续表

平均应变率/ (1/s)	应变率 $\dot{\varepsilon}$ / (1/s)	动态强度 σ_{m}/MPa	动态抗压强度 DIF	峰值应变 ε_{m}/ ($10^{-3}\varepsilon$)	$E_{\mathrm{d}}/E_{\mathrm{s}}$	临界破坏因子 D_{c}	吸能能力 W/ (MJ/m^3)
223	228	120.0	1.20	4.44	1.77	0.381	3.89
	233	100.6	1.01	3.82	1.79	0.348	3.70
	209	147.1	1.47	5.32	1.71	0.406	3.07
278	275	170.4	1.70	5.23	1.93	0.416	4.49
	278	185.0	1.85	5.16	1.94	0.455	4.23
	281	184.7	1.85	5.09	1.96	0.458	4.53
304	304	233.8	2.34	5.26	2.49	0.537	4.95
	317	249.8	2.50	5.31	2.54	0.555	5.62
	292	205.1	2.05	5.18	2.45	0.489	5.53

表 9-11　试件尺寸为 ϕ75mm×37.5mm 的复掺纤维 RPC 试验结果

平均应变率/ (1/s)	应变率 $\dot{\varepsilon}$ / (1/s)	动态强度 σ_{m}/MPa	动态抗压强度 DIF	峰值应变 ε_{m}/ ($10^{-3}\varepsilon$)	$E_{\mathrm{d}}/E_{\mathrm{s}}$	临界破坏因子 D_{c}	吸能能力 W/ (MJ/m^3)
118	126	74.2	0.79	3.73	1.33	0.482	3.528
	107	84.4	0.90	4.29	1.26	0.506	3.738
	120	67.0	0.71	3.46	1.32	0.512	2.835
193	197	123.0	1.31	4.31	1.51	0.643	3.990
	190	131.1	1.40	3.90	1.47	0.580	5.030
	193	153.9	1.64	5.08	1.49	0.621	4.599
237	233	148.7	1.59	3.38	1.70	0.466	5.838
	245	135.6	1.45	5.40	1.73	0.662	3.854
	233	137.9	1.47	5.44	1.68	0.671	5.093
278	277	133.0	1.42	5.73	2.19	0.699	5.166
	275	173.7	1.85	6.83	2.18	0.682	5.660
	280	172.4	1.84	6.81	2.20	0.684	5.051
349	356	174.0	1.86	3.58	2.97	0.482	4.452
	344	160.0	1.71	6.44	2.90	0.703	5.975
	348	157.0	1.67	6.51	2.91	0.708	5.775

9.6.1　动态抗压强度

影响混凝土动态抗压强度的因素主要包括试件的长径比 l/d（表现为试件两端的端摩阻力）、试件的直径（表现为横向的惯性约束力）和材料本身的应变率效应。因此，RPC 的抗压强度动态增大系数可以按下式计算：

$$\mathrm{DIF}_{\mathrm{T}} = f_{\mathrm{d}}/f_{\mathrm{s}} = \left(f_{\dot{\varepsilon}} + \Delta f_{\mu} + \Delta f_{i}\right)\big/f_{\mathrm{s}} = \mathrm{DIF}_{\dot{\varepsilon}} + \mathrm{DIF}_{\mu} + \mathrm{DIF}_{i} \qquad (9\text{-}21)$$

式中：$\mathrm{DIF}_{\mathrm{T}}$、$\mathrm{DIF}_{\dot{\varepsilon}}$、$\mathrm{DIF}_{\mu}$ 和 DIF_{i} 分别为 DIF 的试验结果、应变率效应产生的 DIF、由横向惯性效应产生的 DIF 和由端摩阻力产生的 DIF；f_{s} 和 f_{d} 分别为混凝土的准静态抗压强度和动态抗压强度。此外，$f_{\dot{\varepsilon}} = \Delta f_{\dot{\varepsilon}} + f_{\mathrm{s}}$ 是由应变率产生的动态抗压强度，而 $\Delta f_{\dot{\varepsilon}}$、$\Delta f_{\mu}$ 和 Δf_{i} 则分别是由应变率、端摩阻力和横向惯性约束造成的抗压

强度增大值。

1. 试件尺寸对动态抗压强度的影响

由表 9-10 和表 9-11 中的试验结果,将两种不同试件尺寸下复掺纤维 RPC 的动态抗压强度进行对比,如图 9-31 所示。通常,RPC 材料在高应变率(应变率范围为 107/s~356/s)下的抗压强度要大大高于其准静态下的抗压强度。此外,大直径试件的动态抗压强度随应变率的增长速率比小直径试件的增长速率要慢。

2. 试件尺寸对于抗压强度动态增大系数的影响

图 9-32 所示为不同试件尺寸复掺纤维 RPC 的抗压强度动态增大系数和应变率的关系。当试件的长径比相同时,复掺纤维 RPC 的直径越大,其抗压强度动态增大系数增长越平稳。

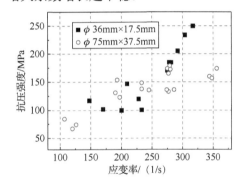

图 9-31　复掺纤维 RPC 动态抗压强度图　　　图 9-32　复掺纤维 RPC 抗压强度动态增大
　　　　　　　　　　　　　　　　　　　　　　　系数和应变率的关系

为了更进一步地研究试件尺寸对于 RPC 抗压强度增大系数的影响规律,将现有文献中的试验结果进行汇集。图 9-33 和图 9-34 所示为 RPC 和掺 2%钢纤维 RPC 的试验结果与拟合结果对比。

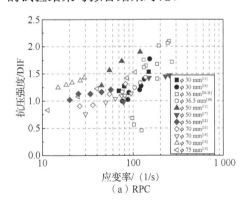

（a）RPC

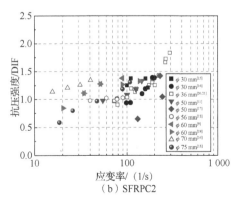

（b）SFRPC2

图 9-33　RPC 和掺 2%钢纤维 RPC 的抗压强度动态增大系数随试件尺寸的变化情况[9-21]

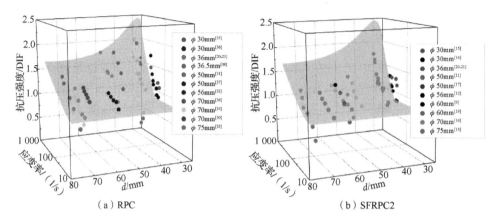

图 9-34　RPC 和掺 2%钢纤维 RPC 抗压强度动态增大系数试验结果与拟合结果对比[9-21]

　　基于这些试验结果，运用非线性拟合的方法提出了考虑应变率、钢纤维掺量和试件尺寸的 RPC 抗压强度动态增大系数计算方法，即

$$\mathrm{DIF}_{\dot{\varepsilon}} + \mathrm{DIF}_i = a\left(\frac{\dot{\varepsilon}}{\dot{\varepsilon}_\mathrm{s}}\right)^b \qquad [\dot{\varepsilon}] \leqslant \dot{\varepsilon} \leqslant 317/\mathrm{s} \qquad (9\text{-}22\mathrm{a})$$

$$\mathrm{DIF}_{\dot{\varepsilon}} + \mathrm{DIF}_i \geqslant 1 \qquad\qquad (9\text{-}22\mathrm{b})$$

式中：$[\dot{\varepsilon}]$ 为临界应变率。当应变率小于临界应变率时，应变率效应不予考虑。$\dot{\varepsilon}_\mathrm{s} = 1/\mathrm{s}$ 是为了实现结果的无量纲化。式（9-22a）和式（9-22b）中的两个参数可以通过下列计算公式得到

$$a = (0.0125 - 0.031V_\mathrm{f})d - (0.33 + 0.144V_\mathrm{f}) \qquad (9\text{-}23\mathrm{a})$$

$$b = (88.686 + 389.2V_\mathrm{f})d^{-1.428} \qquad (9\text{-}23\mathrm{b})$$

　　式（9-22）中计算的钢纤维 RPC 抗压强度动态增大系数同时考虑了材料本身的应变率效应和端摩阻力。然而，对于试件本身的横向惯性效应却没有考虑在内。现有的文献中提到，试验中试件的惯性效应是不可能被去除的，也不可忽略[22,23]。对于应变率不敏感材料，其在动态下的强度增大仅是由自身的惯性效应造成的。具体表示为

$$\mathrm{DIF}_i = f_\mathrm{d}/f_\mathrm{s} = \Delta f_i/f_\mathrm{s} \qquad (9\text{-}24)$$

式中：DIF_i 为数值模拟分析中去除应变率效应后得到的 DIF 值，则材料真正的应变率效应可以表示为

$$\mathrm{DIF}_{\dot{\varepsilon}} = f_\mathrm{d}/f_\mathrm{s} = (\Delta f_{\dot{\varepsilon}} + \Delta f_\mathrm{s})/f_\mathrm{s} = \mathrm{DIF}_\mathrm{T} - \mathrm{DIF}_i - \mathrm{DIF}_\mu \qquad (9\text{-}25)$$

　　为研究试件横向惯性效应对于 DIF 的影响，Hao 等[24]基于有限元软件 AUTODYN，开展了混凝土材料和岩石材料在不同应变率下的 SHPB 试验有限元

分析。在分析中设置 DIF 值为 1.0，同时忽略试件与杆件间的端摩阻力。因此，分析得到的动态抗压强度增大均来自于惯性效应。

然而，Hao 等[24]的研究只进行了试件尺寸为直径为 100mm、长度为 100mm 的混凝土试件。在应用中仅以此尺寸的试件分析结果来作为惯性效应的影响结果太过于片面，分析结果具有局限性。这一部分还需要后续的研究来完善。

9.6.2　压缩变形性能

两种试件尺寸下不同应变率下的应变波形图和破坏模式图可以由图 9-35 和图 9-36 获得。这两组试验下复掺纤维 RPC 动态应力-应变曲线如图 9-37 所示。

1.　试件尺寸对试件变形的影响

由图 9-35（a）和图 9-36（a）进行比较可以看出，当应变率大致相等时，试件尺寸为 ϕ36mm×17.5mm 的复掺纤维 RPC 的反射波波形要小于试件尺寸为 ϕ75mm×37.5mm 的波形。入射波和透射波的波形幅度均随着应变率的增大而增大。

峰值应变是指当应力达到峰值时对应的应变值。图 9-37 是两种试件尺寸复掺纤维 RPC 的峰值应变结果。已有的研究中对于峰值应变随着应变率如何变化存在一定的分歧。图 9-38 可以看出，相同应变率下，试件尺寸较小的复掺纤维 RPC 的峰值应变值比大尺寸试件的峰值应变值要大。并且，不同尺寸试件随应变率增长的增长率几乎相同。为了更进一步研究和验证这一现象，本节将现有文献中的试验结果[9-21]汇集起来。

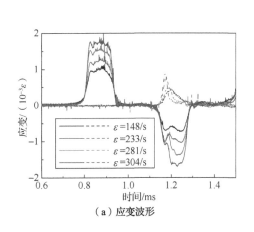

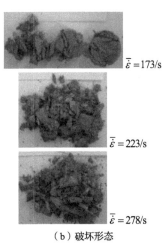

（a）应变波形　　　　　　　　　　（b）破坏形态

图 9-35　ϕ36mm×17.5mm 复掺纤维 RPC 试验结果

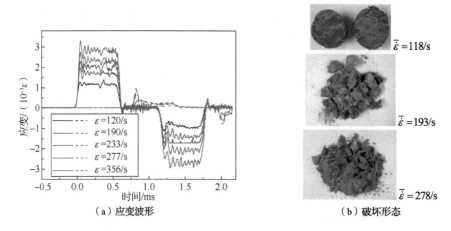

（a）应变波形　　　　　　　　　　　（b）破坏形态

图 9-36　ϕ75mm×37.5mm 复掺纤维 RPC 试验结果

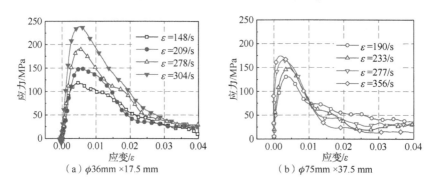

（a）ϕ36mm ×17.5 mm　　　　　　　（b）ϕ75mm ×37.5 mm

图 9-37　两组试验下复掺纤维 RPC 动态应力-应变曲线

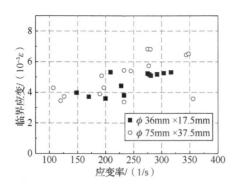

图 9-38　复掺纤维 RPC 峰值应变

2. 试件尺寸对峰值应变动态增大系数的影响

对现有文献中的相关试验结果进行整合，其中素 RPC 和掺量为 2% 钢纤维 RPC 的试验结果如图 9-39 所示。由图 9-39 可知，RPC 试件的尺寸对于其峰值应变动态增大系数没有明显的影响。基于试验结果，通过非线性拟合，本节得到了考虑应变率、钢纤维掺量等因素在内的 RPC 峰值应变动态增大系数的计算方法。通过对比试验结果与理论计算结果可以发现，两者吻合较好，说明所提出的理论计算方法具有准确性。

$$\mathrm{DIF}_{\varepsilon_{\mathrm{m}}} = \left[0.0125\mathrm{e}^{(-V_{\mathrm{f}}/0.1822)} - 0.0055\right]\dot{\varepsilon} + 1 \tag{9-26}$$

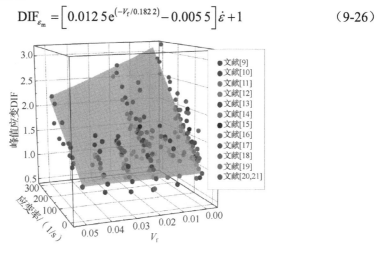

图 9-39　钢纤维 RPC 峰值应变动态增大系数[9-21]

9.6.3　动态弹性模量

动态弹性模量 E_{d} 随着应变率的变化而改变[25]。为充分理解试件尺寸对于动态弹性模量的影响规律，本节研究了不同试件尺寸下钢纤维 RPC 动态弹性模量与应变率的关系。然而，不同试验中 RPC 配合比等因素的多样性和差异性，使 RPC 动态弹性模量差异较大。

1. **试件尺寸对动态弹性模量的影响**

由于现有文献中不同试验中的动态弹性模量具有较大的差异性，CEB 规范[25]建议了一种动态弹性模量增大系数的计算方法。基于这个建议，图 9-40 所示为两种不同试件尺寸下复掺纤维 RPC 的动态弹性模量增大系数与应变率的关系。由图 9-40 可以看出，试件尺寸对于动态弹性模量增大系数没有明显的影响。为了进一步验证这个结论，本节将现有文献中的试验结果进行了汇集。

2. **试件尺寸对于动态弹性模量增大系数的影响**

本节将现有文献中相关的试验结果汇集起来，如图 9-41 所示，其中钢纤维掺量范围为 0~5%。由图 9-41 可以看出，弹性模量的动态增大系数与钢纤维掺量和应变率有直接的关系，而与试件的尺寸没有明显的关系。基于试验结果，通过非线性拟合得到了考虑参数钢纤维掺量和应变率在内的计算弹性模量动态增大系数的理论计算公式。

$$E_d/E_s = (0.0061 - 0.05V_f)\dot{\varepsilon} + 1 \tag{9-27}$$

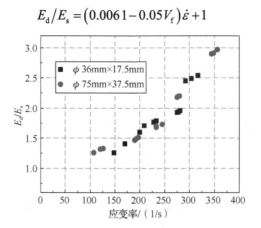

图 9-40　复掺纤维 RPC 动态弹性模量增大系数

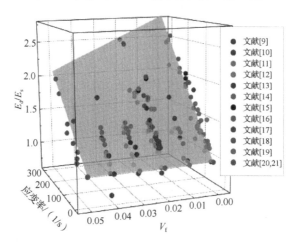

图 9-41　动态弹性模量增大系数试验与计算结果对比[9-21]

9.6.4　损伤程度

由图 9-35（b）和图 9-36（b）的对比可以看出，相同应变率下，尺寸为 ϕ75mm× 37.5mm 的复掺纤维 RPC 的破损程度要比尺寸为 ϕ36mm×17.5mm 的试件更严重。为更好地描述 RPC 试件的损伤程度，引入损伤参数 D，即

$$D = \begin{cases} 0 & \varepsilon = 0 \\ 1 - \dfrac{\sigma}{E_0 \varepsilon} & \varepsilon > 0 \end{cases} \tag{9-28}$$

式中：ε 和 σ 分别为 RPC 试件的应变和应力；E_0 为初始弹性模量。当 D 值达到 1 时，RPC 试件将完全失去承载能力。当应变达到峰值应变时，此时试件的破坏程

度称为临界破坏因子 D_c。图 9-42 是不同尺寸复掺纤维 RPC 的应变率与临界损伤因子的关系。

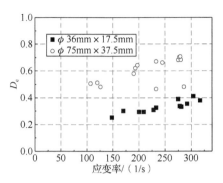

图 9-42　尺寸效应对复掺纤维 RPC 临界损伤因子的影响

由图 9-42 可以看出，复掺纤维 RPC 的临界损伤程度随着试件尺寸的增大而增大，并且试件尺寸对 RPC 的临界损伤程度影响很大。为了进一步定量研究试件尺寸对于 RPC 损伤程度的影响规律，对现有文献中的一系列试验数据[9-21]进行了整合分析。选择了其中素 RPC 和掺量为 2%的钢纤维 RPC 的结果，如图 9-43 中所示。

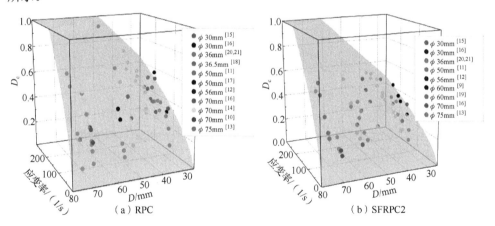

(a) RPC　　　　　　　　　　　(b) SFRPC2

图 9-43　不同钢纤维掺量下 RPC 临界损伤因子与应变率、试件尺寸的关系[9-21]

由图 9-43 可以看出，临界损伤因子与应变率、试件尺寸有紧密的关联。相同试件尺寸下，临界破坏因子随着应变率的增大而增大。相同应变率下，临界破坏因子随着试件尺寸的增大而增大。

基于试验结果，本节提出了考虑钢纤维掺量、应变率和试件尺寸的理论计算公式。由图 9-43 中试验结果与计算结果对比可知，吻合较好。

$$D_c = \left[\left(0.525 - 1.25V_f \right) D + \left(8.42 - 271V_f \right) \right] 10^{-3} \left(\dot{\varepsilon} \right)^{0.6} \tag{9-29}$$

9.6.5　吸能能力

吸能能力 W 是 RPC 材料重要的动态性能之一。吸能能力的定义是在试件变形阶段材料所需要的能量。吸能能力能通过下列公式计算：

$$W = \int_0^\varepsilon \sigma(\varepsilon)\mathrm{d}\varepsilon \tag{9-30}$$

RPC 的吸能能力可以通过计算其应力-应变曲线所辖面积获得，计算的范围是应变从 0 开始到最终极限应变结束。图 9-44 是所完成试验中两种试件尺寸下复掺纤维 RPC 吸能能力的对比。

由图 9-44 可以看出，RPC 试件的尺寸对于吸能能力并没有明显的影响。为进一步验证这一结论，图 9-45 中为现有文献中一系列不同试件尺寸钢纤维 RPC 的吸能能力结果并进行对比，结果同样显示，试件尺寸对于吸能能力没有明显的影响。

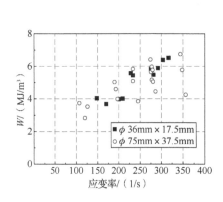

图 9-44　不同尺寸复掺纤维 RPC 吸能　　　　图 9-45　钢纤维和应变率对纤维 RPC 吸能
　　　　　能力比较　　　　　　　　　　　　　　　　能力的影响[9-21]

式（9-31）为钢纤维 RPC 吸能能力的理论计算方法。

$$W = \left(0.11 + 3.5 \cdot V_f\right)\left(\dot{\varepsilon}\right)^{0.6} \tag{9-31}$$

通过将式（9-31）与现有文献中的试验结果进行对比可以发现，两者吻合较好。这说明所提出的理论计算方法具有准确性和合理性。

9.7　RPC 的动力劈裂试验

传统混凝土拉伸试验主要包括劈裂试验、层裂试验、轴拉试验。随着 SHPB 技术的发展，目前可以利用 SHPB 装置或经过改进的 SHPB 试验装置进行混凝土劈裂、层裂和轴拉试验。值得注意的是，应用 SHPB 试验装置进行材料的动态劈裂试验中只能获得材料的拉伸应力时程曲线而不能获得材料应力-应变曲线。材料的 SHPB 劈裂试验试件设计见表 9-12，其试验装置示意图如图 9-46 所示。

表 9-12　SHPB 劈裂试验试件设计

材料编号	试件尺寸	纤维种类	纤维含量/%	应变率范围/（1/s）
SPFRPC	75mm×75mm	钢纤维	2	100～300
		PP 纤维	0.2	
SPFRPC	36mm×36mm	钢纤维	2	100～300
		PP 纤维	0.2	

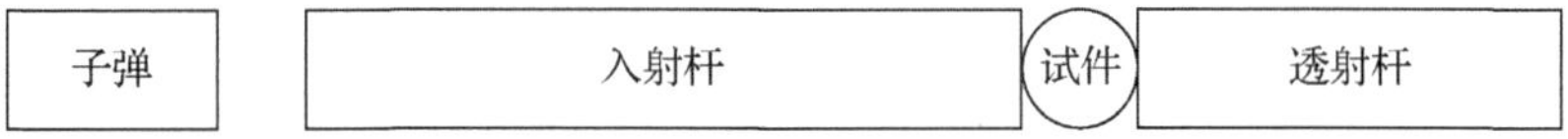

子弹	入射杆	试件	透射杆

图 9-46　SHPB 劈裂试验装置示意图

ϕ75mm×75mm（直径为 75mm、高度为 75mm）和 ϕ36mm×36mm（直径为 36mm、高度为 36mm）RPC 试件实测动态劈裂试验结果分别见表 9-13 和表 9-14。结果表明：随着应变率增加，RPC 动态劈裂强度上升。

表 9-13　ϕ75mm×75mm 试件动态劈裂试验结果

试件编号	打击速度/（m/s）	直径/mm	厚度/mm	透射峰值/V	P/N	劈裂强度/MPa	抗拉强度/MPa
PL-070-01#	6.24	74.86	75.01	0.22	173 394.5	19.7	
PL-070-02#	6.05	74.88	74.51	0.18	146 061.5	16.7	18.4
PL-070-03#	6.10	74.48	74.60	0.21	164 378.7	18.8	
PL-090-01#	8.74	74.83	74.66	0.26	202 836.8	23.1	
PL-090-02#	8.74	75.03	74.16	0.25	198 792.7	22.7	23.2
PL-090-03#	8.77	75.07	75.32	0.27	210 687.0	23.7	
PL-120-01#	11.58	75.07	74.46	0.29	227 973.3	26.0	
PL-120-02#	11.52	75.02	74.73	0.30	241 057.0	27.4	26.3
PL-120-05#	11.58	75.00	74.17	0.28	224 246.4	25.7	
PL-150-01#	14.00	75.25	74.68	0.28	222 105.5	25.2	
PL-150-02#	13.95	75.18	74.58	0.32	257 312.5	29.2	28.5
PL-150-05#	13.90	74.97	74.45	0.34	272 220.0	31.0	

表 9-14　ϕ36mm×36mm 试件动态劈裂试验结果

试件编号	打击速度/（m/s）	直径/mm	厚度/mm	透射峰值/V	P/N	劈裂强度/MPa	抗拉强度/MPa
XPL-052-01#	3.47	36.00	34.79	0.05	36 422.8	18.5	
XPL-052-02#	3.60	36.05	35.01	0.04	31 943.3	16.1	17.7
XPL-052-03#	3.46	36.22	35.34	0.05	37 025.4	18.4	
XPL-060-01#	4.77	36.18	34.76	0.05	40 180.9	20.3	
XPL-060-02#	4.77	36.17	34.97	0.05	40 180.9	20.2	19.8

续表

试件编号	打击速度/ (m/s)	直径/ mm	厚度/ mm	透射峰值/V	P/N	劈裂强度/ MPa	抗拉强度/ MPa
XPL-060-03#	4.72	36.01	35.04	0.05	37 128.5	18.7	
XPL-070-01#	6.10	36.04	35.08	0.06	45 714.9	23.0	
XPL-070-02#	6.24	36.13	34.84	0.06	45 247.1	22.9	23.8
XPL-070-03#	6.13	36.12	35.33	0.06	50 836.6	25.4	
XPL-080-01#	7.48	36.02	34.99	0.05	40 133.3	20.3	
XPL-080-02#	7.47	36.22	35.09	0.06	47 538.4	23.8	22.1
XPL-080-03#	7.47	35.95	34.98	0.06	43 954.8	22.3	

9.8 小　结

1）本章采用杆径 40mm SHPB 装置，完成了 26 个素 RPC、21 个掺 2%钢纤维 RPC、20 个掺 5%钢纤维 RPC、26 个复掺纤维（2%钢纤维和 0.2%聚丙烯纤维）ϕ36mm×17.5mm 和 19 个复掺纤维ϕ75mm×38mm 的 RPC 试件动态压缩试验，积累了宝贵的试验数据。

2）本章试验结果表明：RPC 的应变率阈值为 70/s～100/s，应变率低于此阈值时，应变率对 RPC 动态强度的影响不明显；RPC 应变率为 100/s～260/s 时，素RPC 的应变率效应最明显；掺 5%钢纤维 RPC 材料应变率效应较弱；尽管掺0.2% PP 纤维对 RPC 的动态抗压强度基本没有影响，但 PP 纤维的掺入可延缓动态压缩荷载下 RPC 试件的开裂；随着试件尺寸增大，RPC 受压应变率效应降低。

3）SHPB 试验存在尺寸效应。通过ϕ75mm×38mm 和ϕ36mm×17.5mm 试件的试验结果及文献中现有的试验结果进行对比分析发现：当试件尺寸增加时，应变率效应减弱。相同长径比的试件，RPC 的动态强度增大系数随试件直径的增大而增大，并且尺寸效应对素 RPC 的影响要大于纤维 RPC。RPC 试件的尺寸对峰值应变动态增大系数、弹性模量动态增大系数和吸能能力没有明显的影响。基于试验结果和非线性拟合分析方法，本章提出了同时考虑多因素（应变率、钢纤维掺量和试件尺寸）的计算钢纤维 RPC 抗压强度动态增大系数、峰值应变动态增大系数、弹性模量动态增大系数、损伤程度和吸能能力的计算方法。

4）本章采用 SHPB 装置完成了 20 个ϕ75mm×75mm、20 个ϕ36mm×36mm 复掺纤维 RPC 试件的动态劈裂试验。结果表明：当名义应变率为 110/s～350/s 时，复掺纤维 RPC 动态抗拉强度随应变率增大而增加。

参 考 文 献

[1] 巫绪涛, 胡时胜, 孟益平. 混凝土动态力学量的应变计直接测量法. 试验力学, 2004, 19（3）：319-323.

[2] 董振英, 李庆斌. 纤维增强脆性复合材料细观力学若干进展[J]. 力学进展, 2001, 31（4）：555-582.

[3] 黄承逵, 尚人杰, 赵国藩. 混凝土动态拉伸试验方法的研究[J]. 大连理工大学学报, 1997, 37（S1）：110-114.

[4] HOU X M, CAO S J, ZHENG W Z. Analysis on the dynamic response of steel-RPC anti-explosion doors under blast load[J]. Journal of building structures, 2016, 37(S1): 219-226,232.

[5] CAO S J, HOU X M, RONG Q, et al. Dynamic splitting tensile test of hybrid-fiber-reinforced reactive powder concrete[J]. Emerging materials research, 2018, 7(1): 52-57.

[6] SU Y, LI J, WU C Q, et al. Effects of steel fibres on dynamic strength of UHPC[J]. Construction and building materials, 2016, 114: 708-718.

[7] ABID M, HOU X M, ZHENG W Z, et al. High temperature and residual properties of reactive powder concrete —a review[J]. Construction and building materials, 2017, 147: 339-351.

[8] HOU X M, CAO S J, RONG Q, et al. A P-I diagram approach for predicting failure modes of RPC one-way slabs subjected to blast loading[J]. International journal of impact engineering, 2018, 120: 171-184.

[9] REN X T, ZHOU T Q, ZHONG F P, et al. Dynamic mechanical behavior of steel-fiber reactive powder concrete[J]. Explosion and shock waves, 2011, 31(5): 540-547.

[10] RONG Z D, SUN W, ZHANG Y S. Dynamic compression behavior of ultra-high performance cement based composites[J]. International journal of impact engineering, 2010, 37(5): 515-520.

[11] WANG Y H, WANG Z D, LIANG X Y, et al. Experimental and numerical studies on dynamic compressive behavior of reactive powder concretes[J]. Acta mechanica solida sinica, 2008, 21(5): 420-430.

[12] JU Y, LIU H B, SHENG G H, et al. Experimental study of dynamic mechanical properties of reactive powder concrete under high-strain-rate impacts[J]. Science China technological sciences, 2010, 53(9): 2435-2449.

[13] ZHANG W H, ZHANG Y S, ZHANG G R. Single and multiple dynamic impacts behaviour of ultra-high performance cementitious composite[J]. Journal of Wuhan University of Technology, 2011, 26(6): 1227-1234.

[14] JIAO C J, SUN W. Impact resistance of reactive powder concrete[J]. Journal of Wuhan University of Technology, 2015, 30(4): 752-757.

[15] HUANG Z Y, WANG Y, XIAO Y, et al. Dynamic behavior of reactive powder concrete in split Hopkinson pressure bar testing[C]//HAO H. Proceeding of 6th Asia-Pacific Conference on Shock and Impact loads on Structurese. Singapore: CI-Premier, 2005: 289-296.

[16] HUANG Z Y, WANG Y, XIAO Y, et al. Dynamic behavior of reactive powder concrete in split Hopkinson pressure bar testing[J]. Natural science journal of Xiangtan University, 2006, 28(2): 113-117.

[17] TAI Y S. Uniaxial compression tests at various loading rates for reactive powder concrete[J]. Theoretical and applied fracture mechanics, 2009, 52(52): 14-21.

[18] WANG L W, PANG B J, CHEN Y, et al. Study on dynamic mechanical behavior and constitutive model of reactive powder concrete after exposure in high temperature[J]. Chinese journal of high pressure physics, 2012, 26(4): 361-368.

[19] WANG W P, HU Y L, REN X T, et al. Experimental investigation on dynamic mechanical performances of reactive powder concrete[C]//The International Symposium on Shock and Impact Dynamics. Taiyuan: Chinese Society of Theoretical and Applied Mechanics, 2011.

[20] HOU X M, CAO S J, RONG Q, et al. Effects of steel fiber and strain rate on the dynamic compressive stress-strain relationship in reactive powder concrete[J]. Construction and building materials, 2018, 170: 570-581.

[21] HOU X M, CAO S J, ZHENG W Z, et al. Experimental study on dynamic compressive properties of fiber-reinforced reactive powder concrete at high strain rates[J]. Engineering structures, 2018, 169: 119-130.

[22] ZHANG M, WU H J, LI Q M, et al. Further investigation on the dynamic compressive strength enhancement of concrete-like materials based on split Hopkinson pressure bar tests. part I: experiments[J]. International journal of impact engineering, 2009, 36(12): 1327-1334.

[23] GORHAM D A. An improved method for compressive stress-strain measurements at very high strain rates[J]. Mathematical and physical sciences, 1992, 438(1902): 153-170.

[24] HAO Y F, HAO H. Numerical evaluation of the influence of aggregates on concrete compressive strength at high strain rate[J]. International journal of protective structures, 2011, 2(2): 177-206.

[25] Comite Euro-International du Beton. Concrete structures under impact and impulsive loading[R]. Lausanne: Comite Euro-International du Beton, 1988.

第 10 章　RPC 动态受压应力-应变关系计算模型

10.1　引　言

在第 9 章完成的两种尺寸（$\phi 36\text{mm}\times 17.5\text{mm}$、$\phi 75\text{mm}\times 38\text{mm}$）试样的 SHPB 冲击压缩试验基础上，研究不同钢纤维含量（0、2%、5%）及复掺纤维（0.2% PP+2% 钢纤维）对 RPC 动态强度的影响。

10.2　不同纤维含量对 RPC 动态抗压强度的影响

10.2.1　不同纤维含量 RPC 动态受压应力-应变实测曲线

国内外的学者研究表明，混凝土动态抗压强度 σ_d 大于静态抗压强度 σ_s。Hughes 等[1]的试验表明当应变率分别为 8.2/s、10.15/s、13.91/s 时，混凝土的动态强度与静态强度之比分别为 1.01、1.11、1.25。侯晓峰等[2]的试验结果表明，高掺量聚丙烯纤维混凝土的动态抗压强度与静态强度的比值随着应变率的增加而上升。CEB 总结了混凝土动态抗压强度的试验数据，提出 σ_d / σ_s 比值随应变率变化的计算公式[3]，即

$$\text{CDIF} = \frac{\sigma_d}{\sigma_s} = \left(\frac{\dot{\varepsilon}_d}{\dot{\varepsilon}_s}\right)^{1.026\alpha} \qquad \dot{\varepsilon}_d \leqslant 30/\text{s} \qquad (10\text{-}1)$$

$$\text{CDIF} = \frac{\sigma_d}{\sigma_s} = \gamma \left(\dot{\varepsilon}_d\right)^{\frac{1}{3}} \qquad \dot{\varepsilon}_d > 30/\text{s} \qquad (10\text{-}2)$$

式中：$\gamma = 10^{6.156\alpha - 0.492}$；$\alpha = \left(5 + 3 f_{cu}/4\right)^{-1}$；$\dot{\varepsilon}_d = 3\times 10^{-5}/\text{s}$；$f_{cu}$ 为试样的立方体静态抗压强度。

本章主要在压杆直径为 $\phi 40\text{mm}$ 的 SHPB 试验结果基础上，研究纤维含量对 RPC 动态强度的影响。相应的试样设计见表 9-7。进行 4 组 $\phi 40\text{mm}$ 的 SHPB 试验来研究不同纤维含量对 RPC 动态强度的影响，其试验结果见表 10-1～表 10-4。

表 10-1　素 RPC 的 SHPB 试验结果

平均应变率/（1/s）	应变率 $\dot{\varepsilon}$ /（1/s）	动态强度 σ_m/MPa	抗压强度 DIF	峰值应变 ε_m/（$10^{-3}\varepsilon$）	临界损伤 D_c	吸能能力 W/（MJ/m³）
	98	63.0	0.73	1.82	0.399	1.29
108	102	51.8	0.60	1.74	0.492	1.45
	124	42.4	0.49	1.50	0.546	1.03

平均应变率/（1/s）	应变率 $\dot{\varepsilon}$ /（1/s）	动态强度 σ_{m}/MPa	抗压强度 DIF	峰值应变 ε_{m}/（$10^{-3}\varepsilon$）	临界损伤 D_{c}	吸能能力 W/（MJ/m³）
134	139	153.1	1.78	3.45	0.432	2.33
	131	162.5	1.89	2.99	0.292	2.24
	132	149.2	1.74	2.83	0.323	2.16
188	186	136.0	1.54	3.50	0.554	3.43
	193	189.4	2.21	3.84	0.476	3.08
	185	157.1	1.83	3.72	0.515	3.38
254	251	198.9	2.32	3.87	0.525	2.20
	269	164.1	1.91	4.32	0.653	3.59
	243	195.5	2.28	4.77	0.580	3.26

表 10-2　掺 2%钢纤维 RPC 的 SHPB 试验结果

平均应变率/（1/s）	应变率 $\dot{\varepsilon}$ /（1/s）	动态强度 σ_{m}/MPa	抗压强度 DIF	峰值应变 ε_{m}/（$10^{-3}\varepsilon$）	临界损伤 D_{c}	吸能能力 W/（MJ/m³）
75	72	108.8	1.01	2.44	0.223	2.64
	73	110.5	1.02	3.30	0.294	2.23
	79	103.2	0.95	2.24	0.212	2.29
120	126	138.8	1.28	3.13	0.379	2.61
	122	132.1	1.22	2.71	0.312	2.91
	111	138.2	1.28	2.84	0.295	3.30
184	189	161.2	1.49	3.47	0.416	3.16
	190	154.4	1.43	3.14	0.384	3.46
	174	147.9	1.37	3.02	0.372	3.26
217	225	170.9	1.58	3.95	0.503	3.93
	202	149.0	1.38	3.64	0.518	4.33
	223	169.5	1.57	3.52	0.447	4.57
274	263	200.6	1.85	4.59	0.520	5.04
	266	207.7	1.92	4.34	0.480	5.24
	294	221.3	2.05	4.18	0.508	4.72

表 10-3　掺 2%钢纤维+0.2% PP 纤维 RPC 的 SHPB 试验结果

平均应变率/（1/s）	应变率 $\dot{\varepsilon}$ /（1/s）	动态强度 σ_{m}/MPa	抗压强度 DIF	峰值应变 ε_{m}/（$10^{-3}\varepsilon$）	临界损伤 D_{c}	吸能能力 W/（MJ/m³）
173	170	101.8	1.02	3.72	0.397	3.54
	200	99.8	1.00	3.61	0.407	3.46
	148	117.0	1.17	3.98	0.426	3.15
223	228	120.0	1.20	4.44	0.381	3.89
	233	100.6	1.01	3.82	0.348	3.70
	209	147.1	1.47	5.32	0.406	3.07

续表

平均应变率/（1/s）	应变率 $\dot{\varepsilon}$ /（1/s）	动态强度 σ_{m}/MPa	抗压强度 DIF	峰值应变 ε_{m}/（10^{-3} ε）	临界损伤 D_{c}	吸能能力 W/（MJ/m³）
278	275	170.4	1.70	5.23	0.416	4.49
	278	185.0	1.85	5.16	0.455	4.23
	281	184.7	1.85	5.09	0.458	4.53
304	304	233.8	2.34	5.26	0.537	4.95
	317	249.8	2.50	5.31	0.555	5.62
	292	205.1	2.05	5.18	0.489	5.53

表 10-4　掺 5% 钢纤维 RPC 的 SHPB 试验结果

平均应变率/（1/s）	应变率 $\dot{\varepsilon}$ /（1/s）	动态强度 σ_{m}/MPa	抗压强度 DIF	峰值应变 ε_{m}/（10^{-3} ε）	临界损伤 D_{c}	吸能能力 W/（MJ/m³）
79	73	112.7	0.90	2.52	0.087	2.95
	83	110.6	0.89	2.34	0.100	3.10
	80	118.0	0.95	2.71	0.129	3.02
102	111	138.4	1.11	3.12	0.247	3.24
	93	142.8	1.15	3.03	0.187	3.07
	102	129.9	1.04	2.71	0.176	3.33
175	166	150.1	1.20	3.73	0.351	5.02
	199	144.8	1.16	3.02	0.295	5.51
	160	136.4	1.09	2.94	0.239	4.88
250	249	164.3	1.32	3.48	0.354	7.28
	265	216.4	1.74	4.49	0.399	7.32
	236	196.2	1.57	4.26	0.401	5.40

实测 RPC 不同应变率下应力-应变曲线如图 10-1～图 10-4 所示。

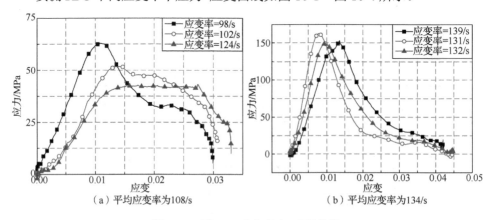

（a）平均应变率为108/s　　　　　　（b）平均应变率为134/s

图 10-1　素 RPC 动态应力-应变曲线

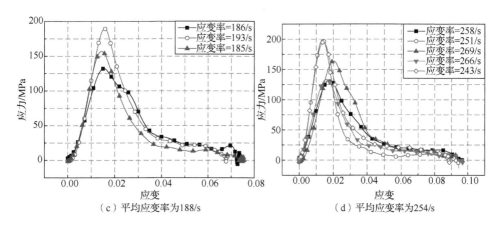

（c）平均应变率为 188/s　　　　　　（d）平均应变率为 254/s

图 10-1（续）

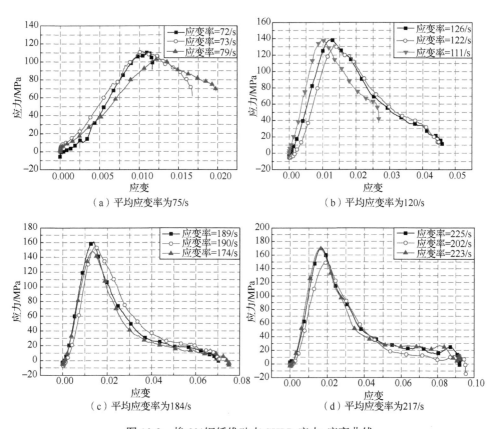

（a）平均应变率为 75/s　　　　　　（b）平均应变率为 120/s

（c）平均应变率为 184/s　　　　　　（d）平均应变率为 217/s

图 10-2　掺 2%钢纤维动态 SHPB 应力-应变曲线

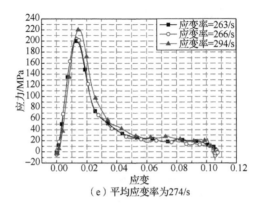

（e）平均应变率为274/s

图 10-2（续）

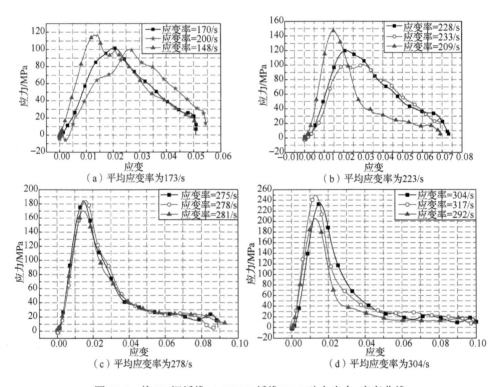

（a）平均应变率为173/s　　　　　　（b）平均应变率为223/s

（c）平均应变率为278/s　　　　　　（d）平均应变率为304/s

图 10-3　掺 2%钢纤维+0.2% PP 纤维 RPC 动态应力-应变曲线

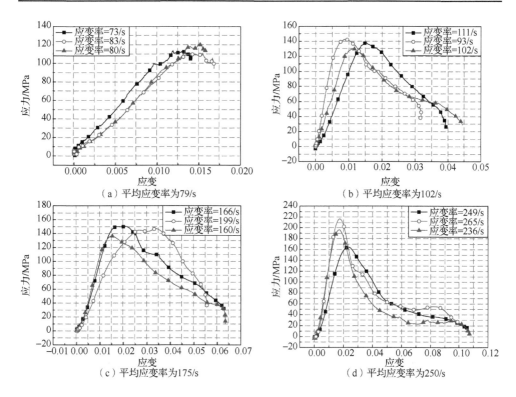

图 10-4　掺 5%钢纤维 RPC SHPB 应力-应变曲线

　　不同纤维种类和含量试件在冲击作用下的压缩应力-应变曲线分别如图 10-5～图 10-8 所示。从图 10-5～图 10-8 中可以看出，RPC 材料的动力性能对应变率很敏感。随着应变率的提高，其动态极限强度都有明显提高，而且应力-应变曲线包围的面积随应变率的提高明显增大，这表明材料具有应变率强化的特点。这是因为混凝土材料的破坏是裂纹的产生与发展而导致的。一般而言，裂纹形成所需的能量远比裂纹发展所需要的能量高，当加载速率较高时，产生裂缝的数量就多，荷载作用于试件的时间比较短，材料没有足够的时间用于能量的积聚时，它只有通过提高应力的方法来达到提高能量的目的，结果导致材料的破坏强度随应变率的增加而增加。

　　关于钢纤维的加入对 RPC 材料动态应变的影响，从图 10-6～图 10-8 可以看出，钢纤维增强 RPC 峰值应变明显高于素 RPC。图 10-6～图 10-8 表明：不同应变率下，对应于钢纤维 RPC 峰值应变虽有所不同（试件的不平整度、试件与入射杆、透射杆的接触面的间隙等也会影响测得的应变），但峰值应变大体上随钢纤维掺量的增加而增加，即随着钢纤维掺量的增加，应力-应变曲线有右移的趋势，下降段与素 RPC 相比明显变缓。

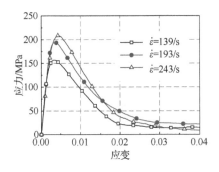

图 10-5　素 RPC 动态应力-应变曲线　　图 10-6　掺 2%钢纤维 RPC 动态应力-应变曲线

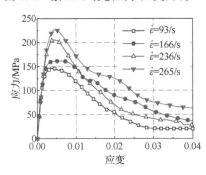
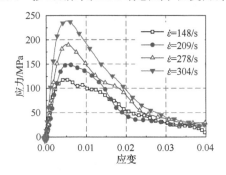

图 10-7　掺 5%钢纤维 RPC 动态应力-应变曲线　　图 10-8　复掺纤维 RPC 动态应力-应变曲线

对于素 RPC，材料达到峰值应力之后，基体试件裂缝急剧延伸并增宽，试件迅速脆性破坏，曲线下降段较短。在掺入钢纤维以后，一方面钢纤维能够将存在于混凝土间的初始微裂隙连接起来，由于基体与钢纤维的应力传递作用，跨越裂缝的钢纤维将应力能有效地传递给裂缝两侧的材料，裂缝尖端应力集中程度缓和，裂缝扩展放慢，进而实现阻止其扩展，而钢纤维乱向分布的特点使这种开裂和阻裂也是杂乱的，这样就增加了裂纹开裂路径的曲折性，钢纤维 RPC 在荷载作用下表现为裂纹缓慢地增长；另一方面，在裂纹扩展、试件破坏时，钢纤维自身强度较高不会发生断裂，只能从混凝土中拔出或剥离，由于钢纤维与基体之间存在不同材质黏着力、摩擦阻力和机械咬合作用产生的较强的黏结力，抽拔过程会消耗大量的能量，相对于素 RPC，试件破坏过程延长，曲线下降段较为缓和。这说明，钢纤维对 RPC 的阻裂增强作用，使钢纤维的加入改善了 RPC 的变形能力、韧性、延性等性能。

由试验结果可知，掺入不同的纤维含量对 RPC 的动态性能有不同的影响。随着应变率的上升，RPC 的动态抗压强度都有不同程度的提升，即应变率效应明显。图 10-9 为不同纤维掺量的应变率效应，由图可知，RPC 是一种应变率效应明显的材料。素 RPC 动态抗压强度受应变率影响，当应变率较小时更加明显。反之，掺

2% 钢纤维和 0.2% PP 纤维的 RPC 动载抗压强度在应变率较大时对应变率更敏感。整体而言，素 RPC 的应变率效应比掺纤维 RPC 应变率效应更加明显，一方面是因为相对于混凝土来说钢纤维是一种应变率不敏感的材料，钢纤维的加入会降低 RPC 整体的应变率敏感性；另一方面是因为纤维与 RPC 基体的过渡带是较弱部分，在承受较大的动载时，RPC 在短时间内破裂成许多小块，钢纤维在发挥对裂缝的阻裂作用前就从基体中拔出，所以掺有钢纤维的 RPC 应变率效应没有素 RPC 明显。应变率相同时，随着钢纤维掺量的增加，钢纤维 RPC 抗压强度 DIF 降低。

将表 10-1～表 10-4 的试验结果代入 CEB 建议式（10-2）中求出 $\dfrac{\sigma_d}{\sigma_s}$，计算结果见表 10-5～表 10-8。

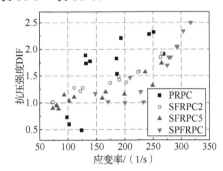 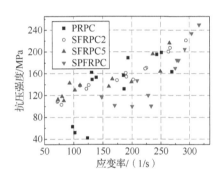

图 10-9　不同纤维掺量的 RPC 应变率效应　　图 10-10　不同纤维掺量的 RPC 动态抗压强度

表 10-5　素 RPC 试验结果与 CEB 公式对比

试件编号	应变率/（1/s）	动态强度/MPa	f_{cu}/MPa	α	γ	CEB	抗压强度 DIF
RPC	98	63.0	85.8	0.014	0.395	1.821	0.73
	102	51.8	85.8	0.014	0.395	1.844	0.60
	124	42.4	85.8	0.014	0.395	1.968	0.49
	131	162.5	85.8	0.014	0.395	2.006	1.89
	132	149.2	85.8	0.014	0.395	2.012	1.74
	139	153.1	85.8	0.014	0.395	2.046	1.78
	185	157.1	85.8	0.014	0.395	2.250	1.83
	186	136.0	85.8	0.014	0.395	2.256	1.54
	193	189.4	85.8	0.014	0.395	2.28	2.21
	243	195.5	85.8	0.014	0.395	2.464	2.28
	251	198.9	85.8	0.014	0.395	2.492	2.32
	269	164.1	85.8	0.014	0.395	2.550	1.91

表 10-6　2%钢纤维 RPC 试验结果与 CEB 公式对比

试件编号	应变率/（1/s）	动态强度/MPa	f_{cu}/MPa	α	γ	CEB	抗压强度 DIF
SFRPC2	72	108.8	108.2	0.012	0.380	1.580	1.01
	73	110.5	108.2	0.012	0.380	1.587	1.02
	79	103.2	108.2	0.012	0.380	1.629	0.95
	126	138.8	108.2	0.012	0.380	1.904	1.28
	122	132.1	108.2	0.012	0.380	1.883	1.22
	111	138.2	108.2	0.012	0.380	1.825	1.28
	189	161.2	108.2	0.012	0.380	2.179	1.49
	190	154.4	108.2	0.012	0.380	2.183	1.43
	174	147.9	108.2	0.012	0.380	2.120	1.37
	225	170.9	108.2	0.012	0.380	2.309	1.58
	202	149.0	108.2	0.012	0.380	2.228	1.38
	223	169.5	108.2	0.012	0.380	2.303	1.57
	263	200.6	108.2	0.012	0.380	2.433	1.85
	266	207.7	108.2	0.012	0.380	2.442	1.92
	294	221.3	108.2	0.012	0.380	2.525	2.05

表 10-7　2%钢纤维+0.2% PP 纤维 RPC 试验结果与 CEB 公式对比

试件编号	应变率/（1/s）	动态强度/MPa	f_{cu}/MPa	α	γ	CEB	抗压强度 DIF
SPFRPC	170	101.8	100.0	0.013	0.384	2.130	1.02
	200	99.8	100.0	0.013	0.384	2.249	1.00
	148	117.0	100.0	0.013	0.384	2.034	1.17
	228	120.0	100.0	0.013	0.384	2.349	1.20
	233	100.6	100.0	0.013	0.384	2.366	1.01
	209	147.1	100.0	0.013	0.384	2.282	1.47
	275	170.4	100.0	0.013	0.384	2.501	1.70
	278	185.0	100.0	0.013	0.384	2.510	1.85
	281	184.7	100.0	0.013	0.384	2.519	1.85
	304	233.8	100.0	0.013	0.384	2.586	2.34
	317	249.8	100.0	0.013	0.384	2.622	2.50
	292	205.1	100.0	0.013	0.384	2.551	2.05

表 10-8　5%钢纤维 RPC 试验结果与 CEB 公式对比

试件编号	应变率/（1/s）	动态强度/MPa	f_{cu}/MPa	α	γ	CEB	抗压强度 DIF
SFRPC5	73	112.7	124.6	0.010	0.372	1.555	0.90
	83	110.6	124.6	0.010	0.372	1.623	0.89
	80	118.0	124.6	0.010	0.372	1.603	0.95
	111	138.4	124.6	0.010	0.372	1.788	1.11
	93	142.8	124.6	0.010	0.372	1.685	1.15
	102	129.9	124.6	0.010	0.372	1.738	1.04
	166	150.1	124.6	0.010	0.372	2.044	1.20
	199	144.8	124.6	0.010	0.372	2.172	1.16
	160	136.4	124.6	0.010	0.372	2.019	1.09
	249	164.3	124.6	0.010	0.372	2.340	1.32
	265	216.4	124.6	0.010	0.372	2.389	1.74
	236	196.2	124.6	0.010	0.372	2.299	1.57

由表 10-5 可知，素 RPC 的应变率效应有一定的阈值条件，应变率大于 130/s 时，动载抗压强度明显大于静载强度；当应变率小于 130/s 时，可不考虑应变率效应对 RPC 动态抗压强度的影响。

由试验结果可知，用 CEB 建议公式得到的 DIF 值与试验测得的 DIF 值相差较大，所以 CEB 所建议的混凝土动态抗压强度计算公式并不适用于 RPC 材料（图 10-11）。因此，有必要建立 RPC 动态抗压强度的计算公式。

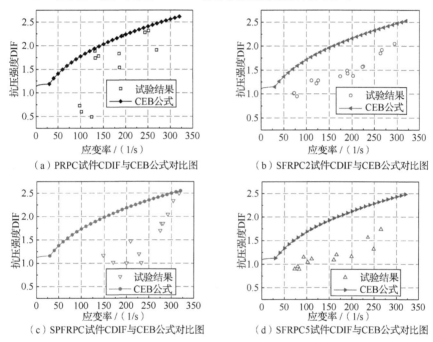

（a）PRPC 试件 CDIF 与 CEB 公式对比图　　（b）SFRPC2 试件 CDIF 与 CEB 公式对比图

（c）SPFRPC 试件 CDIF 与 CEB 公式对比图　　（d）SFRPC5 试件 CDIF 与 CEB 公式对比图

图 10-11　CEB 与试验数据对比图

10.2.2　复掺纤维 RPC 的 DIF 计算公式

由复合材料理论可知，在混凝土中掺入钢纤维提高其力学性能的程度主要与纤维-基体界面结合的强度有关。加入过多的钢纤维会导致钢纤维在 RPC 基体中打结，不能充分发挥其性能[4]。本章主要对掺钢纤维和 PP 纤维 RPC 的应力-应变率关系进行拟合，将结论应用于 RPC 板的动力分析中。

将本章所有试验数据（$\phi 36\text{mm} \times 17.5\text{mm}$）进行非线性拟合得到

$$\text{CDIF} = \frac{\sigma_{\text{d}}}{\sigma_{\text{s}}} = \gamma \left(\dot{\varepsilon} \right)^{0.5} \qquad \dot{\varepsilon} \geqslant 70/s \qquad (10\text{-}3)$$

式中：$\gamma = 10^{9.621\alpha - 1.092}$，$\alpha = \left(f_{\text{cu}} - 50.65 \right)^{-1}$，$f_{\text{cu}}$ 为试样的立方体静态抗压强度。当应变率小于 70/s 时，认为材料的破坏强度接近于静态极限抗压强度。

式（10-3）的计算值与实测值对比如图 10-12 所示。

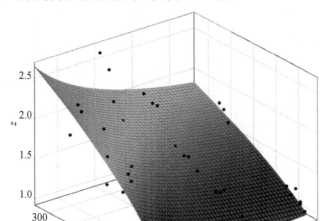

注：x 为试件静压强度；y 为应变率。

图 10-12　RPC 动态强度增长因子计算值与实测值对比

10.2.3　混掺纤维 RPC 动态抗拉强度

混凝土材料动态拉伸的试验方法主要有动态直接拉伸、动态劈裂强度及动态层裂强度的测量，三者均是在 SHPB 试验机上实现。动态直接拉伸因试样连接的复杂性及试验应变率很难增大等缺陷而应用不多。本章采用动态劈裂试验来测定掺 2% 钢纤维和 0.2% PP 纤维的 RPC 的动态抗拉强度。本节试验的试样为 ϕ75mm×75mm 圆柱体，在湖南大学建筑安全与节能教育部重点实验室的 ϕ100mm SHPB 试验装备完成（图 10-13 和图 10-14）。

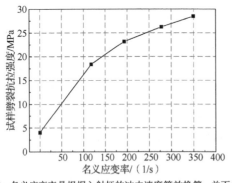

注：名义应变率是根据入射杆的冲击速度等效换算，并不代表试件破坏时实际应变率。

图 10-13　劈裂强度随名义应变率的变化规律

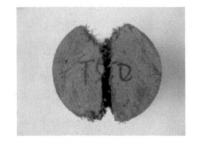

图 10-14　典型 RPC 试件劈裂试验破坏图

　　RPC 试件劈裂试验的名义应变率按式（9-10）计算，由于劈裂试验中，RPC 试样开裂处应力-应变状态复杂，冲击波在 RPC 试件内传递路径不同，RPC 劈裂破坏时，其并非处于近似恒应变率状态，且真实的应变率难以计算，因此用名义应变率表征 RPC 试件的动态破坏时的应变率。由于破坏处的应变率随打击气压的上升而上升，由图 10-13 和图 10-11 可知，掺钢纤维+PP 纤维的 RPC 材料动态抗拉强度增长率明显大于动态抗压强度增长率，说明混掺纤维对以主拉应力为控制的强度值具有显著的增强效果。

　　钢纤维 RPC 在静态荷载作用时，由于钢纤维的增强增韧作用，其破坏过程一般如下：试件中的拉伸应力达到基体混凝土的抗拉强度后混凝土开裂；随着荷载的增加，裂缝扩展，钢纤维发挥阻裂增强作用；裂缝扩展受阻后，裂缝绕开纤维发展或者产生新的裂缝；在裂缝扩展、产生新裂缝过程中，横跨裂缝的钢纤维发挥桥接作用，钢纤维受力；最后钢纤维被拔出，试件达到极限强度从而破坏。静态劈裂试验中，试件在垂直作用力方向的中央平面上出现 1 条较窄的裂缝。在动态荷载作用下，随着应变率的增大，试件中拉伸应力在达到初裂强度后也先开裂，但由于冲击荷载作用的时间很短，初裂缝来不及开展，为了消耗增加的能量，很快产生多个新裂缝，同时钢纤维也受力。动态劈裂试验中，试件在垂直作用力方向的中央平面上出现数条破坏裂缝。因此，随着应变率的增大，混掺纤维 RPC 动态抗拉强度逐渐上升。

10.3　钢纤维 RPC 的损伤软化模型

10.3.1　连续介质损伤理论

　　研究表明，近 30 年发展起来的损伤力学为定量化研究混凝土疲劳损伤提供了一个强有力的理论工具。混凝土是一种非均匀、脆性材料，形成之初其基体内部及基体与骨料界面间均存在许多孔隙和微裂纹。混凝土的失效过程主要是由于内部初始缺陷不断累积发展最终成为宏观裂缝[5-18]。

　　本章运用了各向同性损伤理论，引入损伤变量 D 的概念。损伤变量是指材料内部损伤和劣化程度的度量，即微裂纹和微孔洞在整个材料中所占体积的百分数，表达式如下：

$$D = \frac{A_c}{A_0} \tag{10-4}$$

式中：A_0 为截面面积；A_c 为在截面中不连续区域（如微裂纹）的面积。

　　根据各向同性理论，损伤变量 D 的取值与平面方向无关，D 的大小仅与所求点的坐标有关。损伤变量 D 和表征所研究材料状态的应变张量 ε 共同表现微裂纹损害的宏观效应。由于微裂纹的产生，剩余的荷载由净抵抗区域 $A_0 - A_c$ 承担。损伤变量由代表没有损伤的 $D=0$ 变为材料均匀变形至理想化失败（完全破坏状态）的 $D=1$。根据损伤力学相关原理假设，钢纤维 RPC 试样由无数的微观单元组成，当某些单元的应变达到初始损伤阈值发生断裂时，试样开始产生裂纹并随着外力增大裂纹逐渐扩散直至试样破坏。因此，钢纤维 RPC 的整体宏观性能将主要取决于微观单元的力学行为。

10.3.2　微观单元的破坏损伤模型

本章采用损伤本构模型来描述图 10-5～图 10-8 所示钢纤维 RPC 的应力-应变关系。钢纤维 RPC 是一种包含了许多缺陷如裂缝和空隙的材料，这些缺陷各自不同，且随机分布，缺陷破坏过程也是随机分布的。因此，钢纤维 RPC 的强度是由原料的比例、缺陷分布、晶粒尺寸、黏结能力等相互独立的因素共同决定。但这些因素符合一定的统计规律。基于这些理论，钢纤维 RPC 强度可以由数理统计得出，涉及的基本假设如下。

1）各代表性体积单元（即微观单元）的应力-应变曲线是线性的，直到该体积单元被破坏。

2）当每个微单元破坏时，在发生失效之前荷载瞬间均匀分布于剩余完好的微观单元中。因此，当 n 个微单元破裂时，剩余 $N-n$ 个微单元中的荷载和应力分布为

$$P = E\varepsilon A(N-n) \tag{10-5}$$

$$\sigma = E\varepsilon\left(1 - \frac{n}{N}\right) \tag{10-6}$$

式中：E 为弹性模量；ε 为未受到破坏的微单元的应变。

弹性模量 E 的计算方法为

$$E = \frac{\sigma_b - \sigma_a}{\varepsilon_b - \varepsilon_a} \tag{10-7}$$

式中：下标 a 和 b 分别表示在应力-应变曲线中对应 $0.4\sigma_m$ 和 $0.6\sigma_m$ 的点，σ_m 为峰值应力。

3）钢纤维 RPC 的强度分布可以由威布尔（Weibull）分布函数表示：

$$D = \frac{n}{N} = 1 - e^{\left[-\left(\frac{\varepsilon}{F_0}\right)^m\right]} \tag{10-8}$$

式中：D 为累积失效的概率（即损伤标量）；F_0 为尺度参数；m 为形状参数。

将式（10-8）代入式（10-6）中，得到钢纤维 RPC 在冲击作用下的应力-应变曲线，即

$$\sigma = E\varepsilon e^{\left[-\left(\frac{\varepsilon}{F_0}\right)^m\right]} \tag{10-9}$$

根据文献[2]所述，在此引入参数 C_n，使式（10-9）与实际应力-应变曲线更准确地拟合，则应力-应变曲线变为

$$\sigma = E\varepsilon\left\{(1 - C_n) + C_n e^{\left[-\left(\frac{\varepsilon}{F_0}\right)^m\right]}\right\} \tag{10-10}$$

根据弹性力学理论，当试样处于三向受压状态下的应力-应变曲线为

$$\sigma_1 = E\varepsilon\left\{(1-C_n)+C_n\,\mathrm{e}^{\left[-\left(\frac{\varepsilon}{F_0}\right)^m\right]}\right\}+\nu(\sigma_2+\sigma_3) \qquad (10\text{-}11)$$

式中：ν 表示泊松比；下标 1、2、3 分别表示 3 个主应力方向；C_n 为曲线参数，取值为 0～1，当 $C_n=1$ 时，式（10-10）变为式（10-9）。

10.3.3　模型参数的确定

上述的损伤模型中，Weibull 分布参数 m 和 F_0 是用于反应钢纤维 RPC 力学性能的两个重要参数，如图 10-15～图 10-18 所示。由图 10-15 和图 10-17 可知，m 和 F_0 取值对钢纤维 RPC 的应力-应变曲线分布影响很大。特别是，参数 m 反映了宏观统计强度的集中度。当 F_0 一定时，m 越大，RPC 试样的压缩强度越大。由图 10-16 和图 10-18 可知，m 和 F_0 对钢纤维 RPC 损伤 D 值影响很大。很显然，当 m 值越大时，试样更容易实现完全破坏状态（即 $D=1$）。

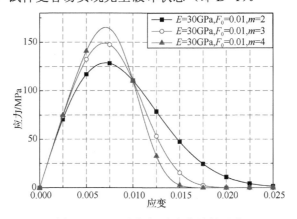

图 10-15　m 对应力-应变曲线的影响

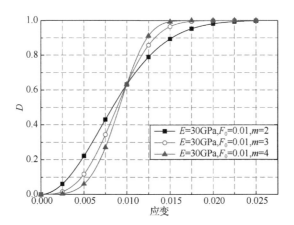

图 10-16　m 对 D 值的影响

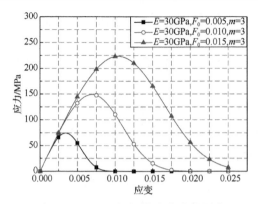

图 10-17　F_0 对应力-应变曲线的影响

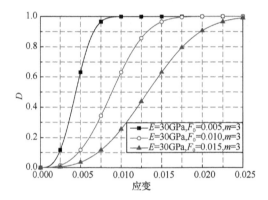

图 10-18　F_0 对 D 值的影响

在损伤模型中，参数 F_0 表示钢纤维 RPC 的宏观统计强度的平均大小。当 m 一定时，F_0 减小时 RPC 试件的极限强度和达到极限强度对应的应变减少。当 F_0 和 m 值越小时，试件越容易达到完全破坏状态。

C_n 对钢纤维 RPC 应力-应变曲线的影响如图 10-19 所示。

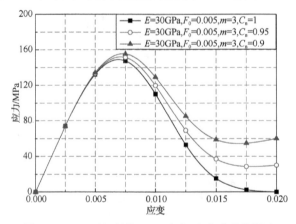

图 10-19　C_n 对钢纤维 RPC 应力-应变曲线的影响

10.3.4　拟合公式和试验数据对比分析

利用图 10-5～图 10-8 中 16 条曲线，图中给出不同的应变率和钢纤维的体积分数，通过线性回归分析方法确定对应 F_0 和 m。$m(V_f, \ln \dot\varepsilon)$，$F_0(V_f, \ln \dot\varepsilon)$ 和 $C_n(V_f, \ln \dot\varepsilon)$ 的表达式分别为

$$m = 3.762 + 2.786 \times 10^{-1} V_f - 2.553 \times 10^{-2} \ln \dot\varepsilon \tag{10-12}$$

$$F_0 = 1.693 \times 10^{-2} + 1.673 \times 10^{-3} V_f + 7.827 \times 10^{-4} \ln \dot\varepsilon \tag{10-13}$$

$$C_n = 8.257 \times 10^{-1} - 4.382 \times 10^{-2} V_f - 2.318 \times 10^{-2} \ln \dot\varepsilon \tag{10-14}$$

式中：V_f 为试件中钢纤维含量（体积含量）；$\dot\varepsilon$ 为应变率。

通过将 Weibull 参数和弹性模量代入式（10-10）中，可以得到如图 10-20～图 10-22 所示的应力-应变曲线。根据图 10-21 和图 10-22 中曲线证明了 Weibull 分布函数可以用来表示钢纤维 RPC 强度分布。

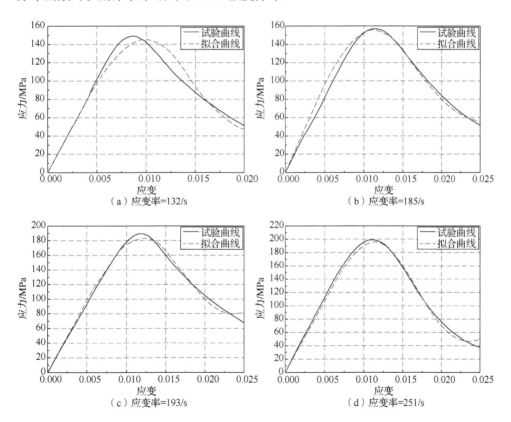

图 10-20　素 RPC 动态强度拟合曲线与试验曲线对比

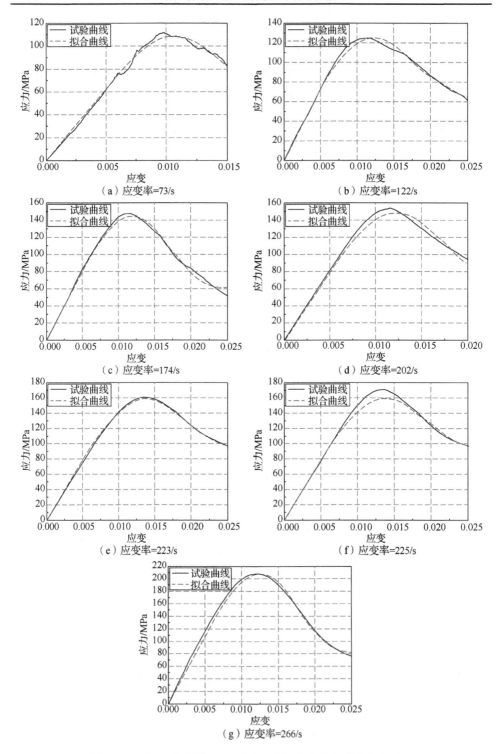

图 10-21　含 2%钢纤维 RPC 动态强度拟合曲线与试验曲线对比

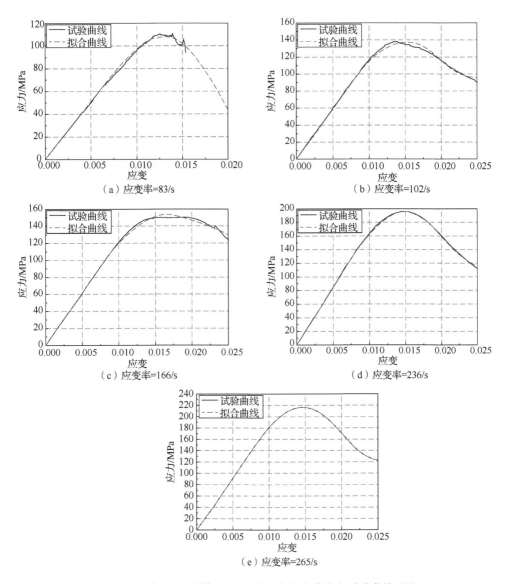

图 10-22　含 5%钢纤维 RPC 动态强度拟合曲线与试验曲线对比

通过对 RPC 试样进行不同应变率的 SHPB 动态压缩试验，提出并验证将损伤软化统计模型用来计算钢纤维 RPC 的动态强度。根据试验可以得到以下结论。

1）钢纤维 RPC 是一种应变率敏感的脆性材料。随着钢纤维含量和应变率的增加钢纤维 RPC 的动态压缩强度上升。

2）钢纤维 RPC 的统计损伤模型可以很好描述试样从出现微裂纹到破坏的全过程。模型参数少、简洁准确，可以方便地评估钢纤维 RPC 动态压缩应力-应变关系。

10.4　小　　结

本章完成了 152 个掺钢纤维和 PP 纤维的 RPC 试件冲击压缩、劈裂试验，主要结论如下。

1）基于试验结果，应用连续介质损伤原理，建立了包含纤维增强效应和应变率增强效应 RPC 动态抗压应力-应变关系计算模型；提出了复掺纤维 RPC 抗压强度动态增长系数（DIF）-应变率曲线。结果表明：与相同抗压强度的混凝土相比，RPC 的抗压强度 DIF 明显降低，若将欧洲规范 CEB 关于混凝土抗压强度 DIF 建议的公式直接应用于 RPC 工程中，结构将会偏于不安全。

2）名义应变率为 110/s～350/s 时，复掺纤维 RPC 抗拉强度动力增长系数为 3.68～5.7。

参 考 文 献

[1] HUGHES B P, GREGORY R. Concrete subjected to high rates of loading in compression[J]. Magazine of concrete research, 1972, 24(78): 25-36.

[2] 侯晓峰，方秦，张育宁，等. 高掺量聚丙烯纤维混凝土动力特性的 SHPB 试验[J]. 解放军理工大学学报，2005，6（4）：351-354.

[3] Comite Euro-international du Beton. CEB-FIP model code 1990[S]. Lausanne: Comite Euro-International du Beton, 1993.

[4] 董振英，李庆斌. 纤维增强脆性复合材料细观力学若干进展[J]. 力学进展，2001，31（4）：555-582.

[5] XU W Y, WEI L D. Study on statistical damage constitutive model of rock[J]. Chinese journal of rock mechanics and engineering, 2002, 21(6): 787-791.

[6] 王礼立，朱兆祥. 应力波基础[M]. 北京：国防工业出版社，1985.

[7] KACHANOV L. Introduction to continuum damage mechanics[M]. New York: Springer, 1986.

[8] MAZARS J, PIJAUDIER-CABOT G. Continuum damage theory-application to concrete[J]. Journal of engineering mechanics, 1989, 115(2): 345-365.

[9] MAZARS J. A description of micro-and macroscale damage of concrete structures[J]. Engineering fracture mechanics, 1986, 25(5-6): 729-737.

[10] LEMAITRE J, LIPPMANN H. A course on damage mechanics[M]. Berlin: Springer, 1996.

[11] LEMAITRE J. How to use damage mechanics[J]. Nuclear engineering and design, 1984, 80(2): 233-245.

[12] ZHOU Y, YANG W, XIA Y, et al. An experimental study on the tensile behavior of a unidirectional carbon fiber reinforced aluminum composite at different strain rates[J]. Materials science and engineering: A, 2003, 362(1): 112-117.

[13] ZHOU X Q, KUZNETSOV V A, HAO H, et al. Numerical prediction of concrete slab response to blast loading[J]. International journal of impact engineering, 2008, 35(10): 1186-1200.

[14] WANG W, ZHANG D, LU F, et al. Experimental study on scaling the explosion resistance of a one-way square reinforced concrete slab under a close-in blast loading[J]. International journal of impact engineering, 2012, 49: 158-164.

[15] BISCHOFF P H, PERRY S H. Compressive behaviour of concrete at high strain rates[J]. Materials and structures, 1991, 24(6): 425-450.

[16] UNOSSON M, NILSSON L. Projectile penetration and perforation of high performance concrete: experimental results and macroscopic modelling[J]. International journal of impact engineering, 2006, 32(7): 1068-1085.

[17] KAEWKULCHAI G, WILLIAMSON E B. Beam element formulation and solution procedure for dynamic progressive collapse analysis[J]. Computers and structures, 2004, 82(7-8): 639-651.

[18] XIAO Y, WU H. Compressive behavior of concrete confined by carbon fiber composite jackets[J]. Journal of materials in civil engineering, 2000, 12(2): 139-146.

[19] LOK T S, ZHAO P J, LU G. Using the split Hopkinson pressure bar to investigate the dynamic behaviour of SFRC[J]. Magazine of concrete research, 2003, 55(2): 183-191.

第11章 基于单自由度法的RPC板动态响应分析

11.1 引 言

研究表明，RPC在抗爆抗冲击领域有着突出的力学性能，国内外部分学者对于RPC的动态拉压性能进行了相关研究。然而，对于爆炸荷载作用下RPC构件的破坏模式与损伤评估未见报道。目前，基于ANSYS软件的RPC单向板的损伤评估只能借助跨中支座转角对弯曲响应模式下的破坏进行评估，对于剪切响应模式下的损伤评估所依靠的截面平均剪应变则难以获得，因此难以实现剪切响应下的损伤评估。当RPC板发生支座处的直剪破坏时，跨中塑性还未充分发展，位移较小，因此仅考虑弯曲响应破坏进行的损伤评估方法将偏于不安全。本章引入等效单自由度（single degree of free，SDOF）法，开展RPC板在爆炸荷载作用下的破坏模式与损伤评估研究。

11.2 等效单自由度法原理

11.2.1 等效单自由度系统

等效单自由度法是将结构构件的运动简化为特征方向上的一维运动。爆炸荷载作用下的钢筋混凝土构件可以被一个等效单自由度体系代替，等效体系的位移、速度和加速度在每一时刻均应与实际构件相一致。此外，真实体系和等效体系之间还应有动能、应变能和外力所做功相等的关系，如图11-1所示，其中$P(t)$是作用于真实构件的爆炸荷载，$x(t)$是目标位置的位移时程，k_{eq}、C、M和$F(t)$分别为等效单自由度系统的等效刚度、黏性阻尼系数、构件总质量和等效荷载。通过等效因子，等效单自由度系统能够快速给出构件的最大挠度、速度和加速度，基于所得到的位移时程，进而可以考虑基于构件最大位移进行损伤评估。

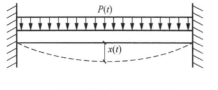

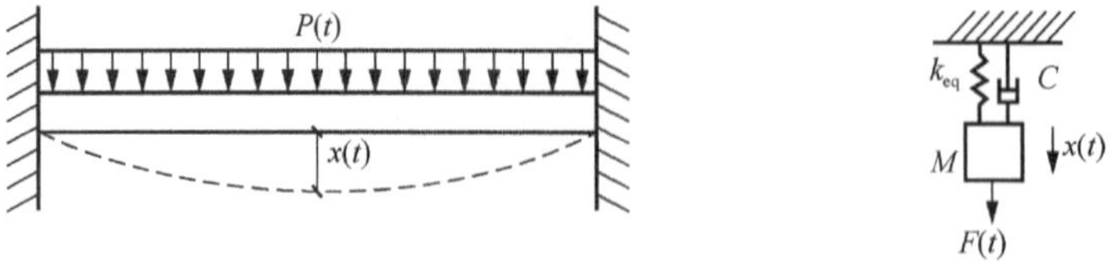

（a）爆炸荷载加载下的真实构件　　　　　　（b）等效单自由度系统

图 11-1 等效单自由度系统

等效单自由度法的原理如下：将均布等效外荷载的结构单元等效为一个弹簧

质量单自由度系统。采用等效质量、等效抗力和等效荷载代入单自由度系统的运动方程中进行计算，通过求运动的微分方程便可得到构件某一关键点的运动历史，进而据此可以对结构的损伤程度进行分析。运动微分方程如下所示：

$$K_M M \ddot{x}(t) + K_L C \dot{x}(t) + K_L R(x) = K_L F_c(t) \qquad (11-1)$$

式中：M 为构件总质量；$\ddot{x}(t)$ 和 $\dot{x}(t)$ 分别为等效单自由度系统的加速度时程和速度时程；C 为构件黏性阻尼系数，$C = \xi C_{cr}$，C_{cr} 为临界阻尼常数，$C_{cr} = 2\sqrt{kMK_{LM}}$，$k$ 为构件弹性刚度，ξ 为阻尼比；$R(x)$ 为构件抗力函数；$F_c(t)$ 为荷载历史；K_M、K_L、K_{LM} 分别为等效质量系数和等效荷载系数、荷载质量因子，$K_{LM} = K_L / K_M$。

11.2.2　等效质量系数与等效荷载系数

等效单自由度系统通过连续体结构与单自由度体系在特征运动方向的动能相等，可以求得单自由度体系的等效质量系数（K_M），如下式所示。由连续体结构上分布力做功与单自由度体系外力做功相等可以求得等效荷载系数（K_L），如下式所示。

$$K_M = \frac{\int_0^L m(x)\varphi^2(x)\mathrm{d}x}{\int_0^L m(x)\mathrm{d}x}, \quad K_L = \frac{\int_0^L p(x)\varphi(x)\mathrm{d}x}{\int_0^L p(x)\mathrm{d}x} \qquad (11-2)$$

式中：$p(x)$ 为爆炸后施加到构件表面的动态荷载；$\varphi(x)$ 为爆炸后构件变形形状函数；$m(x)$ 为构件单位长度的质量。查阅文献 Army TM5-855-1[1]，得到基于第一自振模态变形形状的 K_M 和 K_L 的取值见表 11-1。

表 11-1　荷载、质量及荷载质量因子

边界条件和荷载图	响应	K_L	K_M
	弹性	0.53	0.41
	弹塑性	0.64	0.50
	塑性	0.50	0.33
	弹性	0.64	0.50
	塑性	0.50	0.33

11.2.3　抗力函数

通过关键点位移 x 与结构抗力 R 之间的关系来确定弯曲响应等效单自由度体系的抗力函数。以两端固支钢筋混凝土梁为例，通过理论推导来确定钢筋混凝土构件的弯曲响应抗力函数。假定钢筋混凝土梁是理想刚塑性体，只考虑其弯曲变形，不考虑剪切变形，在发生弯曲破坏时梁端支座和跨中均出现理想塑性铰，并且在爆炸荷载作用下的等效塑性极限弯矩为 M_{peq}，并且假定跨中与支座的承载力相同。

当钢筋混凝土梁两端支座出现塑性铰时，此时作用在梁上的爆炸荷载和跨中位移分别为

$$P_1 = 12M_{\text{peq}} / L^2 \tag{11-3}$$

$$X_1 = P_1 L^4 / (384 E_{\text{eq}} I_{\text{eq}}) \tag{11-4}$$

当钢筋混凝土梁跨中也出现塑性铰时，这一阶段增加的爆炸荷载和跨中位移分别为

$$P_2 = 4M_{\text{peq}} / L^2 \tag{11-5}$$

$$X_2 = 5P_2 L^4 / (384 E_{\text{eq}} I_{\text{eq}}) \tag{11-6}$$

当钢筋混凝土梁发生完全屈服时，总的爆炸荷载和此时的跨中位移分别为

$$P_0 = P_1 + P_2 = 16M_{\text{peq}} / L^2 \tag{11-7}$$

$$X_0 = X_1 + X_2 = 32P_2 L^4 / (384 E_{\text{eq}} I_{\text{eq}}) \tag{11-8}$$

式中：X_1 为钢筋混凝土梁两端支座出现塑性铰时的跨中位移；X_2 为跨中出现塑性铰时增加的位移；X_0 为钢筋混凝土梁发生完全屈服时跨中的总位移；M_{peq} 为钢筋混凝土截面塑性极限弯矩（由假定跨中与支座的承载力相同，得到跨中和支座处塑性极限弯矩相等）；E_{eq} 为钢筋混凝土梁截面的等效弹性模量；I_{eq} 为钢筋混凝土梁截面的等效惯性矩；P_1 为钢筋混凝土梁两端支座截面出现塑性铰时的压力；P_2 为钢筋混凝土梁两端支座和跨中都出现塑性铰时增加的压力；P_0 为钢筋混凝土梁两端支座和跨中均出现塑性铰时的总压力。

两端固支梁的极限抗力 $R_u = 16M_{\text{peq}} / L$，为构件的初始极限抗力，两端固支钢筋混凝土梁抗力模型如图 11-2（a）所示。

钢筋混凝土结构在爆炸荷载作用下的抗力函数 $R(x)$ 是高度非线性的，假设简支构件和固支构件的抗力函数分别为理想弹塑性模型和三线性抗力函数模型，如图 11-2（b）所示。X_e 是钢筋混凝土简支梁发生完全屈服时的跨中位移。

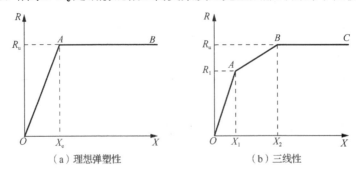

图 11-2　钢筋混凝土受弯构件非线性抗力函数

11.2.4　等效塑性极限弯矩

普通混凝土等效塑性极限弯矩 M_{peq} 可根据 TM5-1300 手册[2] 计算：

$$M_{\text{peq}} = A_s' f_y (h_0 - d') + (A_s - A_s') f_y (h_0 - a/2) \tag{11-9}$$

$$a = [(A_s - A_s') f_y] / (0.85 f_c' b) \tag{11-10}$$

式中：a 为受压区混凝土高度；A_s 和 A_s' 分别为受拉区和受压区配筋面积；f_y 为钢筋的屈服应力；h_0 为截面有效高度；d' 为受压区钢筋中心距受压区混凝土外表面的距离；f_c' 为混凝土的单轴压缩强度；b 为构件截面宽度。

RPC 受弯构件的 M_{peq} 计算方法采用文献[3]中的方法，考虑了 RPC 抗拉强度的有利影响。由于 RPC 具有相对较高的抗拉强度，开裂截面处的裂缝顶端至中和轴的 RPC 拉应力较大，开裂部分的 RPC 中存在钢纤维，仍然具有拉应力。因此，进行 RPC 受弯构件正截面承载力计算时，宜考虑 RPC 受拉的贡献。根据力平衡和力矩平衡可得

$$\alpha f_c bx = f_y A_s + k f_t b \left(h - \frac{x}{\beta} \right) \tag{11-11}$$

$$M_u = \alpha f_c bx \left(h_0 - \frac{x}{2} \right) - k f_t b \left(h - \frac{x}{\beta} \right) \left[0.5 \left(h - \frac{x}{\beta} \right) - a_s \right] \tag{11-12}$$

式中：b 为试件截面宽度；h 为截面高度；a_s 为受拉钢筋形心至截面受拉边缘的距离；h_0 为截面有效高度；α、β 分别为受压区等效矩形应力系数，根据 RPC 的应力-应变关系和截面的平衡条件，得到 $\alpha = 0.9$，$\beta = 0.77$；k 为受拉区等效系数，k 取 0.25。

11.2.5　求解过程

基于 MATLAB 软件，采用 Newmark-β 法进行等效单自由度模型微分方程的求解。计算精度（即时间步长的设置）采用自振周期和正向荷载作用时间中较小值的 0.1%。利用等效单自由度法评估结构构件在爆炸荷载作用下损伤程度的具体过程如下。

1）利用装药量和爆炸距离，由经验公式计算爆炸荷载，进而基于爆炸荷载与等效荷载做功相等的原则求得等效荷载。

2）由等效单自由度法，利用 Newmark-β 法得到等效单自由度系统的位移时程，进而获取最大位移。

3）比较计算位移响应的最大支座转角与损伤评估等级的支座转角，如果计算响应小于允许值，则构件是安全的；否则，构件达到相应的损伤等级。

11.3　基于等效单自由度法的数值模型验证

11.3.1　试验验证

选择文献[4]中 ANSYS 有限元分析损伤评估所选用的 2 000mm×1 000mm× 100mm 钢筋混凝土单向板试验进行验证，验证结果见表 11-2。通过表 11-2 可以看出，等效单自由度法计算结果与试验测量结果和 ANSYS 有限元分析计算结果均十分接近，误差在允许的范围之内。

表 11-2　等效单自由度法试验验证

钢筋混凝土板编号	试验结果	等效单自由度法计算结果				ANSYS 软件计算结果	
	板跨中最大挠度/mm	文献[5]计算结果/mm	误差/%	本章计算结果/mm	误差/%	板中心最大挠度/mm	误差/%
1	1.8	2.02	12	1.55	−13.9	1.68	−6.7
2	10.5	10.51	0.1	10.33	−1.6	9.89	−5.8
3	13.9	15.09	8.5	15.23	9.6	12.92	−7.1
4	38.9	37.69	−3.1	37.73	−3	39.40	1.3

选择文献[5]中爆炸试验梁试件进行模型验证，试验中梁试件尺寸为 1 000mm×100mm×100mm，试验采用直径为 6mm 的钢筋，实际测得屈服强度为 395MPa，极限强度为 501MPa。对 4 次浇筑预留的标准立方体试件的抗压强度进行测试，测得平均强度为 40.5MPa。本试验中，钢筋混凝土梁的几何尺寸和配筋方式如图 11-3 所示，各编号梁对应的工况见表 11-3。

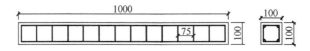

图 11-3　试验中钢筋混凝土梁的几何尺寸和配筋方式

表 11-3　不同工况梁汇总表

钢筋混凝土梁编号	尺寸	箍筋	TNT 装药量/kg	爆炸距离/m	比例距离/（m/kg$^{1/3}$）
1			0.36	0.4	0.57
2	100mm×100mm×1 000mm	Φ6@75	0.45	0.4	0.50
3			0.51	0.4	0.44
4			0.75	0.4	0.40

试验结果与等效单自由度法计算结果见表 11-4。通过对比可以发现，理论计算结果与试验测量结果基本吻合，这证明了所建立的等效单自由度模型的合理性和可行性。

表 11-4　基于等效单自由度法的梁试验验证

钢筋混凝土梁编号	试验结果	等效单自由度计算结果			
	梁中心最大挠度/mm	文献[5]计算结果/mm	误差/%	本章计算结果/mm	误差/%
1	9	10.1	12.2	8.96	−0.4
2	25	27.17	8.68	23.92	−4.32
3	35	36.33	3.8	33.02	−5.66
4	40	47.30	18.25	43.51	8.78

11.3.2　基于等效单自由度法的 RPC 板损伤评估

利用文献[4]中 ANSYS 有限元分析损伤评估所建立的两端固支单向板模型，模型尺寸为 2 000mm×1 000mm×100mm 的钢筋混凝土单向板，仅将普通混凝土材料本构模型改为 RPC 的材料模型，其他条件均不变，计算不同工况下 RPC 单向支撑板的中心最大位移，进而得到用于损伤评估的 P-I 曲线，如图 11-4 所示。由图 11-4 可以看出，P-I 曲线分成了 4 个区域，所代表分区的损伤程度与文献[4]相同。

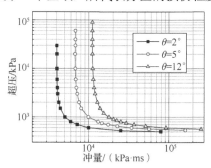

图 11-4　基于等效单自由度法的弯曲相应下 RPC 板 P-I 曲线

11.3.3　ANSYS 有限元分析与等效单自由度法的对比

将 ANSYS 有限元分析得到的及基于等效单自由度法得到的相同模型的 P-I 曲线绘制在同一个坐标系中，如图 11-5 所示。可以看出，两种评估方法在结果上比较接近，这同样验证了基于等效单自由度法的 P-I 曲线绘制的合理性与可行性。

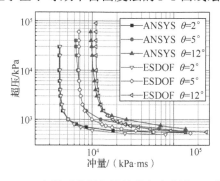

图 11-5　ANSYS 有限元分析与等效单自由度法 P-I 曲线图对比

11.3.4 RPC 板模型的损伤评估曲线

利用试验中的 2 000mm×1 000mm×100mm 钢筋混凝土单向板建立等效单自由度模型,由等效单自由度法得到原试验模型的损伤曲线,将其与 RPC 板模型的损伤评估曲线绘制在同一个坐标系中,如图 11-6 所示。

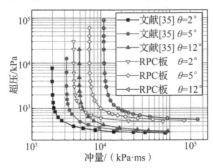

图 11-6 试验板与 RPC 板的 *P-I* 曲线对比图

11.4 剪切失效的等效单自由度法

11.4.1 剪切失效等效单自由度系统

前文的研究表明,RPC 板在爆炸荷载作用下可能发生的整体失效模式有 3 种形式,即弯曲破坏、剪切破坏和弯剪破坏。到目前为止,钢筋混凝土结构在爆炸荷载作用下的剪切失效已经被国内外众多学者借助不同的模型工具进行过研究,但是由于其问题的复杂性,对于剪切单自由度系统的认识尚处于初步阶段。

文献[6]认为钢筋混凝土构件的两种失效响应的失效不在同一个时间区间内发生,通常认为剪切变形是由于构件的高阶振动被激发的结果。因此,剪切破坏一般在结构遭受爆炸荷载后很短时间(0~1ms)内发生,而弯曲破坏一般发生在爆炸荷载后相对较长的时间(10~100ms)内。

因此,本章考虑分别单独建立钢筋混凝土构件的两种失效模型,采用松耦合[6]的计算方法,即通过弯曲响应的等效单自由度系统计算,获得动态剪切力,然后将动态剪切力作为剪切响应等效单自由度系统的外力,从而计算剪切变形响应,作为评判剪切损伤的依据。

与弯曲等效单自由度法相同,剪切等效单自由度系统是用来模拟结构的剪切响应,如图 11-7 所示。在等效爆炸荷载作用下,钢筋混凝土构件将产生弯曲响应与剪切响应。因此,可以分别利用弯曲等效单自由度系统和剪切等效单自由度系统对弯曲响应和剪切响应进行描述。下面介绍剪切响应下的等效单自由度法。

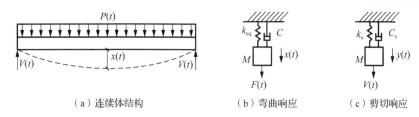

（a）连续体结构　　　　（b）弯曲响应　　　　（c）剪切响应

图 11-7　结构的等效单自由度系统

对于剪切等效单自由度系统，其等效外荷载便是弯曲响应计算得到的动态剪切力，所计算得到的位移便是剪切的滑移量。剪切等效单自由度系统的非线性运动微分方程为[7]

$$M_s \ddot{y}(t) + C_s \dot{y}(t) + R_s = V(t) \tag{11-13}$$

$$C_s = 2\xi_s \sqrt{k_s M_s} \tag{11-14}$$

式中：$y(t)$、$\dot{y}(t)$ 和 $\ddot{y}(t)$ 分别为剪切滑移量、剪切滑移速度和剪切滑移加速度；M_s 为等效剪切质量；R_s 为剪切响应的动态抗力函数；C_s 为剪切阻尼系数；k_s 为剪切弹性刚度；ξ_s 为剪切黏性率；$V(t)$ 为动态剪切力，可以按照文献[8]所提到的通过计算弯曲等效单自由度法中的外荷载 $P(t)$ 和动态弯曲抗力函数 $R(t)$ 来得到。

通常认为，只有钢筋混凝土结构构件在直剪力的作用下没有发生剪切破坏时，构件才会进入弯曲响应模式[6]。剪切失效会在爆炸荷载作用后很短的时间内发生，此时构件跨中将不会产生较大变形。同时，直剪破坏的失效面发生在接近支座处，剪切破坏模式更近似于整个构件的崩塌破坏。由此可知，此时结构的形状函数可以被认为是一个整体从而可以忽略结构的挠度。因此，剪切等效单自由度体系的剪切质量转换因子和剪切荷载转换因子都可以认为是单位 1[6]，即 M_s 可以取为构件的总质量。

剪切等效单自由度法的非线性运动方程同样采用 Newmark-β 法进行求解，计算精度（即时间步长）选用自振周期与爆炸荷载作用时间两者中较小值的 0.1%。通过运动方程的求解，可以得到剪切破坏下的滑移量时程关系，得到最大滑移量，并进而基于评估准则可以进行损伤评估。

11.4.2　抗力函数

剪切抗力函数选用 Krauthammer 等[7] 的分析研究成果，抗力函数模型如图 11-8 所示。该模型由五段直线组成，分别称为弹性响应阶段 OA、硬化阶段 AB、塑性屈服阶段 BC、软化阶段 CD 及最终屈服阶段 DE。该抗力模型是通过改进一些剪切滑移模型发展而来的，而在实际应用中，

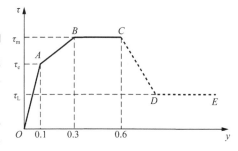

图 11-8　直剪抗力函数模型

Krauthammer 等[8]并没有考虑模型的软化阶段，即将该模型简化应用为三线性模型。动态分析采用了三线性抗力模型作为剪切等效单自由度体系的抗力函数。

三线性抗力函数的计算过程如下。

1）弹性阶段（OA 段）的范围是由 τ_e 得到，τ_e 由下式计算得到。弹性阶段最大的剪切滑移量 y 为 0.1mm。

$$\tau_e = \frac{165 + 0.157(145 f_c')}{145} \leqslant \tau_m / 2 \tag{11-15}$$

式中：f_c' 为混凝土单轴压缩强度。

2）硬化阶段（AB 段）的范围是剪切滑移量从 0.1mm 到 0.3mm，抗力函数由 τ_m 计算得到，其中 τ_m 由下式计算得到。

$$\tau_m = \frac{8\sqrt{145 f_c'} + 0.8\rho_{vt}(145 f_y)}{145} \leqslant 0.35 f_c' \tag{11-16}$$

式中：f_y 为钢筋的屈服强度；ρ_{vt} 为构件的配筋率。

3）BC 段，剪切强度保持为常数。在得到剪切变形的应力抗力函数之后，进而易得到实际的剪切抗力函数：弹性剪切抗力 $R_{se} = \tau_e bh$，极限剪切抗力 $R_{sm} = \tau_m bh$。

11.4.3 动态剪切力

基于文献[9]提出的惯性叠加荷载法，采用文献[5]中动态剪切力的计算结果，获得了非均布荷载的单向支撑结构动态剪切力 $V(t)$ 计算公式如下：

$$V(t) = aR(t) + bF(t) \tag{11-17}$$

式中：a、b 分别为仅与荷载分布系数 n 有关的参数；$R(t)$ 为弯曲响应等效单自由度系统的抗力时程函数；$F(t)$ 为弯曲响应的外荷载。结构表面的荷载分布系数 $n=p_2/p_1$，其中 p_1 为构件中心压力，p_2 为构件边缘压力。

1. 两端固支构件

（1）弹性阶段

弹性阶段，参数 a、b 的计算公式为

$$a = \frac{7(22 + 10n)(2 + n)}{3(1 + n)(213 + 95n)}, \quad b = 0.5 - a \tag{11-18}$$

（2）弹塑性阶段

当构件支座出现塑性铰后，即当支座两端达到屈服时，此时构件类似于简支状态，不同的是，支座处仍有最大屈服弯矩。弹塑性阶段参数 a、b 的计算公式为

$$a = \frac{(854 + 490n)(2 + n)}{12(1 + n)(272 + 155n)}, \quad b = 0.5 - a \tag{11-19}$$

（3）塑性阶段

当构件跨中出现塑性铰后，采用理想弹塑性假定，此时构件跨中达到了屈服条件。塑性阶段参数 a、b 的计算公式为

$$a = \frac{2+n}{4(1+n)}, \quad b = 0.5 - a \tag{11-20}$$

2. 两端简支构件

（1）弹性阶段

弹性阶段参数 a、b 的计算公式为

$$a = \frac{(854+490n)(2+n)}{12(1+n)(272+155n)}, \quad b = 0.5 - a \tag{11-21}$$

（2）塑性阶段

塑性阶段参数 a、b 的计算公式为

$$a = \frac{2+n}{4(1+n)}, \quad b = 0.5 - a \tag{11-22}$$

11.4.4　剪切破坏的损伤评估准则

对于剪切效应损伤程度评估准则的定义见表 11-5。

表 11-5　损伤评估准则

失效类型	准则	轻度损伤	中度破坏	重度破坏
弯曲	支座转角 θ/（°）	2	5	12
剪切	剪切应变 γ/%	1	2	3

支座处的剪切滑移量表示为[10]

$$y_s = \gamma e \tag{11-23}$$

式中：y_s 为剪切滑移量，表示剪切变形区域累积的滑移大小；γ 为平均剪应变；e 为构件的剪切变形区域半宽，$e = \sqrt{3}h/8$，h 为构件截面厚度。

11.4.5　RPC 单向板损伤评估 P-I 曲线

根据已有的不同损伤等级的定义，利用弯曲与剪切耦合的等效单自由度系统得到了 RPC 单向板不同失效模式以及破坏等级的 P-I 曲线图如图 11-9 所示。将用于损伤评估的 P-I 曲线图进行简化并分区，如图 11-10 所示。其中区域一为轻度损伤，区域二为中度破坏，区域三为重度破坏，区域四为完全失效。从图 11-9 和图 11-10 中可以看出，P-I 曲线图中包含 6 条不同损伤等级的 P-I 曲线，分别如下：3 条弯曲损伤曲线，对应的支座转角 θ 为 2°、5° 和 12°；3 条剪切损伤曲线，对应的剪切应变 γ 分别为 1%、2% 和 3%。

由图 11-9 和图 11-10 可以发现，对应于不同的损伤等级，RPC 单向板在冲量

区域易发生剪切破坏，在准静态区域易发生弯曲破坏。基于弯曲、剪切相互耦合的等效单自由度系统不仅可以评估 RPC 板是否发生破坏及损伤的程度，还可以定量得到 RPC 板的不同失效模式。

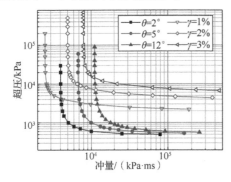
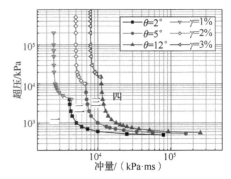

图 11-9　RPC 单向板损伤评估最终 *P-I* 曲线图　　　　图 11-10　损伤评估曲线及损伤分区

11.5　基于等效单自由度法的 RPC 板的破坏模式分析

由 11.4 节的分析发现，利用弯剪相互耦合的等效单自由度系统可以定量得到 RPC 板的不同失效模式，为此做如下定义。

当弯曲损伤因子 $\theta=2°$ 时，认为 RPC 板跨中开始出现弯曲破坏；当剪切损伤因子 $\gamma=1\%$ 时，认为 RPC 板支座处开始出现剪切破坏，如图 11-11 所示。两条临界曲线将 *P-I* 平面划分为 3 个区域，即区域一、区域二和区域三。由所定义的临界破坏曲线可知，RPC 板在区域一仅发生剪切破坏而未开始发生弯曲破坏，因此区域一为剪切破坏区域；RPC 板在区域三仅发生了弯曲破坏而未发生剪切破坏，因此区域三为弯曲破坏区域；由区域二可以看出，在此区域内既发生了弯曲破坏，又发生了剪切破坏，因此可以将区域二暂定义为弯曲剪切破坏区域。

事实上，图 11-11 中 RPC 板在区域二并不一定全都是弯曲破坏与剪切破坏同时发生的弯曲剪切破坏。11.4.1 节提到，剪切破坏发生在爆炸发生后的很短时间内，弯曲破坏发生的时间相对延后。在区域二内弯曲破坏与剪切破坏是否会同时发生，取决于弯曲破坏发生之前，支座处的剪切破坏是否达到了一定的程度，这个程度称为剪切失效。在区域二中，如果当 RPC 板跨中开始发生弯曲破坏前，支座处的剪切破坏达到了剪切失效的程度，则仅发生剪切破坏，而非弯曲剪切破坏；如果 RPC 板跨中开始发生弯曲破坏，此时支座处的剪切破坏未达到失效的程度，则该工况下 RPC 板所发生的破坏模式为弯曲剪切破坏。

定义剪切损伤因子 $\gamma=3\%$ 为 RPC 板发生完全剪切失效的分界线，将此分界线添加到之前得到的 RPC 板破坏临界图中，可以得到完整的基于 *P-I* 曲线的 RPC 板破坏模式定量分析分区图，如图 11-12 所示。由图 11-12 中可以看出，分析中所建立 RPC 板的剪切失效完全在弯曲破坏的右上方，意味着区域四发生的也是剪切破坏，即完整的破坏模式分区如下：区域五为未发生破坏，区域一、区域四为剪切破坏，区域二为弯曲剪切破坏，区域三为弯曲破坏。

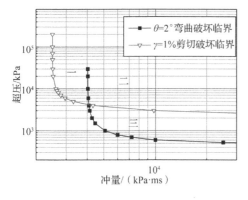

图 11-11　RPC 板的破坏临界　　　　图 11-12　RPC 板的破坏模式

本节在分析过程也发现：当改变 RPC 板的尺寸及其他参数后，RPC 板的破坏模式 *P-I* 曲线也可能会发生如图 11-13 和图 11-14 所示的破坏模式。由图 11-13 可知，区域五未发生破坏，区域一、区域四和区域六仅发生剪切破坏，区域二发生弯曲剪切破坏，区域三发生弯曲破坏。由图 11-14 可知，整个 *P-I* 曲线平面分为 4 个区域。区域四未发生破坏，区域一为弯曲破坏，区域二为弯曲剪切破坏，区域三为剪切破坏。

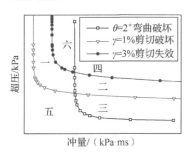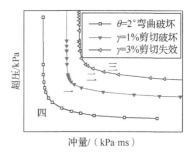

图 11-13　某 RPC 板的破坏模式 1　　　　图 11-14　某 RPC 板的破坏模式 2

11.6　小　　结

本章基于等效单自由度法，实现了 RPC 板同时考虑弯曲响应和剪切响应下的损伤评估和破坏模式的定量分析。

1）基于等效单自由度法，实现了弯曲响应下 RPC 板的损伤评估，利用已有的试验结果、ANSYS 有限元分析计算结果与等效单自由度法计算结果进行了对比，验证了模型的正确性。

2）基于等效单自由度法，实现了剪切响应下 RPC 板的损伤评估，绘制了 *P-I* 曲线图。结果表明：动力荷载作用下，剪切响应 *P-I* 曲线在相同损伤等级弯曲响应 *P-I* 曲线的左侧，说明动力荷载作用下 RPC 板更易发生剪切破坏；准静态荷载区域，剪切响应 *P-I* 曲线全部都在弯曲响应 *P-I* 曲线的上部，说明准静态荷载作用下 RPC 板更易发生弯曲破坏。

3）以弯曲损伤因子 θ=2°、剪切损伤因子 γ=1%定义为 RPC 板开始出现弯曲破坏和剪切破坏的分界线；以弯曲损伤因子 θ=12°、剪切损伤因子 γ=3%定义为 RPC 板发生完全弯曲失效和剪切失效的分界线。从而实现了 RPC 板基于 *P-I* 曲线图破坏模式的定量分区。

参 考 文 献

[1] US Department of the Army. Fundamentals of protective design for conventional weapons: TM 5-855-1 [S]. Washington: US Army Engineer Waterways Experiment Station, 1986.

[2] US Department of the Army. Structures to resist the effects of accidental explosions:TM 5-1300[S]. Washington: US Department of the Army, 1990.

[3] 郑文忠，李莉，卢姗姗. 钢筋活性粉末混凝土简支梁正截面受力性能试验研究[J]. 建筑结构学报，2011，32（6）：125-134.

[4] 曹少俊. 爆炸荷载作用下活性粉末混凝土板破坏模式与损伤评估[D]. 哈尔滨：哈尔滨工业大学，2016.

[5] 汪维. 钢筋混凝土构件在爆炸载荷作用下的毁伤效应及评估方法研究[D]. 长沙：国防科技大学，2012.

[6] KRAUTHAMMER T, ASSADI-LAMOUKI A, SHANAA H M. Analysis of impulsive loaded reinforced concrete structural elements. II : implementation[J]. Computers and structures, 1993, 48(5): 861-871.

[7] KRAUTHAMMER T, BAZEOS N, HOLMQUIST T J. Modified SDOF analysis of RC box-type structures[J]. Journal of structural engineering, 1986, 112(4):726-744.

[8] KRAUTHAMMER T, ASSADI-LAMOUKI A, SHANAA H M. Analysis of impulsive loaded reinforced concrete structural elements. I: theory[J]. Computers and structures, 1993, 48(5): 851-860.

[9] BIGGS J M. Introduction to structural dynamics[M]. New York: Mc Graw-Hill, 1964.

[10] BAI Y L, JOHNSON W P. Physical understanding and energy absorption[J]. Metal technology, 1992, 9(1): 182-190.

第12章 爆炸荷载作用下基于 *P-I* 曲线的 RPC 板损伤评估方法

12.1 引 言

运用第 11 章中等效单自由度法建立 RPC 板 *P-I* 曲线的方法，分析各参数对 RPC 板的 *P-I* 曲线、超压渐近线和冲量渐近线的影响规律，拟合出计算的经验公式。进而得到基于 *P-I* 曲线的 RPC 单向板的损伤评估方法。

12.2 典型 RPC 板的 *P-I* 曲线

本章考虑的 RPC 板的参数为板跨度、板厚、配筋率、保护层厚度、RPC 强度等，各参数的取值见表 12-1。仅以 11.5 节所定义的损伤评估准则的 *P-I* 曲线作为研究对象，研究各参数对于 RPC 板 *P-I* 曲线及其超压、冲量渐近线的影响规律。

表 12-1　RPC 板参数的取值

板跨度 L/m	板厚 H/m	配筋率 ρ/%	保护层厚度 a_s/mm	RPC 强度 f_c/MPa	荷载水平 η	边界条件
2	0.10	0.86	15	100	0.3	固支
3	0.12	1.24	20	120	0.4	简支
4	0.16	1.69	25	140	0.5	
5	0.2	2.21	30	160	0.6	
6	0.24	2.80	35	180		
7	0.28	3.46	40	200		
8	0.30	4.18	45			

选择典型的 RPC 板作为参数分析原型，跨度为 4m，宽度为 1m，厚度为 0.2m，保护层厚度为 20mm，配筋率为 2.8%，荷载水平为 0.3，两端固支，RPC 强度为 100MPa。

利用第 11 章中所述的等效单自由度法，求得典型 RPC 板在不同损伤等级下的 *P-I* 曲线图，如图 12-1 所示，对应的超压渐近线与冲量渐近线值见表 12-2。

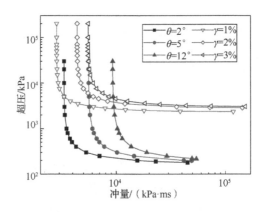

图 12-1　典型 RPC 板的 *P-I* 曲线

表 12-2　典型 RPC 板的超压渐近线与冲量渐近线取值

损伤评估	支座转角 θ			剪切应变 γ		
临界值	2°	5°	12°	1%	2%	3%
P_0/kPa	172	179	187	2 355	2 856	3 035
I_0/（kPa·ms）	3 332	5 569	9 261	2 836	4 385	5 517

注：P_0 为超压渐近线值；I_0 为冲量渐近线值。

　　由图 12-1 可以看出，典型 RPC 板对应弯曲响应和剪切响应下不同损伤程度的 *P-I* 曲线形状规律与第 12 章中所述规律相同。典型 RPC 板在冲量区域发生相同破坏程度（如轻度损伤）下，剪切失效发生在弯曲失效之前；相反，典型 RPC 板在准静态区域易于发生弯曲失效。

12.3　关键参数对 RPC 板损伤的影响

12.3.1　跨度对损伤的影响

　　为了研究 RPC 板的跨度 *L* 对 *P-I* 曲线及对其超压渐近线与冲量渐近线的影响规律，仅改变板跨度这一参数，*L* 的取值分别为 2m、3m、4m、5m、6m、7m、8m，其他参数的取值与 12.2 节中典型的 RPC 板一致。

　　1. 跨度对 *P-I* 曲线的影响

　　L=2m 和 *L*=6m RPC 板的 *P-I* 曲线，如图 12-2 和图 12-3 所示，多种跨度下 *P-I* 曲线的超压渐近线与冲量渐近线取值见表 12-3。

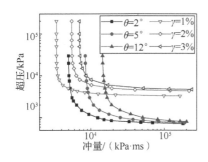
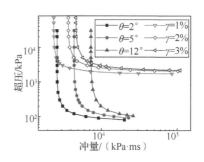

图 12-2　*L*=2m RPC 板 *P-I* 曲线　　　　　　　图 12-3　*L*=6m RPC 板 *P-I* 曲线

表 12-3　不同跨度 RPC 板的 *P-I* 曲线渐近线所对应值

损伤评估跨度/m	临界值	θ			γ		
		2°	5°	12°	1%	2%	3%
2	P_0/kPa	715	720	736	3 269	4 337	4 722
	I_0/（kPa·ms）	4 955	8 355	14 180	3 400	5 495	6 999
3	P_0/kPa	312	323	336	2 815	3 518	3 727
	I_0/（kPa·ms）	3 926	6 575	11 015	3 115	4 871	6 150
4	P_0/kPa	172	179	187	2 355	2 856	3 035
	I_0/（kPa·ms）	3 332	5 569	9 261	2 836	4 385	5 517
5	P_0/kPa	112	117	121	1 992	2 399	2 547
	I_0/（kPa·ms）	2 937	4 902	8 115	2 592	4 011	5 033
6	P_0/kPa	76	81	84	1 717	2 059	2 177
	I_0/（kPa·ms）	2 648	4 422	7 296	2 388	3 713	4 660
7	P_0/kPa	55	60	63	1 496	1 805	1 904
	I_0/（kPa·ms）	2 424	4 054	6 674	2 220	3 464	4 354
8	P_0/kPa	41	45	47	1 325	1 603	1 694
	I_0/（kPa·ms）	2 244	3 761	6 182	2 081	3 254	4 097

利用图 12-2 与图 12-3 的结果，进行 *P-I* 曲线的拟合（图 12-4）。通过对已有的 *P-I* 曲线图的观察，不难得出，其对应的公式原型为$(P-P_0)(I-I_0)=C$，其中 *C* 为常数。选择 2m、4m、6m 这 3 种跨度下的 *P-I* 曲线进行非线性拟合，弯曲破坏与剪切破坏的 *P-I* 曲线统一拟合的公式如下式所示：

$$(P-P_0)(I-I_0)=(P_0/2+I_0/2)^m \tag{12-1}$$

式中：*m* 称为 *P-I* 曲线形状参数，为可能与跨度等参数有关的常数。

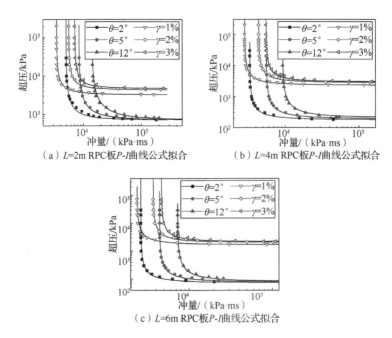

（a）L=2m RPC板P-I曲线公式拟合　　　（b）L=4m RPC板P-I曲线公式拟合

（c）L=6m RPC板P-I曲线公式拟合

图 12-4　不同跨度 RPC 板 P-I 曲线形状函数拟合结果

通过非线性拟合，得到 2m、4m 和 6m 跨度 RPC 的 P-I 曲线形状函数可变常数 m 的取值，具体见表 12-4。

表 12-4　P-I 曲线形状函数可变常数 m 的取值（1）

跨度 L/m	2	4	6
弯曲响应	1.78	1.62	1.52
剪切响应	1.82	1.82	1.82

综上分析，可以得到基于参数跨度 L 的 P-I 曲线经验计算公式如式（12-1）所示。其中，弯曲响应下 $m=1.62\times(-1.29\times L^{0.1}+2.48)$，剪切响应下 $m=1.82$。

2. 跨度对渐近线的影响

表 12-3 给出了不同板跨度的 P-I 曲线渐近线所对应的值，其中超压渐近线和冲量渐近线的值分别对应准静态荷载和脉冲荷载的两种爆炸荷载作用下达到的特定损伤程度所需要的超压和冲量。由表 12-3 可以看出，弯曲失效模式和剪切失效模式的 P-I 曲线超压渐近线和冲量渐近线的值均随着板跨度增大而逐渐减小。这与实际结果一致，即 RPC 板跨度越大，RPC 板在相同爆炸荷载作用下越容易达到相应的损伤程度或破坏。

由表 12-3 中所求得的超压渐近线与冲量渐近线数值，分别可以得到弯曲响应 P-I 曲线超压渐近线、冲量渐近线与跨度 L 的关系及剪切响应 P-I 曲线超压渐近线、

冲量渐近线与跨度 *L* 的关系。其中弯曲响应不同损伤程度下 *P-I* 曲线超压渐近线与跨度的关系，如图 12-5 所示。由图 12-5 可知，弯曲响应下的超压渐近线值与跨度 *L* 呈反比例关系，即超压渐近线值随跨度的增大而减小。当 RPC 板其他参数不变时，跨度越大，RPC 板的极限承载能力越小，规律与图 12-5 一致。图 12-5（b）中，以典型 RPC 板（跨度 *L*=4m）弯曲响应超压渐近线为基数 1，以比例系数 *n* 表示其他跨度下弯曲响应超压渐近线值与典型 RPC 板弯曲响应超压渐近线值的比值。

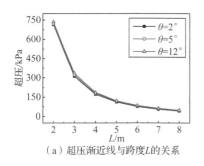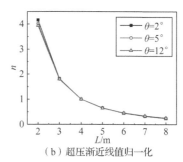

（a）超压渐近线与跨度*L*的关系　　　　（b）超压渐近线值归一化

图 12-5　弯曲响应不同损伤程度下 *P-I* 曲线的超压渐近线与跨度的关系

弯曲响应不同损伤程度下 *P-I* 曲线的冲量渐近线与跨度的关系如图 12-6 所示。由图 12-6 可知，弯曲响应下的冲量渐近线值与跨度 *L* 呈反比例关系，即冲量渐近线值随跨度的增大而减小。图 12-6（b）中，以典型 RPC 板（*L*=4m）弯曲响应冲量渐近线为基数 1，以比例系数 *n* 表示其他跨度下弯曲响应冲量渐近线值与典型 RPC 板弯曲响应冲量渐近线值的比值。

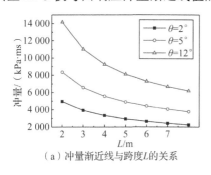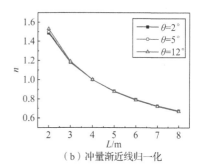

（a）冲量渐近线与跨度*L*的关系　　　　（b）冲量渐近线归一化

图 12-6　弯曲响应不同损伤程度下 *P-I* 曲线的冲量渐近线与跨度的关系

利用最小二乘法对图 12-5（b）中超压渐近线比例系数与跨度的函数关系进行非线性拟合，拟合结果为 $n=16/L^2$，所拟合公式与计算值的吻合程度如图 12-7（a）所示，确定系数 $R^2=0.999\ 5$。对图 12-6（b）中冲量渐近线比例系数与跨度的函数关系进行非线性拟合，拟合结果为 $n=2.4/L^{0.5}-0.18$，所拟合公式与计算值的吻合程度如图 12-7（b）所示，确定系数 $R^2=0.9998$。

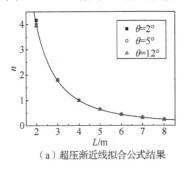

（a）超压渐近线拟合公式结果

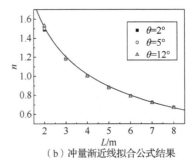

（b）冲量渐近线拟合公式结果

图 12-7　弯曲响应不同损伤程度下 *P-I* 曲线渐近线值公式拟合结果（1）

剪切响应不同损伤程度下 *P-I* 曲线的超压渐近线与跨度的关系如图 12-8 所示。由图 12-8 可知，剪切响应下的超压渐近线值与 *L* 呈反比例关系，即超压渐近线值随跨度的增大而减小。图 12-8（b）中，以典型 RPC 板（跨度 *L*=4m）剪切响应超压渐近线为基数 1，以比例系数 *n* 表示其他跨度下剪切响应超压渐近线值与典型 RPC 板剪切响应超压渐近线值的比值。

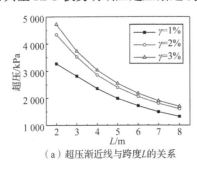

（a）超压渐近线与跨度 *L* 的关系

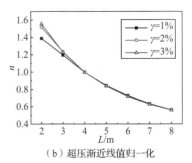

（b）超压渐近线值归一化

图 12-8　剪切响应不同损伤程度下 *P-I* 曲线的超压渐近线与跨度的关系

剪切响应不同损伤程度下 *P-I* 曲线的冲量渐近线与跨度的关系如图 12-9 所示。由图 12-9 可知，剪切响应下的冲量渐近线值与 *L* 呈反比例关系，即冲量渐近线值随跨度的增大而减小。当 RPC 板其他参数不变时，跨度越大，RPC 板的极限承载能力越小，规律与图 12-9 一致。图 12-9（b）中，以典型 RPC 板（*L*=4m）剪切响应冲量渐近线为基数 1，以比例系数 *n* 表示其他跨度下剪切响应冲量渐近线值与典型 RPC 板剪切响应冲量渐近线值的比值。

利用最小二乘法对图 12-8(b)中比例系数与跨度的函数关系进行非线性拟合，拟合结果为 $n=4/L^{0.25}-1.82$，所拟合公式与计算值的吻合程度如图 12-10（a）所示，确定系数 $R^2=0.9986$。利用最小二乘法对图 12-9（b）中比例系数与跨度的函数关系进行非线性拟合，拟合结果为 $n=3.5/L^{0.125}-1.95$，所拟合公式与计算值的吻合程度如图 12-10（b）所示，确定系数 $R^2=0.9998$。

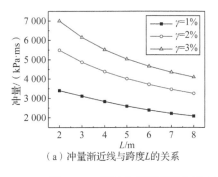 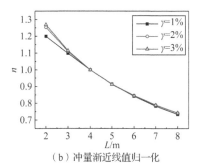

（a）冲量渐近线与跨度*L*的关系　　　　　（b）冲量渐近线值归一化

图 12-9　剪切响应不同损伤程度下 *P-I* 曲线的冲量渐近线与跨度的关系

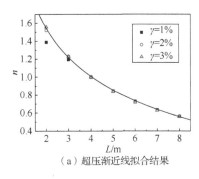 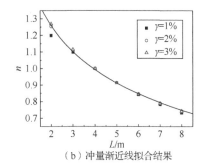

（a）超压渐近线拟合结果　　　　　　　（b）冲量渐近线拟合结果

图 12-10　剪切响应不同损伤程度下 *P-I* 曲线渐近线值公式拟合结果（1）

12.3.2　厚度对损伤的影响

为了研究 RPC 板的厚度对 *P-I* 曲线及对其超压渐近线与冲量渐近线的影响规律，仅改变板厚度这一参数，取值分别为 0.1m、0.12m、0.16m、0.2m、0.24m、0.28m、0.3m，其他参数的取值与 12.2 节中典型的 RPC 板一致。

1. 厚度对 *P-I* 曲线的影响

H=0.1m 和 *H*=0.3m RPC 板的 *P-I* 曲线如图 12-11 所示，多种厚度 RPC 板 *P-I* 曲线的超压渐近线与冲量渐近线取值见表 12-5。

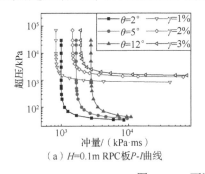 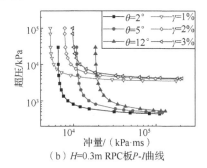

（a）*H*=0.1m RPC 板*P-I*曲线　　　　　（b）*H*=0.3m RPC 板*P-I*曲线

图 12-11　不同厚度 RPC 板 *P-I* 曲线

表 12-5　不同厚度 RPC 板的 *P-I* 曲线渐近线所对应值

损伤评估厚度/m	临界值	θ			γ		
		2°	5°	12°	1%	2%	3%
0.1	P_0/kPa	34	38	43	832	1 313	1 493
	I_0/(kPa·ms)	997	1 668	2 746	832	1 472	1 930
0.12	P_0/kPa	54	60	68	1 122	1 647	1 834
	I_0/(kPa·ms)	1 407	2 351	3 879	1 178	2 024	2 609
0.16	P_0/kPa	108	119	132	1 754	2 282	2 464
	I_0/(kPa·ms)	2 287	3 819	6 324	1 952	3 138	3 979
0.2	P_0/kPa	180	197	217	2 355	2 856	3 035
	I_0/(kPa·ms)	3 332	5 569	9 261	2 836	4 391	5 527
0.24	P_0/kPa	271	294	322	2 883	3 361	3 545
	I_0/(kPa·ms)	4 508	7 545	12 606	3 763	5 719	7 172
0.28	P_0/kPa	381	411	449	3 343	3 799	3 991
	I_0/(kPa·ms)	5 804	9 737	16 341	4 725	7 109	8 899
0.3	P_0/kPa	442	476	520	3 539	4 002	4 190
	I_0/(kPa·ms)	6 496	10 911	18 353	5 214	7 819	9 783

通过比较图 12-1 和图 12-11 可以看出，当仅 RPC 板厚度由 0.1m 变化到 0.3m 时，*P-I* 曲线形状发生了明显变化，具体表现如下：不论在何种损伤等级下，当板厚增加，*P-I* 曲线均向右上方显著偏移。这是因为随着板厚增加，RPC 板的截面惯性矩显著提高，构件的重量也有所增加，提高了截面的抗弯和抗剪承载力，从而产生相同动力响应需要更大的爆炸荷载；随着 RPC 板厚度的增大，动力荷载区域内弯曲响应的 *P-I* 曲线由冲量渐近线向超压渐近线的变化速率减小；随着 RPC 板厚度的减小，相同损伤程度下的弯曲响应与剪切响应（以轻度损伤为例，即 θ=2° 和 γ=1%）的 *P-I* 曲线的相对位置越来越接近，由此可知，当典型 RPC 板厚减小达到某一限值后，相同损伤等级下剪切响应的 *P-I* 曲线将完全位于弯曲响应 *P-I* 曲线的右上方，即 RPC 板损伤评估可以仅以弯曲响应为依据。

利用图 12-11 的结果，进行 *P-I* 曲线的拟合（图 12-12）。通过对已有的 *P-I* 曲线图进行观察，不难发现，其对应的公式原型为 $(P-P_0)(I-I_0)=C$，其中 C 为常数。选择 0.1m、0.2m 和 0.3m 这 3 种厚度下 RPC 板的 *P-I* 曲线进行非线性拟合，弯曲破坏与剪切破坏的 *P-I* 曲线统一拟合的公式如式（12-1）所示。

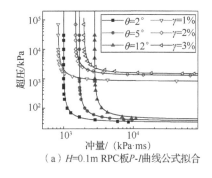
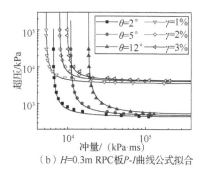

（a）*H*=0.1m RPC 板 *P-I* 曲线公式拟合　　　（b）*H*=0.3m RPC 板 *P-I* 曲线公式拟合

图 12-12　不同厚度 RPC 板 *P-I* 曲线形状函数拟合结果

通过非线性拟合，得到 0.1m、0.2m 和 0.3m 厚度 RPC 板的 *P-I* 曲线形状函数的可变常数 *m* 的取值，具体见表 12-6。

表 12-6　*P-I* 曲线形状函数可变常数 *m* 的取值（2）

厚度 *H*/m	0.1	0.2	0.3
弯曲响应	1.48	1.62	1.68
剪切响应	1.82	1.82	1.82

综上分析，可以得到基于参数厚度 *H* 的 *P-I* 曲线经验计算公式如式（12-1）所示。其中，弯曲响应下 $m=1.62×(3.3×H^{0.04}–2.1)$，剪切响应下 $m=1.82$。

2. 厚度对渐近线的影响

表 12-5 给出了不同厚度 RPC 板的 *P-I* 曲线渐近线所对应的值。可以看出，弯曲失效模式和剪切失效模式的 *P-I* 曲线超压渐近线和冲量渐近线的值均随着板厚度增大而逐渐增大。

由表 12-6 中所求得的超压渐近线与冲量渐近线数值，分别可以得到弯曲响应 *P-I* 曲线超压渐近线、冲量渐近线与厚度 *H* 的关系，以及剪切响应 *P-I* 曲线超压渐近线、冲量渐近线与厚度 *H* 的关系。

3. 弯曲响应渐近线

弯曲响应不同损伤程度下 *P-I* 曲线的超压渐近线与厚度的关系如图 12-13 所示。由图 12-13 可知，弯曲响应下的超压渐近线值与厚度 *H* 呈正比例关系，即超压渐近线值随厚度的增大而增大。

图 12-13（b）中，以典型 RPC 板（*H*=0.2m）弯曲响应超压渐近线为基数 1，以比例系数 *n* 表示其他厚度下弯曲响应超压渐近线值与典型 RPC 板弯曲响应超压渐近线值的比值。

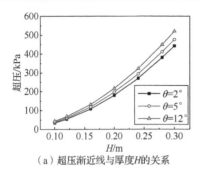 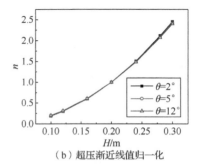

（a）超压渐近线与厚度H的关系　　　（b）超压渐近线值归一化

图 12-13　弯曲响应不同损伤程度下 P-I 曲线的超压渐近线与厚度的关系

弯曲响应不同损伤程度下 P-I 曲线的冲量渐近线与厚度的关系如图 12-14 所示。由图 12-14 可知，弯曲响应下的冲量渐近线值与厚度 H 呈正比例关系，即冲量渐近线值随厚度的增大而增大。

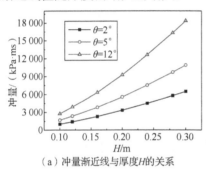 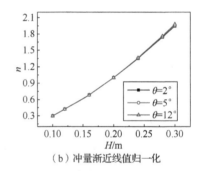

（a）冲量渐近线与厚度H的关系　　　（b）冲量渐近线值归一化

图 12-14　弯曲响应不同损伤程度下 P-I 曲线的冲量渐近线与厚度的关系

利用最小二乘法对图 12-13（b）中比例系数与厚度的函数关系进行非线性拟合，拟合结果为 $n=28H^2-0.1$，所拟合公式与计算值的吻合程度如图 12-15（a）所示，确定系数 $R^2=0.999\,9$。

利用最小二乘法对图 12-14（b）中比例系数与厚度的函数关系进行非线性拟合，拟合结果为 $n=12.5H^{1.5}-0.1$，所拟合公式与计算值的吻合程度如图 12-15（b）所示，确定系数 $R^2=0.999\,9$。

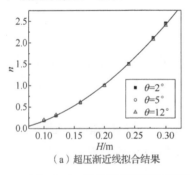 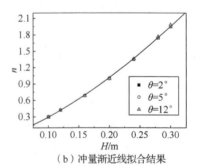

（a）超压渐近线拟合结果　　　（b）冲量渐近线拟合结果

图 12-15　弯曲响应不同损伤程度下 P-I 曲线渐近线值公式拟合结果（2）

4. 剪切响应渐近线

剪切响应不同损伤程度下 *P-I* 曲线的超压渐近线与厚度的关系如图 12-16 所示。由图 12-16 可知，剪切响应下的超压渐近线值与厚度 *H* 呈正比例关系，即超压渐近线值随厚度的增大而增大。图 12-16（b）中，以典型 RPC 板（*H*=0.2m）剪切响应超压渐近线为基数 1，以比例系数 *n* 表示其他厚度下剪切响应超压渐近线值与典型 RPC 板剪切响应超压渐近线值的比值。

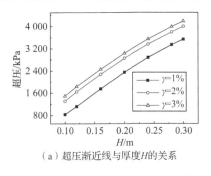
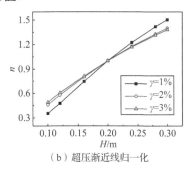

（a）超压渐近线与厚度*H*的关系　　　　　（b）超压渐近线归一化

图 12-16　剪切响应不同损伤程度下 *P-I* 曲线的超压渐近线与厚度的关系

剪切响应不同损伤程度下 *P-I* 曲线的冲量渐近线与厚度的关系如图 12-17 所示。由图 12-17 可知，剪切响应下的冲量渐近线值与厚度 *H* 呈正比例关系，即冲量渐近线值随厚度的增大而增大。图 12-17（b）中，以典型 RPC 板（*H*=0.2m）剪切响应冲量渐近线为基数 1，以比例系数 *n* 表示其他厚度下剪切响应冲量渐近线值与典型 RPC 板剪切响应冲量渐近线值的比值。

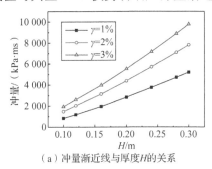
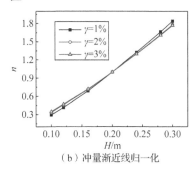

（a）冲量渐近线与厚度*H*的关系　　　　　（b）冲量渐近线归一化

图 12-17　剪切响应 *P-I* 曲线的冲量渐近线与厚度的关系

利用最小二乘法对图 12-16（b）中比例系数与厚度的函数关系进行非线性拟合，拟合结果为 $n=4.6H^{0.75}-0.4$，所拟合公式与计算值的吻合程度如图 12-18（a）所示，确定系数 $R^2=0.9978$。

利用最小二乘法对图 12-17（b）中比例系数与厚度的函数关系进行非线性拟合，拟合结果为 $n=11H^{1.5}$，所拟合公式与计算值的吻合程度如图 12-18（b）所示，确定系数 $R^2=0.9996$。

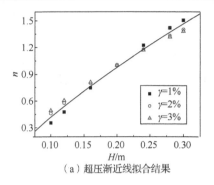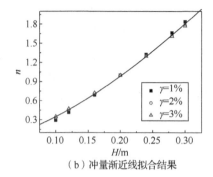

（a）超压渐近线拟合结果　　　　　　　　（b）冲量渐近线拟合结果

图 12-18　剪切响应不同损伤程度下 *P-I* 曲线渐近线值公式拟合结果（2）

12.3.3　配筋率对损伤的影响

为了研究 RPC 板的配筋率对 *P-I* 曲线及对其超压渐近线与冲量渐近线的影响规律，仅改变板纵向受力钢筋配筋率 ρ 这一参数，取值分别为 0.86%、1.24%、1.69%、2.21%、2.80%、3.46% 和 4.18%（分别对应钢筋直径为 10m、12m、14m、16m、18m、20m、22mm 的 HRB335 级钢筋，钢筋分布间距相同，均为 100mm），横向配筋情况相同，其他参数的取值与 12.1 节中典型的 RPC 板一致。

1. 配筋率对 *P-I* 曲线的影响

分别得到 RPC 板配筋率为 0.86% 和 2.80% 下的 *P-I* 曲线如图 12-19 所示，多种配筋率下 *P-I* 曲线的超压渐近线与冲量渐近线取值见表 12-7。

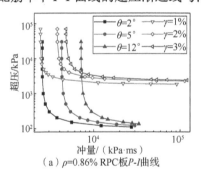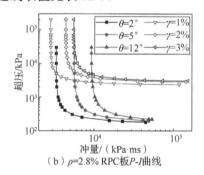

（a）ρ=0.86% RPC板*P-I*曲线　　　　　（b）ρ=2.8% RPC板*P-I*曲线

图 12-19　不同配筋率 RPC 板 *P-I* 曲线

表 12-7　不同配筋 RPC 板的 *P-I* 曲线渐近线所对应值

损伤评估配筋方式	临界值	θ			γ		
		2°	5°	12°	1%	2%	3%
Φ10@100	P_0/kPa	109	120	134	1 834	2 265	2 409
	I_0/ (kPa·ms)	2 511	4 213	7 079	2 391	3 737	4 720
Φ12@100	P_0/kPa	124	135	151	1 929	2 386	2 530
	I_0/ (kPa·ms)	2 688	4 503	7 544	2 478	3 864	4 877

续表

损伤评估配筋方式	临界值	θ			γ		
		2°	5°	12°	1%	2%	3%
⌀14@100	P_0/kPa	140	153	170	2 049	2 505	2 676
	I_0/（kPa·ms）	2 885	4 828	8 067	2 581	4 016	5 063
⌀16@100	P_0/kPa	159	174	192	2 195	2 668	2 843
	I_0/（kPa·ms）	3 101	5 184	8 640	2 701	4 190	5 279
⌀18@100	P_0/kPa	180	197	217	2 355	2 856	3 035
	I_0/（kPa·ms）	3 332	5 569	9 261	2 836	4 391	5 527
⌀20@100	P_0/kPa	203	222	243	2 538	3 064	3 244
	I_0/（kPa·ms）	3 578	5 978	9 921	2 986	4 609	5 796
⌀22@100	P_0/kPa	228	248	273	2 753	3 303	3 487
	I_0/（kPa·ms）	3 836	6 407	10 619	3 149	4 852	6 094

通过图 12-19 可以看出，当钢筋数目相同，仅 RPC 板配筋率由 0.86%增大到 2.80%时，*P-I* 曲线的变化情况有如下特征：随着 RPC 板配筋率的变化，弯曲响应和剪切响应 *P-I* 曲线外形均未发生明显变化；随着 RPC 板配筋率的减小，相同损伤程度下的弯曲响应与剪切响应（以轻度损伤为例，即 θ=2° 和 γ=1%）的 *P-I* 曲线的相对位置越来越接近，由此可知当 RPC 板配筋率减小到某一限值后，相同损伤等级下剪切响应的 *P-I* 曲线将完全位于弯曲响应 *P-I* 曲线的右上方，即 RPC 板损伤评估可以仅以弯曲响应为依据。

利用图 12-19 的结果，进行 *P-I* 曲线的拟合（图 12-20）。通过对已有的 *P-I* 曲线图进行观察，不难发现，其对应的公式原型为$(P-P_0)(I-I_0)=C$，其中 C 为常数。选择 0.86%和 2.80%两种配筋率下的 *P-I* 曲线进行非线性拟合，弯曲破坏与剪切破坏的 *P-I* 曲线统一拟合的公式如式（12-1）所示。

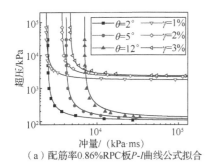
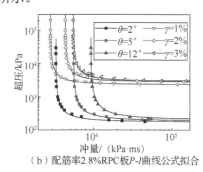

（a）配筋率0.86%RPC板*P-I*曲线公式拟合　　（b）配筋率2.8%RPC板*P-I*曲线公式拟合

图 12-20　不同配筋率 RPC 板 *P-I* 曲线形状函数拟合结果

通过非线性拟合，得到配筋率 0.86%和 2.80% RPC 板的 *P-I* 曲线形状函数可变常数 *m* 的取值，具体见表 12-8。

表 12-8　　*P-I* 曲线形状函数可变常数 *m* 的取值（3）

直径 *d*/mm	10	18
弯曲响应	1.62	1.62
剪切响应	1.82	1.82

综上分析，可以得到基于参数配筋率的 *P-I* 曲线经验计算公式如式（12-1）所示。其中，弯曲响应下 *m*=1.62，剪切响应下 *m*=1.82。

2. 配筋率对渐近线的影响

表 12-7 给出了不同配筋率 RPC 板的 *P-I* 曲线渐近线所对应的值，可以看出，弯曲失效模式和剪切失效模式的 *P-I* 曲线超压渐近线和冲量渐近线的值均随着 RPC 板配筋率的增大而逐渐增大。由表 12-7 中所求得的超压渐近线与冲量渐近线数值，分别可以得到弯曲响应 *P-I* 曲线超压渐近线、冲量渐近线与配筋率 ρ 的关系以及剪切响应 *P-I* 曲线超压渐近线、冲量渐近线与配筋率 ρ 的关系。

3. 弯曲响应渐近线

探究配筋率对于各渐近线的影响规律时，以钢筋直径 *d* 代替配筋率 ρ。弯曲响应下 *P-I* 曲线的超压渐近线与直径的关系如图 12-21 所示。由图 12-21 可知，弯曲响应下超压渐近线值与钢筋直径 *d* 呈正比例关系，即超压渐近线值随配筋直径的增大而增大。图 12-21（b）中，以典型 RPC 板（配筋率 ρ=2.80%，直径 *d*=18mm）弯曲响应超压渐近线为基数 1，以比例系数 *n* 表示其他配筋直径下 RPC 板弯曲响应超压渐近线值与典型 RPC 板弯曲响应超压渐近线值的比值。

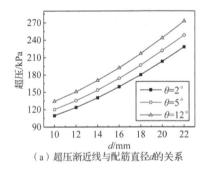
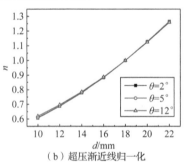

（a）超压渐近线与配筋直径 *d* 的关系　　　　　（b）超压渐近线归一化

图 12-21　弯曲响应不同损伤程度下 *P-I* 曲线的超压渐近线与配筋直径的关系

弯曲响应不同损伤程度下 *P-I* 曲线的冲量渐近线与配筋直径的关系如图 12-22 所示。由图 12-22 可知，弯曲响应下的冲量渐近线值与配筋直径呈正比例关系，即冲量渐近线值随配筋直径的增大而增大。

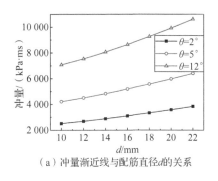

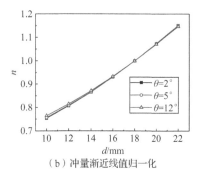

（a）冲量渐近线与配筋直径*d*的关系　　　　（b）冲量渐近线值归一化

图 12-22　弯曲响应不同损伤程度下 *P-I* 曲线的冲量渐近线与配筋直径的关系

利用最小二乘法对图 12-21（b）中比例系数与配筋直径的函数关系进行非线性拟合，拟合结果为 $n=0.0017d^2+0.45=19.7\rho+0.45$，所拟合公式与计算值的吻合程度如图 12-23（a）所示，确定系数 $R^2=0.99996$。

对图 12-22（b）中比例系数与配筋直径的函数关系进行非线性拟合，拟合结果为 $n=0.001d^2+0.67=11.8\rho+0.67$，所拟合公式与计算值的吻合程度如图 12-23（b）所示，确定系数 $R^2=0.99995$。

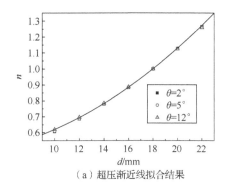

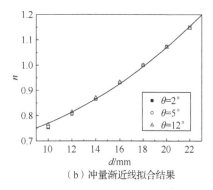

（a）超压渐近线拟合结果　　　　　　　（b）冲量渐近线拟合结果

图 12-23　弯曲响应不同损伤程度下 *P-I* 曲线渐近线值公式拟合结果（3）

4．剪切响应渐近线

剪切响应不同损伤程度下 *P-I* 曲线的超压渐近线与配筋直径的关系如图 12-24 所示。由图 12-24 可知，剪切响应下的超压渐近线值随配筋直径的增大而增大。图 12-24（b）中，以典型 RPC 板剪切响应超压渐近线为基数 1，以比例系数 *n* 表示其他配筋直径下 RPC 板剪切响应超压渐近线值与典型 RPC 板剪切响应超压渐近线值的比值。

剪切响应不同损伤程度下 *P-I* 曲线的冲量渐近线与配筋直径的关系如图 12-25 所示。由图 12-25 可知，剪切响应下的冲量渐近线值与配筋直径呈正比例关系，即冲量渐近线值随配筋直径的增大而增大。图 12-25（b）中，以典型 RPC 板剪切响应冲量渐近线为基数 1，以比例系数 n 表示其他配筋率下 RPC 板剪切响应冲量渐近线值与典型 RPC 板剪切响应冲量渐近线值的比值。

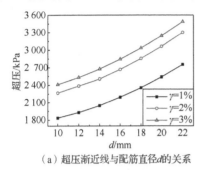 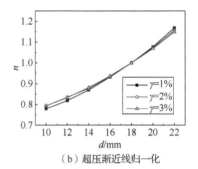

（a）超压渐近线与配筋直径d的关系　　　　（b）超压渐近线归一化

图 12-24　剪切响应不同损伤程度下 *P-I* 曲线的超压渐近线与配筋直径的关系

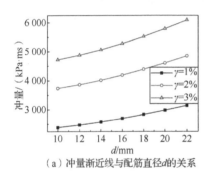 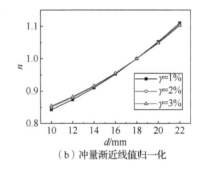

（a）冲量渐近线与配筋直径d的关系　　　　（b）冲量渐近线值归一化

图 12-25　剪切响应不同损伤程度下 *P-I* 曲线的冲量渐近线与配筋直径的关系

利用最小二乘法对图 12-24（b）中比例系数与配筋直径的函数关系进行非线性拟合，拟合结果为 $n=0.001d^2+0.68=11.8\rho+0.67$，所拟合公式与计算值的吻合程度如图 12-26（a）所示，确定系数 $R^2=0.999\,94$。

对图 12-25（b）中比例系数与配筋直径的函数关系进行非线性拟合，拟合结果为 $n=0.000\,67d^2+0.78=7.86\rho+0.78$，所拟合公式与计算值的吻合程度如图 12-26（b）所示，确定系数 $R^2=0.999\,99$。

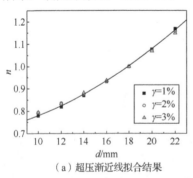 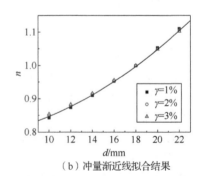

（a）超压渐近线拟合结果　　　　（b）冲量渐近线拟合结果

图 12-26　剪切响应不同损伤程度下 *P-I* 曲线渐近线值公式拟合结果（3）

12.3.4 保护层厚度对损伤的影响

为了研究 RPC 板的保护层厚度对 *P-I* 曲线及对其超压渐近线与冲量渐近线的影响规律，仅改变板保护层厚度 a_s 这一参数，取值分别为 15mm、20mm、25mm、30mm、35mm、40mm、45mm，其他参数的取值与 12.1 节中典型的 RPC 板一致。

1. 保护层厚度对 *P-I* 曲线的影响

a_s=20mm 和 a_s=30mm RPC 板的 *P-I* 曲线如图 12-27 所示，多种保护层厚度 RPC 板 *P-I* 曲线的超压渐近线与冲量渐近线取值见表 12-9。

通过图 12-27 可以看出，当仅 RPC 板保护层厚度由 20mm 到 30mm 变化时，*P-I* 曲线形状未发生明显变化，随着 RPC 板保护层厚度的增大，对应某一特定损伤等级下的弯曲响应的 *P-I* 曲线与剪切响应的 *P-I* 曲线形状没有明显变化；相同损伤程度下的弯曲响应与剪切响应（以轻度损伤为例，即 θ=2° 和 γ=1%）的 *P-I* 曲线的相对位置也没有发生较为明显的变化。

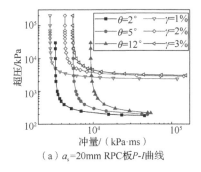
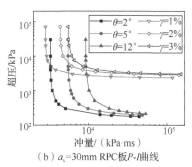

（a）a_s=20mm RPC板*P-I*曲线   （b）a_s=30mm RPC板*P-I*曲线

图 12-27 不同保护层厚度 RPC 板 *P-I* 曲线

表 12-9 不同保护层厚度 RPC 板的 *P-I* 曲线渐近线所对应值

损伤评估 保护层厚度/mm	临界值	θ			γ		
		2°	5°	12°	1%	2%	3%
15	P_0/kPa	182	198	218	2 352	2 849	3 032
	I_0/（kPa·ms）	3 349	5 597	9 312	2 832	4 383	5 518
20	P_0/kPa	180	197	217	2 355	2 856	3 035
	I_0/（kPa·ms）	3 332	5 569	9 261	2 836	4 391	5 527
25	P_0/kPa	179	195	215	2 359	2 861	3 038
	I_0/（kPa·ms）	3 316	5 540	9 211	2 839	4 393	5 528
30	P_0/kPa	177	193	213	2 362	2 867	3 040
	I_0/（kPa·ms）	3 300	5 513	9 162	2 842	4 397	5 534
35	P_0/kPa	175	192	211	2 368	2 869	3 044
	I_0/（kPa·ms）	3 284	5 489	9 114	2 845	4 401	5 537

续表

损伤评估保护层厚度/mm	临界值	θ			γ		
		2°	5°	12°	1%	2%	3%
40	P_0/kPa	174	190	210	2 373	2 875	3 049
	I_0/(kPa·ms)	3 268	5 460	9 068	2 848	4 405	5 544
45	P_0/kPa	173	188	208	2 378	2 880	3 054
	I_0/(kPa·ms)	3 253	5 435	9 023	2 850	4 409	5 548

利用图 12-27 的结果，进行 P-I 曲线的拟合（图 12-28）。通过对已有的 P-I 曲线图的观察，不难得出，其对应的公式原型为$(P-P_0)(I-I_0)=C$，其中 C 为常数。选择 20mm、30mm 两种保护层厚度 RPC 板的 P-I 曲线进行非线性拟合，弯曲破坏与剪切破坏的 P-I 曲线统一拟合的公式如式（12-1）所示。

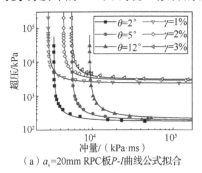
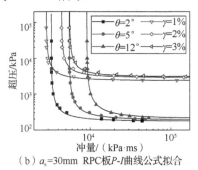

（a）a_s=20mm RPC板P-I曲线公式拟合　　　　（b）a_s=30mm RPC板P-I曲线公式拟合

图 12-28　不同保护层厚度 RPC 板 P-I 曲线形状函数拟合结果

通过非线性拟合，得到 20mm、30mm 保护层厚度 RPC 板的 P-I 曲线形状函数可变常数 m 的取值，具体见表 12-10。

表 12-10　P-I 曲线形状函数可变常数 m 的取值（4）

保护层厚度 a_s/mm	20	30
弯曲响应	1.62	1.62
剪切响应	1.82	1.82

综上分析，可以得到基于参数保护层厚度 a_s 的 P-I 曲线经验计算公式如式（12-1）所示。其中，弯曲响应下 m=1.62，剪切响应下 m=1.82。

2. 保护层厚度对渐近线的影响

表 12-9 给出了不同保护层厚度 RPC 板的 P-I 曲线渐近线所对应的值。可以看出，弯曲失效模式和剪切失效模式的 P-I 曲线超压渐近线的值随着保护层厚度的增大而减小，而冲量渐近线的值均随着保护层厚度增大而逐渐增大。

RPC 板保护层厚度越大，RPC 板在相同爆炸荷载作用下越容易发生相应的弯曲损伤或破坏，而不易发生剪切损伤或破坏。由表 12-9 中所求得的超压渐近线与冲量渐近线数值，分别可以得到弯曲响应 *P-I* 曲线超压渐近线、冲量渐近线与保护层厚度 a_s 的关系及剪切响应 *P-I* 曲线超压渐近线、冲量渐近线与保护层厚度 a_s 的关系。

3. 弯曲响应渐近线

弯曲响应下 *P-I* 曲线超压渐近线与保护层厚度的关系如图 12-29 所示。由图 12-29 可知，弯曲响应下超压渐近线值随保护层厚度的增大而减小。图 12-29（b）中以典型 RPC 板弯曲响应超压渐近线为基数 1，以比例系数 *n* 表示其他保护层厚度下弯曲响应超压渐近线值与典型 RPC 板弯曲响应超压渐近线值的比值。

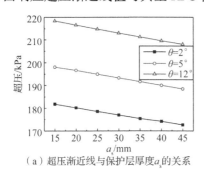
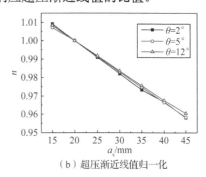

（a）超压渐近线与保护层厚度 a_s 的关系　　　（b）超压渐近线值归一化

图 12-29　弯曲响应不同损伤程度下 *P-I* 曲线的超压渐近线与保护层厚度的关系

弯曲响应不同损伤程度下 *P-I* 曲线冲量渐近线与保护层厚度的关系如图 12-30 所示。由图 12-30 可知，弯曲响应下的冲量渐近线值与保护层厚度 a_s 呈反比例关系，即冲量渐近线值随保护层厚度的增大而减小。图 12-30（b）中，以典型 RPC 板（保护层厚度 $a_s=20\text{mm}$）弯曲响应冲量渐近线为基数 1，以比例系数 *n* 表示其他保护层厚度下弯曲响应冲量渐近线值与典型 RPC 板弯曲响应冲量渐近线值的比值。

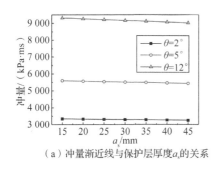
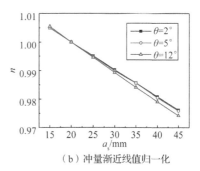

（a）冲量渐近线与保护层厚度 a_s 的关系　　　（b）冲量渐近线值归一化

图 12-30　弯曲响应不同损伤程度下 *P-I* 曲线的冲量渐近线与保护层厚度的关系

利用最小二乘法对图 12-29（b）中比例系数与保护层厚度的函数关系进行线性拟合，拟合结果为 $n=-0.00166a_s+1.033$，所拟合公式与计算值的吻合程度如

图 12-31（a）所示，确定系数 R^2=0.999 99。

利用最小二乘法对图 12-30（b）中比例系数与保护层厚度的函数关系进行线性拟合，拟合结果为 n=−0.001a_s+1.02，所拟合公式与计算值的吻合程度如图 12-31（b）所示，确定系数 R^2=0.999 99。

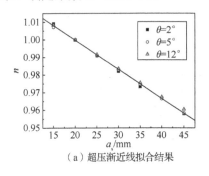

（a）超压渐近线拟合结果

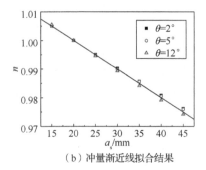

（b）冲量渐近线拟合结果

图 12-31　弯曲响应不同损伤程度下 $P\text{-}I$ 曲线渐近线值公式拟合结果（4）

4. 剪切响应渐近线

剪切响应不同损伤程度下 $P\text{-}I$ 曲线的超压渐近线与保护层厚度的关系如图 12-32 所示。由图 12-32 可知，剪切响应下的超压渐近线值与保护层厚度 a_s 呈正比例关系，即超压渐近线值随保护层厚度的增大而增大。图 12-32（b）中，以典型 RPC 板（a_s=20mm）剪切响应超压渐近线为基数 1，以比例系数 n 表示其他保护层厚度下剪切响应超压渐近线值与典型 RPC 板剪切响应超压渐近线值的比值。

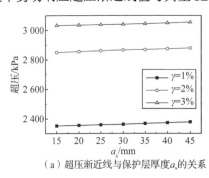

（a）超压渐近线与保护层厚度 a_s 的关系

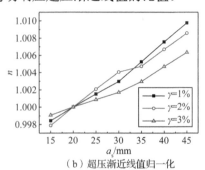

（b）超压渐近线值归一化

图 12-32　剪切响应不同损伤程度下 $P\text{-}I$ 曲线的超压渐近线与保护层厚度的关系

剪切响应不同损伤程度下 $P\text{-}I$ 曲线的冲量渐近线与保护层厚度的关系如图 12-33 所示。由图 12-33 可知，剪切响应下冲量渐近线值随保护层厚度的增大而增大。图 12-33（b）中，以典型 RPC 板剪切响应冲量渐近线为基数 1，以比例系数 n 表示其他保护层厚度下剪切响应冲量渐近线值与典型 RPC 板剪切响应冲量渐近线值的比值。

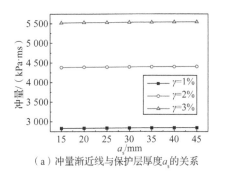

（a）冲量渐近线与保护层厚度a_s的关系

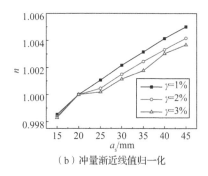

（b）冲量渐近线值归一化

图 12-33　剪切响应不同损伤程度下 *P-I* 曲线的冲量渐近线与保护层厚度的关系

　　利用最小二乘法对图 12-32（b）中比例系数与保护层厚度的函数关系进行线性拟合，拟合结果为 $n=0.000\,315a_s+0.993\,8$，所拟合公式与计算值的吻合程度如图 12-34（a）所示，确定系数 $R^2=0.999\,99$。

　　利用最小二乘法对图 12-33（b）中比例系数与保护层厚度的函数关系进行线性拟合，拟合结果为 $n=0.000\,2a_s+0.995\,5$，所拟合公式与计算值的吻合程度如图 12-34（b）所示，确定系数 $R^2=0.999\,99$。

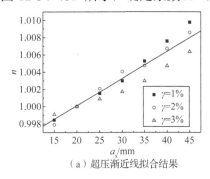

（a）超压渐近线拟合结果

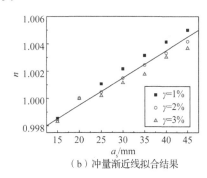

（b）冲量渐近线拟合结果

图 12-34　剪切响应不同损伤程度下 *P-I* 曲线渐近线值公式拟合结果（4）

12.3.5　RPC 强度对损伤的影响

　　为了研究 RPC 板的 RPC 强度 f_c 对 *P-I* 曲线及对其超压渐近线与冲量渐近线的影响规律，仅改变板 RPC 强度这一参数，f_c 的取值分别为 100MPa、120MPa、140MPa、160MPa、180MPa、200MPa，其他参数的取值与 12.2 节中典型的 RPC 板一致。

1. RPC 强度对 *P-I* 曲线的影响

　　$f_c=100$MPa 和 $f_c=140$MPa RPC 板的 *P-I* 曲线如图 12-35 所示，多种 RPC 强度下 *P-I* 曲线的超压渐近线与冲量渐近线取值见表 12-11。

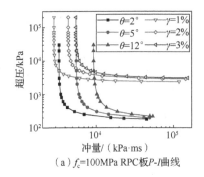 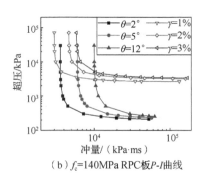

（a）f_c=100MPa RPC板 P-I 曲线　　　　　（b）f_c=140MPa RPC板 P-I 曲线

图 12-35　不同 RPC 强度的 RPC 板 P-I 曲线

表 12-11　不同 RPC 强度 RPC 板的 P-I 曲线渐近线所对应值

损伤评估 RPC 强度/MPa	临界值	θ			γ		
		2°	5°	12°	1%	2%	3%
100	P_0/kPa	196	213	235	2 505	3 032	3 208
	I_0/（kPa·ms）	3 477	5 810	9 656	2 925	4 522	5 689
120	P_0/kPa	212	230	253	2 647	3 181	3 373
	I_0/（kPa·ms）	311	6 032	10 020	3 005	4 641	5 838
140	P_0/kPa	225	245	269	2 741	3 324	3 528
	I_0/（kPa·ms）	3 731	6 233	10 350	3 077	4 749	5 971
160	P_0/kPa	239	260	284	2 860	3 463	3 679
	I_0/（kPa·ms）	3 842	6 419	10 653	3 143	4 849	6 095
180	P_0/kPa	252	274	299	2 973	3 596	3 787
	I_0/（kPa·ms）	3 943	6 587	10 929	3 205	4 941	6 211
200	P_0/kPa	196	213	235	2 505	3 032	3 208
	I_0/（kPa·ms）	3 477	5 810	9 656	2 925	4 522	5 689

　　通过图 12-35 可以看出，当仅 RPC 板强度由 100MPa 到 140MPa 变化时，P-I 曲线总体形状未发生明显变化；随着 RPC 板 RPC 强度的增大，相同损伤程度下的弯曲响应与剪切响应的相对位置也没有较为明显的变化。

　　利用图 12-35 的结果，进行 P-I 曲线的拟合（图 12-36）。选择 100MPa 和 140MPa 两种 RPC 强度下 RPC 板的 P-I 曲线进行非线性拟合，弯曲破坏与剪切破坏的 P-I 曲线统一拟合的公式如式（12-1）所示。

　　通过非线性拟合，得到 RPC 强度为 100MPa 和 140MPa 的 RPC 板的 P-I 曲线形状函数可变常数 m 的取值，具体见表 12-12 所示。

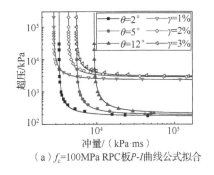
（a）f_c=100MPa RPC板*P-I*曲线公式拟合

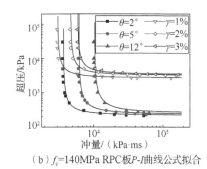
（b）f_c=140MPa RPC板*P-I*曲线公式拟合

图 12-36　不同 RPC 强度的 RPC 板 *P-I* 曲线形状函数拟合结果

表 12-12　*P-I* 曲线形状函数可变常数 *m* 的取值（5）

RPC 强度 f_c/MPa	100	140
弯曲响应	1.62	1.62
剪切响应	1.82	1.82

　　综上分析，可以得到基于参数 RPC 强度 f_c 的 *P-I* 曲线经验计算公式如式（12-1）所示。其中，弯曲响应下 *m*=1.62，剪切响应下 *m*=1.82。

2. RPC 强度对渐近线的影响

　　表 12-11 给出了不同板 RPC 强度的 *P-I* 曲线渐近线所对应的值，可以看出，弯曲失效模式和剪切失效模式的 *P-I* 曲线超压渐近线和冲量渐近线的值均随着板 RPC 强度的增大而逐渐增大。由表 12-11 中所求得的超压渐近线与冲量渐近线数值，分别可以得到弯曲响应 *P-I* 曲线的超压渐近线、冲量渐近线与 RPC 强度 f_c 的关系以及剪切响应 *P-I* 曲线超压渐近线、冲量渐近线与 RPC 强度 f_c 的关系。

3. 弯曲响应渐近线

　　弯曲响应不同损伤程度下 *P-I* 曲线的超压渐近线与 RPC 强度的关系如图 12-37 所示。由图 12-37 可知，弯曲响应下的超压渐近线值与 RPC 强度 f_c 呈正比例关系，即超压渐近线值随 RPC 强度的增大而增大。图 12-37（b）中，以典型 RPC 板（RPC 强度 f_c=100MPa）弯曲响应超压渐近线为基数 1，以比例系数 *n* 表示其他 RPC 强度下弯曲响应超压渐近线值与典型 RPC 板弯曲响应超压渐近线值的比值。

　　弯曲响应不同损伤程度下 *P-I* 曲线的冲量渐近线与 RPC 强度的关系如图 12-38 所示。由图 12-38 可知，弯曲响应下的冲量渐近线值与 RPC 强度 f_c 呈正比例关系，即冲量渐近线值随 RPC 强度的增大而增大。图 12-38（b）中，以典型 RPC 板（RPC 强度 f_c=100MPa）弯曲响应冲量渐近线为基数 1，以比例系数 *n* 表示其他 RPC 强度下弯曲响应冲量渐近线值与典型 RPC 板弯曲响应冲量渐近线值的比值。

利用最小二乘法对图 12-37（b）中比例系数与 RPC 强度的函数关系进行线性拟合，拟合结果为 $n=0.004f_c+0.6$，所拟合公式与计算值的吻合程度如图 12-39（a）所示，确定系数 $R^2=0.999\,95$。

利用最小二乘法对图 12-38（b）中比例系数与 RPC 强度的函数关系进行线性拟合，拟合结果为 $n=0.001\,9f_c+0.81$，所拟合公式与计算值的吻合程度如图 12-39（b）所示，确定系数 $R^2=0.999\,98$。

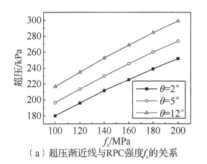
（a）超压渐近线与RPC强度f_c的关系

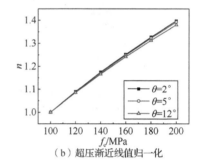
（b）超压渐近线值归一化

图 12-37　弯曲响应不同损伤程度下 *P-I* 曲线的超压渐近线与 RPC 强度的关系

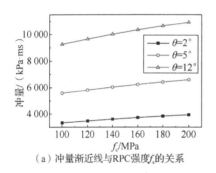
（a）冲量渐近线与RPC强度f_c的关系

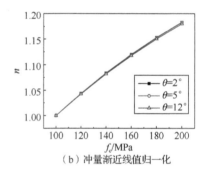
（b）冲量渐近线值归一化

图 12-38　弯曲响应不同损伤程度下 *P-I* 曲线的冲量渐近线与 RPC 强度的关系

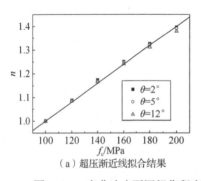
（a）超压渐近线拟合结果

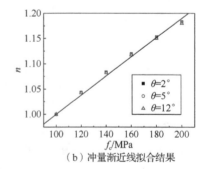
（b）冲量渐近线拟合结果

图 12-39　弯曲响应不同损伤程度下 *P-I* 曲线渐近线值公式拟合结果（5）

4. 剪切响应渐近线

剪切响应不同损伤程度下 *P-I* 曲线的超压渐近线与 RPC 强度的关系如图 12-40 所示。由图 12-40 可知，剪切响应下的超压渐近线值与 RPC 强度 f_c 呈正比例关系，即超压渐近线值随 RPC 强度的增大而增大。图 12-40（b）中，以典型 RPC 板（RPC 强度 f_c=100MPa）剪切响应超压渐近线为基数 1，以比例系数 n 表示其他 RPC 强度下剪切响应超压渐近线值与典型 RPC 板剪切响应超压渐近线值的比值。

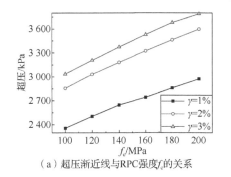
（a）超压渐近线与RPC强度f_c的关系

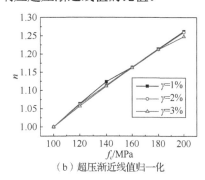
（b）超压渐近线值归一化

图 12-40　剪切响应不同损伤程度下 *P-I* 曲线的超压渐近线与 RPC 强度的关系

剪切响应不同损伤程度下 *P-I* 曲线的冲量渐近线与 RPC 强度的关系如图 12-41 所示。由图 12-41 可知，剪切响应下的冲量渐近线值与 RPC 强度 f_c 呈正比例关系，即冲量渐近线值随 RPC 强度的增大而增大。图 12-41（b）中，以比例系数 n 表示其他 RPC 强度下剪切响应冲量渐近线值与典型 RPC 板剪切响应冲量渐近线值的比值。

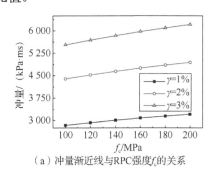
（a）冲量渐近线与RPC强度f_c的关系

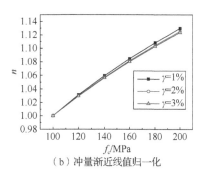
（b）冲量渐近线值归一化

图 12-41　剪切响应不同损伤程度下 *P-I* 曲线的冲量渐近线与 RPC 强度的关系

利用最小二乘法对图 12-40（b）中比例系数与 RPC 强度的函数关系进行线性拟合，拟合结果为 n=0.002 6f_c+0.74，所拟合公式与计算值的吻合程度如图 12-42（a）所示，确定系数 R^2=0.999 95。

利用最小二乘法对图 12-41（b）中比例系数与 RPC 强度的函数关系进行

线性拟合，拟合结果为 $n=0.001\ 3f_c+0.87$，所拟合公式与计算值的吻合程度如图 12-42（b）所示，确定系数 $R^2=0.999\ 99$。

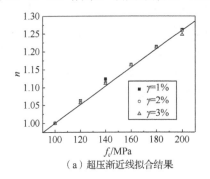
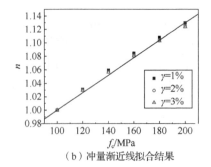

（a）超压渐近线拟合结果　　　　　　　（b）冲量渐近线拟合结果

图 12-42　剪切响应不同损伤程度下 *P-I* 曲线渐近线值公式拟合结果（5）

12.3.6　荷载水平对损伤的影响

为了研究 RPC 板的荷载水平 η 对 *P-I* 曲线及对其超压渐近线与冲量渐近线的影响规律，仅改变板荷载水平这一参数，η 的取值分别为 0.3、0.4、0.5、0.6，其他参数的取值与 12.2 节中典型的 RPC 板一致。由前面的研究发现，不同破坏模式、不同损伤等级下 RPC 板 *P-I* 曲线形状只与板的外形尺寸有关，而与其他参数无关，因此不再分析荷载水平对于 *P-I* 曲线形状的影响，而只分析其对渐近线值的影响。

表 12-13 给出了不同荷载水平 RPC 板的 *P-I* 曲线渐近线所对应的值。可以看出，弯曲失效模式和剪切失效模式的 *P-I* 曲线超压渐近线和冲量渐近线的值均随着荷载水平的增大而逐渐减小。

表 12-13　不同荷载水平 RPC 板的 *P-I* 曲线渐近线所对应的值

损伤评估荷载水平	临界值	θ			γ		
		2°	5°	12°	1%	2%	3%
0.3	P_0/kPa	172	179	187	2 355	2 856	3 035
	I_0/（kPa·ms）	3 332	5 569	9 261	2 836	4 385	5 517
0.4	P_0/kPa	161	169	176	2 345	2 845	3 025
	I_0/（kPa·ms）	3 235	5 417	9 026	2 835	4 389	5 526
0.5	P_0/kPa	151	159	166	2 335	2 835	3 015
	I_0/（kPa·ms）	3 134	5 260	8 784	2 834	4 388	5 525
0.6	P_0/kPa	141	148	155	2 325	2 825	3 004
	I_0/（kPa·ms）	3 031	5 099	8 534	2 833	4 386	5 523

由表 12-13 中所求得的超压渐近线与冲量渐近线数值，分别可以得到弯曲响应 *P-I* 曲线超压渐近线、冲量渐近线与荷载水平 η 的关系，以及剪切响应 *P-I* 曲线

超压渐近线、冲量渐近线与荷载水平 η 的关系。

1. 弯曲响应渐近线

弯曲响应不同损伤程度下 *P-I* 曲线超压渐近线与荷载水平的关系如图 12-43 所示。由图 12-43 可知，弯曲响应下的超压渐近线值与荷载水平 η 呈反比例关系，即超压渐近线值随荷载水平的增大而减小。图 12-43（b）中，以典型 RPC 板（荷载水平 $\eta=0.3$）弯曲响应超压渐近线为基数 1，以比例系数 n 表示其他荷载水平下弯曲响应超压渐近线值与典型 RPC 板弯曲响应超压渐近线值的比值。

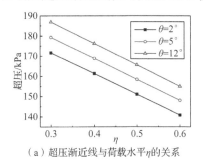 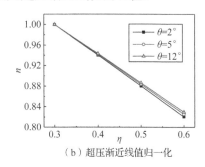

（a）超压渐近线与荷载水平 η 的关系　　　　（b）超压渐近线值归一化

图 12-43　弯曲响应不同损伤程度下 *P-I* 曲线的超压渐近线与荷载水平的关系

弯曲响应不同损伤程度下 *P-I* 曲线冲量渐近线与荷载水平的关系如图 12-44 所示。由图 12-44 可知，弯曲响应下的冲量渐近线值与荷载水平 η 呈反比例关系，即冲量渐近线值随荷载水平的增大而减小。图 12-44（b）中，以典型 RPC 板弯曲响应冲量渐近线为基数 1，以比例系数 n 表示其他荷载水平下弯曲响应冲量渐近线值与典型 RPC 板弯曲响应冲量渐近线值的比值。

利用最小二乘法对图 12-43（b）中超压渐近线比例系数与荷载水平的函数关系进行线性拟合，拟合结果为 $n=-0.57\eta+1.17$，所拟合公式与计算值的吻合程度如图 12-45（a）所示，确定系数 $R^2=0.999\ 99$。

利用最小二乘法对图 12-44（b）中冲量渐近线比例系数与荷载水平的函数关系进行线性拟合，拟合结果为 $n=-0.28\eta+1.085$，所拟合公式与计算值的吻合程度如图 12-45（b）所示，确定系数 $R^2=0.999\ 98$。

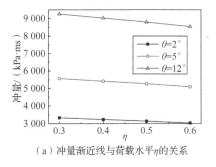 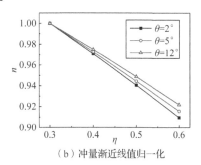

（a）冲量渐近线与荷载水平 η 的关系　　　　（b）冲量渐近线值归一化

图 12-44　弯曲响应不同损伤程度下 *P-I* 曲线的冲量渐近线与荷载水平的关系

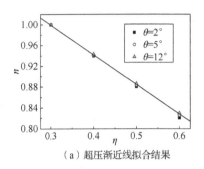 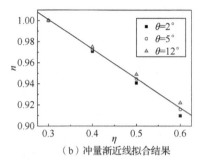

（a）超压渐近线拟合结果　　　　　　　（b）冲量渐近线拟合结果

图 12-45　弯曲响应不同损伤程度下 *P-I* 曲线渐近线值公式拟合结果（6）

2. 剪切响应渐近线

剪切响应不同损伤程度下 *P-I* 曲线的超压渐近线与荷载水平的关系如图 12-46 所示。由图 12-46 可知，剪切响应下的超压渐近线值与荷载水平 η 呈反比例关系，即超压渐近线值随荷载水平的增大而略有减小。图 12-46（b）中，以典型 RPC 板（荷载水平 η=0.3）剪切响应超压渐近线为基数 1，以比例系数 n 表示其他荷载水平下剪切响应超压渐近线值与典型 RPC 板剪切响应超压渐近线值的比值。

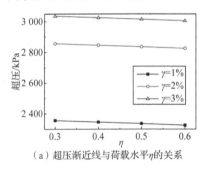 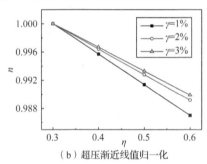

（a）超压渐近线与荷载水平η的关系　　　（b）超压渐近线值归一化

图 12-46　剪切响应不同损伤程度下 *P-I* 曲线的超压渐近线与荷载水平的关系

剪切响应不同损伤程度下 *P-I* 曲线的冲量渐近线与荷载水平的关系如图 12-47 所示。由图 12-47 可知，剪切响应下的冲量渐近线值与荷载水平 η 呈反比例关系，即冲量渐近线值随荷载水平的增大而略有减小。图 12-47（b）中，以典型 RPC 板为基数 1，以比例系数 n 表示其他荷载水平下剪切响应冲量渐近线值与典型 RPC 板剪切响应冲量渐近线值的比值。

利用最小二乘法对图 12-46（b）中比例系数与荷载水平的函数关系进行线性拟合，拟合结果为 $n=-0.037\eta+1.011$，所拟合公式与计算值的吻合程度如图 12-48（a）所示，确定系数 R^2=0.999 99。

利用最小二乘法对图 12-47（b）中比例系数与荷载水平的函数关系进行线性拟合，拟合结果为 $n=-0.003\,3\eta+1.001$，所拟合公式与计算值的吻合程度如图 12-48（b）

所示，确定系数 R^2=0.999 99。

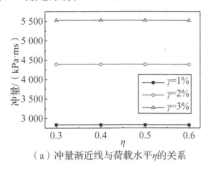

（a）冲量渐近线与荷载水平η的关系

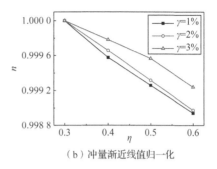

（b）冲量渐近线值归一化

图 12-47　剪切响应不同损伤程度下 *P-I* 曲线的冲量渐近线与荷载水平的关系

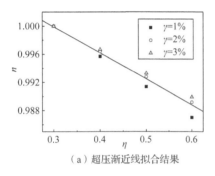

（a）超压渐近线拟合结果

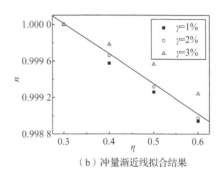

（b）冲量渐近线拟合结果

图 12-48　剪切响应不同损伤程度下 *P-I* 曲线渐近线值公式拟合结果（6）

12.3.7　边界条件对损伤的影响

为了研究 RPC 板的边界条件对 *P-I* 曲线及对其超压渐近线与冲量渐近线的影响规律，仅改变板边界条件这一参数，分别为两端固支和两端简支，其他参数的取值与 12.2 节中典型的 RPC 板一致。

1．边界条件对 *P-I* 曲线的影响

由前文分析可知，不同损伤等级 *P-I* 曲线之间规律相同。因此，以弯曲响应下 θ=2° 和剪切响应下 γ=1%为例，分别得到 RPC 边界条件为两端固支和两端简支的 RPC 板的 *P-I* 曲线，如图 12-49 所示。

由图 12-49 可以看出，当仅 RPC 板边界条件由两端固支变为两端简支后，弯曲响应 *P-I* 曲线总体形状发生了变化，剪切响应 *P-I* 曲线形状未发生明显变化；当仅 RPC 板边界条件由两端固支变为两端简支后，随着 RPC 板约束的减弱，相同损伤程度下的弯曲响应与剪切响应的相对位置逐渐远离。利用图 12-49 的结果进行 *P-I* 曲线的拟合（图 12-50），弯曲破坏与剪切破坏的 *P-I* 曲线统一拟合的公式如式（12-1）所示。

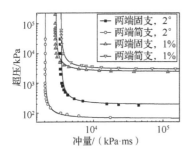 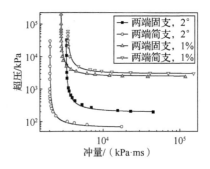

图 12-49 　不同边界条件下 RPC 板 *P-I* 曲线　　图 12-50 　不同边界条件 RPC 板 *P-I* 曲线
　　　　　　比较　　　　　　　　　　　　　　　　　形状函数拟合结果

通过非线性拟合，得到边界条件为两端固支和两端简支的 RPC 板的 *P-I* 曲线形状函数可变常数 *m* 的取值，具体见表 12-14。

表 12-14 　 *P-I* 曲线形状函数可变常数 *m* 的取值（6）

边界条件	两端固支	两端简支
弯曲响应	1.62	1.5
剪切响应	1.82	1.82

综上分析，可以得到基于参数边界条件的 *P-I* 曲线经验计算公式如式（12-1）所示。其中，弯曲响应下两端固支 *m*=1.62，两端简支 *m*=1.5；剪切响应下 *m*=1.82。

2. 边界条件对渐近线的影响

表 12-15 所示为不同板边界条件的 *P-I* 曲线渐近线所对应的值。可以看出，弯曲失效模式的 *P-I* 曲线超压渐近线和冲量渐近线的值均随着板边界约束的减弱而逐渐减小；剪切失效模式的 *P-I* 曲线超压渐近线和冲量渐近线的值均随着板边界约束的减弱而逐渐增大。这与实际结果一致，即 RPC 板两端约束越弱，RPC 板在相同爆炸荷载作用下越易发生弯曲破坏，而不易发生剪切破坏。

表 12-15 　不同边界条件 RPC 板的 *P-I* 曲线渐近线所对应值

损伤评估边界条件	临界值	θ			γ		
		2°	5°	12°	1%	2%	3%
两端固支	P_0/kPa	172	179	187	2 355	2 856	3 035
	I_0/（kPa·ms）	3 332	5 569	9 258	2 836	4 391	5 527
两端简支	P_0/kPa	67	73	77	3 008	3 665	3 897
	I_0/（kPa·ms）	2 037	3 446	5 700	3 446	5 403	6 810

由表 12-15 中所求得的超压渐近线与冲量渐近线数值，分别可以得到弯曲响应 *P-I* 曲线超压渐近线、冲量渐近线与 RPC 边界条件的关系，以及剪切响应 *P-I*

曲线超压渐近线、冲量渐近线与 RPC 边界条件的关系。

3. 弯曲响应渐近线

弯曲响应不同损伤程度下 *P-I* 曲线的超压渐近线与边界条件的关系见表 12-16。由表 12-16 可知，弯曲响应下的超压渐近线值和冲量渐近线值与边界条件约束能力呈正比例关系，即超压渐近线值和冲量渐近线值随边界约束能力的增大而增大。以典型 RPC 板（边界条件为两端固支）弯曲响应超压渐近线为基数 1，以比例系数 *n* 表示其他边界条件下弯曲响应超压渐近线值与典型 RPC 板弯曲响应超压渐近线值的比值。

表 12-16　弯曲响应不同损伤程度下 *P-I* 曲线的超压渐近线与边界条件的关系

弯曲损伤	超压渐近线值 P_0/kPa				冲量渐近线值 I_0/（kPa·ms）			
	简支	固支	*n*	$\bar{n}$	简支	固支	*n*	$\bar{n}$
2°	67	172	0.388		2 037	3 332	0.611	
5°	73	179	0.400	0.400	3 446	5 569	0.619	0.615
12°	77	187	0.412		5 700	9 258	0.616	

4. 剪切响应渐近线

剪切响应不同损伤程度下 *P-I* 曲线的超压渐近线与边界条件的关系见表 12-17。由表 12-17 可知，剪切响应下的渐近线值与边界条件呈反比例关系，即超压、冲量渐近线值均随边界约束能力的增大而增大。以典型 RPC 板（边界条件为两端固支）剪切响应超压渐近线为基数 1，以比例系数 *n* 表示其他边界条件下剪切响应超压渐近线值与典型 RPC 板剪切响应超压渐近线值的比值。

表 12-17　剪切响应不同损伤程度下 *P-I* 曲线的超压渐近线与边界条件的关系

剪切损伤	超压渐近线值 P_0/kPa				冲量渐近线值 I_0/（kPa·ms）			
	简支	固支	*n*	$\bar{n}$	简支	固支	*n*	$\bar{n}$
1%	3 008	2 355	1.277		3 446	2 836	1.222	
2%	3 665	2 856	1.284	1.282	5 403	4 391	1.231	1.228
3%	3 897	3 035	1.284		6 810	5 527	1.232	

12.4　RPC 单向板损伤评估方法

12.4.1　RPC 单向板 *P-I* 曲线计算方法

综合对 RPC 板的不同参数进行 *P-I* 曲线分析，得到如下规律：某一特定损伤等级的 *P-I* 曲线形状变化仅与 RPC 板外形尺寸（RPC 板跨度、板厚）和边界条件有关，与其他参数无关。由此，得出基于参数分析的 RPC 单向板 *P-I* 曲线形状函数计算公式如式（12-1）所示。

弯曲响应的 P-I 曲线，$m=s(-1.29L^{0.1}+2.48)(3.3H^{0.04}-2.1)$；剪切响应的 P-I 曲线，$m=1.82$；s 为边界条件影响系数，两端固支 $s=1.62$，两端简支 $s=1.5$。

可以发现，P-I 曲线计算公式中都有不同破坏模式及损伤等级下的超压渐近线值与冲量渐近线值。因此要绘制 P-I 曲线，还需要求得不同破坏模式及损伤等级下超压渐近线值与冲量渐近线值 P_0 与 I_0，由前文的分析可知，所拟合的不同破坏模式及损伤等级下超压渐近线值与冲量渐近线值 P_0 与 I_0 求解公式是基于典型 RPC 板超压渐近线值与冲量渐近线值。基于前述内容中参数分析的结果，典型 RPC 板超压与冲量渐近线值 P_0 与 I_0[1] 的计算结果见表 12-18。

表 12-18　典型 RPC 板超压、冲量渐近线值

损伤评估临界值	θ			γ		
	2°	5°	12°	1%	2%	3%
P_{t0}/kPa	171.7	179.3	186.9	2 355.3	2 855.5	3 035.0
I_{t0}/ (kPa·ms)	3 332.1	5 568.6	9 261.0	2 835.5	4 385.0	5 517.0

根据表 12-18，结合 12.2 节和 12.3 节的分析拟合结果，分别得到任意 RPC 单向板弯曲损伤下超压渐近线值 P_{f0}、冲量渐近线值 I_{f0} 和剪切损伤下超压渐近线值 P_{s0}、冲量渐近线值 I_{s0} 的计算公式如下：

$$P_{f0}=(n_{L1}n_{H1}n_{d1}n_{as1}n_{fc1}n_{\eta1}n_{st1})P_{tf0} \tag{12-2}$$

$$I_{f0}=(n_{L2}n_{H2}n_{d2}n_{as2}n_{fc2}n_{\eta2}n_{st2})I_{tf0} \tag{12-3}$$

$$P_{s0}=(n_{L3}n_{H3}n_{d3}n_{as3}n_{fc3}n_{\eta3}n_{st3})P_{ts0} \tag{12-4}$$

$$I_{s0}=(n_{L4}n_{H4}n_{d4}n_{as4}n_{fc4}n_{\eta4}n_{st4})I_{ts0} \tag{12-5}$$

式中：不同破坏模式不同损伤等级下超压、冲量渐近线值的比例系数 n 的取值见表 12-19。

表 12-19　不同破坏模式不同损伤等级下超压、冲量渐近线值的比例系数 n

参数	跨度 L/m	厚度 H/m	配筋率 ρ	保护层厚度 a_s/mm
P_{f0}	$16/L^2$	$28H^2-0.1$	$19.7\rho+0.45$	$-0.001\,66a_s+1.033$
I_{f0}	$2.4/L^{0.5}-0.18$	$12.5H^{1.5}-0.1$	$11.8\rho+0.67$	$-0.001a_s+1.02$
P_{s0}	$4/L^{0.25}-1.82$	$4.6H^{0.75}-0.4$	$11.8\rho+0.67$	$0.000\,315a_s+0.993\,8$
I_{s0}	$3.5/L^{0.125}-1.95$	$11H^{1.5}$	$7.86\rho+0.78$	$0.000\,2a_s+0.995\,5$

参数	RPC 强度 f_c/MPa	荷载水平 η	边界条件	
			两端固支	两端简支
P_{f0}	$0.004f_c+0.6$	$-0.57\eta+1.17$	1	0.400
I_{f0}	$0.001\,9f_c+0.81$	$-0.28\eta+1.085$	1	0.615
P_{s0}	$0.002\,6f_c+0.74$	$-0.037\eta+1.011$	1	1.282
I_{s0}	$0.001\,3f_c+0.87$	$-0.003\,3\eta+1.001$	1	1.228

12.4.2　基于 *P-I* 曲线的 RPC 单向板损伤评估方法

1. 评估步骤

基于 *P-I* 曲线的 RPC 单向板损伤评估方法通过以下步骤实现。

1）根据实际爆炸工况（炸药当量及爆炸距离），利用规范公式计算得到等效超压 P_0 及冲量 I_0。

2）根据所要评估的 RPC 单向板的实际参数（跨度、厚度、配筋等）计算得到弯曲响应下超压渐近线值 P_{f0} 与冲量渐近线值 I_{f0}；计算得到剪切响应下超压渐近线值 P_{s0} 与冲量渐近线值 I_{s0}。

3）利用基于参数分析得到的 *P-I* 曲线计算公式，计算得到 *P-I* 曲线的形状函数。

4）基于 *P-I* 曲线形状函数及各渐近线值，绘制 *P-I* 曲线图。

5）将实际超压 P_0 与冲量 I_0 这一点描绘到 *P-I* 曲线图中，便可清楚判断 RPC 板的损伤程度及损伤等级。

2. 算例

假定 RPC 单向板承受中心位置的爆炸作用，根据地震波测点速度峰值，依据 TM5-1300 手册[2]计算，等效 TNT 当量为 1t；经测量爆炸源到板中心距离为 10m。RPC 板两端固支，RPC 强度为 140MPa。板跨度为 5m，宽度为 1m，厚度为 0.15m，纵筋选用 HRB335 级钢筋，配筋率为 3%，保护层厚度为 30mm，荷载水平为 0.4。

1）由 TNT 当量为 1000kg，爆炸距离为 10m，依据 TM5-1300 手册计算，简化后三角形爆炸荷载的正超压峰值 $P_{max}=1\,685$kPa，爆炸持时 $t=3.08$ms。由此，得到此工况下 $P_0=1\,685$kPa，$I_0=2\,595$kPa·ms。

2）计算不同破坏模式下各损伤等级的渐近线值：由表 12-19 得不同破坏模式不同损伤等级下渐近线值的比例系数 n 见表 12-20。

表 12-20　不同破坏模式不同损伤等级下渐近线值的比例系数 n

参数	跨度 L/m	厚度 H/m	配筋率 ρ	保护层厚度 a_s/mm	RPCf_c/MPa	荷载水平 η	两端固支
P_{f0}	0.640	0.530	1.041	0.983	1.160	0.942	1
I_{f0}	0.893	0.626	1.024	0.990	1.076	0.973	1
P_{s0}	0.855	0.709	1.024	1.003	1.104	0.996	1
I_{s0}	0.912	0.639	1.016	1.002	1.052	1.000	1

由表 12-18 和式（12-2）～式（12-5）计算可以求得各破坏模式下渐近线值见表 12-21。

表 12-21 不同破坏模式下渐近线值

损伤评估 临界值	θ			γ		
	2°	5°	12°	1%	2%	3%
P_0/kPa	55.9	58.3	60.8	1 477.0	1 790.7	1 903.3
I_0/ (kPa·m·s)	1 810.9	3 026.5	5 033.2	1 377.4	2 564.4	3 226.4

3）式（12-1）为 P-I 曲线的形状函数。

弯曲响应的 P-I 曲线，$m=s(-1.29L^{0.1}+2.48)(3.3H^{0.04}-2.1)=1.50$；剪切响应的 P-I 曲线，$m=1.82$。由此可知，弯曲响应 P-I 曲线形状函数为 $(P-P_0)(I-I_0)=(P_0/2+I_0/2)^{1.50}$，剪切响应 P-I 曲线形状函数为 $(P-P_0)(I-I_0)=(P_0/2+I_0/2)^{1.82}$。

4）基于 2）和 3）的计算结果绘制 P-I 曲线，如图 12-51 所示。

5）对 P-I 曲线图进行分区[3,4]，并将实际工况的 P_0、I_0 描绘到 P-I 曲线图中，如图 12-52 所示，可以清楚得到该 RPC 板在此爆炸作用下的损伤程度为中度破坏。

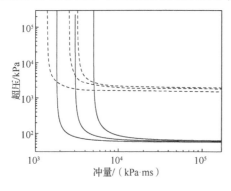

图 12-51 计算得到的 P-I 曲线图

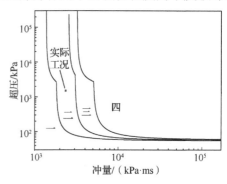

图 12-52 基于 P-I 曲线的损伤评估

12.5 小　　结

本章借助第 11 章中等效单自由度法建立了参数分析用 RPC 单向板模型，对不同尺寸、类型的 RPC 单向板进行了基于弯曲损伤和剪切损伤的损伤评估，分析了各参数对于 RPC 板 P-I 曲线及超压、冲量渐近线的影响规律，并拟合了计算公式。

1）RPC 板损伤评估 P-I 曲线形状参数 m 是关于跨度 L 和厚度 H 的函数，即 P-I 曲线形状只与参数 RPC 板跨度和厚度有关，与配筋、保护层厚度、RPC 强度等参数无关。

2）RPC 板超压渐近线与冲量渐近线的参数化分析结果表明：RPC 板跨度 L 与各渐近线值均呈反比例关系，即随着跨度的增大，弯曲响应下的超压渐近线值、冲量渐近线值和剪切响应下的超压渐近线值、冲量渐近线值均越来越小。RPC 板厚度、配筋率及 RPC 强度与各渐近线值均呈正比例关系，即随着板厚度、配筋及 RPC 强度的增大，弯曲响应下的超压渐近线值、冲量渐近线值和剪切响应下的超压渐近线值、冲量渐近线值均越来越大。RPC 板保护层厚度对各渐近线值影响较小，随着保护层厚度的增大，弯曲响应下的超压渐近线值、冲量渐近线值越来越小，但剪切响应下的超压渐近线值、冲量渐近线值越来越大。

3）本章拟合得到了任意 RPC 单向板损伤评估 *P-I* 曲线的计算公式，并基于典型 RPC 板的计算结果拟合得到了用于计算 *P-I* 曲线的不同破坏模式、不同损伤等级下超压渐近线值与冲量渐近线值的计算公式。

参 考 文 献

[1] US Department of the Army. Fundamentals of protective design for conventional weapons: TM 5-855-1 [S]. Washington: US Department of the Army, 1986.

[2] US Department of the Army. Structures to resist the effects of accidental explosions: TM 5-1300[S]. Washington: US Department of the Army, 1990.

[3] 曹少俊. 爆炸荷载作用下活性粉末混凝土板破坏模式与损伤评估[D]. 哈尔滨：哈尔滨工业大学，2016.

[4] HOU X M, CAO S J, RONG Q, et al. A P-I diagram approach for predicting failure modes of RPC one-way slabs subjected to blast loading[J]. International journal of impact engineering, 2018, 120: 171-184.